中国近海底栖动物多样性丛书

丛书主编　王春生

渤海底栖动物常见种形态分类图谱

周　红　主编

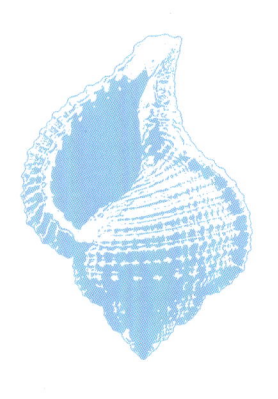

科学出版社

北京

内 容 简 介

本书是在海洋公益性行业科研专项"我国近海常见底栖动物分类鉴定与信息提取及应用研究"的资助下完成的"中国近海底栖动物多样性丛书"之一，是一本能为渤海底栖生物多样性研究和生态系统监测提供基础资料的工具书。本书图文并茂，共包括12门151科260种常见底栖动物。

本书适合的读者对象为与生物多样性保护相关的科研人员、高校教师和研究生，本书也可作为海洋环境监测工作者的日常工具书。

图书在版编目（CIP）数据

渤海底栖动物常见种形态分类图谱/周红主编. —北京：科学出版社，2024.1
（中国近海底栖动物多样性丛书/王春生主编）
ISBN 978-7-03-073730-4

Ⅰ.①渤… Ⅱ.①周… Ⅲ.①渤海－底栖动物－动物形态学－分类－图谱
Ⅳ.①Q958.8-64

中国版本图书馆CIP数据核字(2022)第206004号

责任编辑：李 悦 田明霞/责任校对：郑金红/责任印制：肖 兴
封面设计：北京图阅盛世设计有限公司/装帧设计：北京美光设计制版有限公司

科学出版社 出版
北京东黄城根北街16号
邮政编码：100717
http://www.sciencep.com

北京华联印刷有限公司 印刷
科学出版社发行 各地新华书店经销

*

2024年1月第 一 版　　开本：787×1092　1/16
2024年1月第一次印刷　　印张：32 1/2
字数：770 000

定价：498.00元
（如有印装质量问题：我社负责调换）

"中国近海底栖动物多样性丛书"
编辑委员会

丛书主编 王春生

丛书副主编（以姓氏笔画为序）

  王建军 寿 鹿 李新正 张东声 张学雷 周 红
  蔡立哲

编 委（以姓氏笔画为序）

  王小谷 王宗兴 王建军 王春生 王跃云 甘志彬
  史本泽 刘 坤 刘材材 刘清河 汤雁滨 许 鹏
  孙 栋 孙世春 寿 鹿 李 阳 李新正 邱建文
  沈程程 宋希坤 张东声 张学雷 张睿妍 林施泉
  周 红 周亚东 倪 智 徐勤增 郭玉清 黄 勇
  黄雅琴 龚 琳 鹿 博 葛美玲 蒋 维 傅素晶
  曾晓起 温若冰 蔡立哲 廖一波 翟红昌

审稿专家 张志南 蔡如星 林 茂 徐奎栋 江锦祥 刘镇盛
      张敬怀 肖 宁 郑凤武 李荣冠 陈 宏 张均龙

《渤海底栖动物常见种形态分类图谱》
编辑委员会

主　　　编　周　红

副　主　编（以姓氏笔画为序）

　　　　　　王建军　孙世春　寿　鹿　李新正　张学雷　曾晓起

编　　　委（以姓氏笔画为序）

　　　　　　马　林　王亚琴　王宗兴　王建军　王春生　甘志彬
　　　　　　史本泽　华　尔　刘　坤　刘材材　刘晓收　刘清河
　　　　　　汤雁滨　许　鹏　孙　悦　孙世春　寿　鹿　李　阳
　　　　　　李新正　杨　梅　何雪宝　冷　宇　宋希坤　张　琪
　　　　　　张东声　张均龙　张学雷　张鹏弛　范士亮　周　红
　　　　　　赵盛龙　徐勤增　郭玉清　黄　勇　黄雅琴　龚　琳
　　　　　　寇　琦　葛美玲　董　栋　蒋　维　曾晓起　温若冰
　　　　　　蔡立哲　廖一波　翟红昌

丛书序

海洋底栖动物是海洋生物中种类最多、生态学关系最复杂的生态类群，包括大多数的海洋动物门类，在已有记录的海洋动物种类中，60%以上是底栖动物。它们大多生活在有氧和有机质丰富的沉积物表层，是组成海洋食物网的重要环节。底栖动物对海底的生物扰动作用在沉积物－水界面生物地球化学过程研究中具有十分重要的科学意义。

海洋底栖动物区域性强，迁移能力弱，且可通过生物富集或生物降解等作用调节体内的污染物浓度，有些种类对污染物反应极为敏感，而有些种类则对污染物具有很强的耐受能力。因此，海洋底栖动物在海洋污染监测等方面具有良好的指示作用，是海洋环境监测和生态系统健康评估体系的重要指标。

海洋底栖动物与人类的关系也十分密切，一些底栖动物是重要的水产资源，经济价值高；有些种类又是医药和多种工业原料的宝贵资源；有些种类能促进污染物降解与转化，发挥环境修复作用；还有一些污损生物破坏水下设施，严重危害港务建设、交通航运等。因此，海洋底栖动物在海洋科学研究、环境监测与保护、保障海洋经济和社会发展中具有重要的地位与作用。

但目前对我国海洋底栖动物的研究步伐远跟不上我国社会经济的发展速度。尤其是近些年来，从事分类研究的老专家陆续退休或离世，生物分类研究队伍不断萎缩，人才青黄不接，严重影响了海洋底栖动物物种的准确鉴定。另外，缺乏规范的分类体系，无系统的底栖动物形态鉴定图谱和检索表等分类工具书，也造成种类鉴定不准确，甚至混乱。

在海洋公益性行业科研专项"我国近海常见底栖动物分类鉴定与信息提取及应用研究"的资助下，结合形态分类和分子生物学最新研究成果，我们组织专家开展了我国近海常见底栖动物分类体系研究，并采用新鲜样品进行图像等信息的采集，编制完成了"中国近海底栖动物多样性丛书"，共10册，其中《中国近海底栖动物分类体系》1册包含18个动物门771个科；《中国近海底栖动物常见种名录》1册共收录了18个动物门4585个种；渤海、黄海（上、下册）、东海（上、下册）和南海（上、中、下册）形态分类图谱分别包含了12门151科260种、13门221科485种、12门229科522种和13门282科680种。

在本丛书编写过程中，得到了项目咨询专家中国海洋大学张志南教授、浙江大学蔡如星教授和自然资源部第三海洋研究所林茂研究员的指导。中国科学院海洋研究所徐奎栋研究员、肖宁博士和张均龙博士，自然资源部第二海洋研究所刘镇盛研究员，自然资源部第三海洋研究所江锦祥研究员、郑凤武研究员和李荣冠研究员，自然资源部南海局张敬怀研究员，海南南海热带海洋研究所陈宏研究员审阅了书稿，并提出了宝贵意见，在此一并表示感谢。

同时本丛书得以出版与原国家海洋局科技司雷波司长和辛红梅副司长的支持分不开。在实施方案论证过程中，原国家海洋局相关业务司领导及评审专家提出了很多有益的意见和建议，笔者深表谢意！

　　在丛书编写过程中我们尽可能采用 WoRMS 等最新资料，但由于有些门类的分类系统在不断更新，有些成果还未被吸纳进来，为了弥补不足，项目组注册并开通了"中国近海底栖动物数据库"，将不定期对相关研究成果进行在线更新。

　　虽然我们采取了十分严谨的态度，但限于业务水平和现有技术，书中仍不免会出现一些疏漏和不妥之处，诚恳希望得到国内外同行的批评指正，并请将相关意见与建议上传至"中国近海底栖动物数据库"，便于编写组及时更正。

"中国近海底栖动物多样性丛书"编辑委员会

2021 年 8 月 15 日于杭州

前　言

渤海为深入中国大陆的近封闭型海湾，其三面环陆，面积 7.7 万 km²，平均水深 18m，深度小于 30m 的极浅水域占总面积的 95%，是我国西太平洋边缘海中面积最小、深度最浅的海域。渤海是中国近海大陆架上的浅海盆地，由黄河等河流带来大量泥沙堆积而成，地形平坦，类型单一，按海底地貌可划分为辽东湾、渤海湾、莱州湾、中央海盆和渤海海峡 5 个类型，其中位于渤海湾和莱州湾之间的黄河口外有发育良好的水下三角洲。

渤海是我国海洋生物和油气资源的主要产区之一，是我国重要的海洋渔场之一，许多经济鱼、虾在此产卵、育幼和索饵。渤海是我国沿海经济发展的重要基地之一，环渤海地区的海洋产业高速发展。同时伴随着经济的迅速发展，渤海的生态环境问题日趋严峻，水质恶化，生物资源衰退，赤潮频发，生态系统功能退化，生物多样性面临丧失的威胁。

渤海因其内海性的特殊条件，同时受到黄河、辽河等入海河流冲淡水的影响，大部分海域受沿岸低盐水控制，因而渤海的底栖动物区系由近岸低盐类群和广温广盐种类组成。渤海底栖动物区系组成简单，多样性较低，与黄海有较大程度的重叠。渤海大型底栖动物至今已记录 400 余种（不包括底栖鱼类），按物种多样性高低依次为环节动物多毛类、节肢动物甲壳类、软体动物、棘皮动物和其他类生物。渤海作为我国最早开展小型底栖动物研究的海域，自由生活的海洋线虫可占小型底栖动物总丰度的 80% 以上，包括 160 余种或分类学实体。

本书是在海洋公益性行业科研专项"我国近海常见底栖动物分类鉴定与信息提取及应用研究"的资助下完成的"中国近海底栖动物多样性丛书"之一，主要目的是为渤海底栖生物多样性研究和生态系统监测提供基本的工具书。在编写过程中虽然考虑到很多种类与黄海分册有较大重叠，但为了读者参考使用方便，还是将渤海底栖动物单独成册。本书共涉及 12 门 151 科 260 种常见底栖动物，其中大部分是黄渤海共有种或中国近海乃至世界广布种，仅两种多毛类只在渤海有报道。本书的图片除特别注明来源外，其余未注明者，环节动物多毛类由自然资源部第一海洋研究所张学雷研究员团队提供，节肢动物甲壳类由中国科学院海洋研究所李新正研究员团队提供，软体动物由自然资源部第二海洋研究所寿鹿研究员团队提供，棘皮动物由自然资源部第三海洋研究所王建军研究员团队提供，鱼类由中国海洋大学曾晓起教授团队提供。

周　红

2022 年 3 月于青岛

目 录

丛书序 i

前言 iii

刺胞动物门 Cnidaria

水螅纲 Hydrozoa
被鞘螅目 Leptothecata
钟螅科 Campanulariidae Johnston, 1836
薮枝螅属 *Obelia* Péron & Lesueur, 1810
膝状薮枝螅 *Obelia geniculata* (Linnaeus, 1758) 2
根茎螅属 *Rhizocaulus* Stechow, 1919
中国根茎螅 *Rhizocaulus chinensis* (Marktanner-Turneretscher, 1890) 4
小桧叶螅科 Sertularellidae Maronna et al., 2016
小桧叶螅属 *Sertularella* Gray, 1848
桃果小桧叶螅 *Sertularella inabai* Stechow, 1913 5
星雨螅属 *Xingyurella* Song et al., 2018
星雨螅 *Xingyurella xingyuarum* Song et al., 2018 6
桧叶螅科 Sertulariidae Lamouroux, 1812
海女螅属 *Salacia* Lamouroux, 1816
多变海女螅 *Salacia variabilis* (Marktanner-Turneretscher, 1890) 8

珊瑚虫纲 Anthozoa
海鳃目 Pennatulacea
棒海鳃科 Veretillidae Herklots, 1858
仙人掌海鳃属 *Cavernularia* Valenciennes in Milne Edwards & Haime, 1850
强壮仙人掌海鳃 *Cavernularia obesa* Valenciennes in Milne Edwards & Haime, 1850 10
海葵目 Actiniaria
海葵科 Actiniidae Rafinesque, 1815
海葵属 *Actinia* Linnaeus, 1767
等指海葵 *Actinia equina* (Linnaeus, 1758) 11
侧花海葵属 *Anthopleura* Duchassaing de Fonbressin & Michelotti, 1860
亚洲侧花海葵 *Anthopleura asiatica* Uchida & Muramatsu, 1958 12
绿侧花海葵 *Anthopleura fuscoviridis* Carlgren, 1949 14
朴素侧花海葵 *Anthopleura inornata* (Stimpson, 1855) 16

日本侧花海葵 *Anthopleura japonica* Verrill, 1899 18

近瘤海葵属 *Paracondylactis* Carlgren, 1934

亨氏近瘤海葵 *Paracondylactis hertwigi* (Wassilieff, 1908) 20

中华近瘤海葵 *Paracondylactis sinensis* Carlgren, 1934 22

矶海葵科 Diadumenidae Stephenson, 1920

矶海葵属 *Diadumene* Stephenson, 1920

纵条矶海葵 *Diadumene lineata* (Verrill, 1869) 24

蠕形海葵科 Halcampidae Andres, 1883

蠕形海葵属 *Halcampella* Andres, 1883

大蠕形海葵 *Halcampella maxima* Hertwig, 1888 26

细指海葵科 Metridiidae Carlgren, 1893

细指海葵属 *Metridium* de Blainville, 1824

高龄细指海葵 *Metridium sensile* (Linnaeus, 1761) 28

刺胞动物门参考文献 30

扁形动物门 Platyhelminthes

多肠目 Polycladida

背涡科 Notocomplanidae Litvaitis, Bolaños & Quiroga, 2019

背涡属 *Notocomplana* Faubel, 1983

北方背涡虫 *Notocomplana septentrionalis* (Kato, 1937) 34

扁形动物门参考文献 35

纽形动物门 Nemertea

古纽纲 Palaeonemertea

细首科 Cephalotrichidae McIntosh, 1874

细首属 *Cephalothrix* Örsted, 1843

香港细首纽虫 *Cephalothrix hongkongiensis* Sundberg, Gibson & Olsson, 2003 38

帽幼纲 Pilidiophora

异纽目 Heteronemertea

纵沟科 Lineidae McIntosh, 1874

目 录

  库氏属 *Kulikovia* Chernyshev, Polyakova, Turanov & Kajihara, 2017
   白额库氏纽虫 *Kulikovia alborostrata* (Takakura, 1898) 40
  纵沟属 *Lineus* Sowerby, 1806
   血色纵沟纽虫 *Lineus sanguineus* (Rathke, 1799) 42

针纽纲 Hoplonemertea
单针目 Monostilifera
 强纽科 Cratenemertidae Friedrich, 1968
  日本纽虫属 *Nipponnemertes* Friedrich, 1968
   斑日本纽虫 *Nipponnemertes punctatula* (Coe, 1905) 44
 卷曲科 Emplectonematidae Bürger, 1904
  卷曲属 *Emplectonema* Stimpson, 1857
   细卷曲纽虫 *Emplectonema gracile* (Johnston, 1837) 46
  拟纽属 *Paranemertes* Coe, 1901
   奇异拟纽虫 *Paranemertes peregrina* Coe, 1901 48

纽形动物门参考文献 49

线虫动物门 Nematoda

嘴刺纲 Enoplea
嘴刺目 Enoplida
 嘴刺线虫科 Enoplidae Dujardin, 1845
  嘴刺线虫属 *Enoplus* Dujardin, 1845
   太平湾嘴刺线虫 *Enoplus taipingensis* Zhang & Zhou, 2012 52
 光皮线虫科 Phanodermatidae Filipjev, 1927
  光皮线虫属 *Phanoderma* Bastian, 1865
   普拉特光皮线虫 *Phanoderma platti* Zhang, Huang & Zhou 54
 尖口线虫科 Oxystominidae Chitwood, 1935
  吸咽线虫属 *Halalaimus* de Man, 1888
   长化感器吸咽线虫 *Halalaimus longamphidus* Huang & Zhang, 2005 56
 矛线虫科 Enchelidiidae Filipjev, 1918
  阔口线虫属 *Eurystomina* Filipjev, 1921
   眼状阔口线虫 *Eurystomina ophthalmophora* (Steiner, 1921) 58
 三孔线虫科 Tripyloididae Filipjev, 1918
  深咽线虫属 *Bathylaimus* Cobb, 1894

渤海底栖动物常见种形态分类图谱

  澳洲深咽线虫 *Bathylaimus australis* Cobb, 1894 60

色矛纲 Chromadorea
色矛目 Chromadorida
色矛线虫科 Chromadoridae Filipjev, 1917
类色矛线虫属 *Chromadorita* Filipjev, 1922
娜娜类色矛线虫 *Chromadorita nana* Lorenzen, 1973 62
杯咽线虫科 Cyatholaimidae Filipjev, 1918
棘齿线虫属 *Acanthonchus* Cobb, 1920
三齿棘齿线虫 *Acanthonchus (Seuratiella) tridentatus* Kito, 1976 64
拟玛丽林恩线虫属 *Paramarylynnia* Huang & Zhang, 2007
尖颈拟玛丽林恩线虫 *Paramarylynnia stenocervica* Huang & Sun, 2011 66
亚腹毛拟玛丽林恩线虫 *Paramarylynnia subventrosetata* Huang & Zhang, 2007 68

疏毛目 Araeolaimida
轴线虫科 Axonolaimidae Filipjev, 1918
拟齿线虫属 *Parodontophora* Timm, 1963
三角洲拟齿线虫 *Parodontophora deltensis* Zhang, 2005 70
海洋拟齿线虫 *Parodontophora marina* Zhang, 1991 72
联体线虫科 Comesomatidae Filipjev, 1918
矛咽线虫属 *Dorylaimopsis* Ditlevsen, 1918
拉氏矛咽线虫 *Dorylaimopsis rabalaisi* Zhang, 1992 74
特氏矛咽线虫 *Dorylaimopsis turneri* Zhang, 1992 76
萨巴线虫属 *Sabatieria* Rouville, 1903
新岛萨巴线虫 *Sabatieria praedatrix* de Man, 1907 78
管腔线虫属 *Vasostoma* Wieser, 1954
关节管腔线虫 *Vasostoma articulatum* Huang & Wu, 2010 82

绕线目 Plectida
覆瓦线虫科 Ceramonematidae Cobb, 1933
覆瓦线虫属 *Ceramonema* Cobb, 1920
棱脊覆瓦线虫 *Ceramonema carinatum* Wieser, 1959 84
拟微咽线虫科 Paramicrolaimidae Lorenzen, 1981
拟微咽线虫属 *Paramicrolaimus* Wieser, 1954
奇异拟微咽线虫 *Paramicrolaimus mirus* Tchesunov, 1988 86

链环目 Desmodorida
单茎线虫科 Monoposthiidae Filipjev, 1934
单茎线虫属 *Monoposthia* de Man, 1889
棘突单茎线虫 *Monoposthia costata* (Bastian, 1865) 88

努朵拉线虫属 *Nudora* Cobb, 1920
　　　古氏努朵拉线虫 *Nudora gourbaultae* Vanreusel & Vincx, 1989 90
单宫目 Monhysterida
　隆唇线虫科 *Xyalidae* Chitwood, 1951
　　吞咽线虫属 *Daptonema* Cobb, 1920
　　　新关节吞咽线虫 *Daptonema nearticulatum* (Huang & Zhang, 2006) 92
　　　乳突吞咽线虫 *Daptonema papillifera* Sun, Huang, Tang, Zang, Xiao & Tang, 2019 94
　　伪颈毛线虫属 *Pseudosteineria* Wieser, 1956
　　　前感伪颈毛线虫 *Pseudosteineria anteramphida* Sun, Huang, Tang, Zang, Xiao & Tang, 2019 ... 96
　　　中华伪颈毛线虫 *Pseudosteineria sinica* Huang & Li, 2010 98
　　　张氏伪颈毛线虫 *Pseudosteineria zhangi* Huang & Li, 2010 100
　　棘刺线虫属 *Theristus* Bastian, 1865
　　　尖棘刺线虫 *Theristus acer* Bastian, 1865 102
　囊咽线虫科 *Sphaerolaimidae* Filipjev, 1918
　　囊咽线虫属 *Sphaerolaimus* Bastian, 1865
　　　波罗的海囊咽线虫 *Sphaerolaimus balticus* Schneider, 1906 104

线虫动物门参考文献 106

环节动物门 Annelida

多毛纲 Polychaeta / 螠亚纲 Echiura
　螠目 Echiuroidea
　　棘螠科 *Urechidae* Monro, 1927
　　　棘螠属 *Urechis* Seitz, 1907
　　　　单环棘螠 *Urechis unicinctus* (Drasche, 1880) 110
多毛纲 Polychaeta / 隐居亚纲 Sedentaria
　沙蠋科 *Arenicolidae* Johnston, 1835
　　沙蠋属 *Arenicola* Lamarck, 1801
　　　巴西沙蠋 *Arenicola brasiliensis* Nonato, 1958 111
　小头虫科 *Capitellidae* Grube, 1862
　　小头虫属 *Capitella* Blainville, 1828
　　　小头虫 *Capitella capitata* (Fabricius, 1780) 112
　　丝异须虫属 *Heteromastus* Eisig, 1887
　　　丝异须虫 *Heteromastus filiformis* (Claparède, 1864) 114
　　背蚓虫属 *Notomastus* Sars, 1851

背蚓虫 *Notomastus latericeus* Sars, 1851 116
单指虫科 Cossuridae Day, 1963
　单指虫属 *Cossura* Webster & Benedict, 1887
　　足刺单指虫 *Cossura aciculata* (Wu & Chen, 1977) 118
竹节虫科 Maldanidae Malmgren, 1867
　真节虫属 *Euclymene* Verrill, 1900
　　持真节虫 *Euclymene annandalei* Southern, 1921 120
　新短脊虫属 *Metasychis* Light, 1991
　　异齿新短脊虫 *Metasychis disparidentatus* (Moore, 1904) 122
　　五岛新短脊虫 *Metasychis gotoi* (Izuka, 1902) 124
　拟节虫属 *Praxillella* Verrill, 1881
　　拟节虫 *Praxillella praetermissa* (Malmgren, 1865) 126
锥头虫科 Orbiniidae Hartman, 1942
　简锥虫属 *Leitoscoloplos* Day, 1977
　　长简锥虫 *Leitoscoloplos pugettensis* (Pettibone, 1957) 128
　矛毛虫属 *Phylo* Kinberg, 1866
　　矛毛虫 *Phylo felix* Kinberg, 1866 130
梯额虫科 Scalibregmatidae Malmgren, 1867
　瘤首虫属 *Hyboscolex* Schmarda, 1861
　　太平洋瘤首虫 *Hyboscolex pacificus* (Moore, 1909) 132
龙介虫科 Serpulidae Rafinesque, 1815
　盘管虫属 *Hydroides* Gunnerus, 1768
　　华美盘管虫 *Hydroides elegans* (Haswell, 1883) 134
　　内刺盘管虫 *Hydroides ezoensis* Okuda, 1934 136
　　小刺盘管虫 *Hydroides fusicola* Mörch, 1863 138
　　中华盘管虫 *Hydroides sinensis* Zibrowius, 1972 140
缨鳃虫科 Sabellidae Latreille, 1825
　分歧管缨虫属 *Dialychone* Claparède, 1868
　　白环分歧管缨虫 *Dialychone albocincta* (Banse, 1971) 142
　胶管虫属 *Myxicola* Koch in Renier, 1847
　　胶管虫 *Myxicola infundibulum* (Montagu, 1808) 144
　珀氏缨虫属 *Perkinsiana* Knight-Jones, 1983
　　尖珀氏缨虫 *Perkinsiana acuminata* (Moore & Bush, 1904) 146
杂毛虫科 Poecilochaetidae Hannerz, 1956
　杂毛虫属 *Poecilochaetus* Claparède in Ehlers, 1875
　　蛇杂毛虫 *Poecilochaetus serpens* Allen, 1904 148
海稚虫科 Spionidae Grube, 1850

后稚虫属 *Laonice* Malmgren, 1867
　　　　后稚虫 *Laonice cirrata* (M. Sars, 1851) 150
　　腹沟虫属 *Scolelepis* Blainville, 1828
　　　　鳞腹沟虫 *Scolelepis* (*Scolelepis*) *squamata* (O. F. Müller, 1806) 152
丝鳃虫科 Cirratulidae Ryckholt, 1851
　　须鳃虫属 *Cirriformia* Hartman, 1936
　　　　毛须鳃虫 *Cirriformia filigera* (Delle Chiaje, 1828) 154
毛鳃虫科 Trichobranchidae Malmgren, 1866
　　梳鳃虫属 *Terebellides* Sars, 1835
　　　　梳鳃虫 *Terebellides stroemii* Sars, 1835 156
双栉虫科 Ampharetidae Malmgren, 1866
　　扇栉虫属 *Amphicteis* Grube, 1850
　　　　扇栉虫 *Amphicteis gunneri* (M. Sars, 1835) 158
蛰龙介科 Terebellidae Johnston, 1846
　　似蛰虫属 *Amaeana* Hartman, 1959
　　　　西方似蛰虫 *Amaeana occidentalis* (Hartman, 1944) 160
不倒翁虫科 Sternaspidae Carus, 1863
　　不倒翁虫属 *Sternaspis* Otto, 1820
　　　　中华不倒翁虫 *Sternaspis chinensis* Wu, Salazar-Vallejo & Xu, 2015 162
磷虫科 Chaetopteridae Audouin & Milne Edwards, 1833
　　中磷虫属 *Mesochaetopterus* Potts, 1914
　　　　日本中磷虫 *Mesochaetopterus japonicus* Fujiwara, 1934 164

多毛纲 Polychaeta / 游走亚纲 Errantia
　仙虫科 Amphinomidae Lamarck, 1818
　　拟刺虫属 *Linopherus* Quatrefages, 1866
　　　　含糊拟刺虫 *Linopherus ambigua* (Monro, 1933) 166
　矶沙蚕科 Eunicidae Berthold, 1827
　　岩虫属 *Marphysa* Quatrefages, 1866
　　　　岩虫 *Marphysa sanguinea* (Montagu, 1813) 168
　索沙蚕科 Lumbrineridae Schmarda, 1861
　　科索沙蚕属 *Kuwaita* Mohammad, 1973
　　　　异足科索沙蚕 *Kuwaita heteropoda* (Marenzeller, 1879) 170
　　索沙蚕属 *Lumbrineris* Blainville, 1828
　　　　长叶索沙蚕 *Lumbrineris longifolia* Imajima & Higuchi, 1975 172
　欧努菲虫科 Onuphidae Kinberg, 1865
　　欧努菲虫属 *Onuphis* Audouin & Milne Edwards, 1833
　　　　微细欧努菲虫 *Onuphis eremita parva* Berkeley & Berkeley, 1941 174

四齿欧努菲虫 *Onuphis tetradentata* Imajima, 1986 176
多鳞虫科 Polynoidae Kinberg, 1856
　优鳞虫属 *Eunoe* Malmgren, 1865
　　须优鳞虫 *Eunoe oerstedi* Malmgren, 1865 178
　格鳞虫属 *Gattyana* McIntosh, 1897
　　渤海格鳞虫 *Gattyana pohaiensis* Uschakov & Wu, 1959 180
　哈鳞虫属 *Harmothoe* Kinberg, 1856
　　覆瓦哈鳞虫 *Harmothoe imbricata* (Linnaeus, 1767) 182
锡鳞虫科 Sigalionidae Kinberg, 1856
　强鳞虫属 *Sthenolepis* Willey, 1905
　　日本强鳞虫 *Sthenolepis japonica* (McIntosh, 1885) 184
吻沙蚕科 Glyceridae Grube, 1850
　吻沙蚕属 *Glycera* Lamarck, 1818
　　白色吻沙蚕 *Glycera alba* (O. F. Müller, 1776) 186
　　长吻沙蚕 *Glycera chirori* Izuka, 1912 188
　　锥唇吻沙蚕 *Glycera onomichiensis* Izuka, 1912 190
　　吻沙蚕 *Glycera unicornis* Lamarck, 1818 192
角吻沙蚕科 Goniadidae Kinberg, 1866
　甘吻沙蚕属 *Glycinde* Müller, 1858
　　寡节甘吻沙蚕 *Glycinde bonhourei* Gravier, 1904 194
　角吻沙蚕属 *Goniada* Audouin & H. Milne Edwards, 1833
　　日本角吻沙蚕 *Goniada japonica* Izuka, 1912 196
　　色斑角吻沙蚕 *Goniada maculata* Örsted, 1843 198
拟特须虫科 Paralacydoniidae Pettibone, 1963
　拟特须虫属 *Paralacydonia* Fauvel, 1913
　　拟特须虫 *Paralacydonia paradoxa* Fauvel, 1913 200
沙蚕科 Nereididae Blainville, 1818
　环唇沙蚕属 *Cheilonereis* Benham, 1916
　　环唇沙蚕 *Cheilonereis cyclurus* (Harrington, 1897) 202
　突齿沙蚕属 *Leonnates* Kinberg, 1865
　　光突齿沙蚕 *Leonnates persicus* Wesenberg-Lund, 1949 204
　全刺沙蚕属 *Nectoneanthes* Imajima, 1972
　　全刺沙蚕 *Nectoneanthes oxypoda* (Marenzeller, 1879) 206
　沙蚕属 *Nereis* Linnaeus, 1758
　　宽叶沙蚕 *Nereis grubei* (Kinberg, 1865) 208

围沙蚕属 *Perinereis* Kinberg, 1865
　　　　双齿围沙蚕 *Perinereis aibuhitensis* (Grube, 1878) 210
　　　　独齿围沙蚕 *Perinereis cultrifera* (Grube, 1840) 212
　　　　枕围沙蚕 *Perinereis vallata* (Grube, 1857) 214
　　阔沙蚕属 *Platynereis* Kinberg, 1865
　　　　双管阔沙蚕 *Platynereis bicanaliculata* (Baird, 1863) 216
　齿吻沙蚕科 Nephtyidae Grube, 1850
　　内卷齿蚕属 *Aglaophamus* Kinberg, 1866
　　　　中华内卷齿蚕 *Aglaophamus sinensis* (Fauvel, 1932) 218
　　无疣齿吻沙蚕属 *Inermonephtys* Fauchald, 1968
　　　　无疣齿吻沙蚕 *Inermonephtys inermis* (Ehlers, 1887) 220
　　微齿吻沙蚕属 *Micronephthys* Friedrich, 1939
　　　　寡鳃微齿吻沙蚕 *Micronephthys oligobranchia* (Southern, 1921) 222
　　齿吻沙蚕属 *Nephtys* Cuvier, 1817
　　　　囊叶齿吻沙蚕 *Nephtys caeca* (Fabricius, 1780) 224
　　　　加州齿吻沙蚕 *Nephtys californiensis* Hartman, 1938 226
　　　　毛齿吻沙蚕 *Nephtys ciliata* (Müller, 1788) 228
　　　　多鳃齿吻沙蚕 *Nephtys polybranchia* Southern, 1921 230
　叶须虫科 Phyllodocidae Örsted, 1843
　　淡须虫属 *Genetyllis* Malmgren, 1865
　　　　球淡须虫 *Genetyllis gracilis* (Kinberg, 1866) 232

多毛纲 Polychaeta / 未定亚纲
　欧文虫科 Oweniidae Rioja, 1917
　　欧文虫属 *Owenia* Delle Chiaje, 1844
　　　　欧文虫 *Owenia fusiformis* Delle Chiaje, 1841 234

环节动物门参考文献 236

星虫动物门 Sipuncula

革囊星虫纲 Phascolosomatidea
盾管星虫目 Aspidosiphonida
　反体星虫科 Antillesomatidae Kawauchi, Sharma & Giribet, 2012
　　反体星虫属 *Antillesoma* (Stephen & Edmonds, 1972)
　　　　安岛反体星虫 *Antillesoma antillarum* (Grube, 1858) 240

方格星虫纲 Sipunculidea
戈芬星虫目 Golfingiida
方格星虫科 Sipunculidae Rafinesque, 1814
方格星虫属 Sipunculus Linnaeus, 1766
裸体方格星虫 Sipunculus (Sipunculus) nudus Linnaeus, 1766 242

昆虫动物门参考文献 243

软体动物门 Mollusca

腹足纲 Gastropoda / 帽贝亚纲 Patellogastropoda
花帽贝科 Nacellidae Thiele, 1891
嫁蝛属 Cellana H. Adams, 1869
嫁蝛 Cellana toreuma (Reeve, 1854) 246
青螺科 Lottiidae Gray, 1840
日本笠贝属 Nipponacmea Sasaki & Okutani, 1993
史氏日本笠贝 Nipponacmea schrenckii (Lischke, 1868) 247
拟帽贝属 Patelloida Quoy & Gaimard, 1834
矮拟帽贝 Patelloida pygmaea (Dunker, 1860) 248

腹足纲 Gastropoda / 古腹足亚纲 Vetigastropoda
鲍科 Haliotidae Rafinesque, 1815
鲍属 Haliotis Linnaeus, 1758
皱纹盘鲍 Haliotis discus Reeve, 1846 249
马蹄螺目 Trochida
瓦螺科 Tegulidae Kuroda, Habe & Oyama, 1971
瓦螺属 Tegula Lesson, 1832
锈瓦螺 Tegula rustica (Gmelin, 1791) 250
马蹄螺科 Trochidae Rafinesque, 1815
单齿螺属 Monodonta Lamarck, 1799
单齿螺 Monodonta labio (Linnaeus, 1758) 252
蝾螺属 Umbonium Link, 1807
托氏蝾螺 Umbonium thomasi (Crosse, 1863) 253
蟹守螺总科 Cerithioidea
锥螺科 Turritellidae Lovén, 1847
锥螺属 Turritella Lamarck, 1799
棒锥螺 Turritella bacillum Kiener, 1843 254

汇螺科 Potamididae H. Adams & A. Adams, 1854
 小汇螺属 *Pirenella* Gray, 1847
  珠带小汇螺 *Pirenella cingulata* (Gmelin, 1791) 255

梯螺总科 Epitoniidea
梯螺科 Epitoniidae S. S. Berry, 1910 (1812)
 梯螺属 *Epitonium* Röding, 1798
  宽带梯螺 *Epitonium clementinum* (Grateloup, 1840) 256

腹足纲 Gastropoda / 新进腹足亚纲 Caenogastropoda

滨螺形目 Littorinimorpha
滨螺科 Littorinidae Children, 1834
 结节滨螺属 *Echinolittorina* Habe, 1956
  粒结节滨螺 *Echinolittorina radiata* (Souleyet, 1852) 257
 拟滨螺属 *Littoraria* Gray, 1833
  关节拟滨螺 *Littoraria articulata* (Philippi, 1846) 258
 滨螺属 *Littorina* Férussac, 1822
  短滨螺 *Littorina brevicula* (Philippi, 1844) 259
嵌线螺科 Cymatiidae Iredale, 1913
 蝌蚪螺属 *Gyrineum* Link, 1807
  粒蝌蚪螺 *Gyrineum natator* (Röding, 1798) 261
玉螺科 Naticidae Guilding, 1834
 镰玉螺属 *Euspira* Agassiz, 1837
  微黄镰玉螺 *Euspira gilva* (Philippi, 1851) 262
 扁玉螺属 *Neverita* Risso, 1826
  扁玉螺 *Neverita didyma* (Röding, 1798) 263

新腹足目 Neogastropoda
比萨螺科 Pisaniidae Gray, 1857
 甲虫螺属 *Cantharus* Röding, 1798
  甲虫螺 *Cantharus cecillei* (Philippi, 1844) 264
核螺科 Columbellidae Swainson, 1840
 小笔螺属 *Mitrella* Risso, 1826
  白小笔螺 *Mitrella albuginosa* (Reeve, 1859) 265
衲螺科 Cancellariidae Forbes & Hanley, 1851
 衲螺属 *Sydaphera* Iredale, 1929
  金刚衲螺 *Sydaphera spengleriana* (Deshayes, 1830) 266
棒塔螺科 Drilliidae Olsson, 1964
 格纹棒塔螺属 *Clathrodrillia* Dall, 1918
  黄格纹棒塔螺 *Clathrodrillia flavidula* (Lamarck, 1822) 267

腹足纲 Gastropoda / 异鳃亚纲 Heterobranchia
头楯目 Cephalaspidea
三叉螺科 Cylichnidae H. Adams & A. Adams, 1854
盒螺属 Cylichna Lovén, 1846
圆筒盒螺 Cylichna biplicata (A. Adams in Sowerby, 1850) 268
侧鳃目 Pleurobranchida
无壳侧鳃科 Pleurobranchaeidae Pilsbry, 1896
无壳侧鳃属 Pleurobranchaea Leue, 1813
斑纹无壳侧鳃 Pleurobranchaea maculata (Quoy & Gaimard, 1832) 269

双壳纲 Bivalvia / 原鳃亚纲 Protobranchia
吻状蛤目 Nuculanida
云母蛤科 Yoldiidae Dall, 1908
云母蛤属 Yoldia Möller, 1842
薄云母蛤 Yoldia similis Kuroda & Habe in Habe, 1961 270

双壳纲 Bivalvia / 复鳃亚纲 Autobranchia
蚶目 Arcida
蚶科 Arcidae Lamarck, 1809
粗饰蚶属 Anadara Gray, 1847
魁蚶 Anadara broughtonii (Schrenck, 1867) 271
泥蚶属 Tegillarca Iredale, 1939
泥蚶 Tegillarca granosa (Linnaeus, 1758) 272
贻贝目 Mytilida
贻贝科 Mytilidae Rafinesque, 1815
贻贝属 Mytilus Linnaeus, 1758
厚壳贻贝 Mytilus unguiculatus Valenciennes, 1858 274
牡蛎目 Ostreida
江珧科 Pinnidae Leach, 1819
江珧属 Atrina Gray, 1842
栉江珧 Atrina pectinata (Linnaeus, 1767) 275
牡蛎科 Ostreidae Rafinesque, 1815
巨牡蛎属 Crassostrea Sacco, 1897
长牡蛎 Crassostrea gigas (Thunberg, 1793) 276
牡蛎属 Ostrea Linnaeus, 1758
密鳞牡蛎 Ostrea denselamellosa Lischke, 1869 277
扇贝目 Pectinida
扇贝科 Pectinidae Rafinesque, 1815

目 录

　　海湾扇贝属 *Argopecten* Monterosato, 1889
　　　　海湾扇贝 *Argopecten irradians* (Lamarck, 1819) 278
　蛤蜊科 Mactridae Lamarck, 1809
　　蛤蜊属 *Mactra* Linnaeus, 1767
　　　　中国蛤蜊 *Mactra chinensis* Philippi, 1846 279
　　　　四角蛤蜊 *Mactra quadrangularis* Reeve, 1854 280

帘蛤目 Venerida
　蹄蛤科 Ungulinidae Gray, 1854
　　圆蛤属 *Cycladicama* Valenciennes in Rousseau, 1854
　　　　津知圆蛤 *Cycladicama tsuchii* Yamamoto & Habe, 1961 281
　帘蛤科 Veneridae Rafinesque, 1815
　　青蛤属 *Cyclina* Deshayes, 1850
　　　　青蛤 *Cyclina sinensis* (Gmelin, 1791) 282
　　镜蛤属 *Dosinia* Scopoli, 1777
　　　　日本镜蛤 *Dosinia japonica* (Reeve, 1850) 284
　　薄盘蛤属 *Macridiscus* Dall, 1902
　　　　等边薄盘蛤 *Macridiscus aequilatera* (G. B. Sowerby I, 1825) 285
　　文蛤属 *Meretrix* Lamarck, 1799
　　　　文蛤 *Meretrix meretrix* (Linnaeus, 1758) 286
　　凸卵蛤属 *Pelecyora* Dall, 1902
　　　　三角凸卵蛤 *Pelecyora trigona* (Reeve, 1850) 288

鸟蛤目 Cardiida
　樱蛤科 Tellinidae Blainville, 1814
　　彩虹樱蛤属 *Iridona* M. Huber, Langleit & Kreipl, 2015
　　　　彩虹樱蛤 *Iridona iridescens* (Benson, 1842) 290
　　吉樱蛤属 *Jitlada* M. Huber, Langleit & Kreipl, 2015
　　　　红吉樱蛤 *Jitlada culter* (Hanley, 1844) 292
　　明樱蛤属 *Moerella* P. Fischer, 1887
　　　　欢喜明樱蛤 *Moerella hilaris* (Hanley, 1844) 293

贫齿目 Adapedonta
　灯塔蛤科 Pharidae H. Adams & A. Adams, 1856
　　刀蛏属 *Cultellus* Schumacher, 1817
　　　　小刀蛏 *Cultellus attenuatus* Dunker, 1862 295

头足纲 Cephalopoda / 鞘亚纲 Coleoidea
　闭眼目 Myopsida
　　枪乌贼科 Loliginidae Lesueur, 1821

xvii

拟枪乌贼属 *Loliolus* Steenstrup, 1856
　　日本枪乌贼 *Loliolus* (*Nipponololigo*) *japonica* (Hoyle, 1885) 296
乌贼目 Sepiida
　耳乌贼科 Sepiolidae Leach, 1817
　　耳乌贼属 *Sepiola* Leach, 1817
　　　双喙耳乌贼 *Sepiola birostrata* Sasaki, 1918 298
八腕目 Octopoda
　蛸科 Octopodidae d'Orbigny, 1840
　　蛸属 *Octopus* Cuvier, 1798
　　　长蛸 *Octopus minor* (Sasaki, 1920) 300

软体动物门参考文献 301

节肢动物门 Arthropoda

鞘甲纲 Thecostraca
藤壶目 Balanomarpha
　藤壶科 Balanidae Leach, 1806
　　纹藤壶属 *Amphibalanus* Pitombo, 2004
　　　纹藤壶 *Amphibalanus amphitrite amphitrite* (Darwin, 1854) 304

软甲纲 Malacostraca / 掠虾亚纲 Hoplocarida
口足目 Stomatopoda
　虾蛄科 Squillidae Latreille, 1802
　　口虾蛄属 *Oratosquilla* Manning, 1968
　　　口虾蛄 *Oratosquilla oratoria* (De Haan, 1844) 306

软甲纲 Malacostraca / 真软甲亚纲 Eumalacostraca
端足目 Amphipoda
　马耳他钩虾科 Melitidae Bousfield, 1973
　　马耳他钩虾属 *Melita* Leach, 1814
　　　朝鲜马耳他钩虾 *Melita koreana* Stephensen, 1944 308
等足目 Isopoda
　团水虱科 Sphaeromatidae Latreille, 1825
　　著名团水虱属 *Gnorimosphaeroma* Menzies, 1954
　　　雷伊著名团水虱 *Gnorimosphaeroma rayi* Hoestlandt, 1969 310
　海蟑螂科 Ligiidae Leach, 1814

海蟑螂属 *Ligia* Fabricius, 1798
　　　　海蟑螂 *Ligia* (*Megaligia*) *exotica* Roux, 1828 311
　全颚水虱科 Holognathidae Thomson, 1904
　　似棒鞭水虱属 *Cleantioides* Kensley & Kaufman, 1978
　　　　平尾似棒鞭水虱 *Cleantioides planicauda* (Benedict, 1899) 312

十足目 Decapoda
　对虾科 Penaeidae Rafinesque, 1815
　　对虾属 *Penaeus* Fabricius, 1798
　　　　中国对虾 *Penaeus chinensis* (Osbeck, 1765) 313
　　　　凡纳滨对虾 *Penaeus vannamei* Boone, 1931 314
　　鹰爪虾属 *Trachysalambria* Burkenroad, 1934
　　　　鹰爪虾 *Trachysalambria curvirostris* (Stimpson, 1860) 316
　樱虾科 Sergestidae Dana, 1852
　　毛虾属 *Acetes* H. Milne Edwards, 1830
　　　　中国毛虾 *Acetes chinensis* Hansen, 1919 318
　鼓虾科 Alpheidae Rafinesque, 1815
　　鼓虾属 *Alpheus* Fabricius, 1798
　　　　长指鼓虾 *Alpheus digitalis* De Haan, 1844 320
　藻虾科 Hippolytidae Spence Bate, 1888
　　深额虾属 *Latreutes* Stimpson, 1860
　　　　水母深额虾 *Latreutes anoplonyx* Kemp, 1914 322
　　　　疣背深额虾 *Latreutes planirostris* (De Haan, 1844) 324
　托虾科 Thoridae Kingsley, 1879
　　七腕虾属 *Heptacarpus* Holmes, 1900
　　　　直额七腕虾 *Heptacarpus rectirostris* (Stimpson, 1860) 326
　长臂虾科 Palaemonidae Rafinesque, 1815
　　长臂虾属 *Palaemon* Weber, 1795
　　　　脊尾长臂虾 *Palaemon carinicauda* Holthuis, 1950 328
　　　　葛氏长臂虾 *Palaemon gravieri* (Yu, 1930) 330
　　　　巨指长臂虾 *Palaemon macrodactylus* Rathbun, 1902 332
　　　　锯齿长臂虾 *Palaemon serrifer* (Stimpson, 1860) 334
　美人虾科 Callianassidae Dana, 1852
　　和美虾属 *Neotrypaea* R. B. Manning & Felder, 1991
　　　　日本和美虾 *Neotrypaea japonica* (Ortmann, 1891) 336
　瓷蟹科 Porcellanidae Haworth, 1825
　　豆瓷蟹属 *Pisidia* Leach, 1820
　　　　锯额豆瓷蟹 *Pisidia serratifrons* (Stimpson, 1858) 338

细足蟹属 *Raphidopus* Stimpson, 1858
    绒毛细足蟹 *Raphidopus ciliatus* Stimpson, 1858 340

活额寄居蟹科 Diogenidae Ortmann, 1892
  活额寄居蟹属 *Diogenes* Dana, 1851
    艾氏活额寄居蟹 *Diogenes edwardsii* (De Haan, 1849) 342

玉蟹科 Leucosiidae Samouelle, 1819
  栗壳蟹属 *Arcania* Leach, 1817
    十一刺栗壳蟹 *Arcania undecimspinosa* De Haan, 1841 344
  五角蟹属 *Nursia* Leach, 1817
    斜方五角蟹 *Nursia rhomboidalis* (Miers, 1879) 346
  豆形拳蟹属 *Pyrhila* Galil, 2009
    豆形拳蟹 *Pyrhila pisum* (De Haan, 1841) 348

尖头蟹科 Inachidae MacLeay, 1838
  英雄蟹属 *Achaeus* Leach, 1817
    有疣英雄蟹 *Achaeus tuberculatus* Miers, 1879 350

大眼蟹科 Macrophthalmidae Dana, 1851
  大眼蟹属 *Macrophthalmus* Latreille, 1829
    日本大眼蟹 *Macrophthalmus* (*Mareotis*) *japonicus* (De Haan, 1835) 351
  三强蟹属 *Tritodynamia* Ortmann, 1894
    霍氏三强蟹 *Tritodynamia horvathi* Nobili, 1905 352
    中型三强蟹 *Tritodynamia intermedia* Shen, 1935 353

蟳属 *Charybdis* De Haan, 1833
  日本蟳 *Charybdis* (*Charybdis*) *japonica* (A. Milne Edwards, 1861) 354

梭子蟹科 Portunidae Rafinesque, 1815
  梭子蟹属 *Portunus* Weber, 1795
    三疣梭子蟹 *Portunus trituberculatus* (Miers, 1876) 356

弓蟹科 Varunidae H. Milne Edwards, 1853
  拟厚蟹属 *Helicana* Sakai & Yatsuzuka, 1980
    伍氏拟厚蟹 *Helicana wuana* (Rathbun, 1931) 358
  厚蟹属 *Helice* De Haan, 1835
    天津厚蟹 *Helice tientsinensis* Rathbun, 1931 360
  蜞属 *Gaetice* Gistel, 1848
    平背蜞 *Gaetice depressus* (De Haan, 1833) 362
  近方蟹属 *Hemigrapsus* Dana, 1851
    绒螯近方蟹 *Hemigrapsus penicillatus* (De Haan, 1835) 364
  新绒螯蟹属 *Neoeriocheir* Sakai, 1983
    狭颚新绒螯蟹 *Neoeriocheir leptognathus* (Rathbun, 1913) 366

短眼蟹科 Xenophthalmidae Stimpson, 1858
　短眼蟹属 *Xenophthalmus* White, 1846
　　豆形短眼蟹 *Xenophthalmus pinnotheroides* White, 1846 369

节肢动物门参考文献 370

苔藓动物门 Bryozoa

狭唇纲 Stenolaemata
环口目 Cyclostomatida
　管孔苔虫科 Tubuliporidae Johnston, 1837
　　管孔苔虫属 *Tubulipora* Lamarck, 1816
　　　扇形管孔苔虫 *Tubulipora flabellaris* (O. Fabricius, 1780) 374

裸唇纲 Gymnolaemata
栉口目 Ctenostomatida
　软苔虫科 Alcyonidiidae Johnston, 1837
　　似软苔虫属 *Alcyonidioides* d'Hondt, 2001
　　　迈氏似软苔虫 *Alcyonidioides mytili* (Dalyell, 1848) 375
唇口目 Cheilostomatida
　草苔虫科 Bugulidae Gray, 1848
　　草苔虫属 *Bugula* Oken, 1815
　　　多室草苔虫 *Bugula neritina* (Linnaeus, 1758) 376
　环管苔虫科 Candidae d'Orbigny, 1851
　　三胞苔虫属 *Tricellaria* Fleming, 1828
　　　西方三胞苔虫 *Tricellaria occidentalis* (Trask, 1857) 377
　隐槽苔虫科 Cryptosulidae Vigneaux, 1949
　　隐槽苔虫属 *Cryptosula* Canu & Bassler, 1925
　　　阔口隐槽苔虫 *Cryptosula pallasiana* (Moll, 1803) 378
　膜孔苔虫科 Membraniporidae Busk, 1852
　　别藻苔虫属 *Biflustra* d'Orbigny, 1852
　　　大室别藻苔虫 *Biflustra grandicella* (Canu & Bassler, 1929) 379
　血苔虫科 Watersiporidae Vigneaux, 1949
　　血苔虫属 *Watersipora* Neviani, 1896
　　　颈链血苔虫 *Watersipora subtorquata* (d'Orbigny, 1852) 380

苔藓动物门参考文献 381

腕足动物门 Brachiopoda

海豆芽纲 Lingulata
海豆芽目 Lingulida
海豆芽科 Lingulidae Menke, 1828
海豆芽属 Lingula Bruguière, 1791
亚氏海豆芽 Lingula adamsi Dall, 1873 384
鸭嘴海豆芽 Lingula anatina Lamarck, 1801 385

小吻贝纲 Rhynchonellata
钻孔贝目 Terebratulida
贯壳贝科 Terebrataliidae Richardson, 1975
贯壳贝属 Terebratalia Beecher, 1893
酸浆贯壳贝 Terebratalia coreanica (Adams & Reeve, 1850) 386

腕足动物门参考文献 387

棘皮动物门 Echinodermata

海星纲 Asteroidea
柱体目 Paxillosida
砂海星科 Luidiidae Sladen, 1889
砂海星属 Luidia Forbes, 1839
砂海星 Luidia quinaria von Martens, 1865 390
瓣棘目 Valvatida
海燕科 Asterinidae Gray, 1840
海燕属 Patiria Gray, 1840
海燕 Patiria pectinifera (Müller & Troschel, 1842) 392
有棘目 Spinulosida
棘海星科 Echinasteridae Verrill, 1867
鸡爪海星属 Henricia Gray, 1840
鸡爪海星 Henricia leviuscula (Stimpson, 1857) 394

钳棘目 Forcipulatida
海盘车科 Asteriidae Gray, 1840
海盘车属 *Asterias* Linnaeus, 1758
罗氏海盘车 *Asterias rollestoni* Bell, 1881 396

异色海盘车 *Asterias versicolor* Sladen, 1889 398

海胆纲 Echinoidea
拱齿目 Camarodonta
刻肋海胆科 Temnopleuridae A. Agassiz, 1872
刻肋海胆属 *Temnopleurus* L. Agassiz, 1841
哈氏刻肋海胆 *Temnopleurus hardwickii* (Gray, 1855) 400

猥团目 Spatangoida
拉文海胆科 Loveniidae Lambert, 1905
心形海胆属 *Echinocardium* Gray, 1825
心形海胆 *Echinocardium cordatum* (Pennant, 1777) 402

球海胆科 Strongylocentrotidae Gregory, 1900
马粪海胆属 *Hemicentrotus* Mortensen, 1942
马粪海胆 *Hemicentrotus pulcherrimus* (A. Agassiz, 1864) 404

蛇尾纲 Ophiuroidea
真蛇尾目 Ophiurida
阳遂足科 Amphiuridae Ljungman, 1867
倍棘蛇尾属 *Amphioplus* Verrill, 1899
日本倍棘蛇尾 *Amphioplus* (*Lymanella*) *japonicus* (Matsumoto, 1915) 406

中华倍棘蛇尾 *Amphioplus sinicus* Liao, 2004 408

阳遂足属 *Amphiura* Forbes, 1843
滩栖阳遂足 *Amphiura* (*Fellaria*) *vadicola* Matsumoto, 1915 410

辐蛇尾科 Ophiactidae Matsumoto, 1915
辐蛇尾属 *Ophiactis* Lütken, 1856
近辐蛇尾 *Ophiactis affinis* Duncan, 1879 412

刺蛇尾科 Ophiotrichidae Ljungman, 1867
刺蛇尾属 *Ophiothrix* Müller & Troschel, 1840
小刺蛇尾 *Ophiothrix* (*Ophiothrix*) *exigua* Lyman, 1874 414

真蛇尾科 Ophiuridae Müller & Troschel, 1840
真蛇尾属 *Ophiuroglypha* Hertz, 1927
金氏真蛇尾 *Ophiuroglypha kinbergi* (Ljungman, 1866) 416

海参纲 Holothuroidea
楯手目 Aspidochirotida
刺参科 Stichopodidae Haeckel, 1896
仿刺参属 *Apostichopus* Liao, 1980
仿刺参 *Apostichopus japonicus* (Selenka, 1867) 418
枝手目 Dendrochirotida
沙鸡子科 Phyllophoridae Östergren, 1907
沙鸡子属 *Phyllophorus* (*Phyllothuria*) Heding & Panning, 1954
正环沙鸡子 *Phyllophorus* (*Phyllothuria*) *ordinata* Chang, 1935 420
无足目 Apodida
锚参科 Synaptidae Burmeister, 1837
刺锚参属 *Protankyra* Östergren, 1898
结节锚参 *Protankyra bidentata* (Woodward & Barrett, 1858) 422

棘皮动物门参考文献 423

脊索动物门 Chordata

海鞘纲 Ascidiacea
扁鳃目 Phlebobranchia
玻璃海鞘科 Cionidae Lahille, 1887
玻璃海鞘属 *Ciona* Fleming, 1822
玻璃海鞘 *Ciona intestinalis* (Linnaeus, 1767) 426
复鳃目 Stolidobranchia
柄海鞘科 Styelidae Sluiter, 1895
拟菊海鞘属 *Botrylloides* Milne Edwards, 1841
紫拟菊海鞘 *Botrylloides violaceus* Oka, 1927 428
柄海鞘属 *Styela* Fleming, 1822
柄海鞘 *Styela clava* Herdman, 1881 429

狭心纲 Leptocardii
文昌鱼科 Branchiostomatidae Bonaparte, 1846
文昌鱼属 *Branchiostoma* Costa, 1834
日本文昌鱼 *Branchiostoma japonicum* (Willey, 1897) 430

目 录

辐鳍鱼纲 Actinopterygii
鮟鱇目 Lophiiformes
鮟鱇科 Lophiidae Rafinesque, 1810
黄鮟鱇属 *Lophius* Linnaeus, 1758
黄鮟鱇 *Lophius litulon* (Jordan, 1902) 432

鲉形目 Scorpaeniformes
鲉科 Sebastidae Kaup, 1873
平鲉属 *Sebastes* Cuvier, 1829
许氏平鲉 *Sebastes schlegelii* Hilgendorf, 1880 434
毒鲉科 Synanceiidae Gill, 1904
虎鲉属 *Minous* Cuvier, 1829
单指虎鲉 *Minous monodactylus* (Bloch & Schneider, 1801) 435
六线鱼科 Hexagrammidae Jordan, 1888
六线鱼属 *Hexagrammos* Tilesius, 1810
大泷六线鱼 *Hexagrammos otakii* Jordan & Starks, 1895 436
杜父鱼科 Cottidae Bonaparte, 1831
角杜父鱼属 *Enophrys* Swainson, 1839
角杜父鱼 *Enophrys diceraus* (Pallas, 1787) 437
松江鲈属 *Trachidermus* Heckel, 1839
松江鲈 *Trachidermus fasciatus* Heckel, 1837 438
绒杜父鱼科 Hemitripteridae Gill, 1865
绒杜父鱼属 *Hemitripterus* Cuvier, 1829
绒杜父鱼 *Hemitripterus villosus* (Pallas, 1814) 440
鲬科 Platycephalidae Swainson, 1839
鲬属 *Platycephalus* Bloch, 1795
鲬 *Platycephalus indicus* (Linnaeus, 1758) 441

海龙目 Syngnathiformes
海龙科 Syngnathidae Bonaparte, 1831
海马属 *Hippocampus* Rafinesque, 1810
日本海马 *Hippocampus mohnikei* Bleeker, 1853 442
海龙属 *Syngnathus* Linnaeus, 1758
舒氏海龙 *Syngnathus schlegeli* Kaup, 1856 444

鲈形目 Perciformes
线鳚科 Stichaeidae Gill, 1864
眉鳚属 *Chirolophis* Swainson, 1839
日本眉鳚 *Chirolophis japonicus* Herzenstein, 1890 445

线鳚属 *Ernogrammus* Jordan & Evermann, 1898
　　六线鳚 *Ernogrammus hexagrammus* (Schlegel, 1845) 446
网鳚属 *Dictyosoma* Temminck & Schlegel, 1845
　　网鳚 *Dictyosoma burgeri* van der Hoeven, 1855 447
玉筋鱼科 Ammodytidae Bonaparte, 1835
　玉筋鱼属 *Ammodytes* Linnaeus, 1758
　　玉筋鱼 *Ammodytes personatus* Girard, 1856 449
虾虎鱼科 Gobiidae Cuvier, 1816
　刺虾虎鱼属 *Acanthogobius* Gill, 1859
　　黄鳍刺虾虎鱼 *Acanthogobius flavimanus* (Temminck & Schlegel, 1845) 450
　　斑尾刺虾虎鱼 *Acanthogobius hasta* (Temminck & Schlegel, 1845) 451
　大弹涂鱼属 *Boleophthalmus* Valenciennes, 1837
　　大弹涂鱼 *Boleophthalmus pectinirostris* (Linnaeus, 1758) 452
　矛尾虾虎鱼属 *Chaeturichthys* Richardson, 1844
　　矛尾虾虎鱼 *Chaeturichthys stigmatias* Richardson, 1844 453
　蜂巢虾虎鱼属 *Favonigobius* Whitley, 1930
　　裸项蜂巢虾虎鱼 *Favonigobius gymnauchen* (Bleeker, 1860) 454
　竿虾虎鱼属 *Luciogobius* Gill, 1859
　　竿虾虎鱼 *Luciogobius guttatus* Gill, 1859 455
　狼牙虾虎鱼属 *Odontamblyopus* Bleeker, 1874
　　拉氏狼牙虾虎鱼 *Odontamblyopus lacepedii* (Temminck & Schlegel, 1845) 456
　副孔虾虎鱼属 *Paratrypauchen* Murdy, 2008
　　小头副孔虾虎鱼 *Paratrypauchen microcephalus* (Bleeker, 1860) 457
　弹涂鱼属 *Periophthalmus* Bloch & Schneider, 1801
　　大鳍弹涂鱼 *Periophthalmus magnuspinnatus* Lee, Choi & Ryu, 1995 458
　缟虾虎鱼属 *Tridentiger* Gill, 1859
　　髭缟虾虎鱼 *Tridentiger barbatus* (Günther, 1861) 459
　　纹缟虾虎鱼 *Tridentiger trigonocephalus* (Gill, 1859) 460

鲽形目 Pleuronectiformes
　牙鲆科 Paralichthyidae Regan, 1910
　　牙鲆属 *Paralichthys* Girard, 1858
　　　褐牙鲆 *Paralichthys olivaceus* (Temminck & Schlegel, 1846) 462
　　斑鲆属 *Pseudorhombus* Bleeker, 1862
　　　桂皮斑鲆 *Pseudorhombus cinnamoneus* (Temminck & Schlegel, 1846) 464
　鲽科 Pleuronectidae Rafinesque, 1815
　　高眼鲽属 *Cleisthenes* Jordan & Starks, 1904
　　　高眼鲽 *Cleisthenes herzensteini* (Schmidt, 1904) 466

石鲽属 *Kareius* Jordan & Snyder, 1900

　　　　石鲽 *Kareius bicoloratus* (Basilewsky, 1855) 468

　　木叶鲽属 *Pleuronichthys* Girard, 1854

　　　　角木叶鲽 *Pleuronichthys cornutus* (Temminck & Schlegel, 1846) 470

舌鳎科 Cynoglossidae Jordan, 1888

　　舌鳎属 *Cynoglossus* Hamilton, 1822

　　　　短吻红舌鳎 *Cynoglossus joyneri* Günther, 1878 472

　　　　半滑舌鳎 *Cynoglossus semilaevis* Günther, 1873 473

脊索动物门参考文献 475

中文名索引 477

拉丁名索引 483

刺胞动物门
Cnidaria

被鞘螅目 Leptothecata
钟螅科 Campanulariidae Johnston, 1836
薮枝螅属 *Obelia* Péron & Lesueur, 1810

膝状薮枝螅
Obelia geniculata (Linnaeus, 1758)

标本采集地： 山东青岛。

形态特征： 螅根网状，茎高 25mm，分枝不规则。分枝的上方有 3～4 个环轮，芽鞘互生，分枝之处有屈膝状弯曲。芽鞘口缘齐平，高与宽几乎相等，芽鞘底部明显加厚。生殖鞘长卵形，生于分枝与主茎的腋间，柄部具环纹 3～4 个。

生态习性： 附着在海藻、岩石、贝壳、养殖设施、舰船及其他人工设施上。

地理分布： 渤海，黄海，东海，南海；世界性分布。

经济意义： 污损生物，危害船舶、养殖设施等。

参考文献： 冈田要等，1960；杨德渐等，1996；曹善茂等，2017。

图 1　膝状薮枝螅 *Obelia geniculata* (Linnaeus, 1758)（曾晓起供图）

根茎螅属 *Rhizocaulus* Stechow, 1919

中国根茎螅
Rhizocaulus chinensis (Marktanner-Turneretscher, 1890)

标本采集地： 黄海。

形态特征： 群体高 100～150mm，螅茎及分枝中下部聚集成束呈多管状。分枝不规则，芽鞘具长柄，呈轮状着生在茎或分枝的周围。柄上部和基部有环轮或波纹，但中部大部光滑。芽鞘钟状，高、宽相近，口部稍张开，其上有数条纵肋，边缘齿 10～12 个。生殖鞘纺锤形。图中无完整芽鞘，仅剩余柄部。

生态习性： 栖息水深 30～400m，主要分布于 100m 以内浅海。

地理分布： 渤海，黄海，东海，南海；西北太平洋，北大西洋，北极。

参考文献： 杨德渐等，1996。

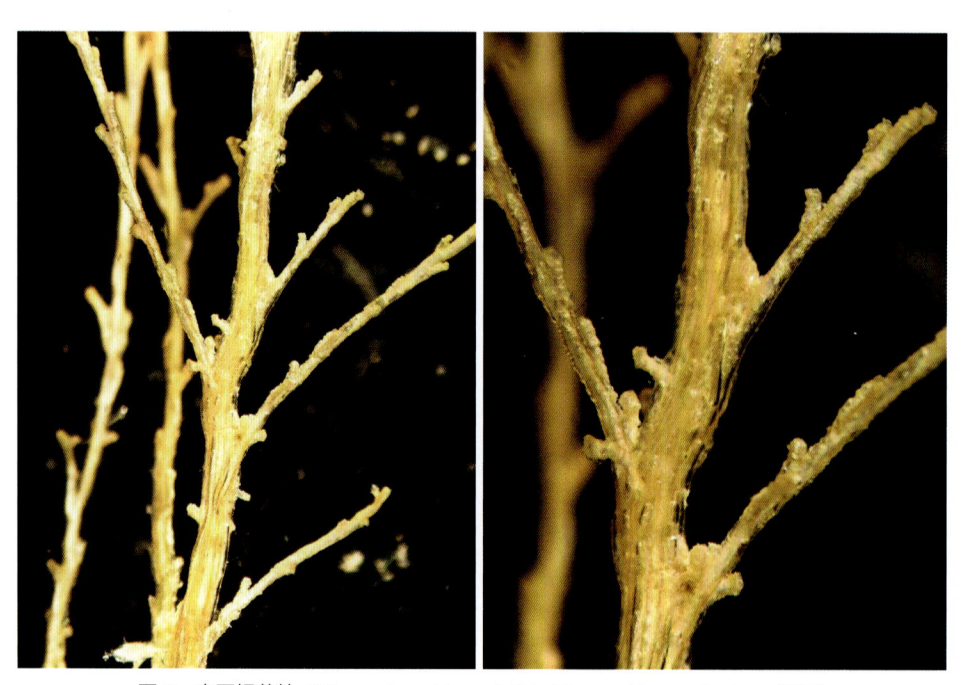

图 2　中国根茎螅 *Rhizocaulus chinensis* (Marktanner-Turneretscher, 1890)

小桧叶螅科 Sertularellidae Maronna et al., 2016
小桧叶螅属 *Sertularella* Gray, 1848

桃果小桧叶螅
Sertularella inabai Stechow, 1913

标本采集地： 渤海。

形态特征： 群体直立，簇生，具明显主茎，分枝互生，主茎与分枝等粗，位于同一平面，不具垫突（或垫突不明显），具腋生芽鞘；主茎与分枝分节，每节着生1个芽鞘；主茎与分枝上的芽鞘均为互生，排成两纵列，芽鞘表面光滑，或在较少数芽鞘表面具极微弱的环纹（同簇群体内的变化），具4个等大的缘齿，未观察到内部齿，芽盖由4片三角形缘瓣围成塔状。生殖鞘从芽鞘底部生出，卵圆形，具短柄。雄性生殖鞘中部和下部布满环纹，同时具多条纵脊，顶部具7～9个短棘突，具管状领，领上具棘突；雌性顶端具端胞，鞘体口部具有3～5个尖齿，往下具3～5条突出的纵肋。

地理分布： 渤海，黄海；韩国，日本。

参考文献： 王春光等，2012；宋希坤，2019。

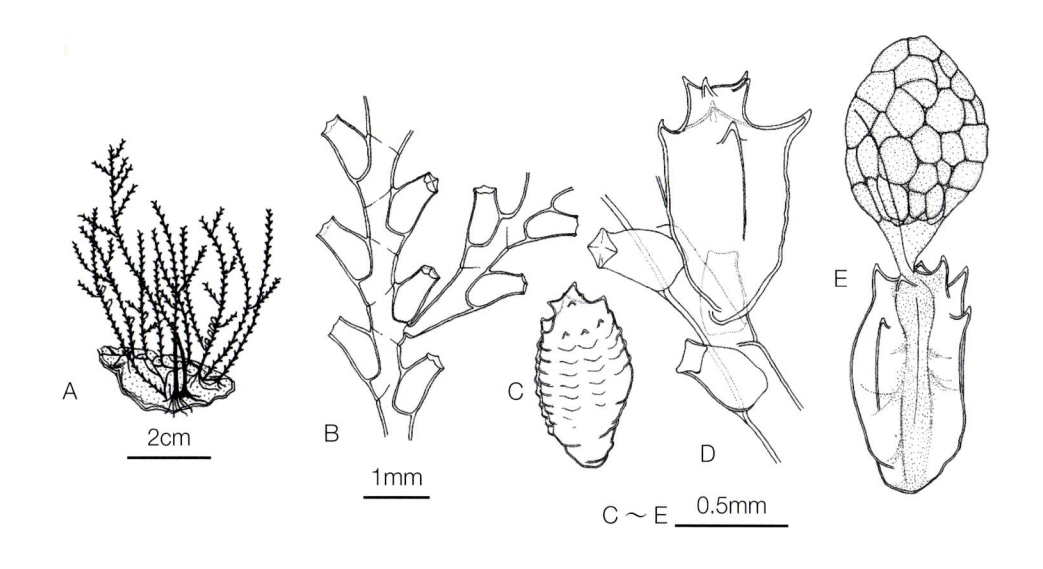

图3　桃果小桧叶螅 *Sertularella inabai* Stechow, 1913（引自宋希坤，2019）
A. 群体；B. 主茎和分枝；C. 雄性生殖鞘；D、E. 雌性生殖鞘

5

星雨螅属 *Xingyurella* Song et al., 2018

星雨螅
Xingyurella xingyuarum Song et al., 2018

标本采集地： 渤海、黄海。

形态特征： 群体细长，呈柳条状，具明显的单根或多根主茎，主茎呈"Z"形，分枝互生，多级双歧分枝，分枝夹角 20°～30°，分枝与主茎粗细相似，分枝腋窝处具芽鞘，不具垫突。分枝分节规律，节末具 1 个芽鞘，芽鞘排列稀疏，互生，排成两纵列。芽鞘近茎侧 1/8～1/5 贴生，往末端逐渐变细，末端收缩，口部扩展，芽鞘表面近茎侧布满 5～9 圈明显的环纹（皱纹），远茎侧环纹较浅或无环纹。芽鞘口部具 3 个等大的缘齿，由 3 片三角形缘瓣围成塔状，未观察到内部齿。生殖鞘着生于主茎和分枝的基部，近椭圆形，口部具短领，生殖鞘及口部表面布满向上的棘刺，棘刺长度具变化。

生态习性： 栖息于潮下带的岩石、贝壳等硬质基底上，水深 10～70m。

地理分布： 渤海，黄海，东海。

参考文献： Song et al., 2018；宋希坤，2019。

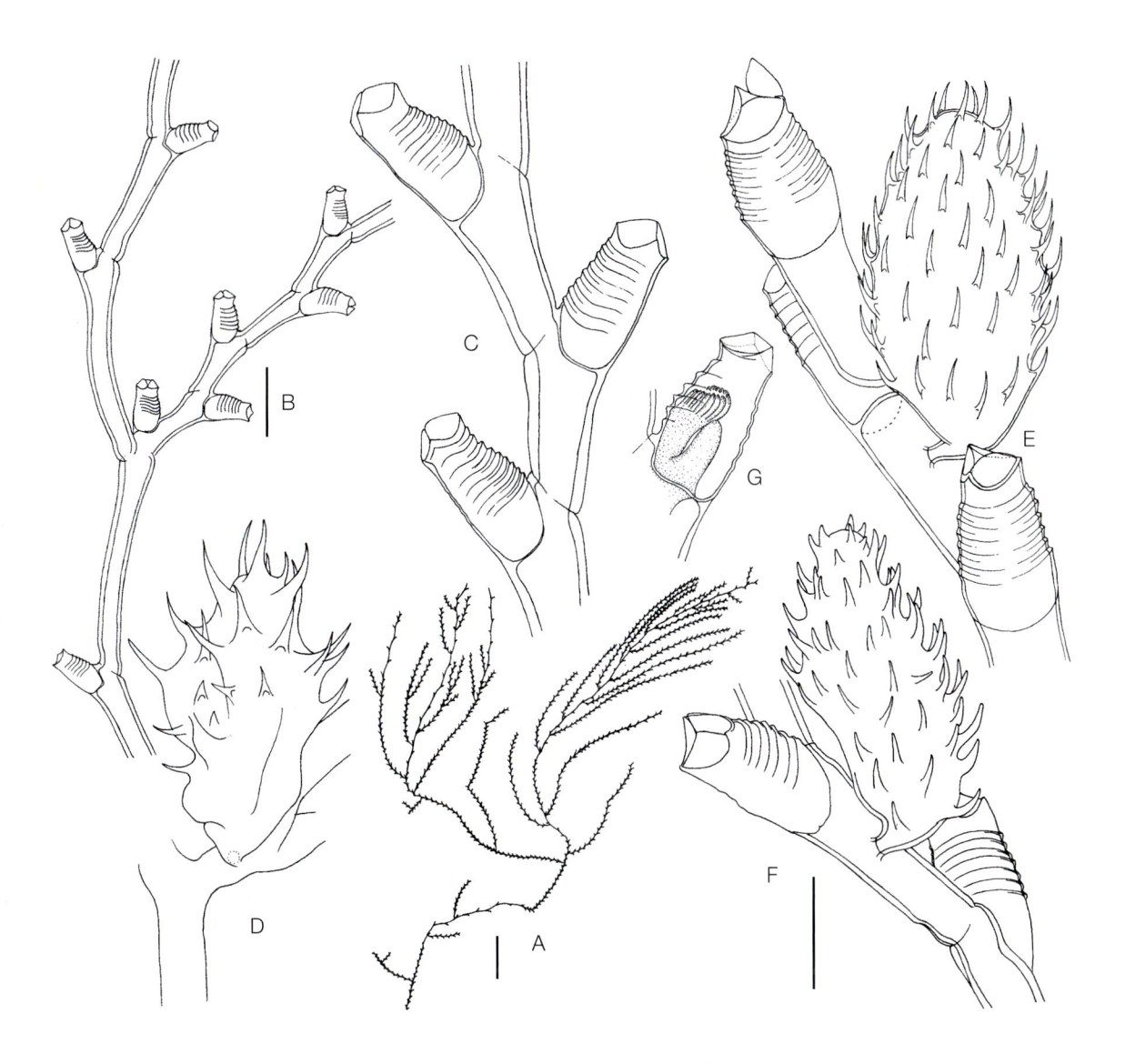

图 4 星雨螅 *Xingyurella xingyuarum* Song et al., 2018（引自 Song et al., 2018）
A. 群体；B. 分枝；C. 次级分枝；D～F. 雌性生殖鞘；G. 离茎盲囊
比例尺：A = 1cm；B = 1mm；C～G = 0.5mm

桧叶螅科 Sertulariidae Lamouroux, 1812
海女螅属 *Salacia* Lamouroux, 1816

多变海女螅
Salacia variabilis (Marktanner-Turneretscher, 1890)

标本采集地： 渤海。

形态特征： 群体羽状，直立生长，具明显主茎，略呈"Z"形，具侧枝和次级分枝，互生，与主茎位于同一平面，分枝间隔3～5个芽鞘，1个腋生，其他互生；分枝处具垫突，分枝基部逐渐变宽，呈倒三角形；主茎和侧枝均分节，主茎分节相对规律，每节具1～3个分枝，分节处倾斜，具收缢；侧枝分节不规律，每个侧枝具1～4节，每节具1～5对芽鞘对簇，侧枝分节处具收缢，分节开始处亦呈倒三角形。芽鞘表面光滑，在主茎或分枝上排成两纵列，近对生或互生，与主茎位于同一平面；主茎上的芽鞘排列稀疏，分枝上的密集；芽鞘弯管状，下半部1/2贴生，底部较宽，向上逐渐变窄外弯，开口处圆形，不具缘齿，远茎侧具单瓣圆形芽盖。收缩的螅芽具离茎盲囊。生殖鞘卵圆形，着生于芽鞘侧下方，雌性生殖鞘顶端具端胞，雄性生殖鞘顶端具2个内部齿。具两种刺细胞，第一种较大，长卵圆形，内部具1根棍状刺，周围缠绕多圈细丝；另一种较小，梭形，两端尖，内部可观察到1根直刺状结构。

地理分布： 渤海，黄海；日本。

参考文献： 宋希坤，2019。

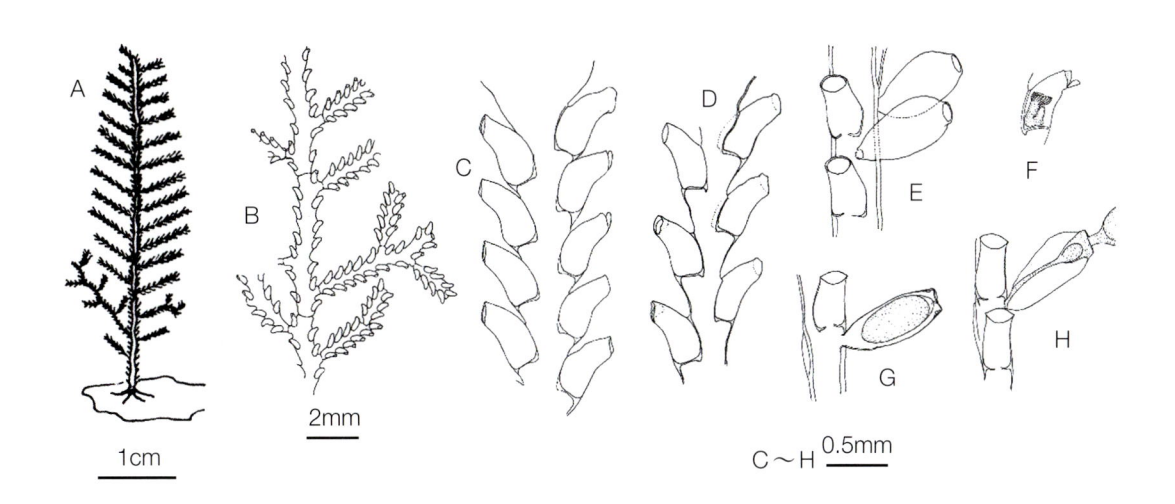

图 5　多变海女螅 Salacia variabilis (Marktanner-Turneretscher, 1890)（引自宋希坤，2019）
A. 群体；B. 主茎和分枝；C、D. 分枝；E. 生殖鞘；F. 离茎盲囊；G. 雄性生殖鞘；H. 雌性生殖鞘

桧叶螅总科分属检索表

1. 芽鞘口部无缘齿，芽盖单瓣 ………………………………… 海女螅属 Salacia（多变海女螅 S. variabilis）
- 芽鞘口部具缘齿，芽盖多瓣 …………………………………………………………………………… 2
2. 芽鞘口部具 4 个缘齿，芽盖 4 瓣 ……………………… 小桧叶螅属 Sertularella（桃果小桧叶螅 S. inabai）
- 芽鞘口部具 3 个缘齿，芽盖 3 瓣 …………………………… 星雨螅属 Xingyurella（星雨螅 X. xingyuarum）

海鳃目 Pennatulacea
棒海鳃科 Veretillidae Herklots, 1858
仙人掌海鳃属 Cavernularia Valenciennes in Milne Edwards & Haime, 1850

强壮仙人掌海鳃
Cavernularia obesa Valenciennes in Milne Edwards & Haime, 1850

标本采集地：山东长岛、青岛、日照。

形态特征：群体大型，棍棒状。上部为轴部，周围具很多水螅体；下部为柄部，无水螅体。轴部长度为柄部的 2 倍以上。体较松软，体形因伸缩程度不同常有变化。水螅体无芽鞘，收缩后可隐入轴部。轴部内含有很多石灰质小骨片。活体淡黄色或橙色。

生态习性：栖息于潮间带、潮下带泥砂滩。

地理分布：中国各海区。

参考文献：冈田要等，1960；杨德渐等，1996；曹善茂等，2017。

图 6　强壮仙人掌海鳃 *Cavernularia obesa* Valenciennes in Milne Edwards & Haime, 1850
（孙世春供图）

海葵目 Actiniaria
海葵科 Actiniidae Rafinesque, 1815
海葵属 Actinia Linnaeus, 1767

等指海葵
Actinia equina (Linnaeus, 1758)

同物异名： *Priapus equinus* Linnaeus, 1758

标本采集地： 中国沿海潮间带。

形态特征： 活体全身鲜红色到暗红色，乙醇保存则褪色。足盘直径、柱体高和口盘直径大致相等，通常为 20～40mm。柱体光滑，部分大个体领窝内具边缘球。触手中等大小，100 个左右，按 6 的倍数排成数轮，完整模式为 6+6+12+24+48+96=192 个；内、外触手大小近等。

生态习性： 栖息于潮间带及潮下带的岩石上。

地理分布： 渤海，黄海，东海，南海；世界性分布。

参考文献： 裴祖南，1998；李阳，2013。

图 7　等指海葵 *Actinia equina* (Linnaeus, 1758)
（李阳供图）

侧花海葵属 *Anthopleura Duchassaing* de Fonbressin & Michelotti, 1860

亚洲侧花海葵
Anthopleura asiatica Uchida & Muramatsu, 1958

标本采集地： 中国沿海潮间带。

形态特征： 海葵体较小，形态多变，伸展时多为圆柱状，足盘直径、柱体高、柱体直径和口盘直径近等，通常接近但不大于 20mm；收缩时呈小丘状。足盘有黏附性。柱体浅棕色，具边缘球和疣突，吸附少量砂粒等外来物。边缘球棕黄色，在大个体中较多，小个体有的无边缘球。疣突红色，斑点状，约 24 列，每列数个到十余个不等；其中对应于前两轮触手的 12 列明显，每列数目也较多。口盘透明，可见隔膜插入痕。触手灰棕色，口盘侧无白色斑点，触手约 60 个，按 6 的倍数排列。

生态习性： 栖息于潮间带及潮下带的岩石上。

地理分布： 渤海，黄海，东海，南海；日本，印度洋。

参考文献： 裴祖南，1998；李阳，2013。

图 8　亚洲侧花海葵 *Anthopleura asiatica* Uchida & Muramatsu, 1958（李阳供图）

绿侧花海葵　　绿海葵
Anthopleura fuscoviridis Carlgren, 1949

同物异名： 绿疣海葵 *Anthopleura midori* Uchida & Muramatsu, 1958

标本采集地： 山东青岛、日照、威海、烟台、长岛。

形态特征： 体圆柱形，上部较宽，中部常缢缩。柱体高 20～80mm，直径 15～60mm。柱体表面布满鲜绿色疣突，在柱体上部密集排列，96 列；下部则相对稀疏，48 列。边缘球白色。口圆形或裂缝状，口盘绿色或浅褐色，垂唇处较深，边缘有的为红色。触手 96 条，长度与口盘直径相近，按 6 的倍数规则排列，淡绿色、白色或浅褐色。2 个口道沟，连接 2 对指向隔膜。隔膜 48 对，按 6 的倍数规则排列。除指向隔膜外，其他隔膜均可育。隔膜收缩肌弥散型。

生态习性： 固着于潮间带及潮下带受海水冲击的岩礁或石块上。

地理分布： 渤海，黄海，东海，南海；日本。

参考文献： 杨德渐等，1996；裴祖南，1998；李阳，2013；曹善茂等，2017。

图 9　绿侧花海葵 Anthopleura fuscoviridis Carlgren, 1949（A～D. 孙世春供图；E. 李阳供图）
A、D. 口面观；B、C. 侧面观；E. 生态照

朴素侧花海葵
Anthopleura inornata (Stimpson, 1855)

同物异名： *Bunodactis inornata* Stimpson, 1855

标本采集地： 中国沿海潮间带。

形态特征： 体伸展时圆柱状，大个体足盘直径、柱体高、柱体直径和口盘直径均约40mm。足盘宽大。柱体浅绿色，口盘和触手深橄榄色。疣突布满整个柱体，颜色与柱体相同，约96列；其中对应于内腔的48列明显，且每列数目较多。边缘球棕黄色，约48个。口位于口盘中央，卵圆形，周围隆起明显，口与触手之间宽阔。触手长，口盘侧无白色斑点，约96个，按6的倍数排列。

生态习性： 栖息于潮间带及潮下带的岩石上。

地理分布： 渤海，黄海，东海，南海；日本。

参考文献： 裴祖南，1998；李阳，2013。

图 10　朴素侧花海葵 *Anthopleura inornata* (Stimpson, 1855)（李阳供图）

日本侧花海葵
Anthopleura japonica Verrill, 1899

同物异名： *Gyractis japonica* England, 1992

标本采集地： 中国沿海潮间带。

形态特征： 活体浅棕色，有变异。基部发达，附着在岩石上。柱体下部较光滑，上部黏附少量外来物。疣突 48 列，延伸至柱体底部，但上部较明显。边缘球白色，48 个。口盘圆形，口椭圆形，位于口盘中央。触手中等大小，口盘侧一般具白色斑点，按 6+6+12+24+48=96 个的方式规则排列。2 个口道沟，连接 2 对指向隔膜。隔膜共 4 轮，按 6+6+12+24=48 对的方式排列；前 3 轮完全、可育，但指向隔膜可育程度较轻。隔膜收缩肌弥散型。

生态习性： 具虫黄藻，与虫黄藻共生。栖息于潮间带及潮下带的岩石上。

地理分布： 渤海，黄海，东海，南海；韩国，日本。

参考文献： 裴祖南，1998；李阳，2013。

图 11　日本侧花海葵 *Anthopleura japonica* Verrill, 1899（李阳供图）

侧花海葵属分种检索表

1. 个体小，柱体高与直径通常接近但不大于 20mm .... 亚洲侧花海葵 *A. asiatica*
- 个体大，柱体高与直径通常大于 20mm 2
2. 疣突鲜绿色，与柱体颜色对比明显 .... 绿侧花海葵 *A. fuscoviridis*
- 疣突与柱体颜色相近 3
3. 口盘和触手深橄榄色；触手口盘侧无白色斑点 .... 朴素侧花海葵 *A. inornata*
- 口盘和触手浅棕色；触手口盘侧有白色斑点 .... 日本侧花海葵 *A. japonica*

近瘤海葵属 *Paracondylactis* Carlgren, 1934

亨氏近瘤海葵
Paracondylactis hertwigi (Wassilieff, 1908)

同物异名： *Condylactis hertwigi* Wassilieff, 1908

标本采集地： 中国沿海。

形态特征： 体浅红棕色，易收缩，伸展时可见隔膜插入痕。柱体延长，上端粗，向下变细。保存状态下最大个体长 7.0cm，柱体最大直径 3.5cm，足盘直径 1.0cm。领部有 24 个假边缘球。无疣突。有边缘孔。触手短小，有斑点，48 个；内触手长于外触手。边缘括约肌弥散型。2 个口道沟，连接 2 对指向隔膜，指向隔膜可育。隔膜 3 轮 24 对，按 6+6+12 的方式排列。

生态习性： 栖息于近岸泥砂滩中。

地理分布： 渤海，黄海，东海，南海；日本，韩国。

参考文献： 裴祖南，1998；李阳，2013。

图 12　亨氏近瘤海葵 *Paracondylactis hertwigi* (Wassilieff, 1908)（李阳供图）

中华近瘤海葵
Paracondylactis sinensis Carlgren, 1934

标本采集地： 山东东营。

形态特征： 体延长型，上粗下细。最大个体柱体高约 17cm，足盘直径 3.5cm，口盘直径 6.0cm，触手长 3.0cm。柱体光滑，不具疣突。领部有一轮假边缘球，约 48 个。触手 96 个，较短；内触手略长于外触手。边缘括约肌弱，弥散型。2 个口道沟，连接 2 对指向隔膜。隔膜 3 轮 48 对，按 12+12+24 的方式排列。

生态习性： 栖息于近岸泥砂滩中。

地理分布： 渤海，黄海，东海，南海；西北太平洋，印度洋，印度，越南，日本。

参考文献： 裴祖南，1998；李阳，2013。

海葵科分属检索表

1. 部分大个体具边缘球 2
- 无边缘球（具假边缘球） .... 近瘤海葵属 *Paracondylactis*
  （亨氏近瘤海葵 *P. hertwigi*，中华近瘤海葵 *P. sinensis*）
2. 无疣突 .... 海葵属 *Actinia*（等指海葵 *A. equina*）
- 具疣突 .... 侧花海葵属 *Anthopleura*

图 13　中华近瘤海葵 *Paracondylactis sinensis* Carlgren, 1934（A. 曾晓起供图；B. 李阳供图）

矶海葵科 Diadumenidae Stephenson, 1920
矶海葵属 Diadumene Stephenson, 1920

纵条矶海葵　　西瓜海葵、滨海葵
Diadumene lineata (Verrill, 1869)

同物异名： *Haliplanella luciae* Pei, 1998

标本采集地： 山东长岛、灵山岛，西沙群岛。

形态特征： 个体较小，圆筒形，柱体高 5～60mm、宽 7～30mm。褐色、浅灰色、橄榄绿色，常有橙色、黄色或白色纵条纹，或为双色条纹。头部与柱体交界处有一圈颜色较深的横带（领部）。伸展时体表可见很多小的壁孔，是枪丝的射出通道，受到干扰后从柱体壁孔和口中射出枪丝，是该种明显的鉴别特征。口盘喇叭形，灰绿色，常有白色斑点，有时具浅红色斑点。基盘略宽于下体柱，附着牢度中等。

生态习性： 潮间带习见种，附着于岩礁、石块上，也见于养殖筏架等人工设施上。

地理分布： 渤海，黄海，东海，南海；世界性分布。

参考文献： 杨德渐等，1996；裴祖南，1998；李阳，2013。

图 14 纵条矶海葵 *Diadumene lineata* (Verrill, 1869)（A. 孙世春供图；B. 李阳供图）
A. 伸展状态；B. 收缩状态

蠕形海葵科 Halcampidae Andres, 1883

蠕形海葵属 *Halcampella* Andres, 1883

大蠕形海葵
Halcampella maxima Hertwig, 1888

标本采集地： 东海。

形态特征： 体延长型，上粗下窄。分足节、柱体和头部。柱体高 4～9cm，最大直径 1～3cm，具坚硬的黑色表皮，吸附很多细小砂粒，由 12 条纵肋等分。足节与柱体连接处最窄，约 3.5mm。足节奶油色，可见 12 个隔膜插入痕。触手 20～30 个，缩进口盘；内触手长于外触手。隔膜 12 对。

生态习性： 栖息于浅海泥砂质底。

地理分布： 中国近海；韩国，日本，菲律宾。

参考文献： 裴祖南，1998；李阳，2013。

图 15 大蠕形海葵 *Halcampella maxima* Hertwig, 1888（李阳供图）

细指海葵科 Metridiidae Carlgren, 1893

细指海葵属 Metridium de Blainville, 1824

高龄细指海葵
Metridium sensile (Linnaeus, 1761)

同物异名： 须毛细指海葵 *Metridium fimbriatum* Verrill, 1865

标本采集地： 山东青岛，北黄海沿岸。

形态特征： 活体为白色、橘黄色或红褐色，触手颜色同柱体一致或带灰白色。保存标本柱体肉红色，口盘白色或奶油色；身体圆柱形，基盘较宽，其边缘常呈锯齿状。可分为足盘、柱体和头部，头部具领窝，但不同标本形态变化很大。柱体高和口盘直径相近，为 4～5cm，表面光滑，有的个体柱体有白色线状枪丝从壁孔射出。足盘发达，通常大于柱体和口盘直径，最大超过 10cm。口盘很大，大个体口盘有明显分叶，上面密生触手，常达数千个，呈花冠状，小个体触手较长，基部常有 1～2 个不透明白色条斑。触手在口盘外缘细小，排列紧密，向里逐渐变大、稀疏；部分大个体在首轮进食触手之间具捕捉触手。体色多变，从纯白到深橙色或暗褐色。

生态习性： 栖息于浅海，常附着于石块或螺壳上，以及养殖筏架等人工设施上。

地理分布： 渤海，黄海；北冰洋，太平洋，大西洋。

参考文献： 赵汝翼等，1982；杨德渐等，1996；裴祖南，1998；李阳，2013；曹善茂等，2017。

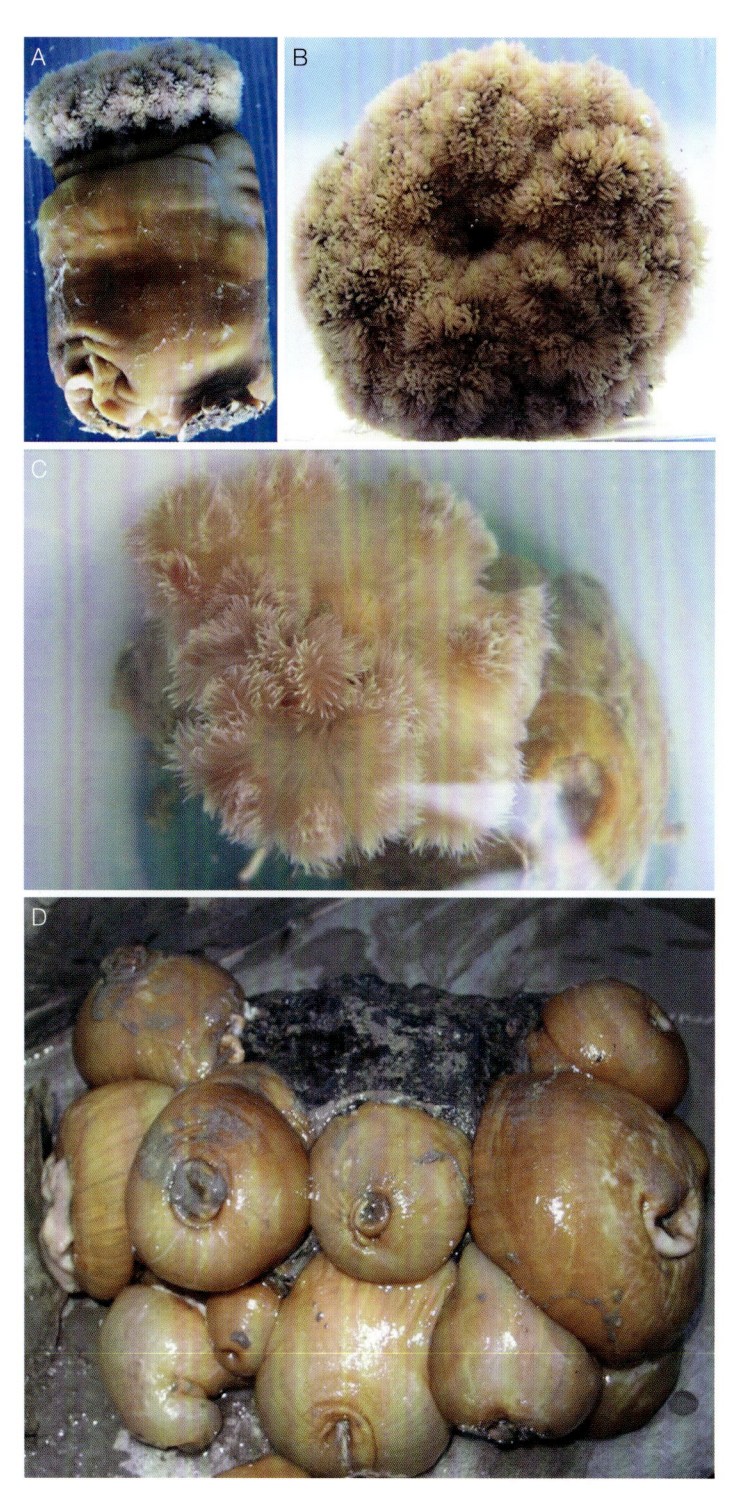

图 16　高龄细指海葵 *Metridium sensile* (Linnaeus, 1761)
A～C. 伸展状态（曾晓起供图）；D. 收缩状态（李阳供图）

刺胞动物门参考文献

曹善茂，印明昊，姜玉声，等 . 2017. 大连近海无脊椎动物 . 沈阳：辽宁科学技术出版社 .

李阳 . 2013. 中国海海葵目（刺胞动物门：珊瑚虫纲）种类组成与区系特点研究 . 青岛：中国科学院海洋研究所博士学位论文 .

裴祖南 . 1998. 中国动物志 腔肠动物门 海葵目 角海葵目 群体海葵目 . 北京：科学出版社 .

宋希坤 . 2019. 中国与两极海域桧叶螅科刺胞动物多样性 . 北京：科学出版社 .

王春光，林茂，许振祖 . 2012. 水螅虫总纲 Superclass Hydroza // 黄宗国，林茂 . 中国海洋物种和图集（下卷）. 中国海洋生物图集（第三册）. 北京：海洋出版社：11-60.

杨德渐，王永良，等 . 1996. 中国北部海洋无脊椎动物 . 北京：高等教育出版社 .

赵汝翼，李东波，暴学祥，等 . 1982. 辽宁兴城沿海无脊椎动物名录 . 东北师大学报（自然科学版），(3): 97-107.

冈田要，内田亨，等 . 1960. 原色動物大圖鑑, IV. 東京：北隆館 .

Song X, Gravili C, Ruthensteiner B, et al. 2018. Incongruent cladistics reveal a new hydrozoan genus (Cnidaria: Sertularellidae) endemic to the eastern and western coasts of the North Pacific Ocean. Invertebrate Systematics, 32(5): 1083-1101.

Song X, Xiao Z, Gravili C, et al. 2016. Worldwide revision of the genus *Fraseroscyphus* Boero and Bouillon, 1993 (Cnidaria: Hydrozoa): an integrative approach to establish new generic diagnoses. Zootaxa, 4168 (1): 1-37.

扁形动物门
Platyhelminthes

多肠目 Polycladida
背涡科 Notocomplanidae Litvaitis, Bolaños & Quiroga, 2019
背涡属 *Notocomplana* Faubel, 1983

北方背涡虫
Notocomplana septentrionalis (Kato, 1937)

标本采集地： 山东烟台、青岛。

形态特征： 身体扁平，长椭圆形，前端宽圆，后端略尖。体长约 20mm，体宽约 5mm。触手位于身体前部约 1/5 处，在活体较为明显。脑区具两簇较小的脑眼和两簇较大的触手眼。口位于腹面中央，咽具较浅的侧褶。雄生殖孔位于雌生殖孔之前，均位于口后。体色多乳白、淡黄或灰色，背面常具褐色斑点。

本种未曾在中国报道，前人在中国北方沿海发现的近似种薄背涡虫 *Notocomplana humilis* (Stimpson, 1857) 可能与本种是同一种。

生态习性： 栖息于潮间带石下、污损生物间。

地理分布： 渤海，黄海；日本。

参考文献： Oya and Kajihara, 2017。

图 17　北方背涡虫 *Notocomplana septentrionalis* (Kato, 1937)（孙世春供图）

扁形动物门参考文献

Oya Y, Kajihara H. 2017. Description of a new *Notocomplana* species (Platyhelminthes: Acotylea), new combination and new records of Polycladida from the northeastern Sea of Japan, with a comparison of two different barcoding markers. Zootaxa, 4282(3): 526-542.

纽形动物门
Nemertea

细首科 Cephalotrichidae McIntosh, 1874

细首属 *Cephalothrix* Örsted, 1843

古纽纲 Palaeonemertea

香港细首纽虫
Cephalothrix hongkongiensis Sundberg, Gibson & Olsson, 2003

标本采集地： 山东长岛、青岛，浙江大陈岛，福建厦门，广东深圳，香港。

形态特征： 虫体细长线状，头端至脑部较其后部略细，尾端渐细。伸展状态体长可达 110mm 以上，最大体宽约 1mm。虫体呈浅黄色或浅褐色，肠区颜色常因食物而变化，头端颜色呈橘红色或褐色加深。有的个体体表可见数目不等的浅色环纹。吻孔位于虫体前端。口位于脑后腹面，距头端距离约为体宽的 3 倍。无头沟，无眼点。

生态习性： 栖息于潮间带石下、粗砂中，也见于大型海藻丛中。

地理分布： 渤海，黄海，东海，南海；韩国，澳大利亚。

参考文献： Gibson，1990；孙世春，1995；Chen et al., 2010。

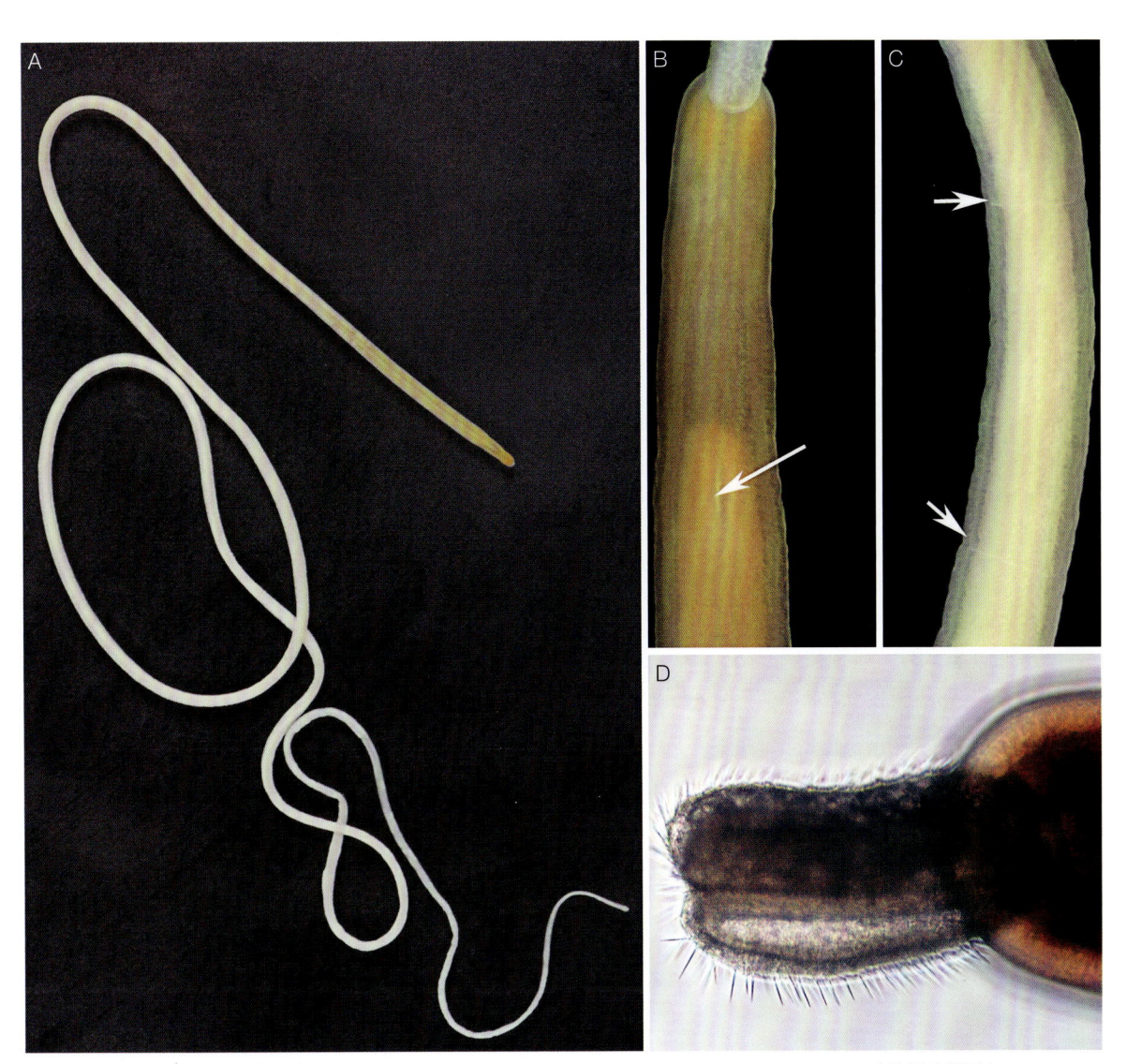

图 18 香港细首纽虫 *Cephalothrix hongkongiensis* Sundberg, Gibson & Olsson, 2003（孙世春供图）
A. 整体外形；B. 头部腹面观（吻部分翻出，箭头所指为口）；C. 体中部（箭头指示浅色环纹）；D. 头部（吻部分翻出）

异纽目 Heteronemertea
纵沟科 Lineidae McIntosh, 1874
库氏属 *Kulikovia* Chernyshev, Polyakova, Turanov & Kajihara, 2017

帽幼纲 Pilidiophora

白额库氏纽虫
Kulikovia alborostrata (Takakura, 1898)

标本采集地： 辽宁大连，山东长岛、烟台、青岛。

形态特征： 虫体略扁平。前部较粗而宽，后部逐渐变细。最大体长可达70cm，宽2～7mm。虫体呈暗紫色、深褐色、灰褐色或肉色，背侧色深，腹侧色较浅。头部蛇首状，近长方形，前端具白色横纹。头部两侧具一对纵沟，纵沟内壁呈朱红色。头部背侧后方透视可见暗红色的脑神经节。头和躯干部之间有明显的颈部。口呈纵裂状，位于头部腹面脑的后方。吻孔开口于头端。

生态习性： 栖息于砾石海岸潮间带的石块下，海带、裙带菜等大型海藻固着器内，牡蛎、贻贝间等。

地理分布： 渤海，黄海；日本，俄罗斯。

参考文献： 尹左芬等，1986；孙世春，2008；Chernyshev et al., 2018。

图 19　白额库氏纽虫 *Kulikovia alborostrata* (Takakura, 1898)（孙世春供图）
A、B. 活体外形；C. 头部背面

纵沟属 *Lineus* Sowerby, 1806

血色纵沟纽虫
Lineus sanguineus (Rathke, 1799)

标本采集地： 辽宁旅顺、大长山岛，山东大钦岛、南长山岛、灵山岛，浙江泗礁山，福建平潭，广东硇洲岛。

形态特征： 虫体细长，所见最大个体伸展时体长达 30cm，宽约 1mm。体色多变，背面常呈棕红色、暗红色、暗褐色、黄褐色，有的个体略显绿色，腹面色较浅。一般前部体色较深，向后变浅，年幼个体体色较浅。体表常可见若干淡色环纹，间距不等，数目与个体大小正相关。头部具一浅色的区域，呈红色，是脑神经节所在区域。头部两侧的水平头裂长而明显。眼点位于头部两侧边缘，每侧 1～6 个，直线排列成单行。口位于两侧头裂后端腹面中央，呈椭圆形。吻孔位于头端中央。无尾须。

本种与国内曾记录的绿纵沟纽虫 *Lineus viridis* (Müller, 1774) 通过形态进行区分较为困难。后者在中国沿海罕见。二者受刺激后的收缩行为有所不同，本种受刺激后常收缩成螺旋状，而绿纵沟纽虫不呈螺旋状收缩。二者可通过分子特征（COI 序列）鉴定。

生态习性： 常栖息于潮间带泥砂底的石块下，海藻固着器，牡蛎、贻贝等固着生物间。再生能力极强，自然状态下常通过自切断裂方式进行无性生殖。

地理分布： 渤海，黄海，东海，南海；日本，北美洲太平洋、大西洋沿岸，欧洲、南美洲太平洋、大西洋沿岸，新西兰等有记录，但未曾在赤道附近报道。

参考文献： 尹左芬等，1986；孙世春，2008；Kang et al., 2015。

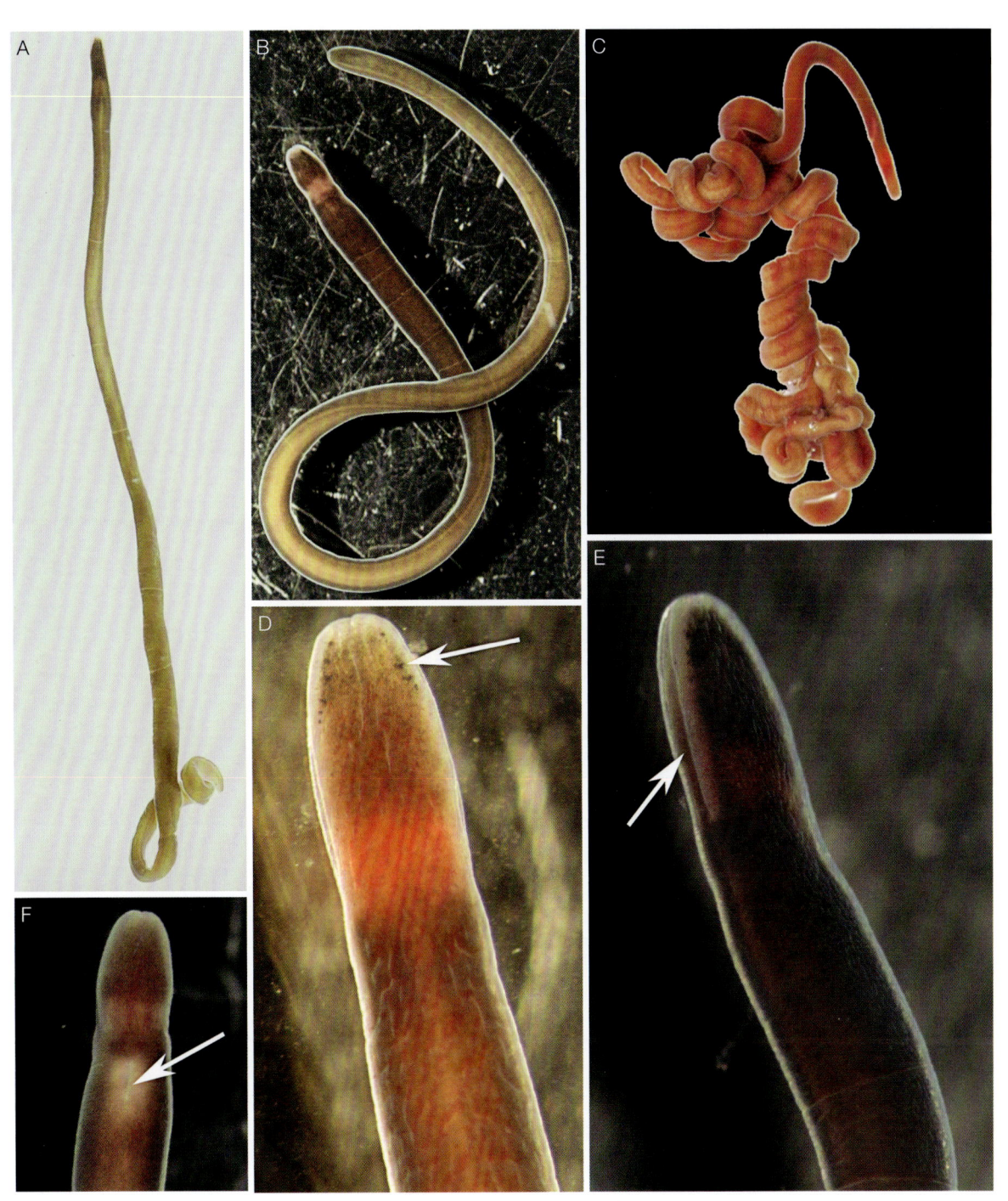

图 20　血色纵沟纽虫 *Lineus sanguineus* (Rathke, 1799)（A～C 引自 Kang et al., 2015；D～F 孙世春供图）
A～C. 整体外形，示体色变化；D. 头部背面观，箭头指向眼点；E. 头部背侧面观，箭头所指为水平头裂；
F. 头部腹面观，箭头所指为口

单针目 Monostilifera

强纽科 Cratenemertidae Friedrich, 1968

日本纽虫属 Nipponnemertes Friedrich, 1968

斑日本纽虫　　斑两用孔纽虫
Nipponnemertes punctatula (Coe, 1905)

标本采集地： 山东烟台、青岛。

形态特征： 虫体粗胖，背腹扁平。体长 50～100mm，宽 3～5mm。身体前部较狭窄，后部较宽，后端呈圆锥状。体色个体间变化大，多呈土黄色或浅褐色，背面有不规则的深褐色斑点。头部半圆形，背面具褐色菱形斑纹，周缘和颈部两侧呈浅黄色。眼点很多，在头部两侧分成两群。2 对头沟大而明显，第一对头沟在腹面向前延伸几乎会合于吻孔后方，第二对头沟在背面向后会合成"V"形。吻孔开口于头端腹面。吻针基座较短，多呈梨形，副针囊 1 对。

生态习性： 生活在潮间带、潮下带，栖息于石块下、石缝或海藻间。具游泳能力。

地理分布： 渤海，黄海；日本，俄罗斯，美国加利福尼亚。

参考文献： 尹左芬等，1986；孙世春，2008。

针纽纲 Hoplonemertea

图 21　斑日本纽虫 *Nipponnemertes punctatula* (Coe, 1905)（孙世春供图）
A～D. 虫体背面观，示体色及斑纹变化；E. 头端腹面观；F、G. 吻针及基座
比例尺：D、E = 500μm；F = 200μm；G = 50μm

卷曲科 Emplectonematidae Bürger, 1904
卷曲属 Emplectonema Stimpson, 1857

细卷曲纽虫
Emplectonema gracile (Johnston, 1837)

标本采集地： 辽宁大连，山东烟台、青岛。

形态特征： 虫体呈带状，体长 20～30cm，宽约 1mm。虫体背面黄绿色或青灰色，腹面灰黄色。头部卵圆形，周缘呈黄白色。头沟 2 对。后头沟在脑神经节后方背面会合成"V"形沟纹。头部背面两侧各具 2 组眼，第 1 组位于前头沟前缘，每侧 9～11 个，第 2 组位于脑神经节附近，每侧 3～5 个。眼点的大小及排列不整齐。吻、口同孔，位于头端腹面。吻细长，黄白色。吻针基座细长棒状，有的略弯曲，后端常加宽。主针稍弯曲，长度明显短于基座。副针囊 2 个，内含副针 4～5 个。

生态习性： 栖息于潮间带石缝间和砾石间、石块下以及牡蛎间。

地理分布： 渤海，黄海；北半球广泛分布，智利。

参考文献： 尹左芬等，1986；孙世春，2008；曹善茂等，2017。

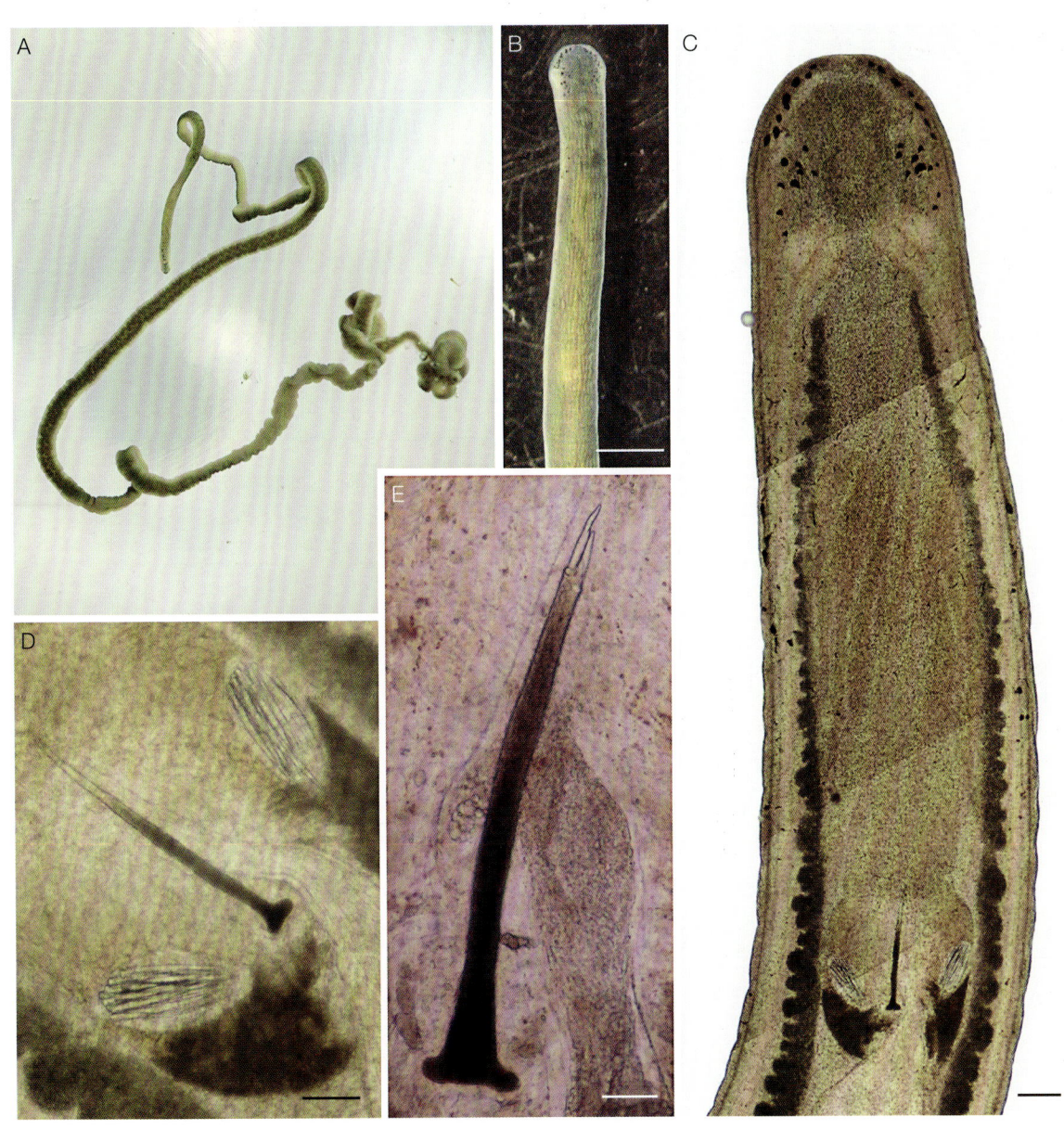

图 22　细卷曲纽虫 *Emplectonema gracile* (Johnston, 1837)（孙世春供图）
A. 活体外形；B. 头部背面观；C. 前部压片；D、E. 吻针及基座
比例尺：B = 1mm；C = 200μm；D = 100μm；E = 50μm

拟纽属 *Paranemertes* Coe, 1901

奇异拟纽虫
Paranemertes peregrina Coe, 1901

标本采集地： 辽宁大连，山东长岛。

形态特征： 大个体体长可达 200mm 以上，体宽 1～3mm。身体扁平，头部稍圆，后端尖。身体背面深褐色，腹面颜色较淡，呈浅褐色。头中部左右两侧常具一浅色区域。头沟 2 对，第 1 对位于头部，在背面不联合，第 2 对位于头后，在背面会合成尖向后方的"V"形。眼点很多，分为 4 组。

生态习性： 栖息于潮间带石缝、石下，牡蛎、贻贝或海藻丛中。

地理分布： 渤海，黄海；日本，俄罗斯，科曼多尔群岛（白令海），阿留申群岛，北美洲太平洋沿海。

参考文献： Hao et al., 2015。

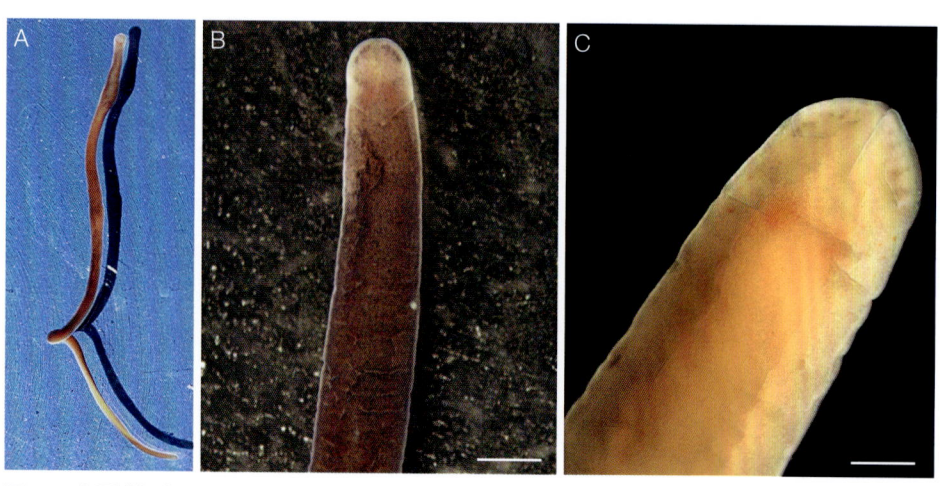

图 23　奇异拟纽虫 *Paranemertes peregrina* Coe, 1901（A 引自 Hao et al., 2015；B、C 孙世春供图）
A. 整体观；B. 体前部背面观；C. 头部腹面观
比例尺：B = 1mm；C = 0.5mm

纽形动物门参考文献

曹善茂, 印明昊, 姜玉声, 等. 2017. 大连近海无脊椎动物. 沈阳: 辽宁科学技术出版社.

孙世春. 1995. 台湾海峡纽形动物初报. 海洋科学, (5): 45-48.

孙世春. 2008. 纽形动物门 Phylum Nemertea Schultze, 1961.// 刘瑞玉. 中国海洋生物名录. 北京: 科学出版社: 388-392.

尹左芬, 史继华, 李诺. 1986. 山东沿海纽形动物的初步调查. 海洋通报, 5: 67-71.

Chen H X, Strand M, Norenburg J L, et al. 2010. Statistical parsimony networks and species assemblages in cephalotrichid nemerteans (Nemertea). PLoS One, 5(9): e12885.

Chernyshev A V, Polyakova N E, Turanov S V, et al. 2018. Taxonomy and phylogeny of *Lineus torquatus* and allies (Nemertea, Lineidae) with descriptions of a new genus and a new cryptic species. Systematics and Biodiversity, 16(1): 55-68.

Gibson R. 1990. The macrobenthic nemertean fauna of Hong Kong. In: Morton B. Proceedings of the Second International Marine Biological Workshop: the Marine Flora and Fauna of Hong Kong and Southern China. Vol. 1. Hong Kong: Hong Kong University Press: 33-212.

Hao Y, Kajihara H, Chernyshev A V, et al. 2015. DNA taxonomy of *Paranemertes* (Nemertea: Hoplonemertea) with spirally fluted stylets. Zoological Science, 32(6): 571-578.

Kang X X, Fernández-Álvarez F Á, Alfaya J E F, et al. 2015. Species diversity of *Ramphogordius sanguineus / Lineus ruber* like nemerteans (Nemertea: Heteronemertea) and geographic distribution of *R. sanguineus*. Zoological Science, 32(6): 579-589.

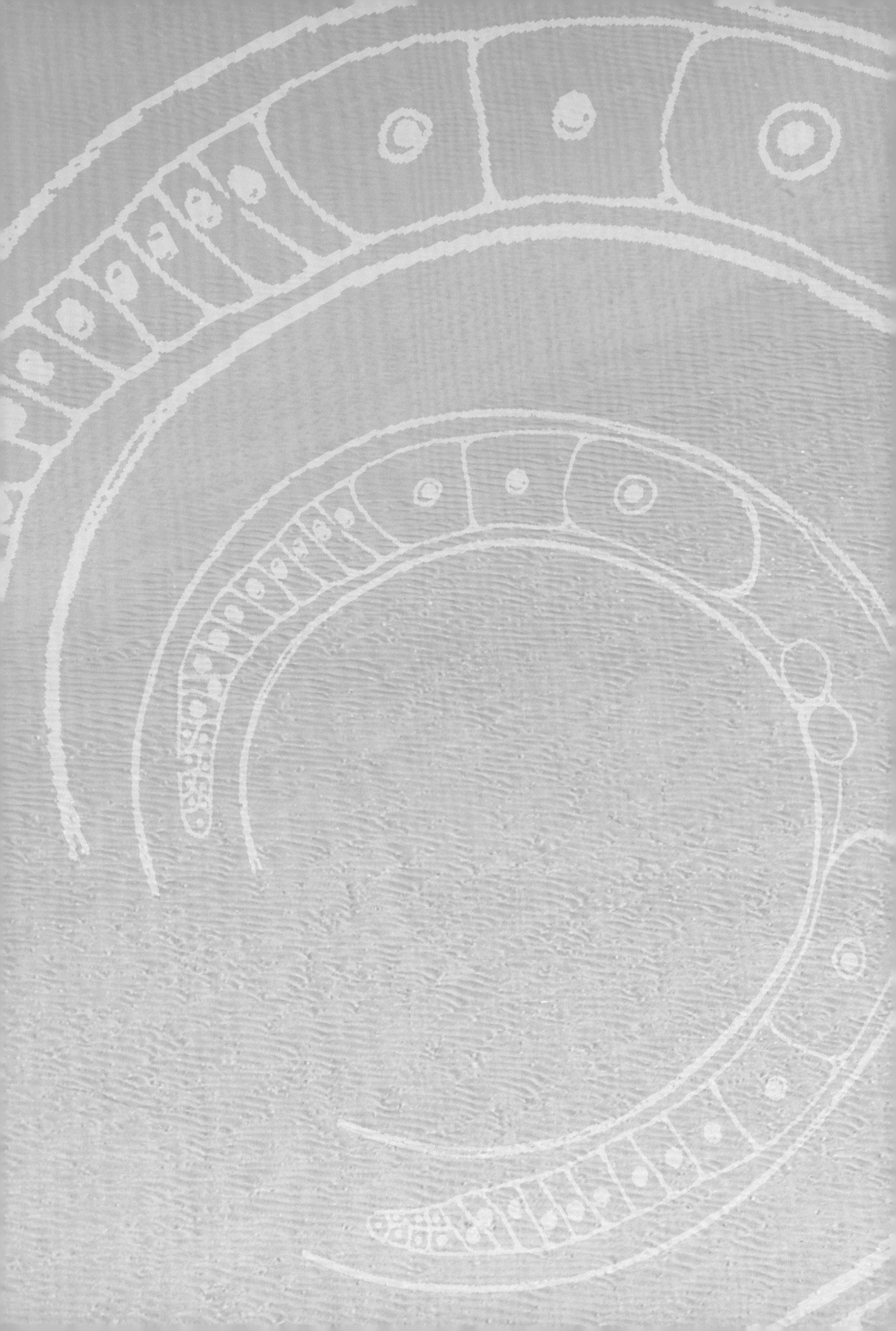

线虫动物门
Nematoda

嘴刺目 Enoplida
嘴刺线虫科 Enoplidae Dujardin, 1845
嘴刺线虫属 *Enoplus* Dujardin, 1845

太平湾嘴刺线虫
Enoplus taipingensis Zhang & Zhou, 2012

标本采集地： 辽宁大连石槽和山东青岛太平角岩石潮间带。

形态特征： 体长 5.5~6.4mm，德曼比（a）分别为 37.8±5.7（雄性）和 36.2±1.2（雌性）；角皮厚而光滑；头部具 3 个发达的唇，具 6 个明显的唇乳突；10 根头刚毛，6 根较长（24~28μm），4 根较短（16~20μm）；侧颈刚毛 3 根 1 组，位于头鞘后方 35~40μm，长 1.5~2.5μm，排成尖端向前的三角形；另有颈刚毛和体刚毛，长 3.0~4.5μm，沿亚背和亚腹侧散布于全身；头鞘长 52~60μm；颚齿长 35μm，约为头直径的 47%；化感器开口于侧头刚毛和头鞘的后缘之间，长 6μm，宽 5μm；排泄孔距体前端 330~375μm；色素点弥散，形状各异，距体前端 62~76μm，无晶体样结构；尾圆锥-圆柱形，长 251~328μm（2.1~3.2 倍肛门相应直径），圆锥部和圆柱部之间有一指向腹面的隆起。雄性具 1 对等长弯曲的交接刺，弧长 192~238μm（1.6~2.1 倍肛门相应直径），近端膨大，远端尖细，具 7~9 个半圆形的板；2 对粗短的尾刚毛位于肛门口的后唇上，长 27~34μm；引带长 62~82μm，具龙骨突；肛前附器喇叭状，长 71~83μm，远端具 3 个突起（图 24-2D），位于肛门前方 268~302μm。雌性较雄性的尾更长；具前后 2 个相对而反折的卵巢；阴孔与体前端距离占体长的 54%~56%。

生态习性： 附生于岩石潮间带海藻表面，青岛和大连鼠尾藻上的优势种。

地理分布： 渤海，黄海。

参考文献： Zhang and Zhou, 2012。

DNA 条形码索引号： BOLD:ACI 2660。

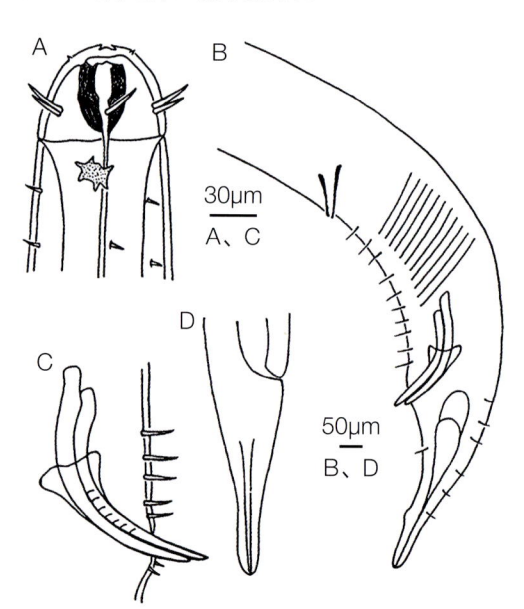

图 24-1 太平湾嘴刺线虫 *Enoplus taipingensis* Zhang & Zhou, 2012（引自 Zhang and Zhou, 2012）
A. 雄性头部侧面观，示头刚毛和具颚齿的口腔；B. 雄性体后部侧面观，示交接刺、肛前附器及尾腺；C. 交接刺、引带和亚腹刚毛；D. 雌性尾部侧面观

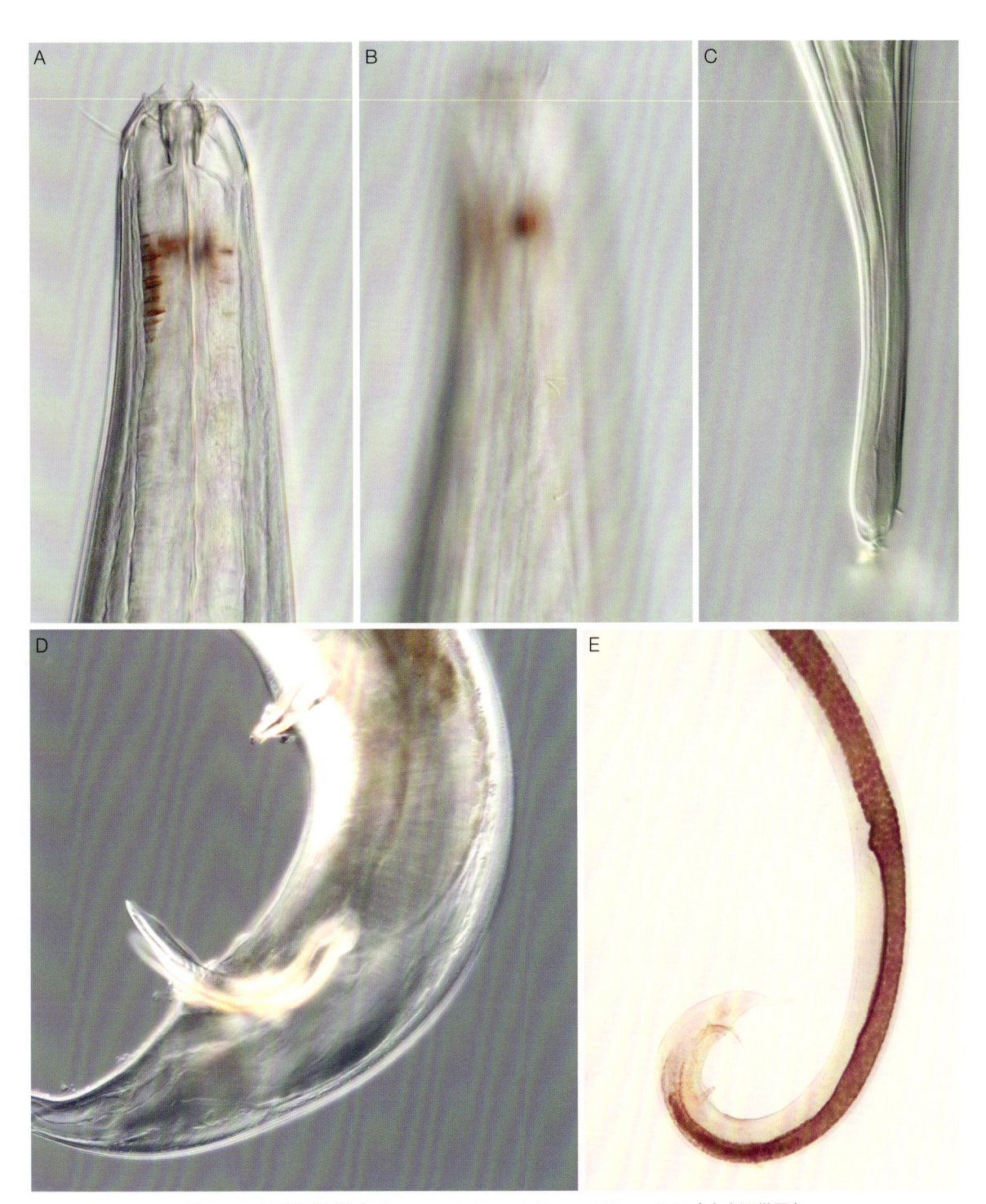

图 24-2 太平湾嘴刺线虫 *Enoplus taipingensis* Zhang & Zhou, 2012（史本泽供图）
A、B. 雄性体前部侧面观，示颚齿、唇刚毛和头刚毛，以及颈部的短刚毛；C. 雄性尾部侧面观，示锥柱状尾；
D. 雄性体后部侧面观，示交接刺和肛前附器，交接刺具半圆形板；E. 雄性体中后部侧面观，示交接刺和肛前附器

光皮线虫科 Phanodermatidae Filipjev, 1927
光皮线虫属 *Phanoderma* Bastian, 1865

普拉特光皮线虫
Phanoderma platti Zhang, Huang & Zhou

标本采集地： 辽宁大连石槽岩石潮间带。

形态特征： 体长 2.4～4.3mm，最大体宽 62～106μm（a = 36～47）；角皮光滑，有稀疏的体刚毛；头小，体宽在眼点和头刚毛之间迅速减小，头直径 19～24μm，是食道基部宽度的 0.3～0.4 倍；6 个唇乳突；10 根头刚毛，每个亚中位各 1 对，长 0.25 倍头直径，侧面的头刚毛长 0.2 倍头直径；化感器位于侧头刚毛之后；眼点距体前端 3.0 倍头直径；尾短，锥形，长 57～88μm，1.1～1.5 倍肛门相应直径。雄性交接刺长 103～115μm，1.8～2.2 倍肛门相应直径；1 个鞘状引带套住交接刺的远端，约为交接刺长度的 1/3；具 1 个管状角质化的肛前附器。雌性有 1 对前后反折的卵巢，阴孔与体前端距离为体长的 60%～69%。

生态习性： 附生于岩石潮间带海藻表面。

地理分布： 渤海，黄海。

参考文献： Platt and Warwick, 1983; Zhang et al., in press。

DNA 条形码索引号： BOLD:ACI 3415。

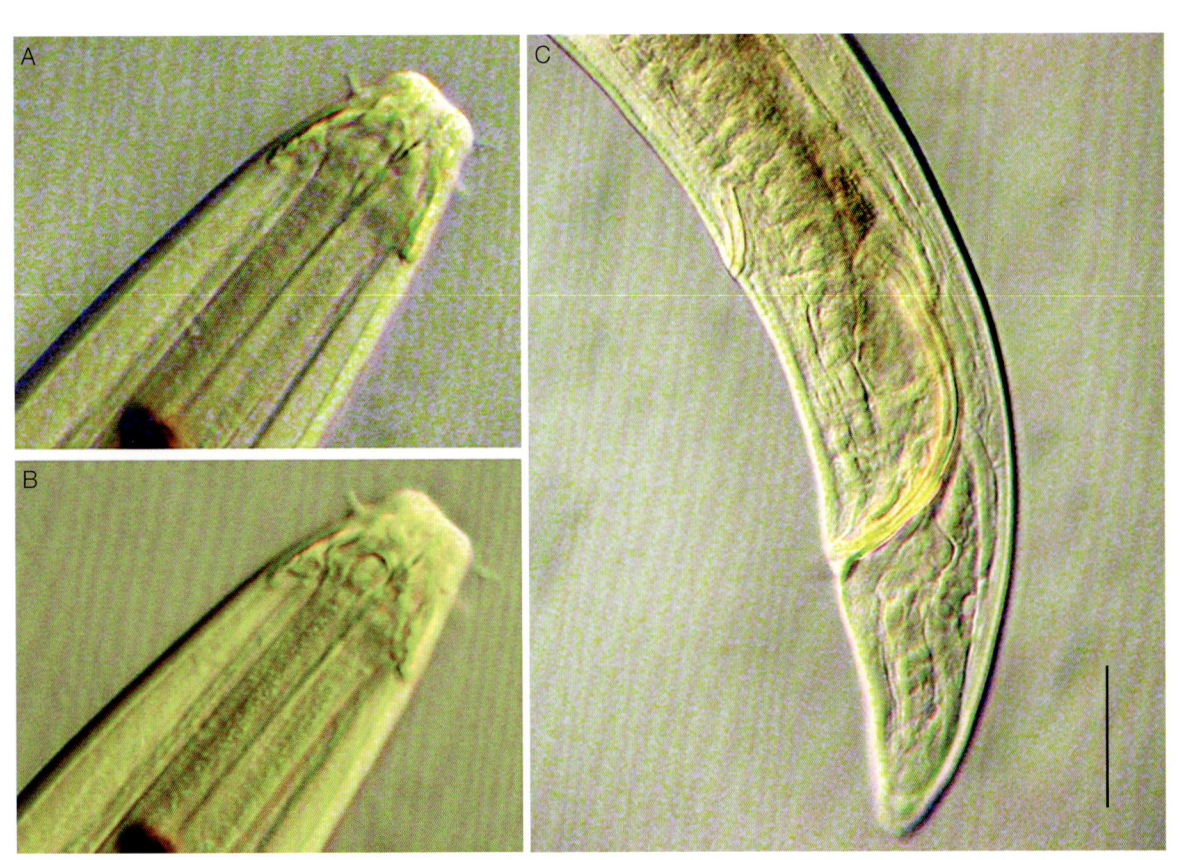

图 25 普拉特光皮线虫 *Phanoderma platti* Zhang, Huang & Zhou（周红供图）
A、B 雄性体前部侧面观，示头部和化感器；C. 雄性尾部侧面观，示交接器和肛前附器
比例尺：50μm

尖口线虫科 Oxystominidae Chitwood, 1935

吸咽线虫属 *Halalaimus* de Man, 1888

长化感器吸咽线虫
Halalaimus longamphidus Huang & Zhang, 2005

标本采集地： 黄海南部潮下带。

形态特征： 体长 2.2～3.4mm，体前端变细；食道区很长，占体长的 20%～30%；头刚毛排成两圈（6+4）；无口腔，化感器长而窄，长 70～81μm；尾细长，长 250～350μm，前半部锥形，后半部丝状，末端分两叉，叉长 13～16μm；雄性交接刺弧长 29～46μm，具弱的腹翼；引带长 14～15μm，无龙骨突。

生态习性： 栖息于潮下带泥质沉积物中，水深 50～85m。

地理分布： 渤海，黄海。

参考文献： Huang and Zhang, 2005。

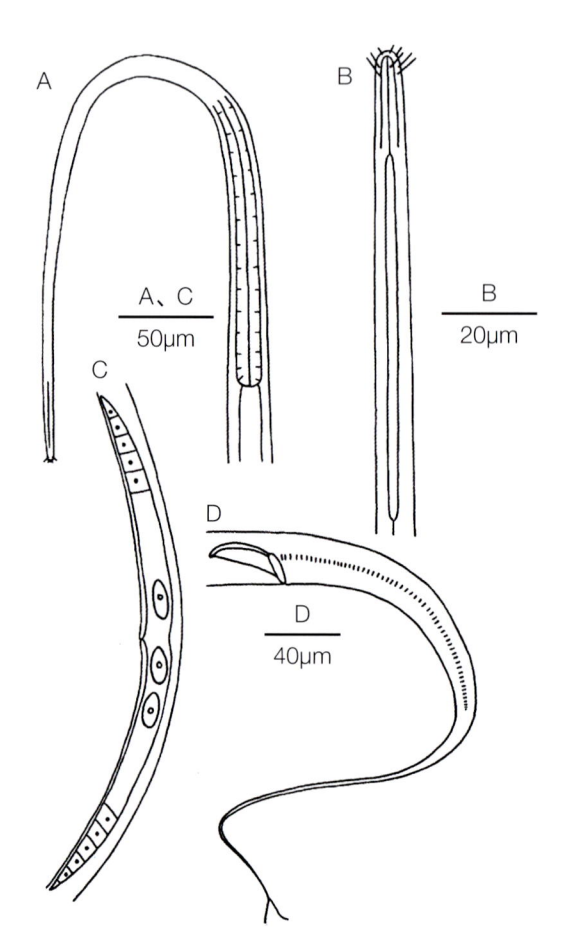

图26-1 长化感器吸咽线虫 *Halalaimus longamphidus* Huang & Zhang, 2005
（引自 Huang and Zhang, 2005）
A. 雄性体前部侧面观；B. 雄性头部侧面观；C. 雌性体中部侧面观，示卵巢、卵和阴孔；D. 雄性尾部侧面观

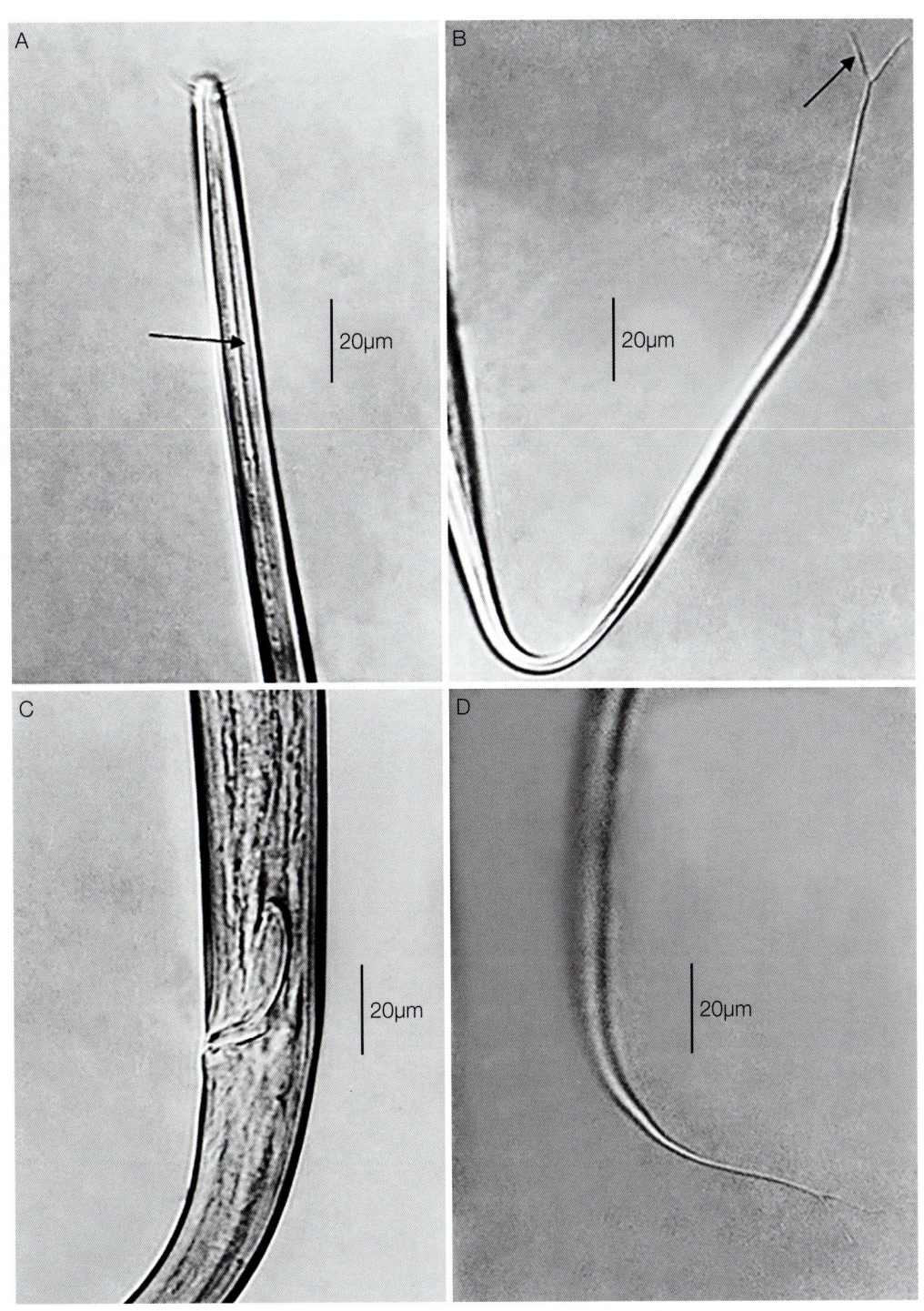

图 26-2 长化感器吸咽线虫 *Halalaimus longamphidus* Huang & Zhang, 2005（引自 Huang and Zhang, 2005）
A. 雌性头部侧面观，示裂缝状的化感器（箭头处）；B. 雌性尾部侧面观，示叉状尾（箭头处）；
C. 雄性体后部侧面观，示交接刺；D. 雄性尾部侧面观

矛线虫科 Enchelidiidae Filipjev, 1918
阔口线虫属 *Eurystomina* Filipjev, 1921

眼状阔口线虫
Eurystomina ophthalmophora (Steiner, 1921)

标本采集地： 山东青岛太平角，辽宁大连石槽（藻类表面）。

形态特征： 雄性体长 3.1～3.8mm，最大体宽 45～50μm；头直径 20μm；6 根较长（9μm）与 4 根较短的（5μm）头刚毛形成一圈；口腔大，具 3 个齿（1 个背齿和 2 个亚腹齿，右亚腹齿较大），深 17～18μm，被 3 排小齿分割成两室；化感器开口为横卵圆形；排泄孔与化感器处于同一水平；眼点距体前端 40μm；颈区具有腺样结构。雄性交接刺长 62～66μm，弓形，近端头状，远端尖；引带具有背后指向的龙骨突，长 30μm；2 个具翼的肛前附器，离肛门分别为 75μm 和 155μm；具 2 对粗的肛前刚毛；尾锥形，顶端钝圆，长 3 倍肛门相应直径，具几根粗短的尾刚毛和 3 个尾腺。

生态习性： 附生于岩石潮间带及潮下带大型海藻表面。

地理分布： 渤海，黄海；日本北部。

参考文献： Zhang et al., in press。

DNA 条形码索引号： BOLD:ACI 2914

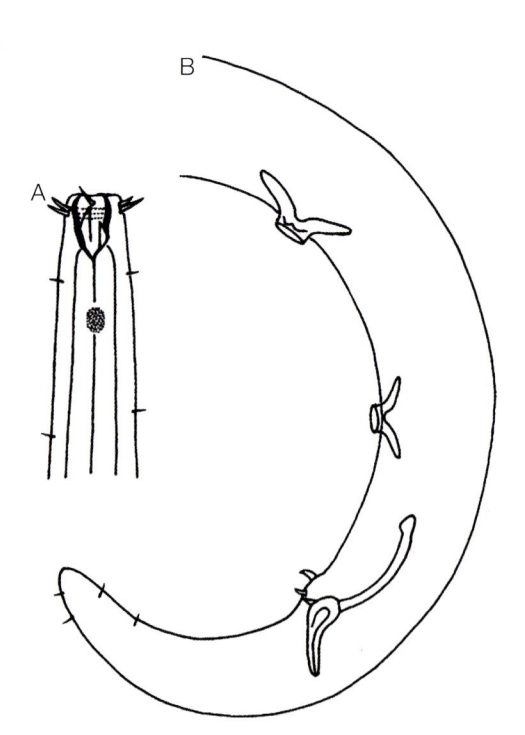

图 27-1 眼状阔口线虫 *Eurystomina ophthalmophora* (Steiner, 1921)（引自 Zhang et al., in press）
A. 雄性体前部侧面观，示口腔、齿、头刚毛和眼点；B. 雄性尾部侧面观，示交接刺、引带、两个具翼的肛前附器和肛前刚毛

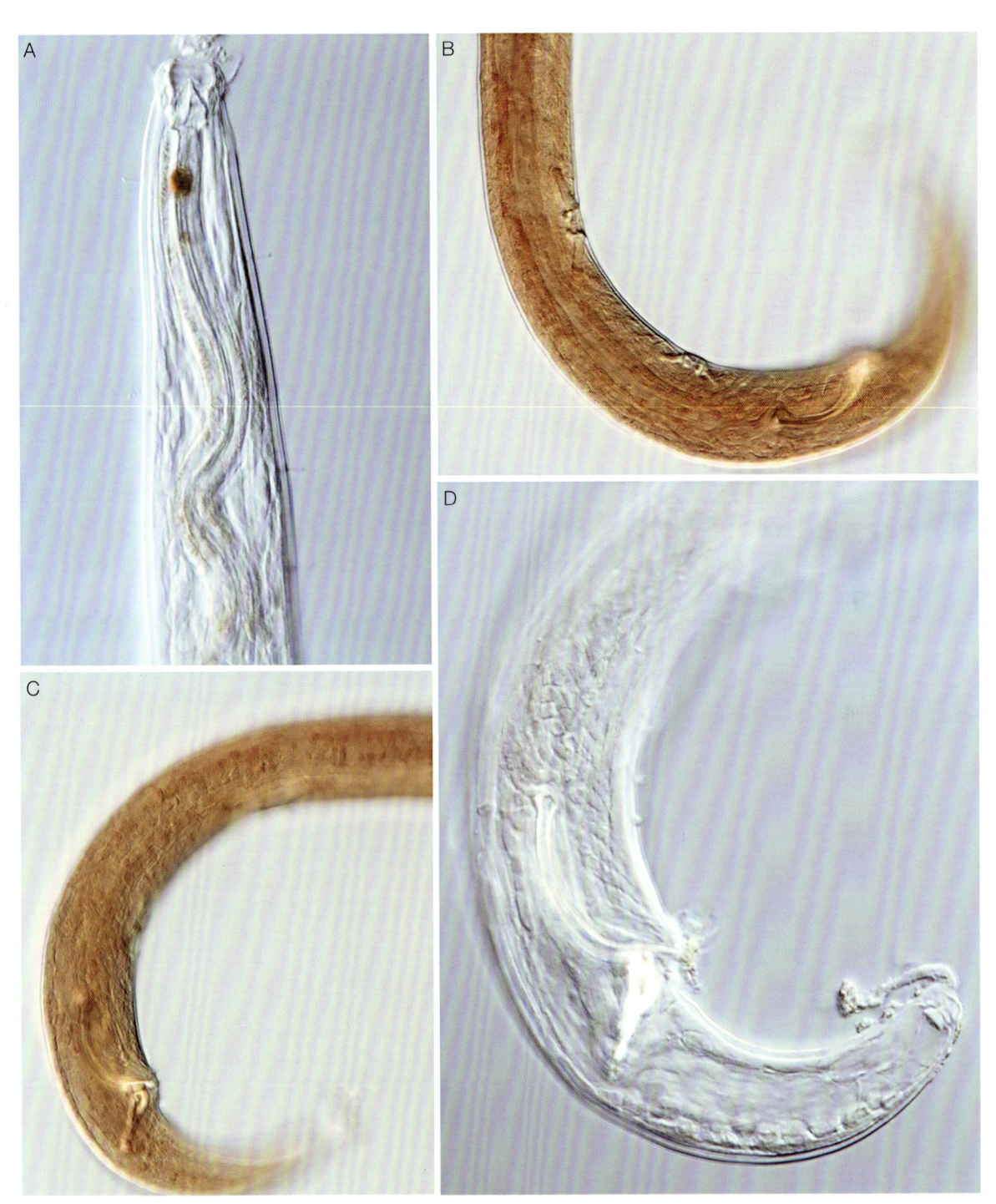

图 27-2 眼状阔口线虫 Eurystomina ophthalmophora (Steiner, 1921)（史本泽供图）
A. 雄性体前部侧面观，示螺旋形化感器、口腔和齿、眼点、头刚毛及颈刚毛；B、C. 雄性体后部侧面观，示交接刺、引带和肛前附器；
D. 雄性尾部侧面观，示交接刺、引带龙骨突及锥状尾

三孔线虫科 Tripyloididae Filipjev, 1918
深咽线虫属 *Bathylaimus* Cobb, 1894

澳洲深咽线虫
Bathylaimus australis Cobb, 1894

标本采集地： 山东滨州贝壳堤岛。

形态特征： 雄性体长 1.8～2.0mm，最大体宽 41～47μm；角皮光滑，具短的体刚毛；唇感器和头感器刚毛状，粗而强壮，6+10 式排列：内圈为长 3μm 的 6 根唇刚毛，外圈由 6 根较短（长 7μm，分 2 节）与 4 根较长（18～20μm，分 4 节）的头刚毛围成；口腔大，分两部分，具小齿；化感器圆形，宽 5～6μm，距体前端 20μm，位于前半部口腔靠后处；尾锥形，长 4～5 倍肛门相应直径，具几根短的尾刚毛，3 个尾腺。雄性交接刺细，稍向腹侧弯曲，近端头状，远端尖，长 32～37μm；引带肾形，具加厚的腹肋，长 36～40μm，无龙骨突。雌性较雄性体更粗，最大体宽 61～62μm；尾圆锥形至圆柱形，具短小的尾刚毛；1 前 1 后 2 个卵巢反折，阴孔位于体中部。

生态习性： 栖息于河口区（半咸水）潮间带泥质沉积物中。

地理分布： 渤海（黄河口）；北海，地中海，北大西洋（欧洲水域），新西兰。

参考文献： 赵丽萍 等，2020；Zhang et al., in press。

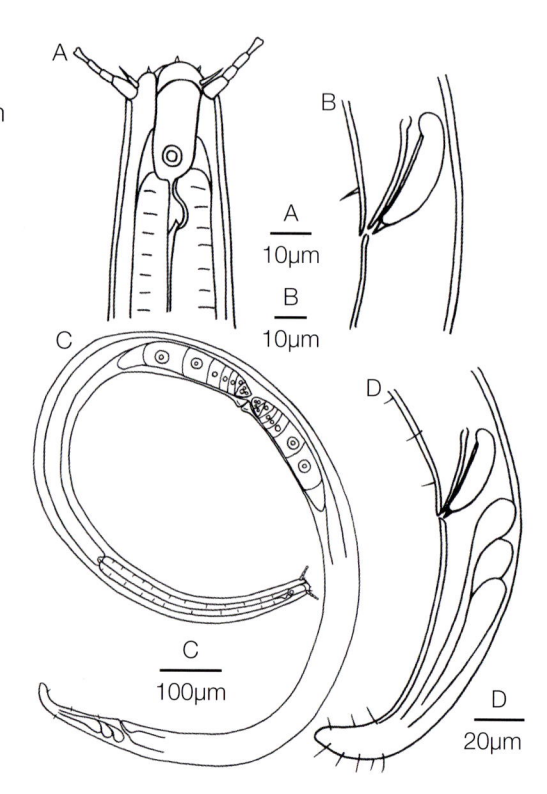

图 28-1 澳洲深咽线虫 *Bathylaimus australis* Cobb, 1894（引自 Zhang et al., in press）
A. 雄性体前端侧面观，示头刚毛、口腔和化感器；B. 雄性肛区侧面观，示交接刺、引带和肛前刚毛；C. 雌性整体侧面观，示生殖系统；D. 雄性尾部侧面观，示交接刺、引带、尾腺和尾刚毛

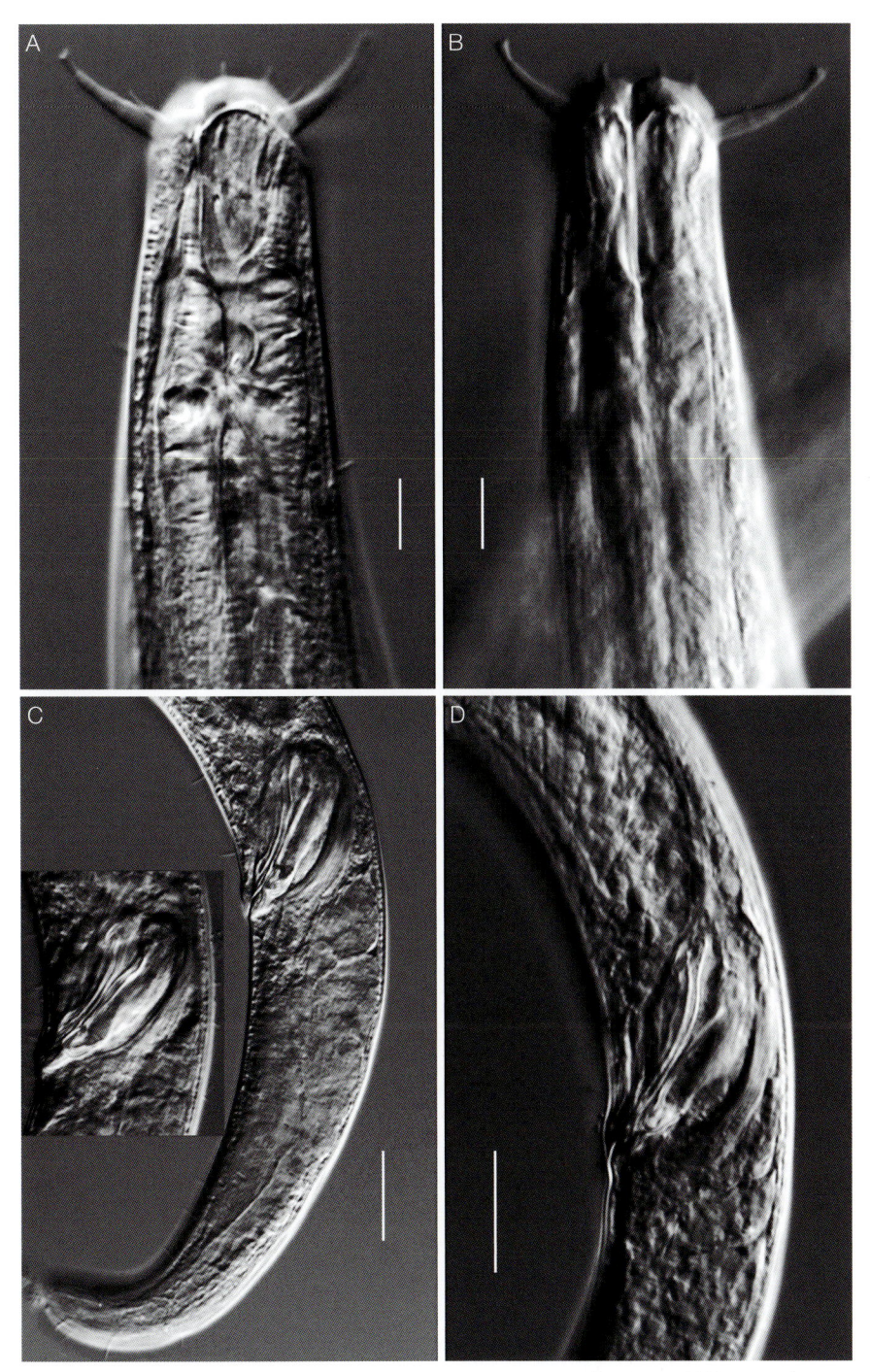

图 28-2　澳洲深咽线虫 *Bathylaimus australis* Cobb, 1894（引自赵丽萍等，2020）
A. 雄性体前端侧面观，示口腔；B. 雄性体前端侧面观，示头刚毛；C. 雄性尾部侧面观，示交接刺、引带、肛前刚毛和尾刚毛；
D. 雄性肛区侧面观，示交接刺和引带
比例尺：20μm

色矛目 Chromadorida
色矛线虫科 Chromadoridae Filipjev, 1917
类色矛线虫属 *Chromadorita* Filipjev, 1922

娜娜类色矛线虫
Chromadorita nana Lorenzen, 1973

标本采集地： 山东青岛第一海水浴场。

形态特征： 体长 0.5～1.5mm；角皮均匀，稍长的具尖角的横排点分布全身；无侧分化，但有时侧点较中间点更大；具 6 根短的和 4 根长的（长 8μm，0.7 倍头直径）头刚毛；全身具明显的亚侧体刚毛；化感器卵圆形，位于头刚毛之间；口腔具 1 强壮的中空背齿，亚腹齿和小齿不存在；具明显的后食道球；尾锥形，长约 4 倍肛门相应直径，尾尖弯向左侧并再次向背侧弯曲。雄性交接刺长 22～23μm；引带包括不成对的中央片，成对的侧片和简单的背突；无肛前附器。

生态习性： 栖息于砂质潮间带表层沉积物中。

地理分布： 渤海，黄海；德国基尔湾，英国，北海，北大西洋。

参考文献： Platt and Warwick, 1988；Zhang et al., in press。

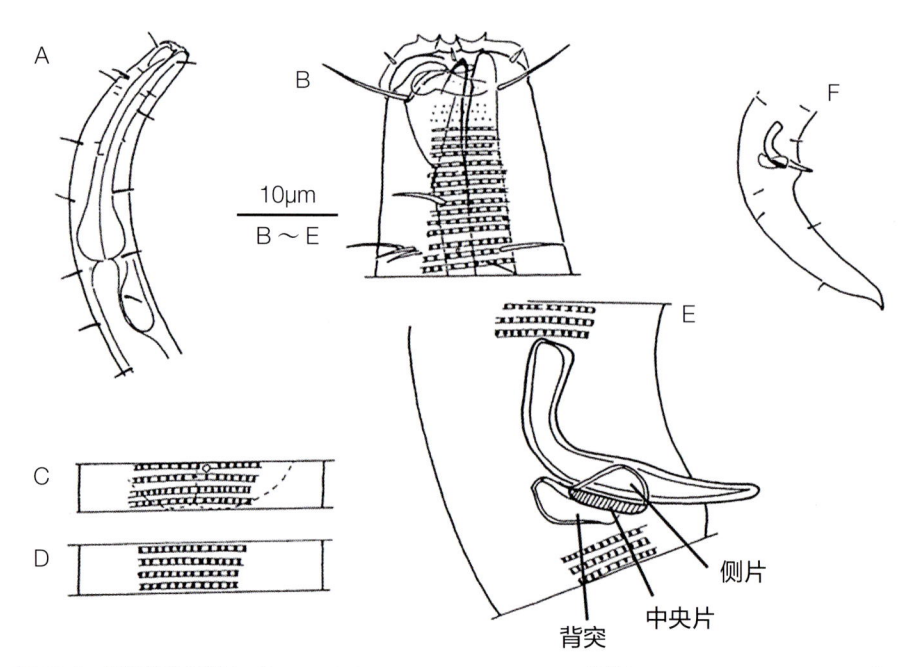

图 29-1 娜娜类色矛线虫 *Chromadorita nana* Lorenzen, 1973（引自 Platt and Warwick, 1988）
A. 雄性体前部侧面观；B. 雄性头部侧面观；C. 食道基部侧面角皮图案；D. 体中部侧面角皮图案；
E. 雄性肛区侧面观；F. 雄性尾部侧面观

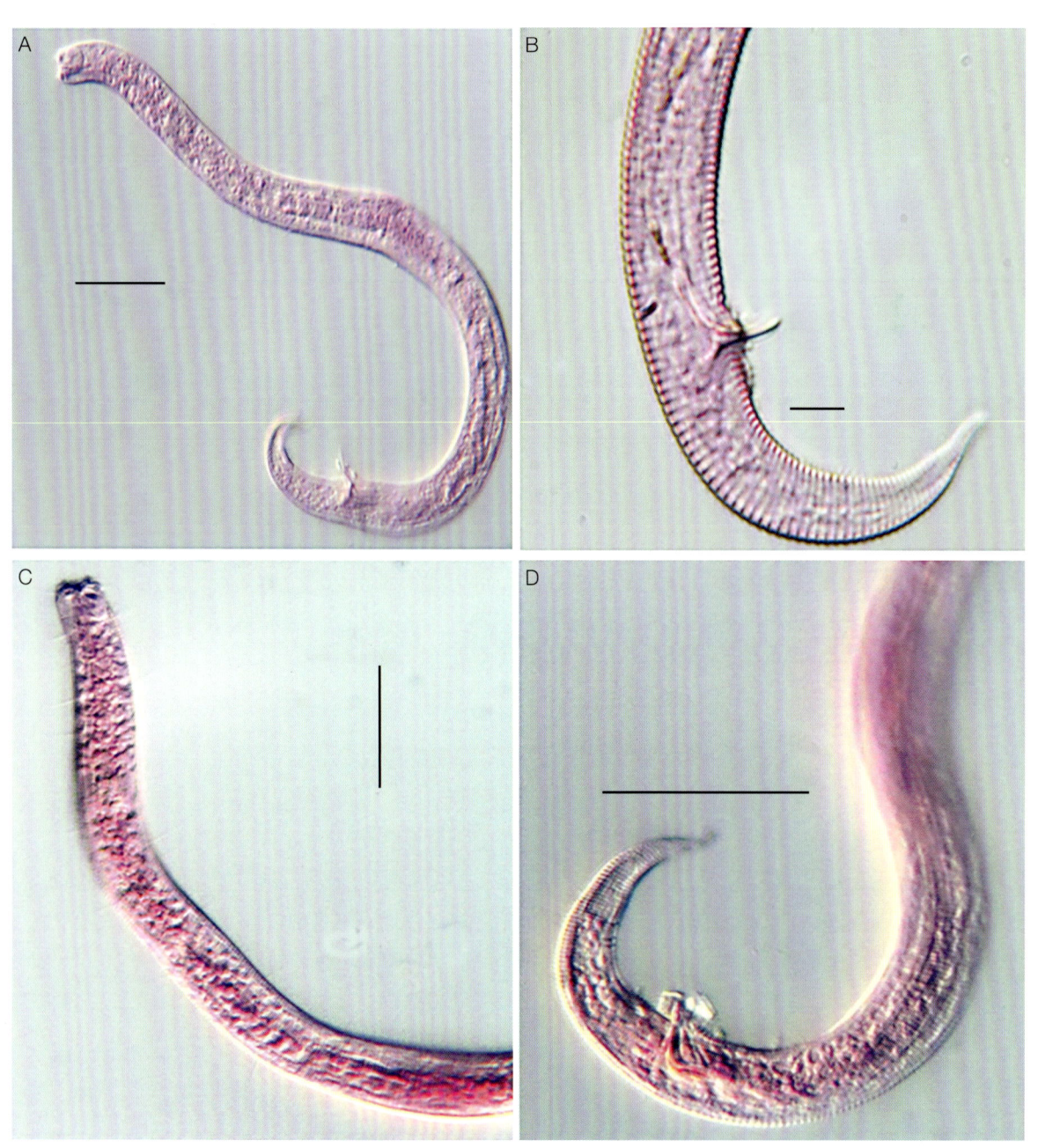

图 29-2　娜娜类色矛线虫 *Chromadorita nana* Lorenzen, 1973（周红供图）
A. 雄性整体；B. 雄性尾部，交接刺部分伸出；C. 雄性体前部；D. 雄性尾部，交接刺未伸出
比例尺：A、C、D = 50μm；B = 10μm

杯咽线虫科 Cyatholaimidae Filipjev, 1918

棘齿线虫属 Acanthonchus Cobb, 1920

三齿棘齿线虫
Acanthonchus (Seuratiella) tridentatus Kito, 1976

标本采集地： 辽宁大连湾、山东青岛太平湾（藻类表面）。

形态特征： 体长 0.8～1.4mm，最大体宽 33～48μm（a = 24～28）；体细长，向腹面弯曲，前端钝，向后端逐渐变窄；角皮有横排小装饰点，具前后侧分化、短的体刚毛及角皮孔；头截形，唇乳突不明显；头刚毛为 6+4 型，颈刚毛短；口腔浅，深 6μm，由角质杆支撑，背齿弱；化感器螺旋形，3～3.3 圈，直径 0.2～0.3 倍相应体宽；眼点（位于背侧）距体前端约 1.5 倍头直径；尾锥形，尖端稍钝，具吐丝器，长 2.4～3.2 倍肛门相应直径，具 3 个尾腺。雄性具 1 对相对的精巢；交接刺稍弯曲，中部膨大，远端窄，长 1.0～1.4 倍肛门相应直径；引带角质化，长度为交接刺的 0.8～0.9 倍，远端部宽，结构复杂，具 1 圈或 2 排小尖齿及 3 个典型的大齿；具 6 个管状肛前附器，最前面的 1 个比后面的明显更大，角质化程度更高，尤其是最后面 2 个小管极小，长仅 3μm，位于肛门前方；具 2 根粗的肛后刚毛，长 6～8μm。雌性尾较雄性更长，具 1 对前后反折的卵巢；阴孔大致位于身体中部。

生态习性： 附生于岩石潮间带或潮下带大型海藻表面。

地理分布： 渤海，黄海；日本海。

参考文献： Kito, 1976。

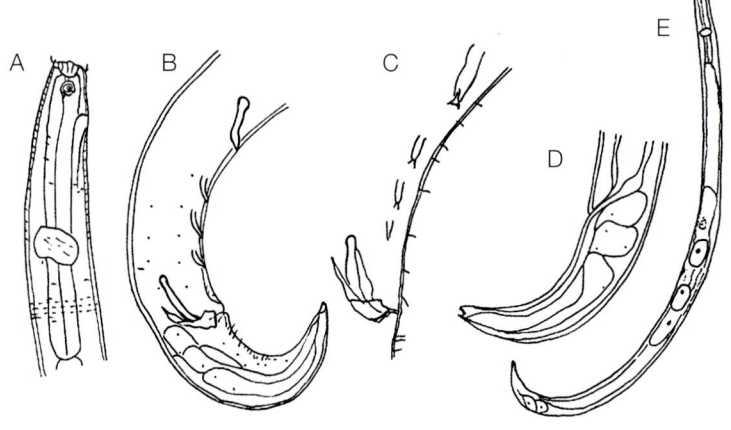

图 30-1　三齿棘齿线虫 *Acanthonchus (Seuratiella) tridentatus* Kito, 1976（引自 Kito, 1976）
A. 雄性体前部侧面观，示化感器、食道、排泄孔和神经环；B. 雄性体后部侧面观，示交接刺、引带和肛前附器；
C. 雄性肛区侧面观，示交接刺、引带和肛前附器；D. 雌性尾部侧面观，示尾腺；E. 雌性整体侧面观，示卵巢

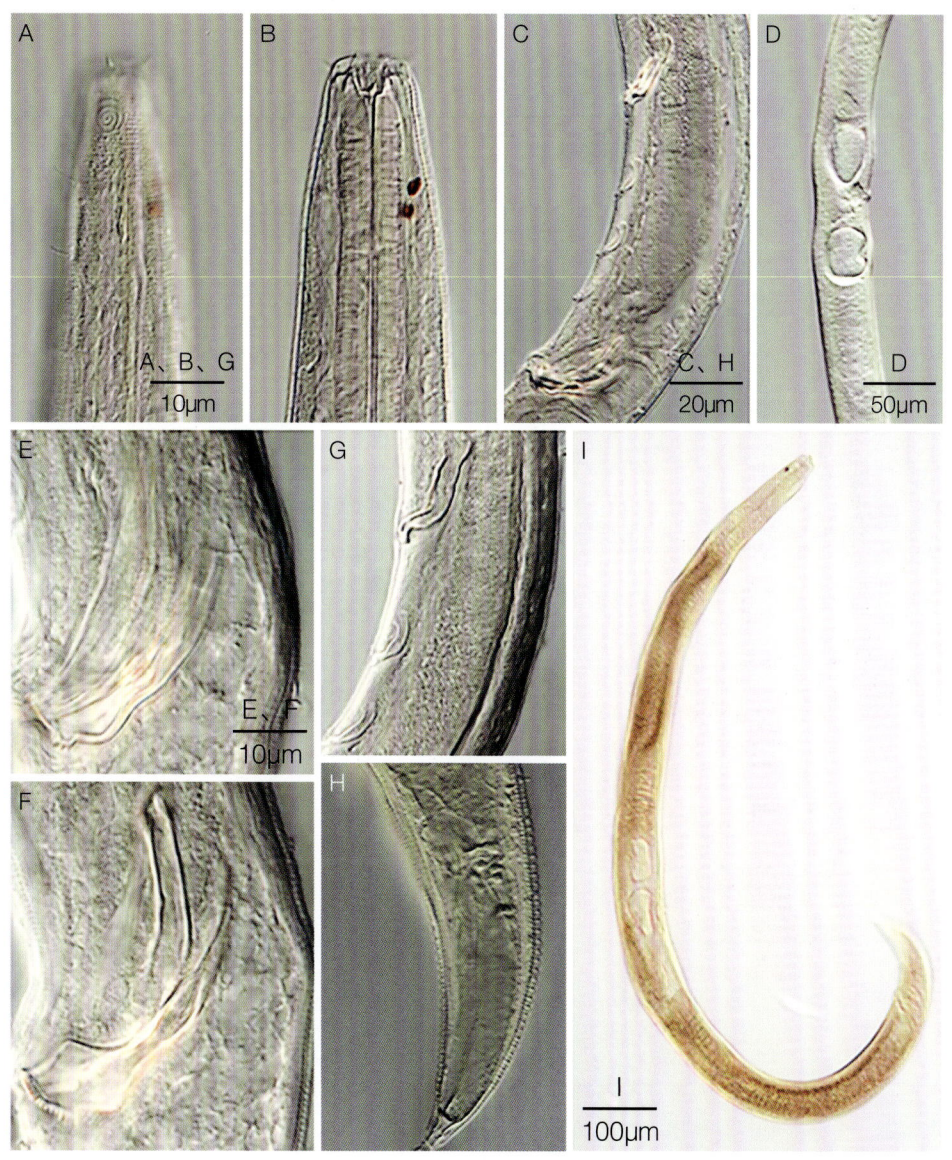

图30-2 三齿棘齿线虫 Acanthonchus (Seuratiella) tridentatus Kito, 1976（史本泽供图）

A、B. 雄性体前部侧面观，示螺旋形化感器、口腔和齿、眼点、头刚毛及颈刚毛；C. 雄性肛区侧面观，示交接刺、引带和肛前附器；D. 雌性体中部侧面观，示2个反折的卵巢和阴孔；E、F. 雄性肛区侧面观，示引带：远端膨大，具一排小齿，后边缘具3个较大齿；G. 雄性肛区侧面观，示肛前附器结构：最前端附器最大，角质化；H. 雄性尾部侧面观，示锥状尾；I. 雌性整体观

拟玛丽林恩线虫属 *Paramarylynnia* Huang & Zhang, 2007

尖颈拟玛丽林恩线虫
Paramarylynnia stenocervica Huang & Sun, 2011

标本采集地： 黄海南部潮下带。

形态特征： 体长 1.1～1.3mm，最大体宽 44～56μm（$a = 23～28$）；身体纺锤形，由食道前 1/3 位置向体前端突然变窄；角皮异质，具有环形排列的装饰点，侧点较大，身体前面较窄部分装饰点较大且稀疏；化感器横椭圆形，5 圈，宽 10～11μm；6 根短的和 4 根长的头刚毛围成 1 圈；口腔具 1 个明显的背齿和 2 个小的亚腹齿；食道柱状，基部稍宽，无食道球；尾圆锥 - 圆柱形，长 6 倍肛门相应直径，末端具吐丝器。雄性交接刺长 41μm，弓形；引带长 31μm，船形，中部膨大，两端逐渐变细；具 5 个管状肛前附器。雌性个体较雄性更长，具前后 2 个反折卵巢；阴孔与体前端的距离约占体长的 49%。

生态习性： 栖息于潮下带泥质沉积物中，水深 20～30m。

地理分布： 渤海，黄海。

参考文献： Huang and Sun, 2011。

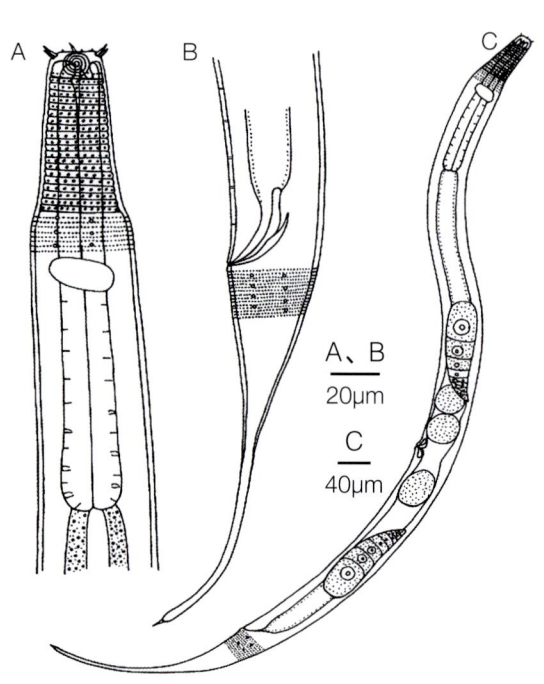

图 31-1 尖颈拟玛丽林恩线虫 *Paramarylynnia stenocervica* Huang & Sun, 2011（引自 Huang and Sun, 2011）A. 雄性体前部侧面观，示口腔、化感器和变窄的体前端；B. 雄性体后部侧面观，示交接刺、引带和肛前附器；C. 雌性整体侧面观，示阴孔、卵巢和卵

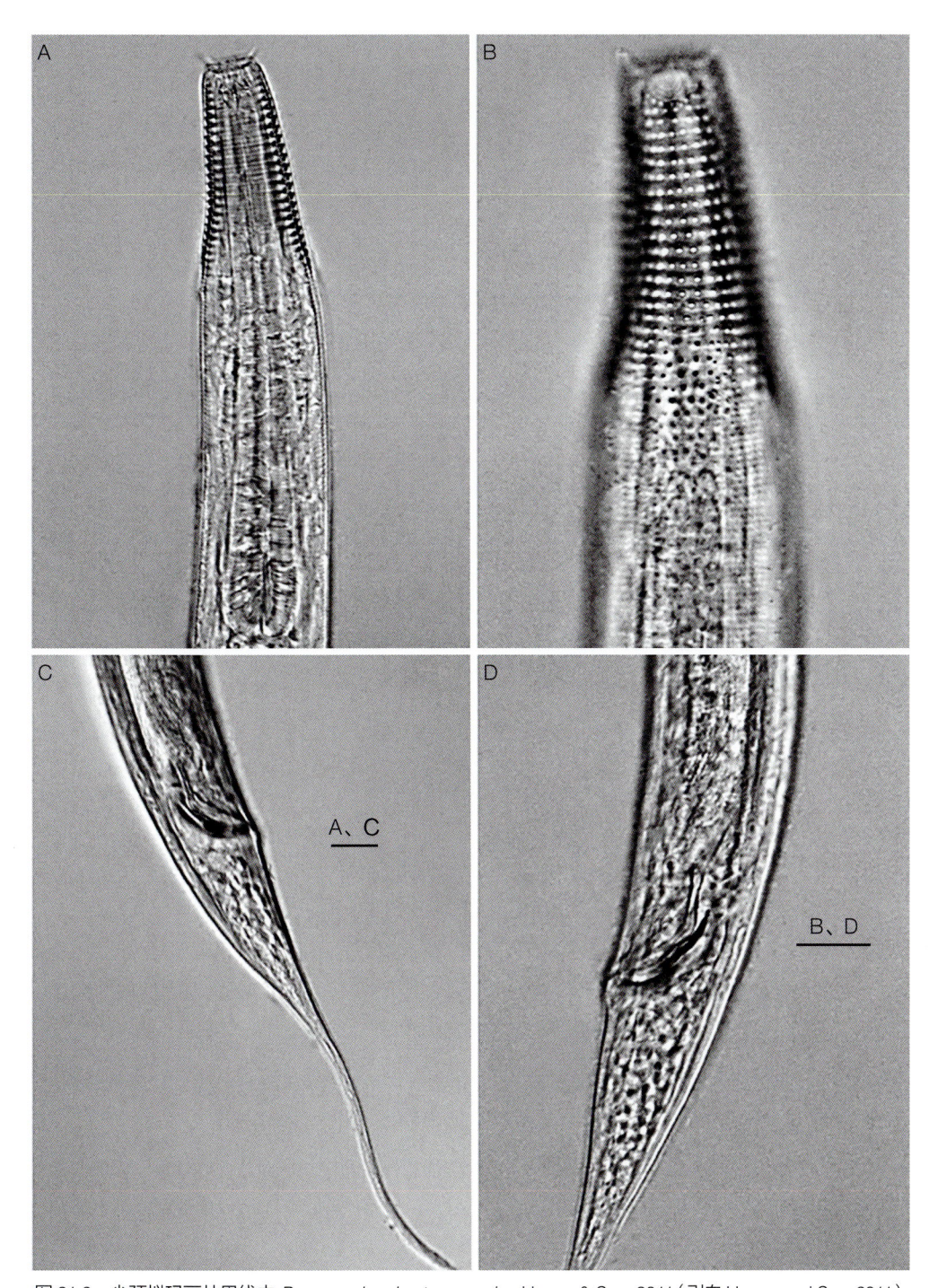

图 31-2 尖颈拟玛丽林恩线虫 *Paramarylynnia stenocervica* Huang & Sun, 2011（引自 Huang and Sun, 2011）
A. 雄性头部侧面观，示头刚毛、口腔、背齿和食道；B. 雌性头部侧面观，示头刚毛、化感器和角皮装饰点；
C. 雄性尾部侧面观，示交接刺、引带和圆锥-圆柱形尾；D. 雄性体后部侧面观，示交接刺、引带和肛前附器
比例尺：20μm

亚腹毛拟玛丽林恩线虫
Paramarylynnia subventrosetata Huang & Zhang, 2007

标本采集地： 黄海南部潮下带，水深 41m。

形态特征： 体长 1.5～1.9mm，最大体宽 51～64μm（$a = 30～34$）；口腔具 1 个明显的背齿和 2 个小的亚腹齿；6 根短的和 4 根长的头刚毛围成一圈；角皮异质，具有环形排列的装饰点；6 纵排圆形的角皮孔，但颈部较少；4 纵排颈刚毛，每排 4～6 根，分布于亚侧区；化感器 6 圈，宽 14～16μm；食道柱状，无食道球；尾圆锥 - 圆柱形，长 5～6 倍肛门相应直径，圆锥部亚腹侧有 2 排刚毛，每排 11～12 根，分为前后 2 组（前组 5 根，后组 6～7 根）；具 3 个尾腺，末端具吐丝器。雄性交接刺弦长 53～58μm；引带弧长 46～54μm，加宽，远端无齿；无肛前附器。雌性尾的圆柱部长于雄性，无尾刚毛；具前后 2 个反折卵巢；阴孔与体前端的距离占整体长度的 42%～45%。

生态习性： 栖息于潮下带泥质沉积物中。

地理分布： 渤海，黄海。

参考文献： Huang and Zhang, 2007。

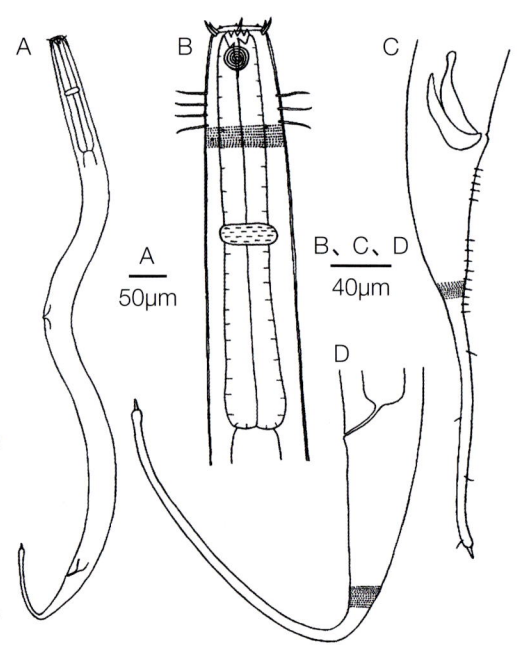

图 32-1 亚腹毛拟玛丽林恩线虫 *Paramarylynnia subventrosetata* Huang & Zhang, 2007（引自 Huang and Zhang, 2007）
A. 雌性整体侧面观，示阴孔；B. 雄性体前部侧面观，示口腔、化感器和颈刚毛；C. 雄性尾部侧面观，示交接刺、引带和亚腹侧尾刚毛；D. 雌性尾部侧面观

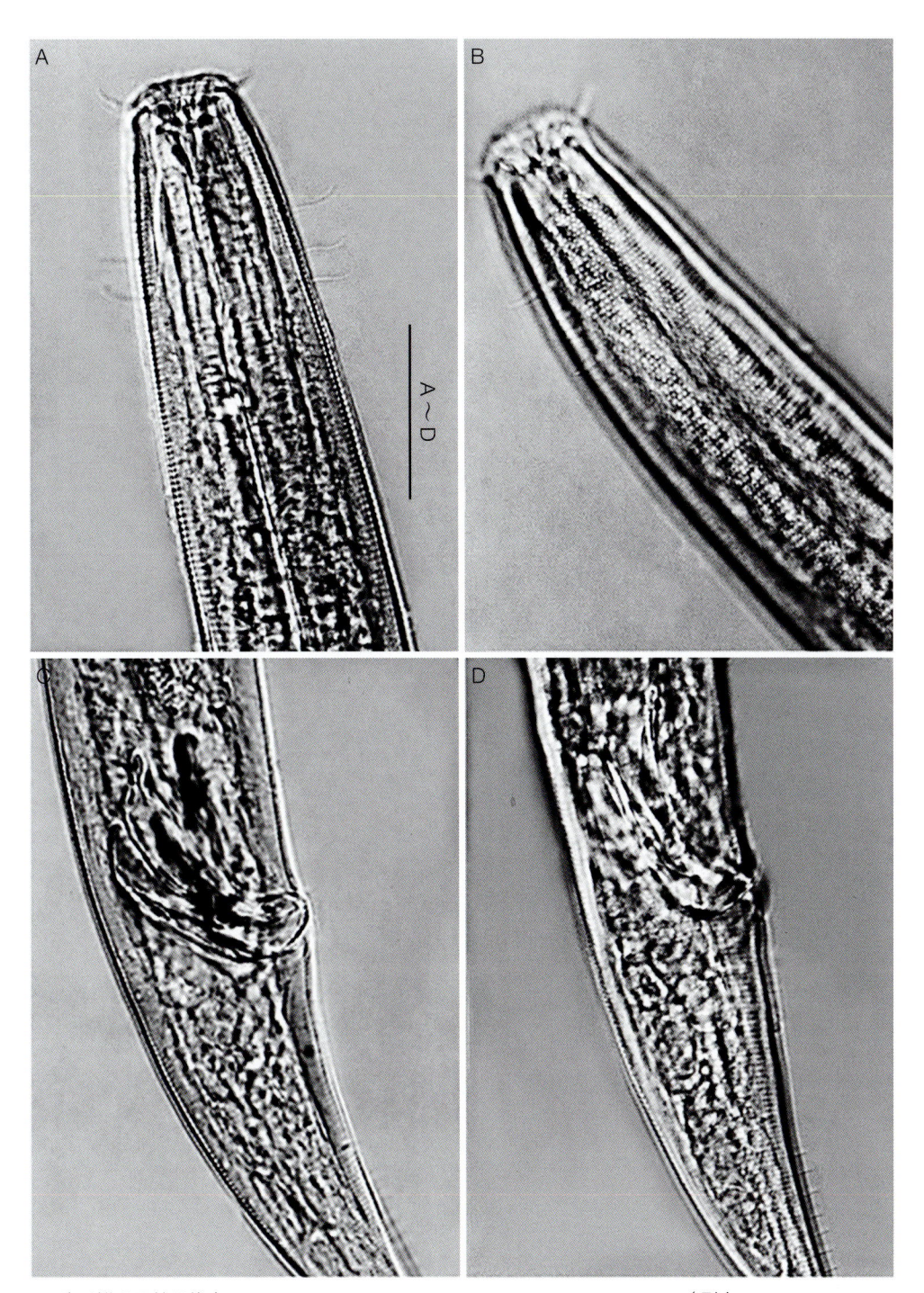

图 32-2 亚腹毛拟玛丽林恩线虫 *Paramarylynnia subventrosetata* Huang & Zhang, 2007（引自 Huang and Zhang, 2007）
A. 雌性头部侧面观，示背齿和化感器；B. 雄性头部侧面观，示颈刚毛和角皮装饰点；C. 雄性体后部侧面观，示交接刺和引带；
D. 雄性体后部侧面观，示亚腹侧尾刚毛
比例尺：40μm

疏毛目 Araeolaimida
轴线虫科 Axonolaimidae Filipjev, 1918
拟齿线虫属 Parodontophora Timm, 1963

三角洲拟齿线虫
Parodontophora deltensis Zhang, 2005

标本采集地： 黄河口水下三角洲，水深 10～13 m。

形态特征： 体长 1.1～1.5mm（a = 23～34）；角皮在体侧区可见弱装饰点；6 个外唇乳突；头刚毛长 4.2μm，距体前端 4.2～5.0μm；颈刚毛长 3μm，在亚背侧排成两纵列，而在亚腹侧有 2 根或单根刚毛；体刚毛稀疏；尾的圆锥部有 5 对亚腹刚毛，圆柱部具数根排列不规则的刚毛；口腔具短的前厅，由略呈锥形的前部和柱形的后部组成，柱形部长 23～25μm，宽 4～5μm，内壁高度角质化，厚度均匀，前端有 6 枚叉状齿，口腔由齿尖到口基部长 27～33μm；食道始于口腔基部，向后逐渐加宽，并在食道后 1/5 处形成食道球；化感器半环状，具 1 根较短的背支和 1 根较长的平行腹支，背支长度约为腹支的 45%，腹支长度超过口基部，而化感器长度约为口腔长度的 1.16 倍；腺肾细胞长卵圆形或长方形，长 61μm，约占食道长度的 37%，位于小锥形贲门之下；神经环位于食道长度的 63% 处；排泄孔不明显，开口于口腔中部水平。雄性个体略小于雌性；具成对前后伸展的精巢，前后精巢分别位于肠的右侧和左侧；交接刺成对，等长，弓形，弧长 39μm，1.1～1.8 倍肛门相应直径，指向背侧，近端膨大，具 1 朝向前背部的收缩部；引带具背后指向的龙骨突，长 11～15μm，腹侧中部延展成小尖突。雌性卵巢成对，前后伸展，等长的前支和后支分别位于肠的右侧和左侧；阴孔位于体中部；雌性尾稍长于雄性（5～6 倍肛门相应直径），有较少的亚腹侧尾刚毛和不同的颈刚毛排列。

生态习性： 栖息于潮下带泥质沉积物表层。

地理分布： 渤海（黄河口水下三角洲、莱州湾），黄海（青岛胶州湾）。

参考文献： Zhang, 2005。

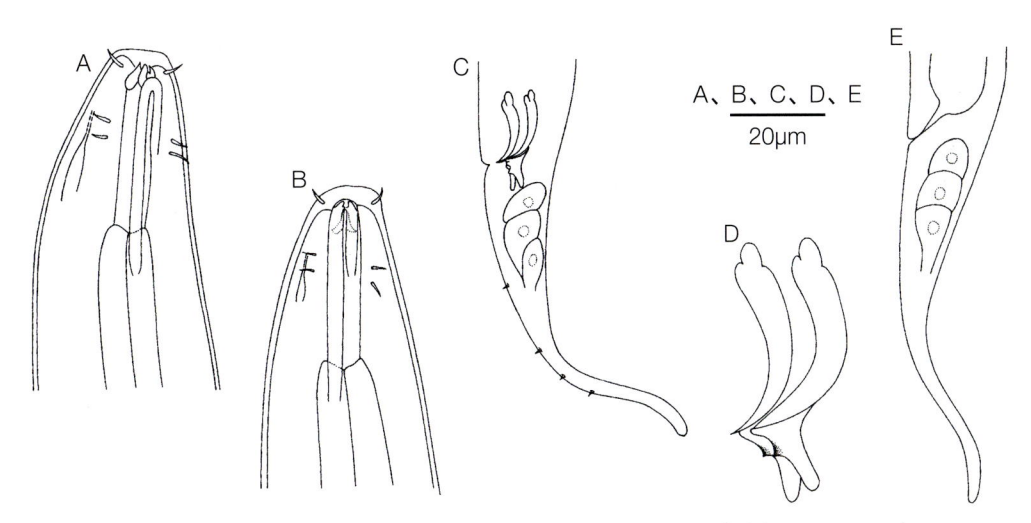

图 33-1　三角洲拟齿线虫 Parodontophora deltensis Zhang, 2005（引自 Zhang, 2005）
A. 雄性头部侧面观；B. 雌性头部侧面观；C. 雄性尾部侧面观；D. 雄性交接器侧面观；E. 雌性尾部侧面观

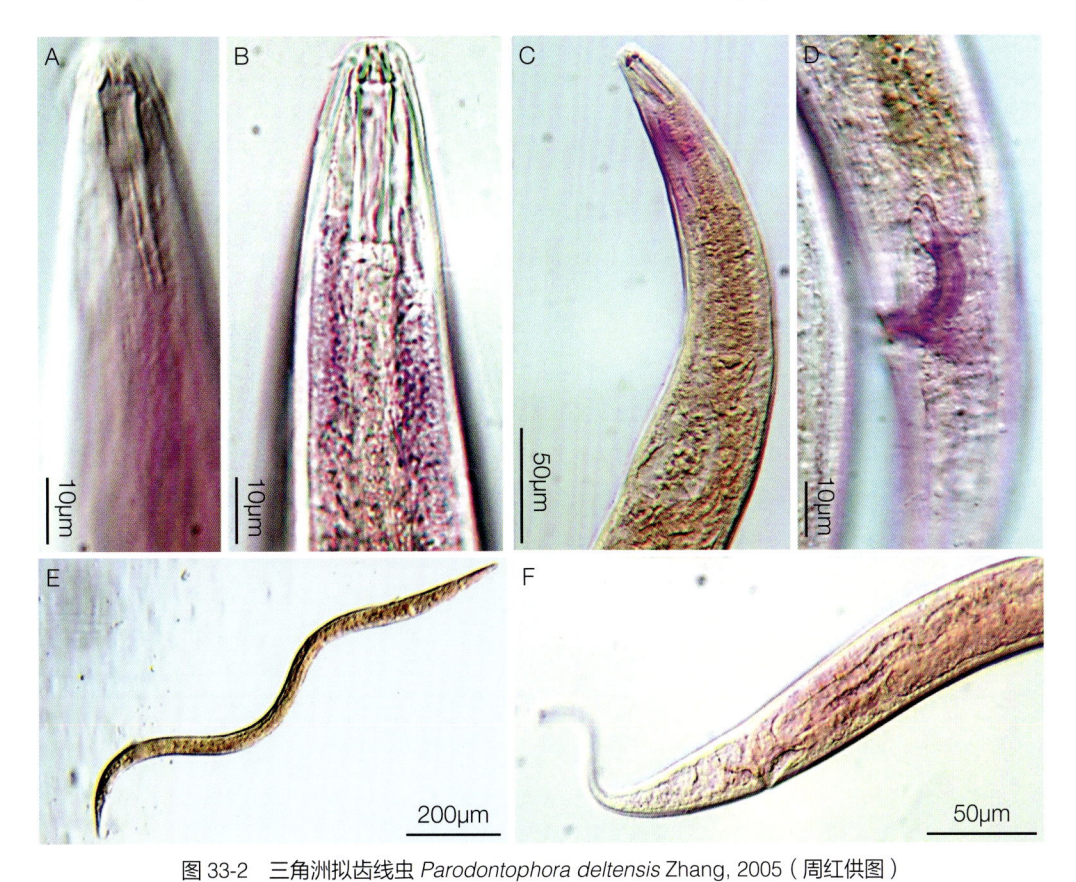

图 33-2　三角洲拟齿线虫 Parodontophora deltensis Zhang, 2005（周红供图）
A、B. 雌性体前端侧面观，示头刚毛、口腔和齿、化感器的腹支；C. 雄性体前部侧面观，示口腔、食道、贲门及腺肾细胞；
D. 雄性体后部侧面观，示交接刺和引带龙骨突；E. 雄性整体侧面观；F. 雄性尾部侧面观，示交接器和尾

海洋拟齿线虫
Parodontophora marina Zhang, 1991

标本采集地： 黄河口水下三角洲，水深 10m。

形态特征： 体长 1.5～1.6mm（$a = 35$～38）；角皮光滑；具 4 根头刚毛，长 6～7μm，为相应头直径的 57%～58%；规则排列的颈刚毛，位于口腔中间水平处身体的亚侧面；尾的锥状部有 5 对亚腹刚毛，圆柱部具数根排列不规则的刚毛；口腔具短的前厅，由略呈锥形的前部和柱形的后部组成，柱形部内壁高度角质化，厚度均匀，前端有 6 枚螯状齿，口腔从齿尖到口基部长 26～30μm；食道向后逐渐加宽，并在食道后 1/4 处形成食道球；化感器具 1 根较短的背支和 1 根较长的平行腹支，腹支长度未超过口基部，长 18～19μm；腺肾细胞长卵圆形或长方形，长 74～93μm，占食道长度的 45%～57%，位于小锥形贲门之后；排泄孔向前延伸至化感器，开口于口腔中部水平；神经环位于食道长度的 62%～67% 处。雄性交接刺成对，等长，弧长 33～38μm，具双头状的近端和腹翼；引带具背后指向的龙骨突，长 12～15μm。雌性卵巢成对，前后伸展，等长的前支和后支分别位于肠的右侧和左侧；阴孔位于体中部；雌性尾稍长于雄性。

生态习性： 栖息于潮下带泥质沉积物表层。

地理分布： 渤海（黄河口水下三角洲、莱州湾），东海（厦门马銮湾），南海（香港红树林）。

参考文献： Zhang, 1991。

图 34-1 海洋拟齿线虫 *Parodontophora marina* Zhang, 1991（引自 Zhang, 1991）
A. 雄性头部侧面观；B. 雌性头部侧面观；C. 雌性整体侧面观；D. 雄性体后部侧面观，示交接器

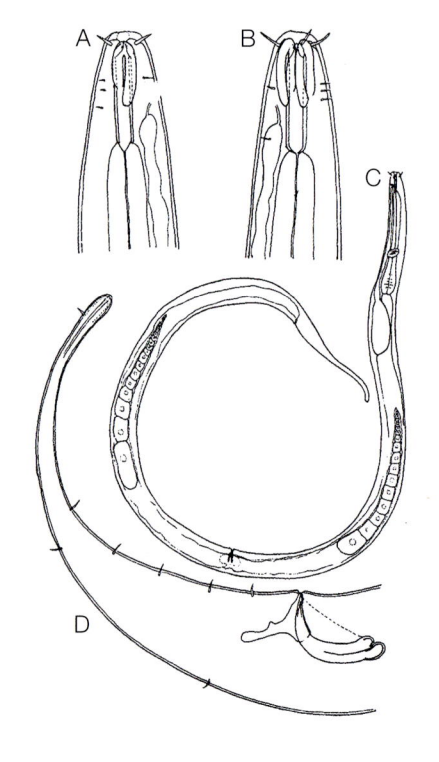

图 34-2 海洋拟齿线虫 *Parodontophora marina* Zhang, 1991（周红供图）
A. 雄性体前端侧面观，示口腔和齿；B. 雄性体前端侧面观，示化感器的腹支；C. 雄性体前部侧面观，示口腔、食道、贲门及腺肾细胞；D. 雄性体后部侧面观，示交接刺和引带龙骨突

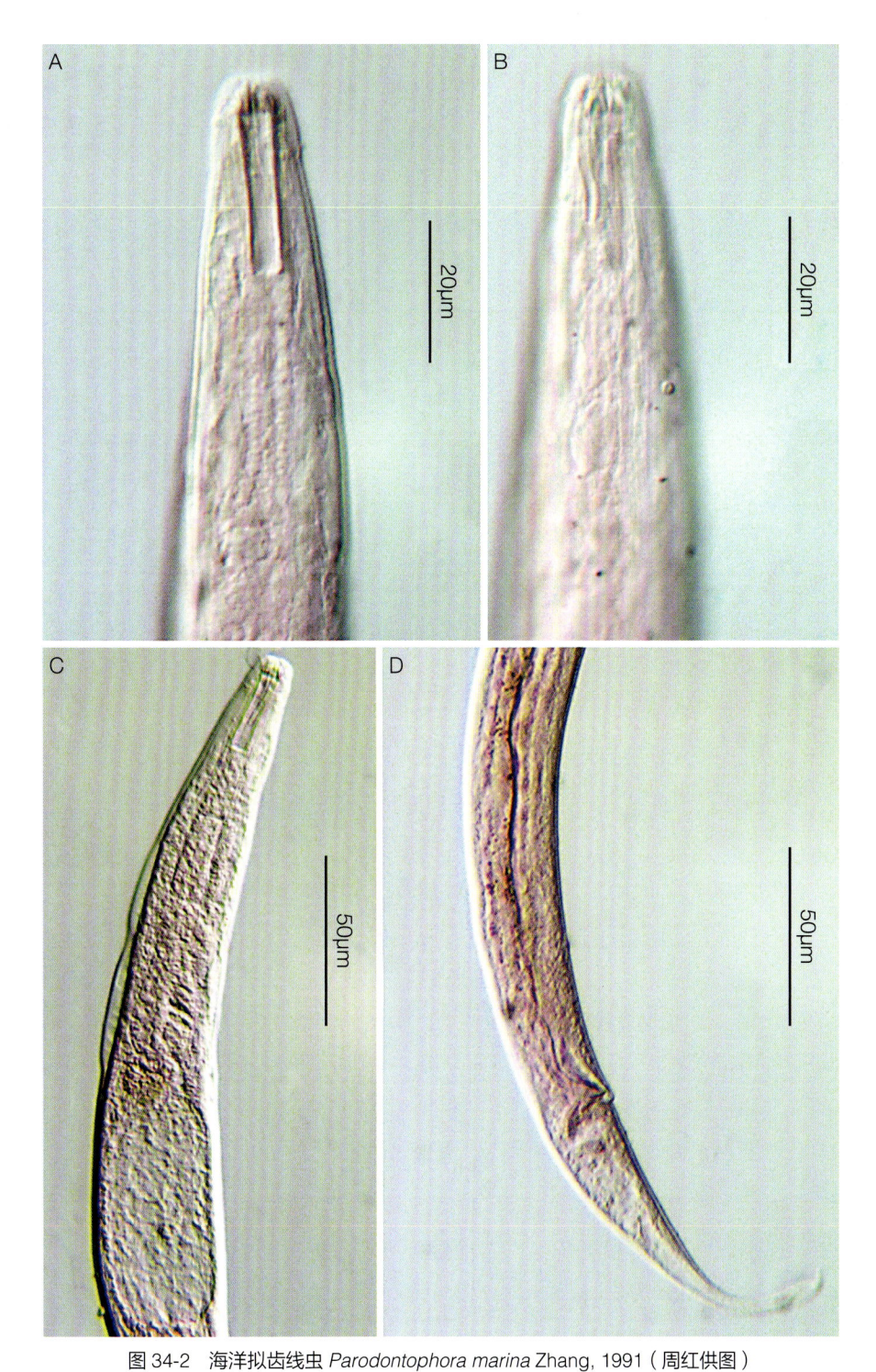

联体线虫科 Comesomatidae Filipjev, 1918

矛咽线虫属 *Dorylaimopsis* Ditlevsen, 1918

拉氏矛咽线虫
Dorylaimopsis rabalaisi Zhang, 1992

标本采集地： 黄河口水下三角洲，水深 10m。

形态特征： 体长 1.6～2.0mm；角皮具横排细装饰点；侧分化由 3 纵排不规则的点组成，始于化感器之后，向下延伸至食道基部之后 40μm 处，然后变成 2 纵排粗点，止于肛门区；体中部的侧分化宽约 9μm，19% 相应体宽；尾部侧分化点排列不规则，通常为 3 排点；化感器后方有数对刚毛和很多颈刚毛，长约 5μm；体刚毛稀疏，长 4μm，呈亚背和亚腹 8 个纵排，从食道中部一直延伸到肛门区；头部具 2 圈乳突：6 个唇乳突和 6 个头乳突，乳突长 1.5～2μm；稍后方有 4 根粗的头刚毛，长 9μm，70% 头直径；化感器 2.5 圈，直径 11μm，70% 相应体宽；口腔包括 1 杯形的前部和长 16μm 强烈角质化的管状部，管状部前端有 3 个强壮的三角形齿；食道柱状，基部加宽，但未形成明显的食道球；排泄孔明显，位于食道长度的 59% 处，腹腺向后延伸至食道基部之后；尾长 4 倍肛门相应直径，前面的圆锥部占尾长的 2/3，上有许多亚腹刚毛和亚背刚毛；尾的末端显著膨大成圆形，具 3 根长 7～8μm 的末端刚毛，3 个尾腺。雄性具 2 个相对并直伸的精巢；1 对交接刺，等长，弓形，弧长 86μm，约为 2.4 倍肛门相应直径；交接刺近端头状，近端尖部附近腹面有 1 开口；远端 5μm 的部分稍向腹面弯曲；交接刺中部没有连接线或腹突；引带具 1 背后指向的龙骨突，龙骨突长 24μm；肛前附器 14～21 个，具细但极不明显的管。雌性较雄性尾更长，4.5 倍肛门相应直径，锥形部缺少亚腹刚毛；具 2 个前后伸展的卵巢；阴孔与体前端的距离约占体长的 49%。

生态习性： 栖息于潮下带泥质沉积物表层，水深 10～20m。

地理分布： 渤海（黄河口水下三角洲、莱州湾），黄海，东海。

参考文献： Zhang, 1992。

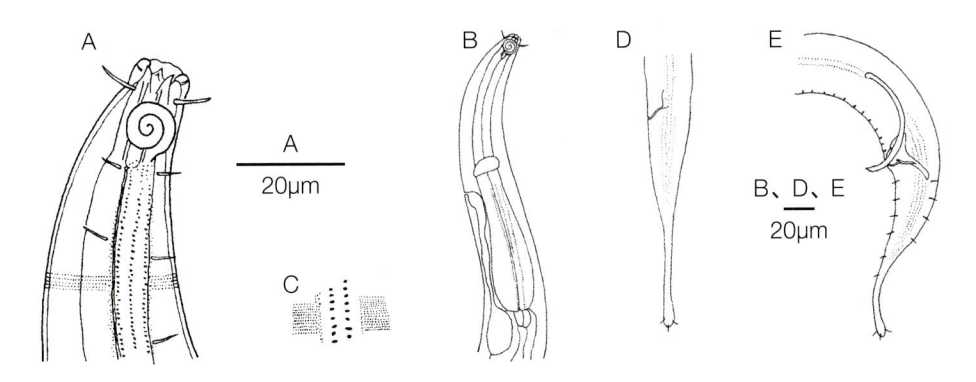

图 35-1　拉氏矛咽线虫 *Dorylaimopsis rabalaisi* Zhang, 1992（引自 Zhang, 1992）
A. 雄性头部侧面观；B. 雄性体前部侧面观；C. 雄性体中部装饰点；D. 雌性体后部侧面观；E. 雄性体后部侧面观

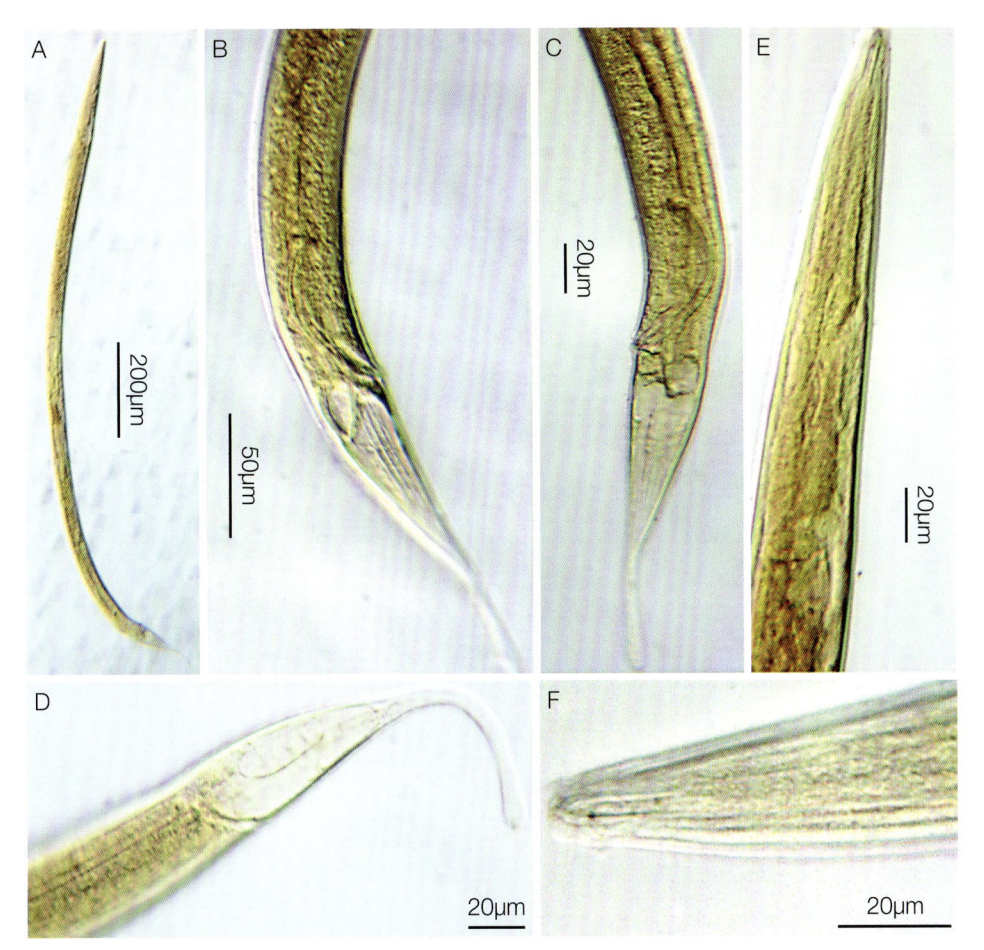

图 35-2　拉氏矛咽线虫 *Dorylaimopsis rabalaisi* Zhang, 1992（周红供图）
A. 雄性整体侧面观；B、C. 雄性尾部侧面观，示侧分化纵排点、交接刺、引带龙骨突及尾腺；
D. 雌性尾部侧面观，示侧分化纵排点及尾腺；E. 雄性体前部侧面观，示头部、食道部、腹腺和排泄孔；
F. 雄性体前端侧面观，示头刚毛、口腔和化感器

特氏矛咽线虫
Dorylaimopsis turneri Zhang, 1992

标本采集地： 黄河口水下三角洲，水深 10m。

形态特征： 体长 1.6mm（$a = 41$）；角皮具横排细装饰点；头部通过窄的颈部与体区稍分离；侧分化由不规则的点组成，始于化感器之后，向下延伸至食道基部，然后变成 5 排纵点，终止于肛门区；体中部的侧分化宽约 11μm；在尾部侧分化点排列不规则，通常为 3 排点；有数根颈刚毛，长 4～5μm；体刚毛稀疏，长 4μm，呈亚背和亚腹 8 个纵排，从食道中部一直延伸到肛门区；头部具 2 圈乳突：6 个唇乳突和 6 个头乳突，后面 1 圈具 4 根粗的头刚毛，头刚毛长 7μm（70% 头直径）；化感器 2.5 圈，直径 8μm（70% 相应体宽）；口腔包括 1 杯形的前部和长 16μm 强烈角质化的管状部，管状部前端有 3 个强壮的三角形齿；食道柱状，基部加宽，但未形成明显的食道球；排泄孔明显，位于食道长度的 57% 处，腹腺向后延伸到食道基部之后；尾长 3.8 倍肛门相应直径，前面的锥形部占尾长的 2/3，上有许多长 5～6μm 的亚腹刚毛和亚背刚毛；尾的末端显著膨大成圆形，具 3 根长 7～8μm 的末端刚毛，具 3 个尾腺。雄性具 2 个相对并直伸的精巢；1 对交接刺，等长，弓形，弧长 62μm，约为 2 倍肛门相应直径；交接刺近端头状，远端钝；引带具 1 背后指向的龙骨突，龙骨突长 20μm，为交接刺长度的 34%；肛前附器 11～17 个，不明显。雌性尾较雄性更长，尾的锥形部缺乏亚腹刚毛；具 2 个前后伸展的卵巢；阴孔与体前端的距离约占体长的 49%。

生态习性： 栖息于潮下带泥质沉积物表层。

地理分布： 渤海（黄河口、莱州湾），黄海，东海。

参考文献： Zhang, 1992。

图 36-1　特氏矛咽线虫 *Dorylaimopsis turneri* Zhang, 1992
（引自 Zhang, 1992）
A. 雄性头部侧面观；B. 雄性体后部侧面观；C. 雄性体中部装饰点；
D. 雄性体前部侧分化；E. 雄性头部侧面观

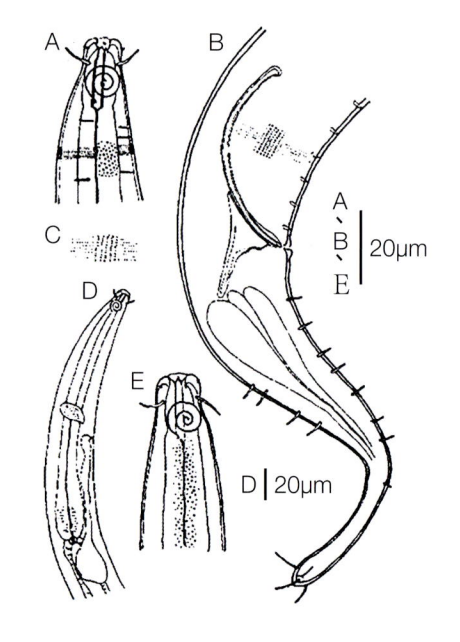

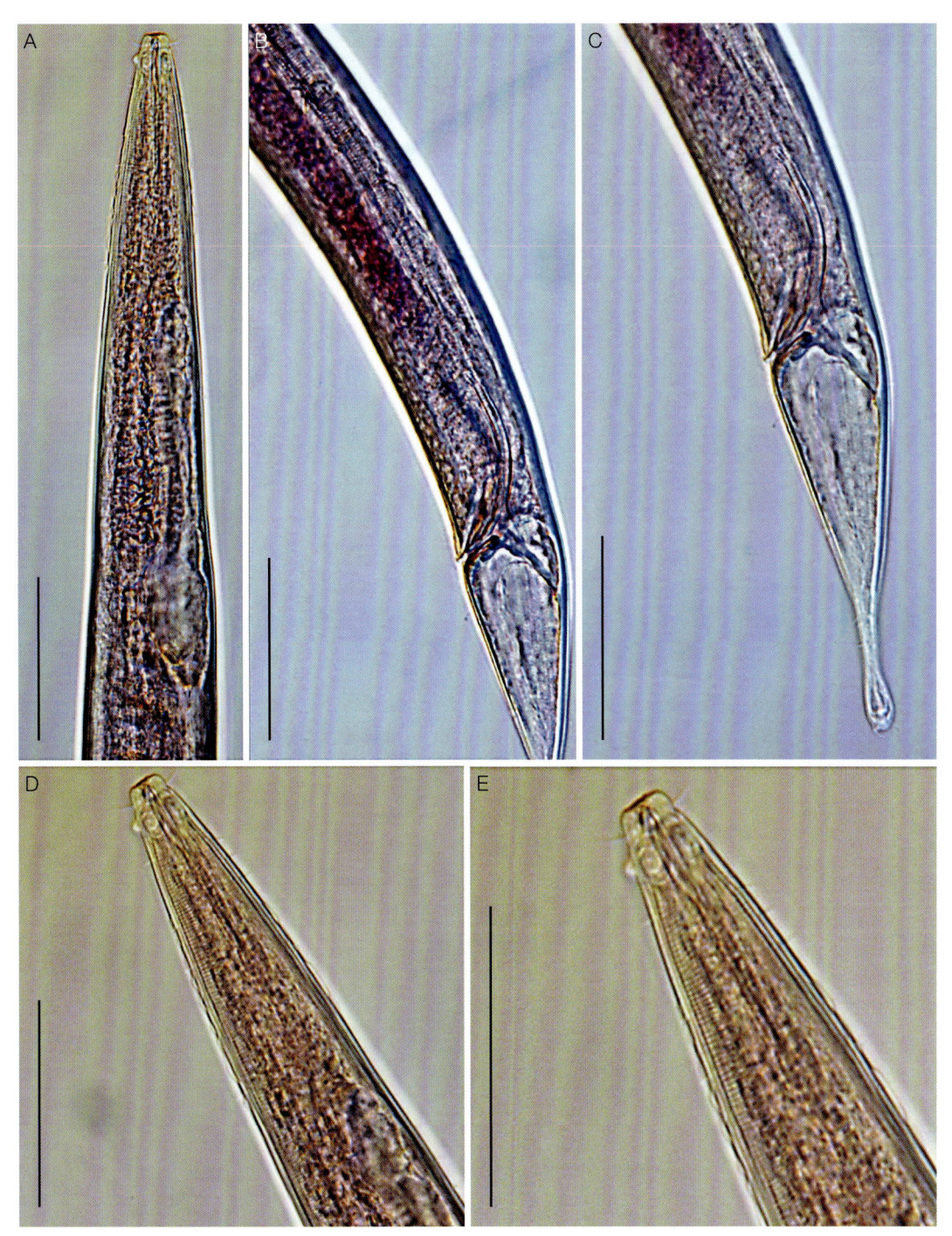

图 36-2　特氏矛咽线虫 *Dorylaimopsis turneri* Zhang, 1992（周红供图）
A. 雄性体前部侧面观，示头部、食道部、腹腺和排泄孔；B、C. 雄性尾部侧面观，示侧分化、交接刺、引带龙骨突、尾腺、亚腹刚毛和末端刚毛；D、E. 雄性头部侧面观，示头刚毛、颈刚毛、体刚毛、口腔和化感器
比例尺：50μm

萨巴线虫属 *Sabatieria* Rouville, 1903

新岛萨巴线虫
Sabatieria praedatrix de Man, 1907

标本采集地： 黄河口水下三角洲，水深 3～11m。

形态特征： 体长 1.8mm，最大体宽 52μm（$a = 38$）；角皮具环纹和横排装饰点：侧点较大而稀疏，看似呈纵向拉长；具 6 根较短和 4 根较长（长 7μm，0.5 倍头直径）头刚毛；颈部和尾部散在分布数量较多的刚毛，但较体中部更为稀疏。化感器 2.5 圈，宽 8μm，0.6 倍相应体直径；尾长 4.0 倍肛门相应直径，前 1/3 锥状，后 2/3 柱状。雄性交接刺弓形，弧长 66μm（1.7 倍肛门相应直径），近端具 1 短的中央突，远端具 1 向背部突出的三角形结构；引带直，具龙骨突；具 17 个小管状肛前附器，极易被忽略。

生态习性： 栖息于潮间带或潮下带泥质沉积物表层。

地理分布： 渤海，黄海，东海，南海（香港维多利亚港）；英国（潮间带泥滩），比利时，亚得里亚海，北海，北大西洋。

参考文献： Platt and Warwick, 1988。

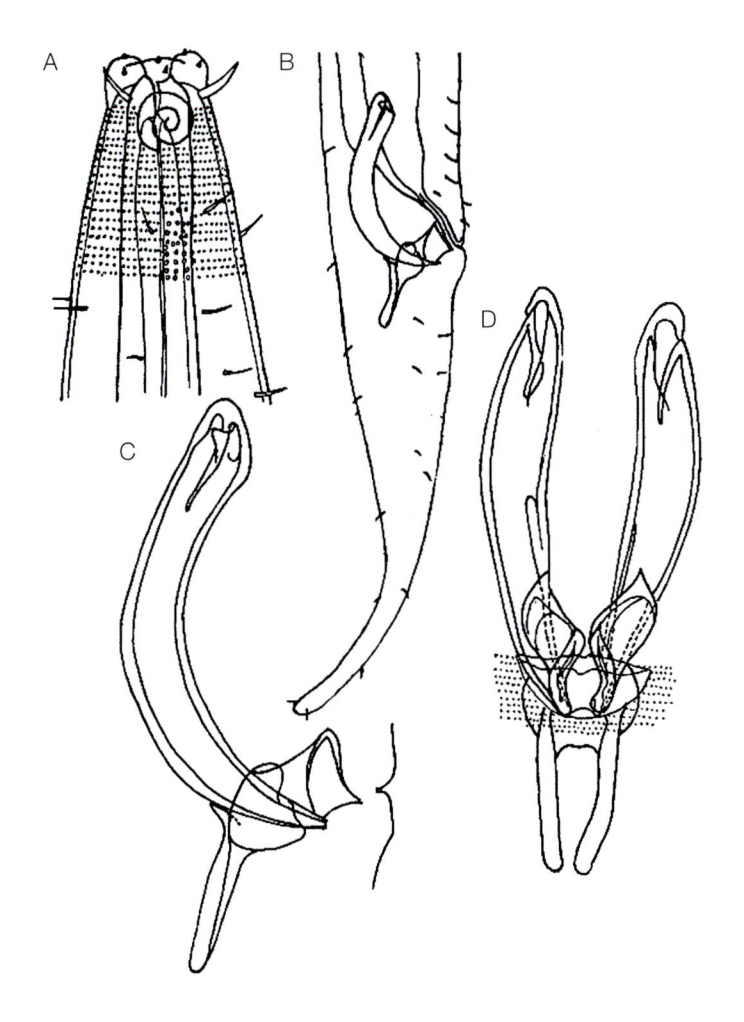

图 37-1　新岛萨巴线虫 *Sabatieria praedatrix* de Man, 1907（引自 Platt and Warwick, 1988）
A. 雄性体前端侧面观，示头刚毛、口腔、化感器和装饰点；B. 雄性体后部侧面观，示交接刺、引带、肛前附器；
C. 雄性交接器侧面观；D. 雄性交接器腹面观

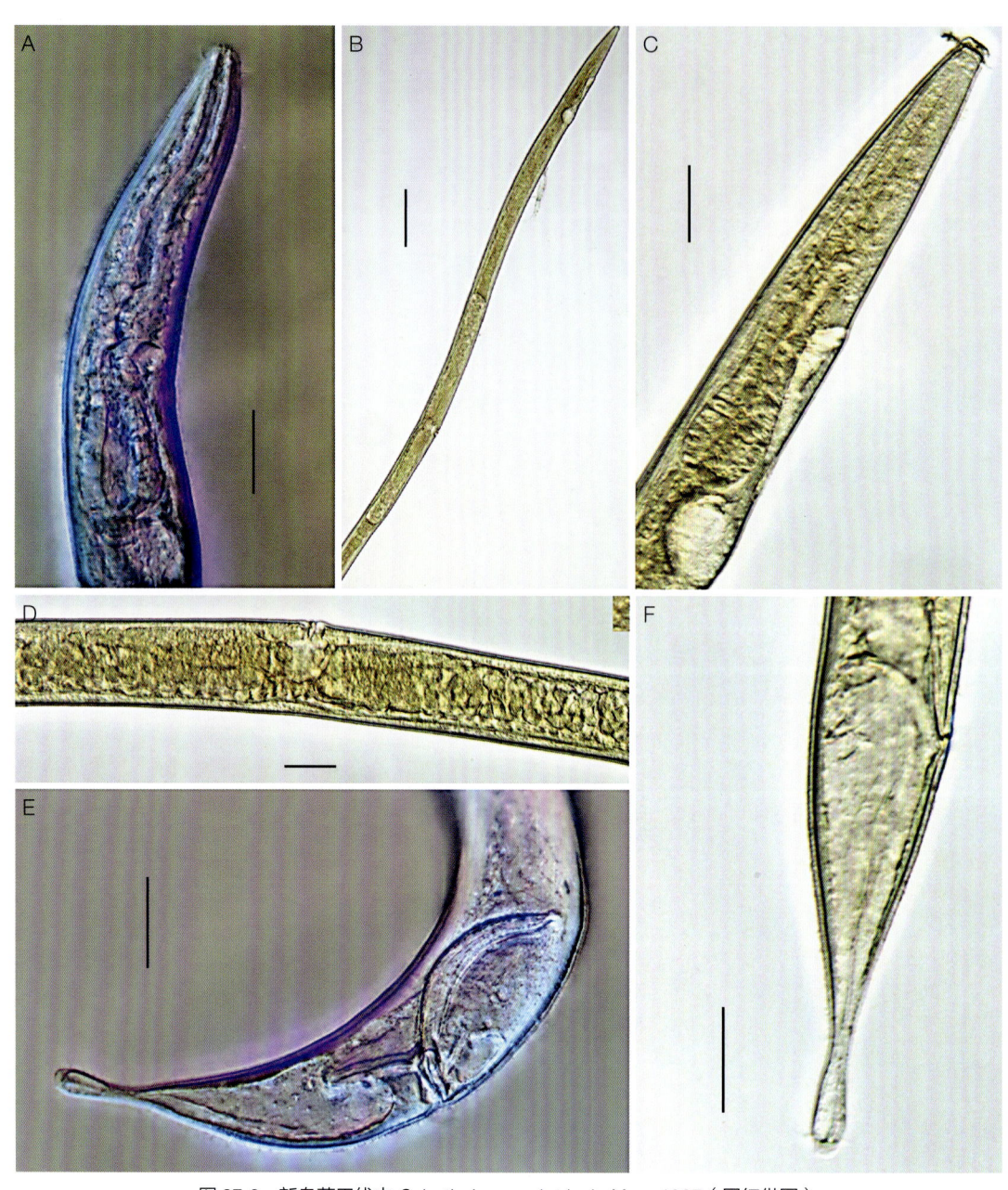

图 37-2　新岛萨巴线虫 Sabatieria praedatrix de Man, 1907（周红供图）
A. 雄性体前部侧面观，示头部、食道部、腹腺和排泄孔；B. 雌性体前部侧面观，示阴孔；C. 雌性体前部侧面观，
示头刚毛、腹腺和排泄孔；D. 雌性体中部侧面观，示阴孔；E. 雄性尾部侧面观，示交接刺、引带龙骨突和肛前附器；
F. 雌性尾部侧面观，示尾的形状、尾腺和末端刚毛
比例尺：A、C～F = 20μm；B = 100μm

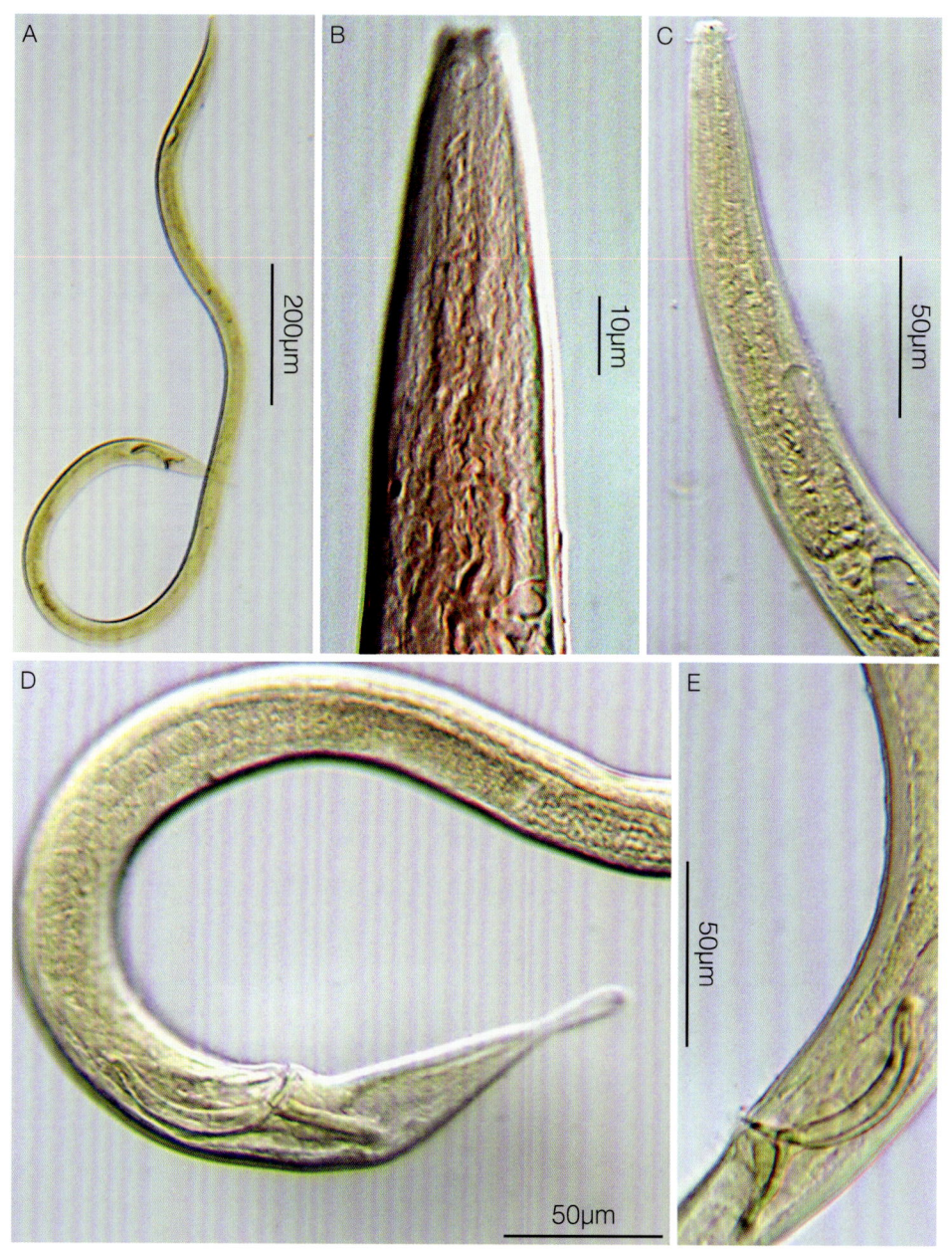

图 37-3 新岛萨巴线虫 Sabatieria praedatrix de Man, 1907（周红供图）
A. 雄性体整体侧面观；B. 雌性体前部侧面观，示化感器；C. 雌性体前部侧面观，示头刚毛、食道、腹腺和排泄孔；D. 雄性尾部侧面观，示交接刺、引带龙骨突和肛前附器；E. 雄性尾部侧面观，示交接刺、引带龙骨突和肛前附器

管腔线虫属 *Vasostoma* Wieser, 1954

关节管腔线虫
Vasostoma articulatum Huang & Wu, 2010

标本采集地： 渤海黄河口水下三角洲（水深10m），南黄海潮下带（水深41m）。

形态特征： 体长2.3～2.6mm，最大体宽40～49μm；角皮具横排装饰点，无侧分化；化感器2.5圈，宽8μm，前缘与体前端相距6μm；头直径13μm（32%食道基部体宽）；唇乳突未见，6根长和4根短头刚毛；口腔前部杯状，后部管状，角质化；3个三角形的齿位于管状口腔的前端；食道柱状，基部有1梨形食道球；腹腺大，位于食道球基部之后；排泄孔明显，距体前端133μm；尾圆锥-圆柱形，长5.0倍肛门相应直径，具3个尾腺，末端3根刚毛长5μm。雄性交接刺分两节，每节分别弯曲，后节稍长于前节，总弧长128μm，后节具1明显的突起（图38-2D、E箭头处）；引带具指向背后的龙骨突，龙骨突长34μm；具13～14个小管状肛前附器。雌性尾稍短于雄性，具前后2个伸展的卵巢，阴孔位于身体中间偏前处。

生态习性： 栖息于潮下带泥质沉积物中。

地理分布： 渤海，黄海。

参考文献： Huang and Wu, 2010。

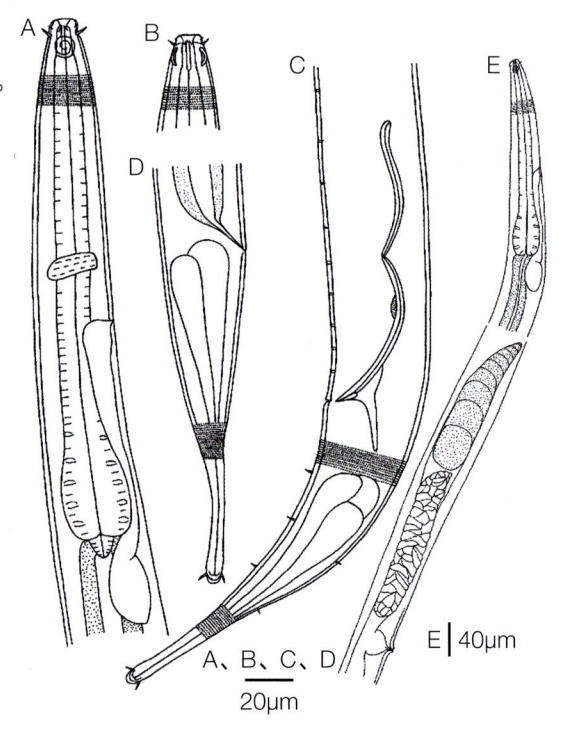

图38-1 关节管腔线虫 *Vasostoma articulatum* Huang & Wu, 2010（引自Huang and Wu, 2010）
A. 雄性体前部侧面观，示头、食道和腹腺；B. 雌性头部背面观，示化感器、口腔和角皮装饰点；C. 雄性体后部侧面观，示交接刺、引带龙骨突、肛前附器和尾腺；D. 雌性尾部侧面观；E. 雌性体前半部侧面观，示生殖系统和阴孔

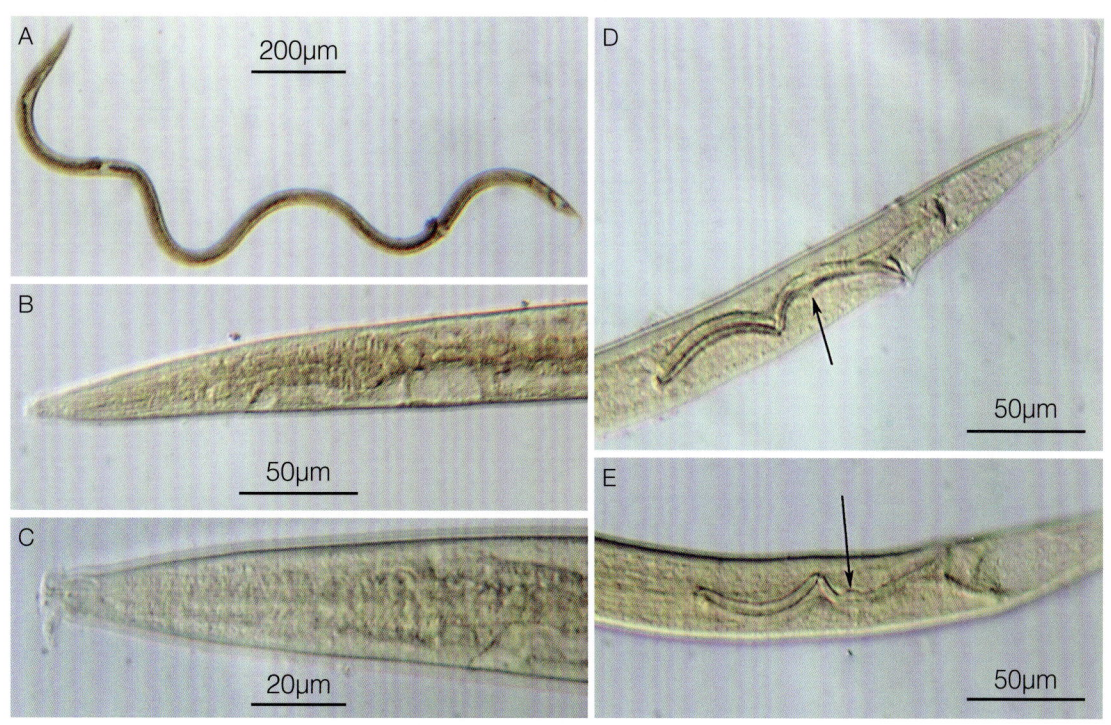

图 38-2　关节管腔线虫 *Vasostoma articulatum* Huang & Wu, 2010（周红供图）
A. 雄性整体侧面观；B. 雄性体前部侧面观，示食道和食道球、腹腺及排泄孔；C. 雄性体前部侧面观，
示头刚毛、口腔及螺旋状化感器；D. 雄性体后部侧面观，示尾、交接刺、引带龙骨突；
E. 雄性肛门区侧面观，示交接刺、引带龙骨突和肛前附器

联体线虫科分属检索表

1. 角皮无侧分化......................................管腔线虫属 *Vasostoma*（关节管腔线虫 *V. articulatum*）
 - 角皮具侧分化... 2
2. 侧分化由3纵排不规则的点组成..矛咽线虫属 *Dorylaimopsis*
（拉氏矛咽线虫 *D. rabalaisi*）
 - 侧分化仅为较大而稀疏的侧点，不形成纵排..萨巴线虫属 *Sabatieria*
（新岛萨巴线虫 *S. praedatrix*）

绕线目 Plectida
覆瓦线虫科 Ceramonematidae Cobb, 1933
覆瓦线虫属 *Ceramonema* Cobb, 1920

棱脊覆瓦线虫
Ceramonema carinatum Wieser, 1959

标本采集地： 山东青岛砂质滩。

形态特征： 体长 0.9～1.2mm（a = 43～46）；角皮具覆瓦状环纹，覆瓦被沿身体排列的 8 纵排波峰中断，纵排波峰延伸入头部形成数排点；颈区体环的宽度为 7.5μm；头长 36μm，基部宽 22μm；头刚毛排列成 6+4 两圈，长 12～14μm；化感器长环形，位于头的后半部，长 17μm，宽 7.5μm；尾长 17～22μm，长 7.5～8.5 倍肛门相应直径，远端圆锥部长 13μm。雄性交接刺长 24～33μm，近端和远端变细，距远端 1/4 处有 1 小尖；引带板状，长 16～22μm，也有 1 个类似交接刺上的小尖；肛门区的 2 个体环融合成 1 个宽带。雌性阴孔位于体中部。

生态习性： 栖息于砂质潮间带表层沉积物中。

地理分布： 渤海，黄海；美国大西洋沿岸，北海。

参考文献： Wieser, 1959; Zhang et al., in press。

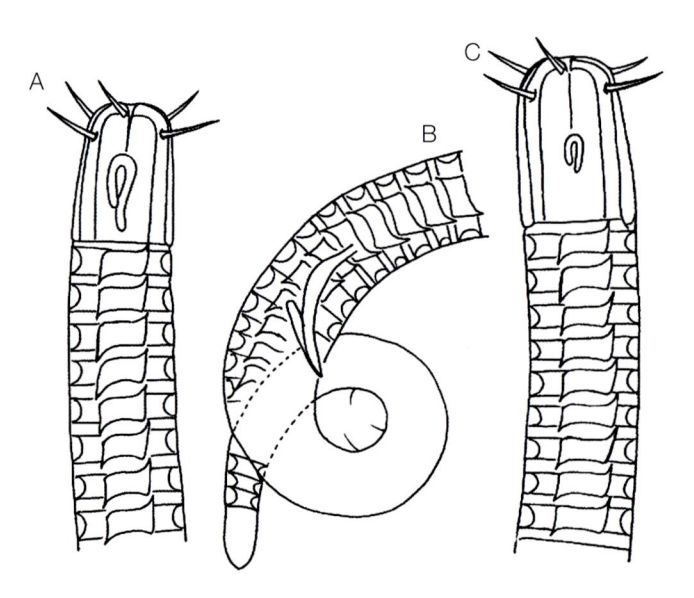

图 39-1　棱脊覆瓦线虫 *Ceramonema carinatum* Wieser, 1959（引自 Zhang et al., in press）
A. 雄性头部侧面观，示头、头刚毛、化感器和覆瓦状角皮环纹；B. 雄性尾部侧面观，示交接刺和引带；
C. 雌性头部侧面观，示头、头刚毛、化感器和覆瓦状角皮环纹

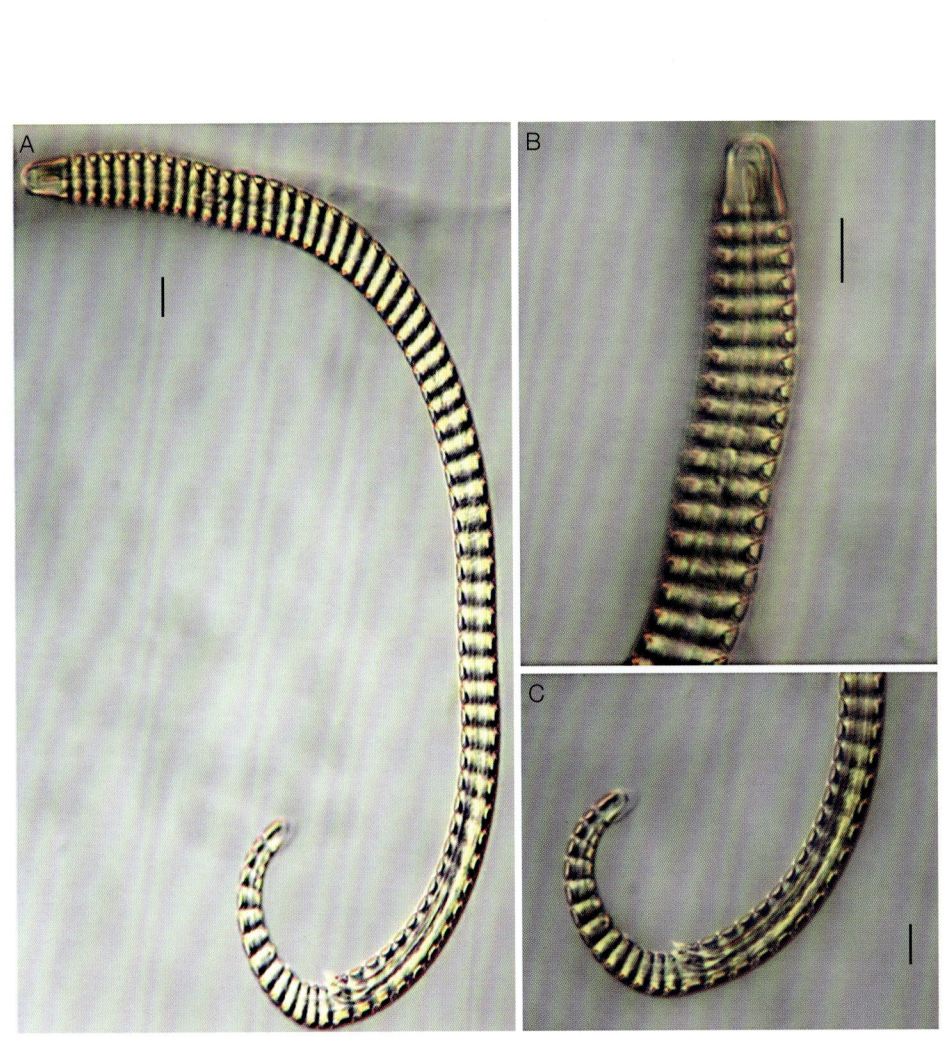

图 39-2　棱脊覆瓦线虫 *Ceramonema carinatum* Wieser, 1959（周红供图）
A. 雄性整体侧面观；B. 雄性体前端侧面观，示化感器；C. 雄性体后部侧面观，示交接刺和引带
比例尺：20μm

拟微咽线虫科 Paramicrolaimidae Lorenzen, 1981

拟微咽线虫属 *Paramicrolaimus* Wieser, 1954

奇异拟微咽线虫
Paramicrolaimus mirus Tchesunov, 1988

标本采集地： 黄海南部潮下带。

形态特征： 体长3.1～4.3mm，最大体宽38～50μm；角皮具细环纹，皮下细胞腺存在；短的体刚毛仅在尾部和肛前附器区分布；头在化感器水平处略为收缩，直径19～20μm；化感器横卵圆形，1.25圈，宽11～13μm或43%～57%相应体宽；10根头刚毛呈2圈排列：前排的6根较短（8～9μm），后排的4根稍长（10～11μm）；口腔形状不规则，前部深而窄，后部具角质化的壁；在前后两部的交界处具2个齿：1个背齿和1个右亚腹齿；食道前部肿胀，包绕口腔，后1/4膨大并形成1个长而弱的食道球，长50～60μm，宽23～30μm；腹腺位于食道后方35～45μm处，排泄孔开口于距体前端大约2/3食道长度的位置；尾粗短，圆锥形，向腹面弯曲，长约3倍肛门相应直径，具6根肛后腹刚毛和4根末端刚毛，具3个尾腺。雄性具1对等长的交接刺，弯曲，具腹壶，弦长1.2倍肛门相应直径；引带板状，长22～30μm，中部具侧翼；具8～10个肛前附器，乳突状，在其侧顶部具有指向体后的牛角状结构。雌性个体稍大于雄性，无体刚毛和尾刚毛；具前后2个反折的卵巢；阴孔与体前端的距离约占体长的41%。

生态习性： 栖息于潮下带泥质沉积物中，水深64～85m。

地理分布： 渤海，黄海；白海。

参考文献： Huang and Zhang, 2005。

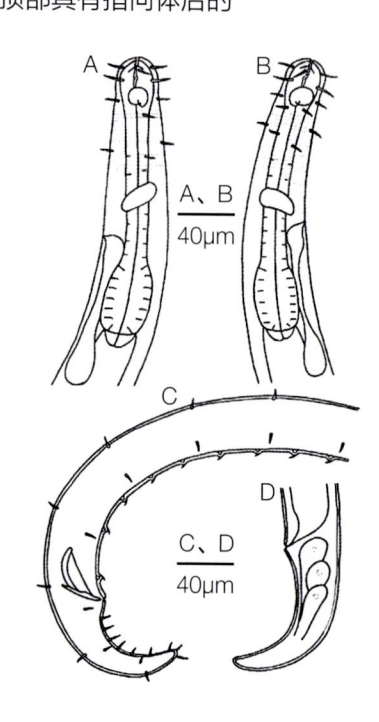

图40-1 奇异拟微咽线虫 *Paramicrolaimus mirus* Tchesunov, 1988（引自Huang and Zhang, 2005）
A. 雄性头部侧面观，示口腔和食道球；B. 雄性尾部侧面观，示化感器、腹腺和排泄孔；C. 雌性头部侧面观，示交接刺、引带、肛前附器和尾刚毛；D. 雌性尾部侧面观，示尾腺

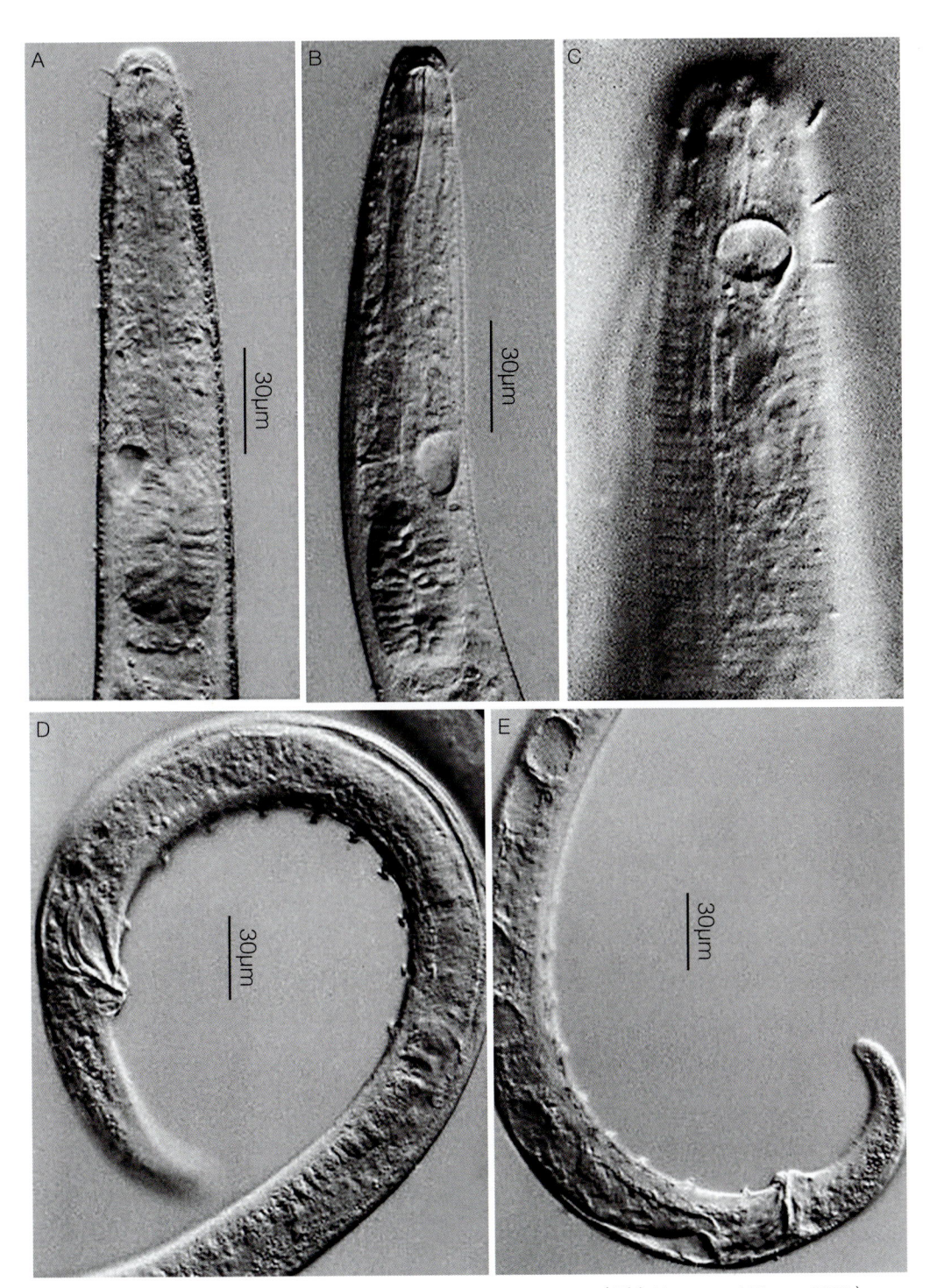

图 40-2　奇异拟微咽线虫 *Paramicrolaimus mirus* Tchesunov, 1988（引自 Huang and Zhang, 2005）
A. 雄性体前部亚侧面观，示口腔和食道球；B. 雄性体前部侧面观，示食道球和排泄孔；C. 雌性头部侧面观，示化感器和头刚毛；
D. 雄性体后部侧面观，示交接刺和肛前附器；E. 雄性尾部侧面观，示肛后腹刚毛和末端刚毛

链环目 Desmodorida
单茎线虫科 Monoposthiidae Filipjev, 1934
单茎线虫属 *Monoposthia* de Man, 1889

棘突单茎线虫
Monoposthia costata (Bastian, 1865)

标本采集地： 山东青岛、辽宁大连岩石潮间带。

形态特征： 体长 1.3～2.1mm，最大体宽 52～68μm；角皮具 10～12 纵排 "V" 形棘突，在体前部指向体后，但在食道基部之后反转向前；唇感器和前面 6 个头感器小，乳突状；4 根头刚毛较长，长 9～15μm；体刚毛短，呈 4 纵排沿体长排列；化感器宽 3～5μm，位于第 2 或第 3 角皮环纹的位置；口腔具 1 个较大的背齿和 1 个小的腹齿；食道具 1 个口腔膨大（前食道球）和 1 个长 56～67μm、宽 30～35μm 的后食道球；尾锥形，长 3.5～4.0 倍肛门相应直径，尖端不具环纹。雄性交接刺缺失；引带强烈角质化，长 37～42μm，远端具钩，中间膨大；肛前附器不存在，但在肛门前 1 个尾长的腹面角皮明显加厚。雌性阴孔与体前端的距离占整体长度的 81%～86%。

生态习性： 附生于海藻表面。

地理分布： 渤海，黄海；日本，英国，法国，比利时，德国基尔湾，加拿大圣劳伦斯河口，地中海，亚得里亚海，黑海，北海，北大西洋。

参考文献： Platt and Warwick, 1988; Zhang et al., in press.

DNA 条形码索引号： BOLD:ACY5306。

图 41-1 棘突单茎线虫 *Monoposthia costata* (Bastian, 1865)（引自 Platt and Warwick, 1988）
A. 雌性头部侧面观，示头刚毛、口腔齿和前食道球；B. 食道球区侧面观，示食道球和角皮 "V" 形棘突；C. 雄性尾部侧面观，示引带；D. 雄性肛区侧面观，示具钩的引带；E. 雄性肛区腹面观，示引带；F. 雌性尾部侧面观；G. 雄性头部侧面观，示头刚毛、口腔齿和前食道球；H. 食道区角皮图案反转

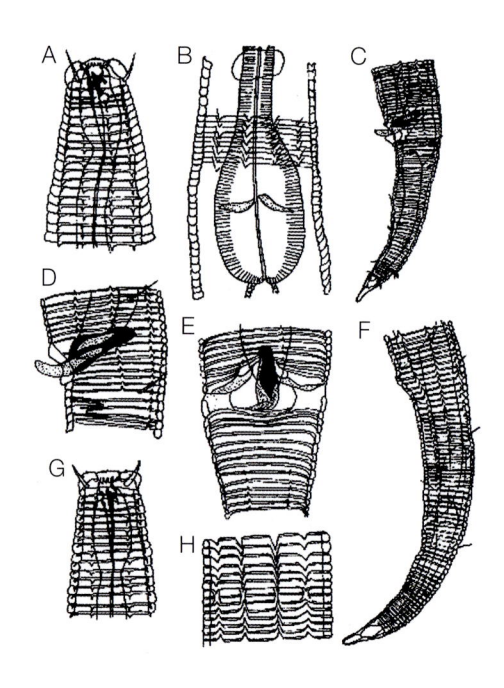

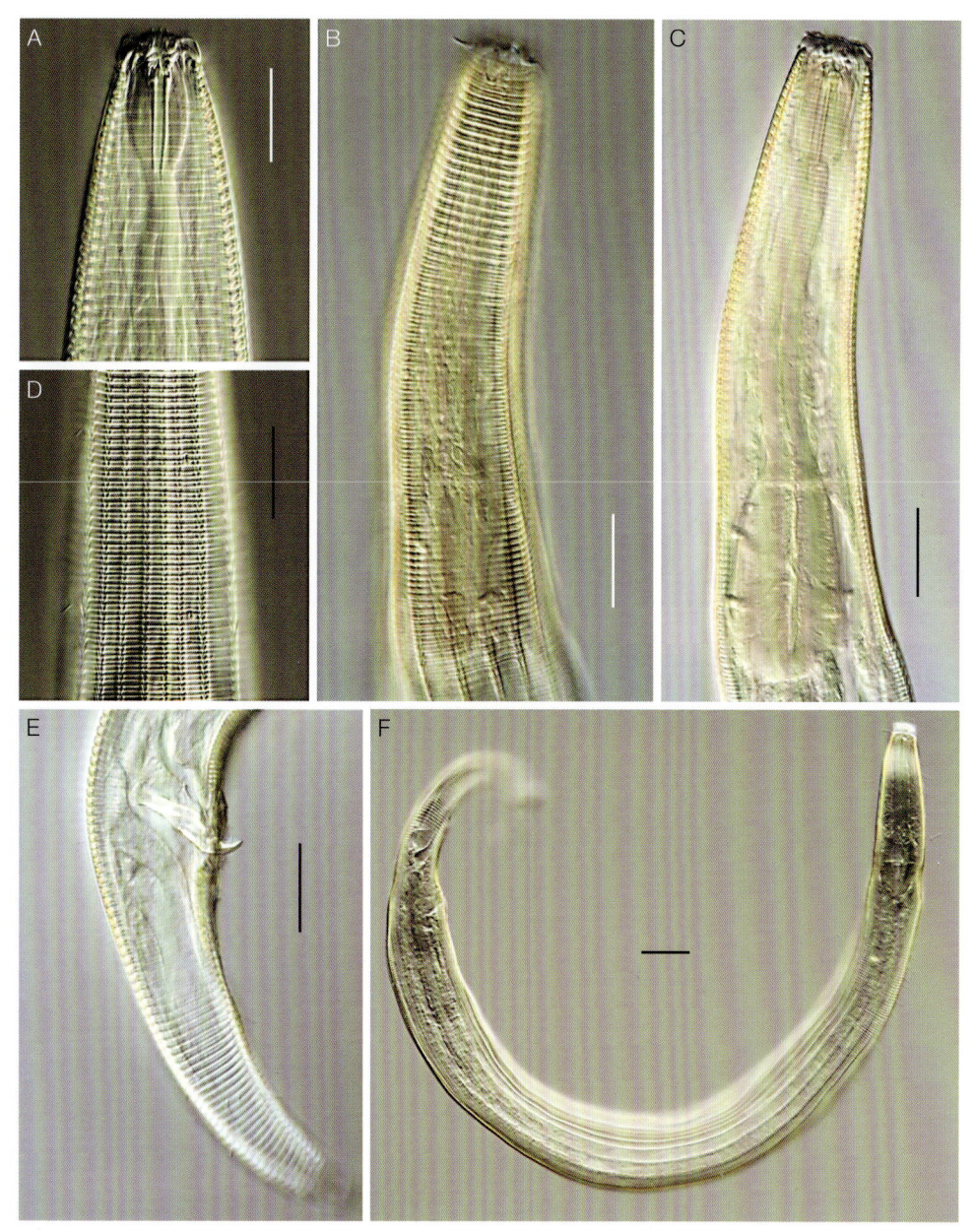

图 41-2 棘突单茎线虫 *Monoposthia costata* (Bastian, 1865)（史本泽供图）
A、B. 雄性体前部侧面观，示圆形化感器、柱形口腔、齿、头刚毛及前食道球；C. 雄性体前部侧面观，示前、后食道球；
D. 雄性食道区侧面观，示纵排"V"形棘突；E. 雄性尾部侧面观，示交接刺缺失，仅具引带；F. 雄性整体观
比例尺：40μm

努朵拉线虫属 *Nudora* Cobb, 1920

古氏努朵拉线虫
Nudora gourbaultae Vanreusel & Vincx, 1989

标本采集地： 山东滨州贝壳堤岛。

形态特征： 体细长，向两端变细，长 1.0～1.1mm；角皮具粗环纹，环纹的宽度相同，即每 10μm 具 3 环；第 1 和第 2 角皮环纹较宽并形成头鞘；具 12 纵排 "V" 形棘突，"V" 的尖端在食道区指向体后，但在体后其余部分则反转向前，这种装饰图案在尾中部终止；唇非常发达但并无强烈角质化；6 个小唇感器，乳突状；6 根较短的（长 3μm）头刚毛位于唇中部；4 根较长的（长 11～13μm）头刚毛位于唇基部；化感器圆形，宽 4～6μm（29%～38% 相应体宽），位于第 2 角皮环纹的位置；口腔发达并强烈角质化，具 1 大背齿和 2 个小的亚腹齿；食道末端具 1 个长的后食道球，分成两部分；咽组织包绕着口腔并形成明显隆起（前食道球）；尾圆柱-圆锥形，尖端不具环纹。雄性 1 对交接刺等长，长 26～29μm；引带发达，镰刀形，稍长和粗于交接刺，长 27～30μm；具 2 个肛前角皮装饰。雌性较雄性的尾更短，体更粗；生殖系统单宫，具前面 1 个反折的卵巢；阴孔接近肛门，与体前端的距离占体长的 88%～90%。

生态习性： 栖息于潮间带贝壳砂和粉砂淤泥混合的沉积物表层。

地理分布： 渤海；北海，北大西洋，比利时。

参考文献： Vanreusel and Vincx, 1989；赵丽萍等，2020；Zhang et al., in press。

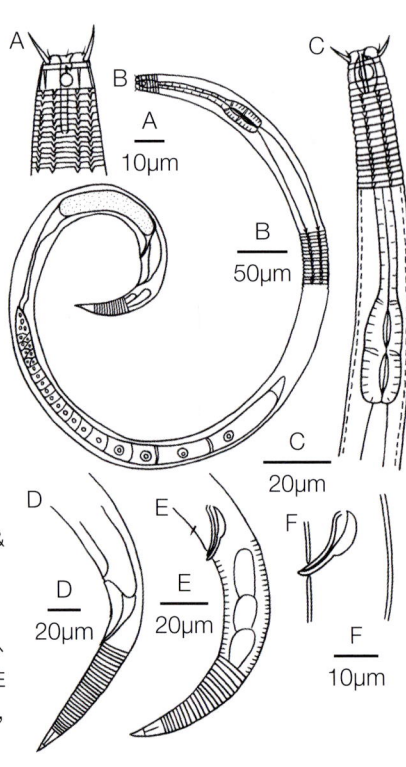

图 42-1 古氏努朵拉线虫 *Nudora gourbaultae* Vanreusel & Vincx, 1989（引自 Zhang et al., in press）
A. 雄性体前端侧面观，示头刚毛、口腔、齿和化感器；B. 雌性整体侧面观，示阴孔；C. 雄性体前部侧面观，示前、后食道球；D. 雌性尾部侧面观，示阴孔和肛门；E. 雄性尾部侧面观，示交接刺、引带和腹腺；F. 雄性肛区侧面观，示交接刺和引带

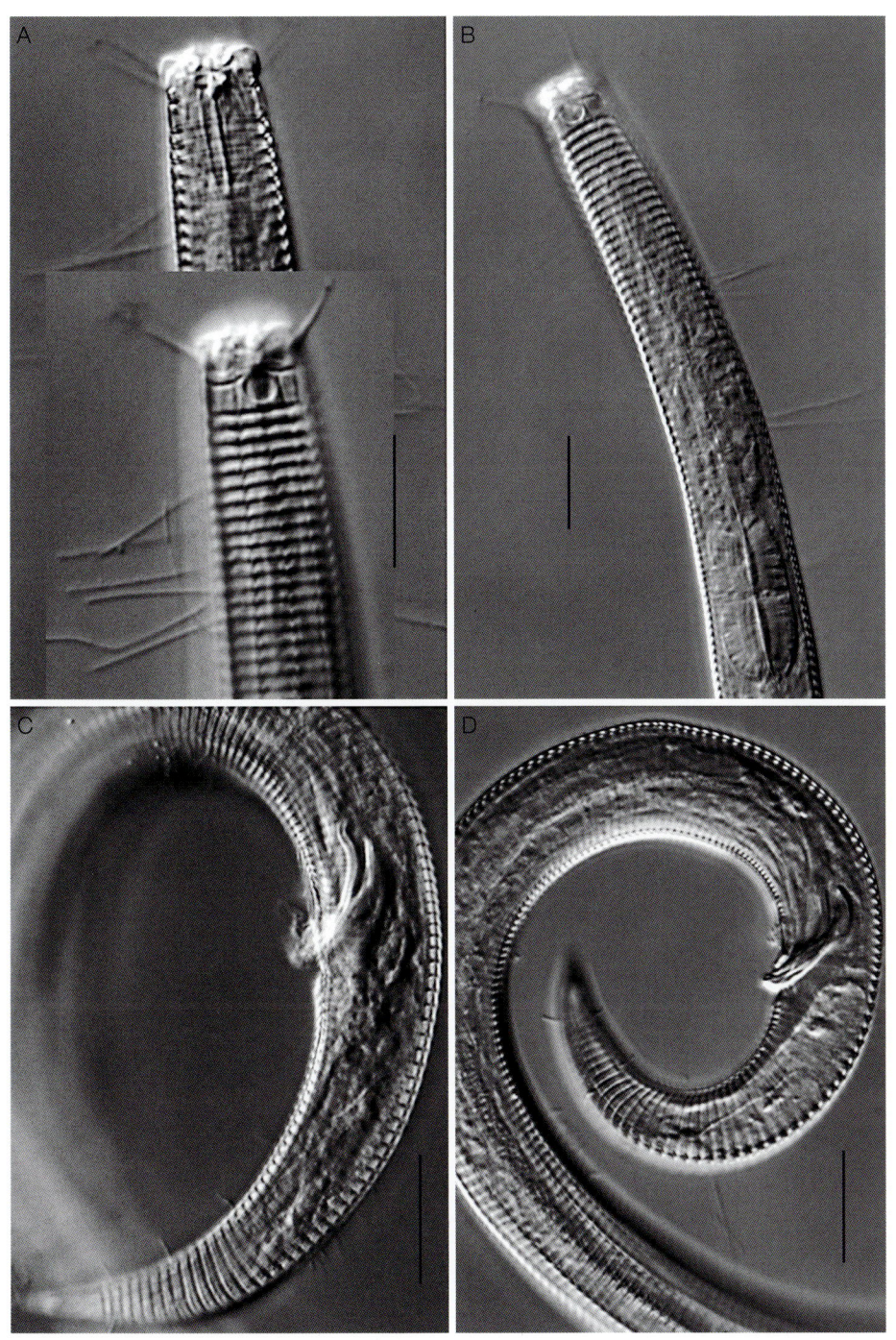

图 42-2　古氏努朵拉线虫 *Nudora gourbaultae* Vanreusel & Vincx, 1989（引自赵丽萍等，2020）
A. 雄性体前端侧面观，示头刚毛、化感器、口腔和齿；B. 雄性体前部侧面观，示后食道球；
C. 雄性肛区侧面观，示交接刺和引带；D. 雄性尾部侧面观，示交接刺和引带
比例尺：20μm

单宫目 Monhysterida

隆唇线虫科 Xyalidae Chitwood, 1951

吞咽线虫属 *Daptonema* Cobb, 1920

新关节吞咽线虫
Daptonema nearticulatum (Huang & Zhang, 2006)

标本采集地：渤海黄河口水下三角洲（水深 10m）、南黄海潮下带（水深 59～80m）。

形态特征：体长 1.4～1.6mm，体宽 40～50μm；角皮具细环纹；唇圆，具 6 个唇乳突；16 根头刚毛，排列式为 6+4+6，分别长 10～11μm、6～7μm、10～11μm；另有 1 圈较长的亚头刚毛，长 18～20μm；口腔锥形，长 20μm，宽 15μm；食道前区有数根体刚毛，长 11～29μm；化感器不明显（图 43-2B 箭头处）；尾细，长 5.5 倍肛门相应直径，圆锥-圆柱形，远端圆柱部分占尾长的 1/4，末端膨大，尾的后半部腹面有数根尾刚毛、3 根 18μm 长的端刚毛、3 个尾腺。雄性具 1 对长交接刺，弦长 1.5 倍肛门相应直径，中间分为 2 节（图 43-2C 箭头处）：近端节直，远端节弯；引带弯曲，近端具钩，无肛前附器。雌性个体较雄性更大，体刚毛更少，无尾刚毛；有 1 个前伸的卵巢；阴孔与体前端的距离占体长的 79%～81%。

生态习性：栖息于潮下带泥质沉积物中。

地理分布：渤海，黄海。

参考文献：Huang and Zhang, 2006。

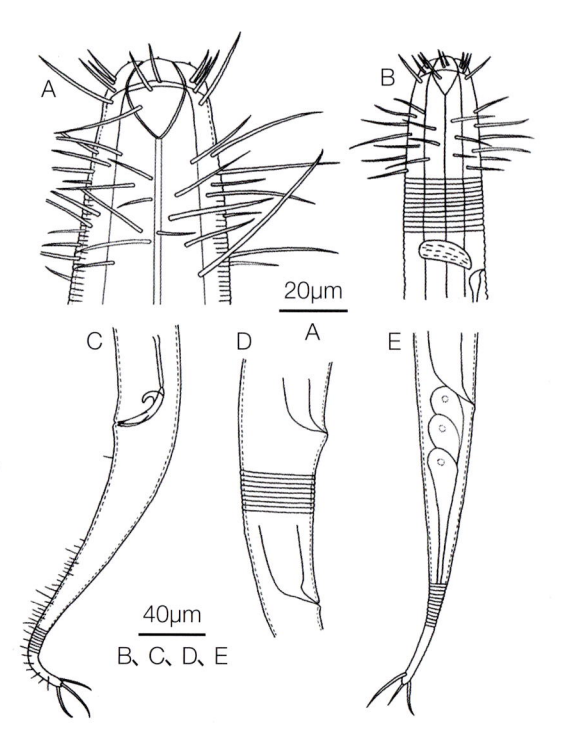

图 43-1 新关节吞咽线虫 *Daptonema nearticulatum* (Huang & Zhang, 2006)（引自 Huang and Zhang, 2006）
A. 雄性头部侧面观，示口腔、头刚毛、亚头刚毛和食道区体刚毛；B. 雌性头部侧面观，示神经环和排泄孔；C. 雄性尾部侧面观，示交接刺、引带龙骨突和尾刚毛；D. 雌性体后侧面观，示阴孔和肛门；E. 雌性尾部侧面观，示尾腺和末端刚毛

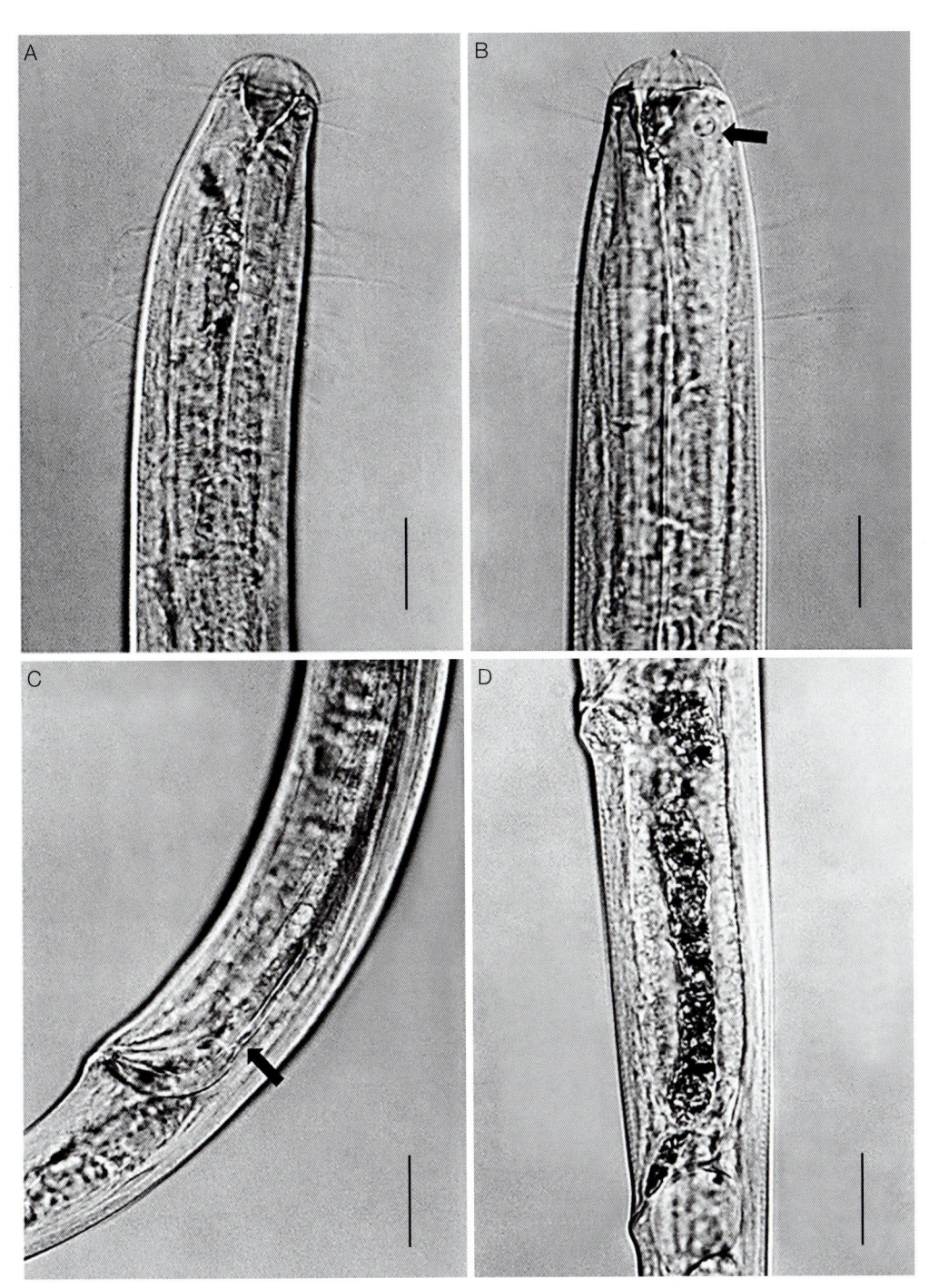

图 43-2 新关节吞咽线虫 Daptonema nearticulatum (Huang & Zhang, 2006)（引自 Huang and Zhang, 2006）
A. 雄性头部侧面观，示头刚毛和亚头刚毛；B. 雌性头部侧面观，示口腔和圆形化感器（箭头处）；
C. 雄性体后部侧面观，示分 2 节的交接刺（箭头处）；D. 雌性体后部侧面观，示阴孔和肛门
比例尺：20μm

乳突吞咽线虫
Daptonema papillifera Sun, Huang, Tang, Zang, Xiao & Tang, 2019

标本采集地： 渤海莱州湾潮间带。

形态特征： 体长 0.9～1.1mm，最大体宽 35～57μm（a = 20～26）；角皮具细环纹；体刚毛未见；头圆，6 个圆形唇，上具 6 个唇乳突；10 根头刚毛围成 1 圈，包括 6 根较长（长 9μm）和 4 根较短（长 6～7μm）的头刚毛；化感器圆形，直径 5μm（30% 相应体宽），距体前端 15μm；口腔锥形，具角质化的壁，长 5～7μm；神经环位于食道中部；尾圆锥部 - 圆柱形，长 123～127μm（4.5 倍肛门相应直径）；尾的近端锥形部和远端圆柱部的交界处有 2 个明显的腹乳突，腹面具 3～4 排尾刚毛，长 5μm；3 根末端刚毛长 11μm，具 3 个尾腺，吐丝器非常发达。雄性交接刺"L"形，近端头状，长 1.6～1.7 倍肛门相应直径；引带具三角形背侧指向的钝龙骨突，龙骨突长 7～8μm；5～6 根联合生长的角质化的棘，位于肛门前方腹中央，距肛门 80～90μm。雌性较雄性个体更大，但化感器更小；尾具 2 根末端刚毛；生殖系统单宫，具 1 个前伸的卵巢，直达食道基部；阴孔与体前端的距离约占体长的 69%。

生态习性： 栖息于潮间带粉砂质沉积物表层 0～2cm。

地理分布： 渤海。

参考文献： Sun et al., 2019。

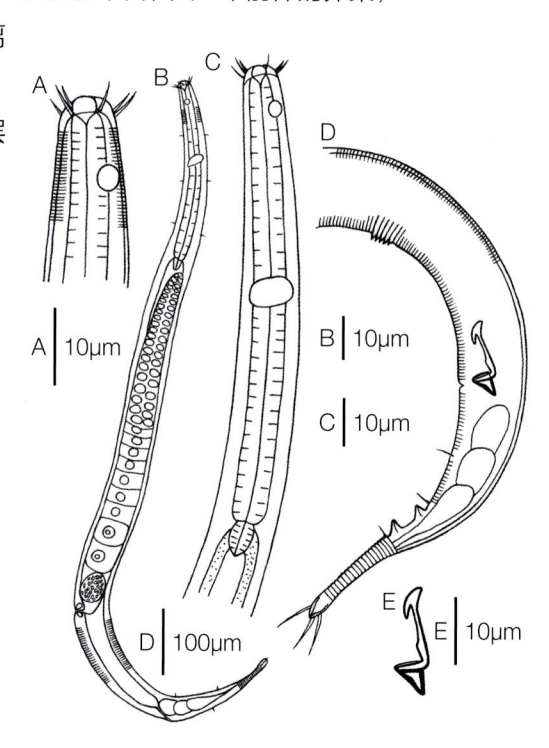

图 44-1 乳突吞咽线虫 *Daptonema papillifera* Sun, Huang, Tang, Zang, Xiao & Tang, 2019
（引自 Sun et al., 2019）
A. 雄性体前部侧面观，示口腔、头刚毛和化感器；B. 雌性整体侧面观，示卵巢、卵及阴孔；C. 雄性体前部侧面观；D. 雄性体后部侧面观，示交接刺、引带、肛前角质化的棘和尾乳突；E. 雄性交接刺和引带侧面观

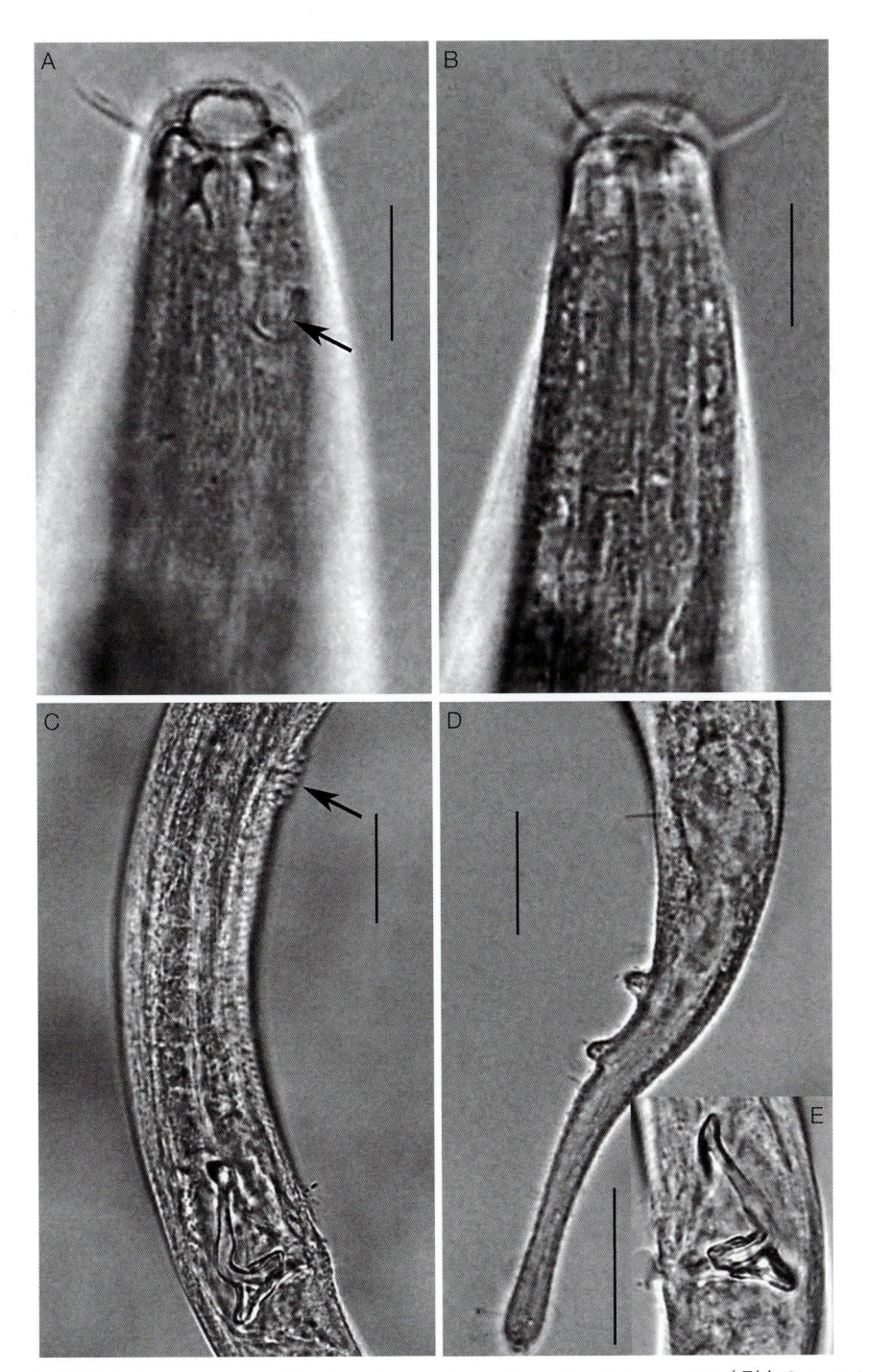

图 44-2　乳突吞咽线虫 *Daptonema papillifera* Sun, Huang, Tang, Zang, Xiao & Tang, 2019（引自 Sun et al., 2019）
A、B. 雄性头部侧面观，示头刚毛、口腔和化感器（箭头处）；C. 雄性肛区侧面观，示交接刺、引带和肛前角质化的棘（箭头处）；D. 雄性尾部侧面观，示尾乳突；E. 雄性肛区侧面观，示交接刺和引带
比例尺：A、B = 10μm；C～E = 20μm

伪颈毛线虫属 *Pseudosteineria* Wieser, 1956

前感伪颈毛线虫
Pseudosteineria anteramphida Sun, Huang, Tang, Zang, Xiao & Tang, 2019

标本采集地： 渤海莱州湾潮间带。

形态特征： 体长 1.0～1.3mm，最大体宽 28～57μm（$a = 20～34$）；角皮具环纹，始于口腔基部，止于尾末端；口腔具半球形的唇腔和漏斗形的咽腔；6 个唇稍膨大，上具 6 个唇乳突；6 根较粗短（长 10μm）和 4 根较长（长 12～14μm）的头刚毛围成 1 圈；非常长的亚头刚毛在化感器之后密集排列成 8 纵排（身体的亚背、亚腹、侧背、侧腹两边），距体前端 18μm，每排 5～6 根，这些亚头刚毛自前向后逐渐加长，最短的 7μm，最长的 60μm；体刚毛短而稀疏；化感器大，圆形，位于头刚毛和亚头刚毛之间，距体前端 12μm；尾圆锥-圆柱形，长 140～146μm（6～8 倍肛门相应直径），远端 2/5 为柱状；3 根末端刚毛长 20μm，3 个尾腺。雄性具 1 对长而弯曲的交接刺（1.8 倍肛门相应直径），近端头状，远端尖；引带管状，包裹着交接刺的远端，无龙骨突；肛前附器不存在；1 根 10μm 长的肛前刚毛，距肛门 22μm。雌性较雄性的亚头刚毛更长（最长 80μm），但化感器更小；生殖系统单宫，有 1 个前伸的卵巢；阴孔与体前端的距离约占体长的 65%。

生态习性： 栖息于潮间带粉砂质沉积物表层。

地理分布： 渤海。

参考文献： Sun et al., 2019。

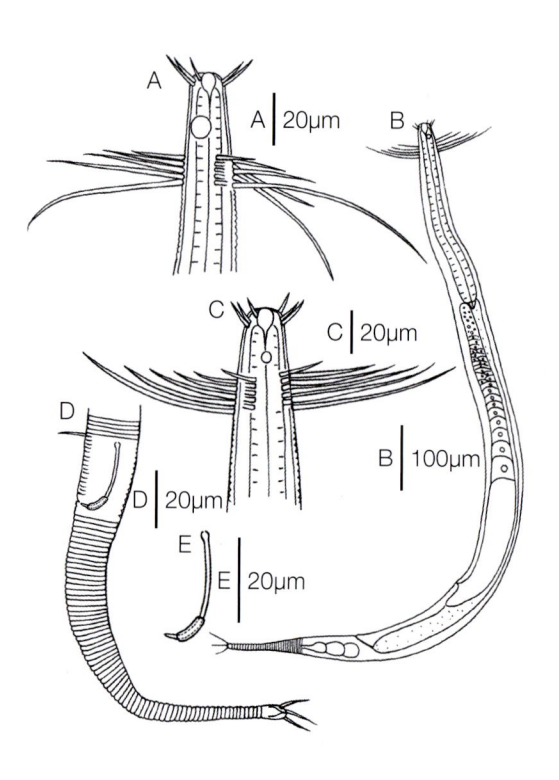

图 45-1 前感伪颈毛线虫 *Pseudosteineria anteramphida* Sun, Huang, Tang, Zang, Xiao & Tang, 2019（引自 Sun et al., 2019）
A. 雄性体前端侧面观，示口腔、化感器、头刚毛和亚头刚毛；B. 雌性整体侧面观，示卵巢、卵及阴孔；C. 雌性体前端侧面观，示口腔、化感器、头刚毛和亚头刚毛；D. 雄性尾部侧面观，示交接刺、引带和肛前刚毛；E. 交接刺和引带侧面观

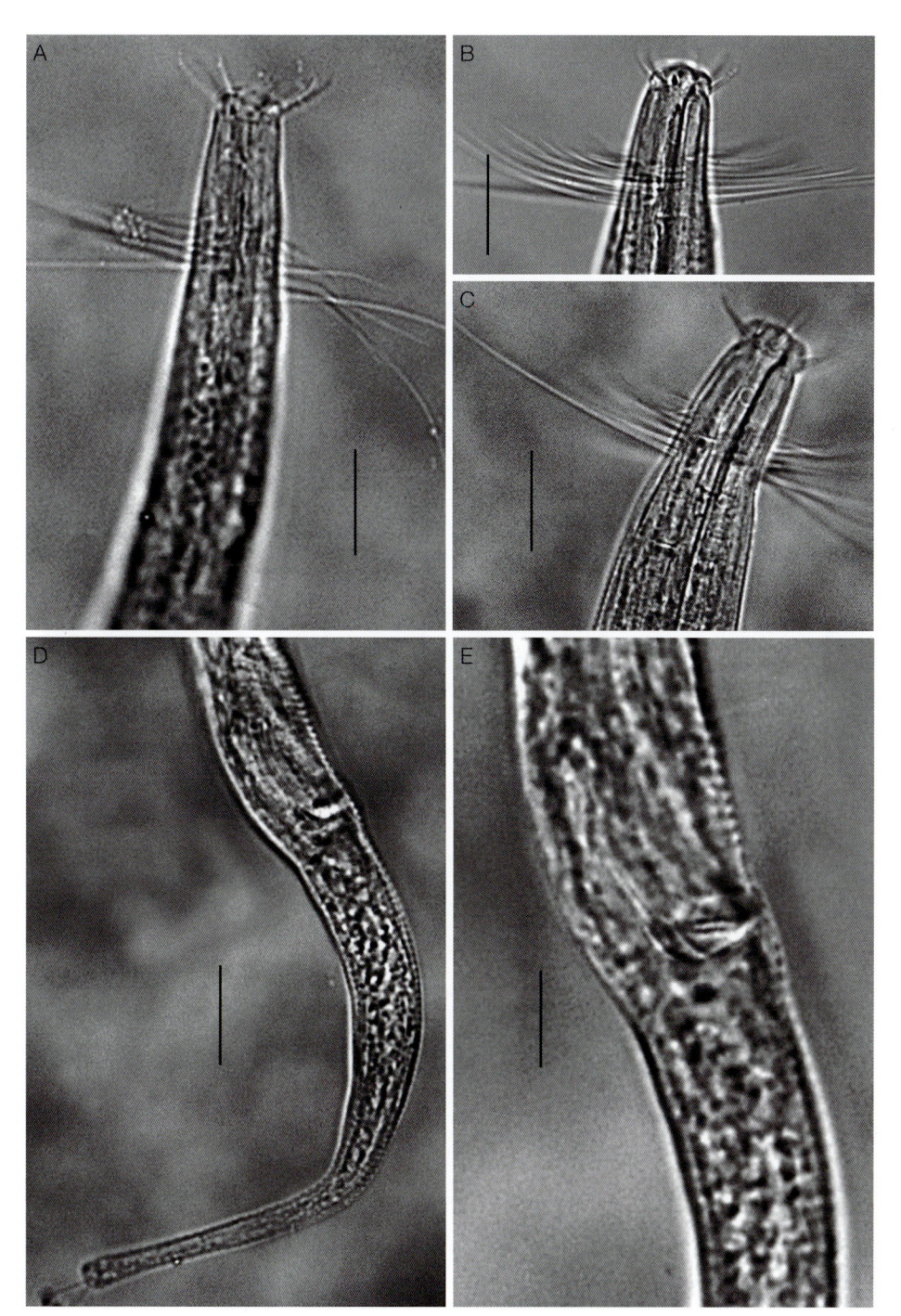

图 45-2　前感伪颈毛线虫 *Pseudosteineria anteramphida* Sun, Huang, Tang, Zang, Xiao & Tang, 2019（引自 Sun et al., 2019）
A. 雄性体前部侧面观，示头刚毛、亚头刚毛和化感器；B、C. 雌性体前端侧面观，示头刚毛、亚头刚毛和化感器；
D. 雄性尾部侧面观，示交接刺、引带和末端刚毛；E. 雄性肛门区侧面观，示交接刺和引带
比例尺：A～C = 20μm；D = 30μm；E = 10μm

中华伪颈毛线虫
Pseudosteineria sinica Huang & Li, 2010

标本采集地： 渤海黄河口水下三角洲（水深10m），山东日照砂质潮间带。

形态特征： 体纺锤形，向两端逐渐变细，长1.2～1.6mm，最大体宽51～69μm；角皮可见环纹，始于化感器位置，止于尾末端；口腔包括半球形的唇腔和锥形的咽腔；6个稍膨大的唇；头前感器围成2圈，内圈为6个唇乳突，外圈为10个头感器：6根较长（9μm）和4根较短（5μm）的头刚毛；亚头刚毛明显，在头刚毛之后排列成短的8纵排，每排3～4根刚毛，亚头刚毛的长度由前向后逐渐增加：最短的16μm，最长的53μm；体刚毛短而稀疏；化感器未见；尾圆锥-圆柱形，长162～198μm（4.2倍肛门相应直径）；圆锥部腹面密集分布着刚毛，3根末端刚毛长29μm，3个尾腺。雄性交接刺1对，不等长：左交接刺较长（58μm），中间分成2节，近端节具柄状突；右交接刺较短（46μm），无齿；引带具有指向背后方向的龙骨突；肛前附器不存在。雌性有1个前伸的卵巢；阴孔与体前端的距离约占体长的64%。

生态习性： 栖息于砂质潮间带表层沉积物中。

地理分布： 渤海，黄海。

参考文献： Huang and Li, 2010。

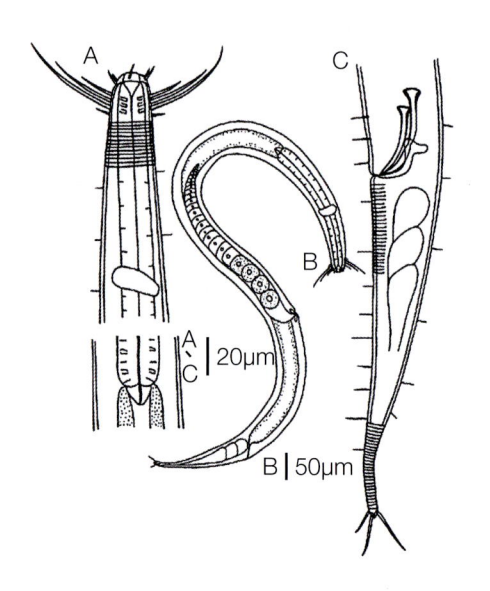

图46-1 中华伪颈毛线虫 *Pseudosteineria sinica* Huang & Li, 2010（引自 Huang and Li, 2010）
A. 雄性体前部侧面观，示口腔、头刚毛和亚头刚毛；
B. 雌性整体侧面观，示卵巢、卵及阴孔；C. 雄性尾部侧面观，示交接刺、引带龙骨突、尾腺和末端刚毛

图 46-2　中华伪颈毛线虫 *Pseudosteineria sinica* Huang & Li, 2010（周红供图）
A. 雌性整体侧面观，示阴孔（箭头处）；B. 雌性体前部侧面观，示头刚毛和颈刚毛；C. 雄性尾部侧面观，
示左长交接刺和引带；D. 雄性肛门区侧面观，示右短交接刺和引带
比例尺：A = 100μm；B ～ D = 50μm

张氏伪颈毛线虫
Pseudosteineria zhangi Huang & Li, 2010

标本采集地： 黄河口水下三角洲，水深 10m。

形态特征： 体长 1.4～1.7mm，最大体宽 64～84μm；角皮具粗环纹，始于化感器位置，止于尾末端；口腔锥形，6 个唇稍膨大；头前感器围成 2 圈，内圈为 6 个唇乳突，外圈为 10 个头感器：6 根较长（8μm）和 4 根较短（5μm）的头刚毛；亚头刚毛明显，在头刚毛之后排列成短的 8 纵排，每排 3 根刚毛，亚头刚毛的长度由前向后逐渐增加：最短的 15μm，最长的 36μm；体刚毛短而稀疏；化感器较小，圆形，直径 8μm（25% 相应体宽），位于亚头刚毛的位置，离体前端 18μm；尾圆锥-圆柱形，长 215～242μm（4.8 倍肛门相应直径），远端 1/3 为柱状；3 根末端刚毛长 22μm，3 个尾腺。雄性交接刺 1 对，等长（56μm，1.2 倍肛门相应直径），但形状不同：右交接刺细，左交接刺近端具 1 柄状突；引带桶形，具短的背龙骨突；肛前附器不存在。雌性有 1 个前伸的卵巢；阴孔与体前端的距离约占体长的 61%。

生态习性： 栖息于潮下带泥质沉积物中，水深 10～30m。

地理分布： 渤海，黄海。

参考文献： Huang and Li, 2010。

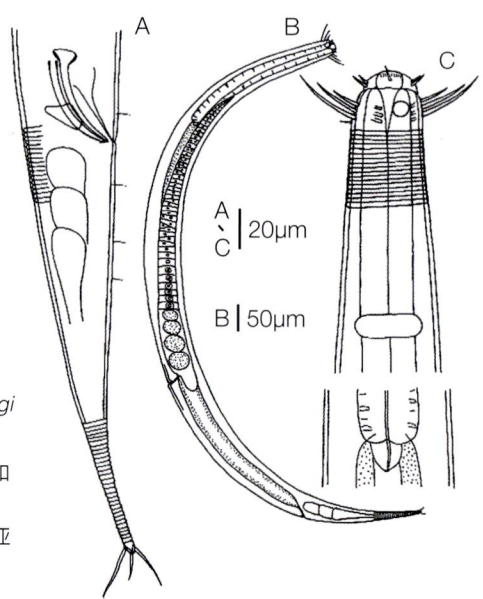

图 47-1 张氏伪颈毛线虫 *Pseudosteineria zhangi* Huang & Li, 2010（引自 Huang and Li, 2010）
A. 雄性尾部侧面观，示交接刺、引带龙骨突、尾腺和末端刚毛；B. 雌性整体侧面观，示卵巢、卵及阴孔；C. 雄性体前部侧面观，示口腔、化感器、头刚毛和亚头刚毛

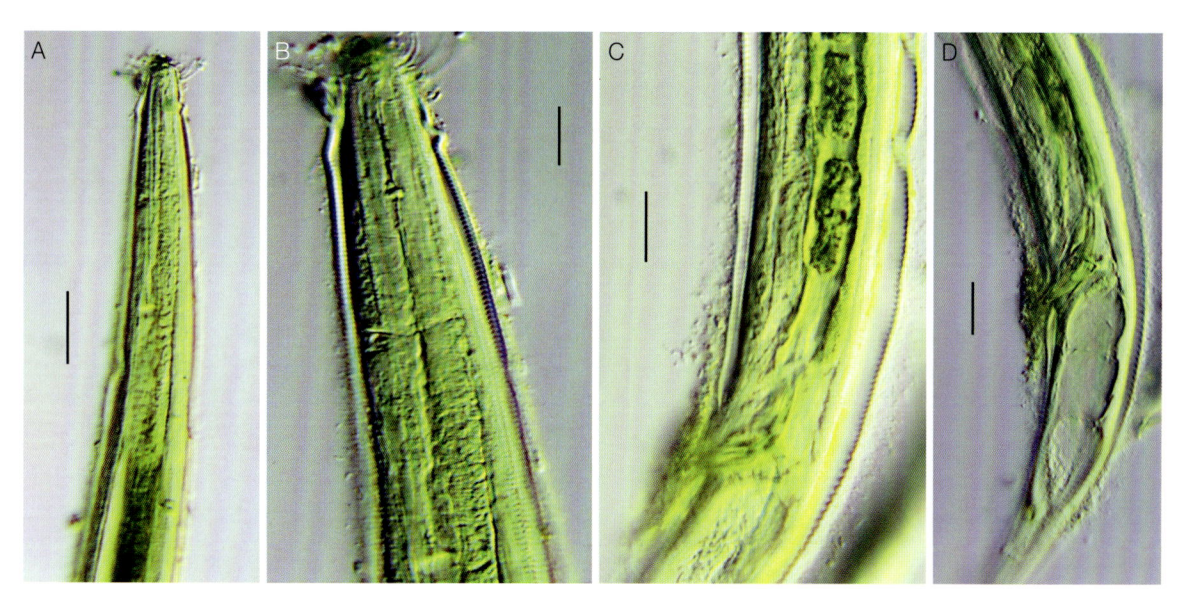

图 47-2　张氏伪颈毛线虫 *Pseudosteineria zhangi* Huang & Li, 2010（周红供图）
A. 雄性体前部侧面观，示头刚毛、亚头刚毛和食道；B. 雄性体前部侧面观，示头刚毛和亚头刚毛；
C. 雄性肛门区侧面观，示左交接刺；D. 雄性尾部侧面观，示右交接刺、引带龙骨突和尾腺
比例尺：A = 50μm；B ~ D = 20μm

伪颈毛线虫属分种检索表

1. 交接刺不等长，左交接刺较长，中间分成 2 节，近端节具大的柄状突 ... 中华伪颈毛线虫 *P. sinica*
 - 交接刺等长 2
2. 交接刺形状不同：右交接刺细，左交接刺近端具 1 大的柄状突 ....张氏伪颈毛线虫 *P. zhangi*
 - 交接刺形状相同 ....前感伪颈毛线虫 *P. anteramphida*

棘刺线虫属 *Theristus* Bastian, 1865

尖棘刺线虫
Theristus acer Bastian, 1865

标本采集地： 辽宁大连、山东青岛（藻类表面）。

形态特征： 体长1.6～2.5mm，最大体宽41～100μm（a = 25～46）；角皮具细环纹；14根头刚毛，其中4对位于亚中位，长度基本相等，长10～15μm（0.5～0.8倍头直径），两侧头刚毛3根1组；体刚毛短，稀疏；口腔锥形，圆形化感器直径7～8μm，距离体前端0.9～1.2倍头直径；尾长锥形，长4.3～6.1倍肛门相应直径。雄性交接刺弧长49～54μm（1.4倍肛门相应直径），"L"形，近端在中间位置向腹面弯曲，非头状；引带具大而明显的板状背龙骨突，远端圆，具1对小齿。雌性阴孔与体前端的距离占体长的65%～67%。

生态习性： 附生于岩石潮间带及潮下带大型藻类表面。

地理分布： 渤海，黄海；日本，比利时，法国，新西兰，地中海，北海，北大西洋，南极海。

参考文献： Warwick et al., 1998。

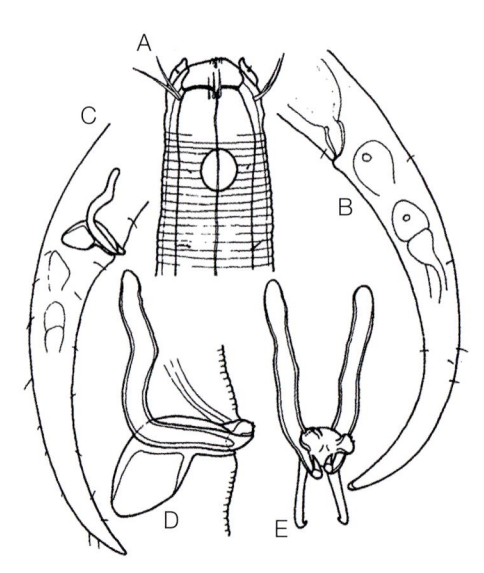

图 48-1　尖棘刺线虫 *Theristus acer* Bastian, 1865（引自 Warwick et al., 1998）
A. 雄性头部侧面观，示口腔、头刚毛和化感器；B. 雌性尾部侧面观，示尾腺；C. 雄性尾部侧面观，示交接刺和引带侧突；D. 雄性交接刺和引带龙骨突侧面观；E. 雄性交接刺和引带龙骨突腹面观

图 48-2 尖棘刺线虫 *Theristus acer* Bastian, 1865（史本泽供图）
A、B. 雄性体前部侧面观，示圆形化感器、口腔、头刚毛及体刚毛；C、D. 雌性体前部侧面观，示圆形化感器、口腔和头刚毛；E. 雄性体后部侧面观，示"L"形交接刺和引带龙骨突；F. 雌性体中后部侧面观，示阴孔；G. 长锥形尾

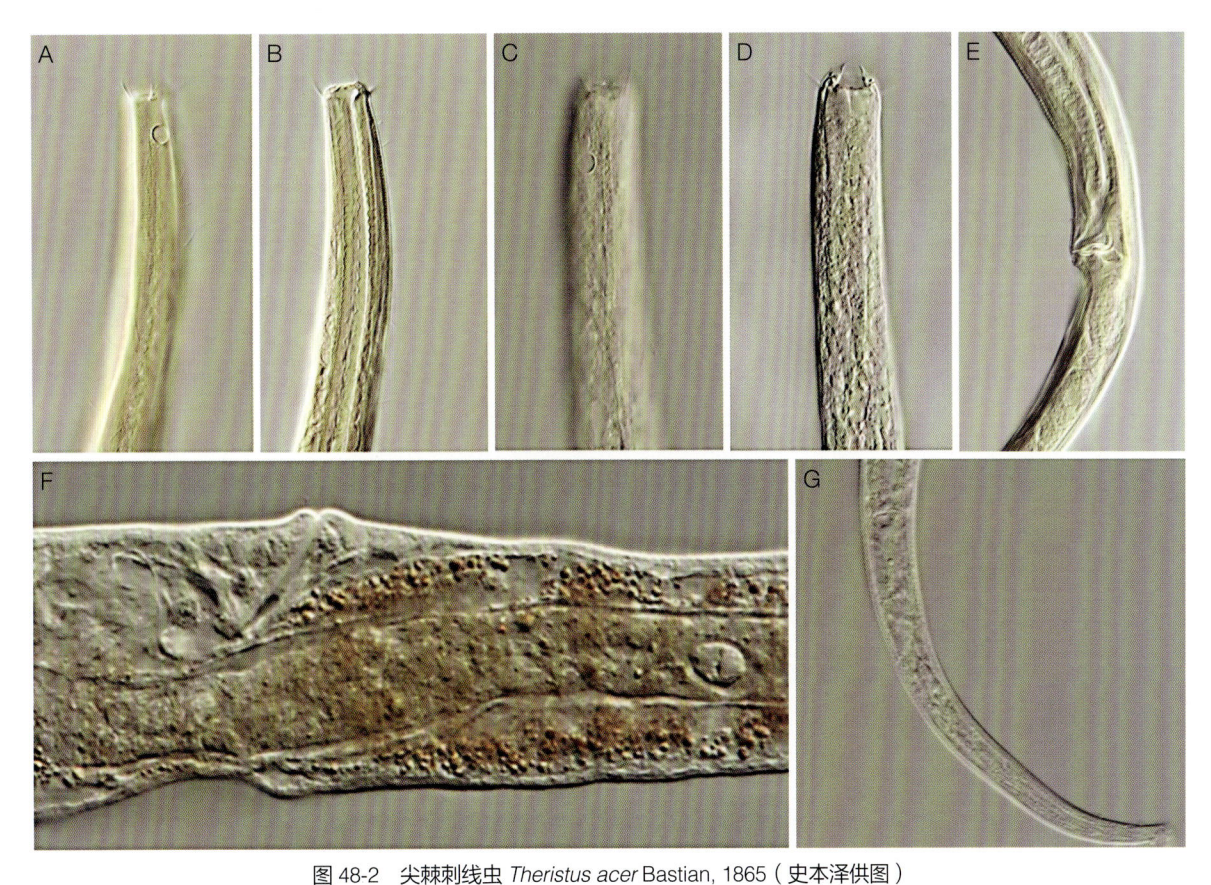

隆唇线虫科分属检索表

1. 尾典型的锥形，无末端刚毛 ································· 棘刺线虫属 *Theristus*（尖棘刺线虫 *T. acer*）
   - 尾短锥 - 柱形或不典型锥形，具末端刚毛 ··· 2
2. 体前端不具长的亚头刚毛、颈刚毛或体刚毛 ······················· 吞咽线虫属 *Daptonema*
   （乳突吞咽线虫 *D. papillifera*）
   - 体前端具长的亚头刚毛、颈刚毛或体刚毛 ························· 伪颈毛线虫属 *Pseudosteineria*

囊咽线虫科 Sphaerolaimidae Filipjev, 1918
囊咽线虫属 *Sphaerolaimus* Bastian, 1865

波罗的海囊咽线虫
Sphaerolaimus balticus Schneider, 1906

标本采集地： 黄河口水下三角洲，水深 10m。

形态特征： 体长 1.5～1.9mm，最大体宽 59～121μm（$a = 20～24$）；角皮具不易观察的细环纹；6 个小的头乳突，6 根长 3～4μm 和 4 根长 7～9μm（0.3 倍头直径）的头刚毛；亚头刚毛 8 组，位于化感器和头刚毛之间；颈刚毛 8 排；体刚毛短而稀疏；化感器宽 8～9μm（0.2～0.3 倍相应体宽），位于口腔后端；口腔具强弱交替的装饰区；食道向后部加宽，但无食道球；尾圆锥-圆柱形，长 3.2～3.9 倍肛门相应直径，远端 1/4 为柱状，3 根末端刚毛，3 个尾腺，尾末端稍微膨大。雄性具交接刺 1 对，长 85～92μm（1.6～1.9 倍肛门相应直径），近端 1/4 膨大，远端细；引带有 1 简单的指向背部的钩形龙骨突。雌性具 1 个前伸的卵巢；阴孔与体前端的距离约占体长的 71%。

生态习性： 栖息于潮下带或潮间带泥质沉积物表层。

地理分布： 渤海（黄河口），黄海，东海（厦门泥质滩）；波罗的海，北海，北大西洋。

参考文献： Warwick et al., 1998。

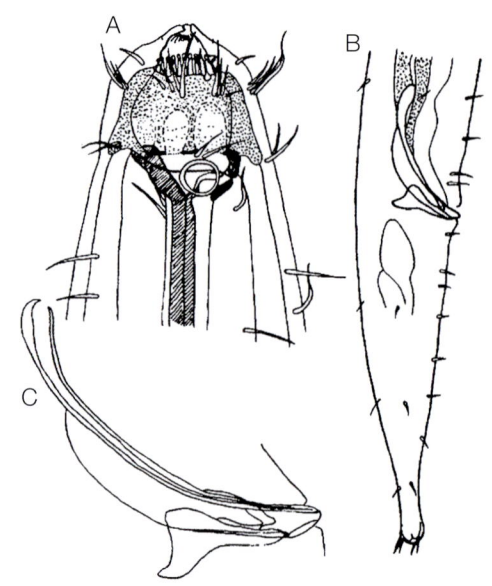

图 49-1 波罗的海囊咽线虫 *Sphaerolaimus balticus* Schneider, 1906（引自 Warwick et al., 1998）A. 雄性头部侧面观；B. 雄性体后部侧面观；C. 交接刺和引带

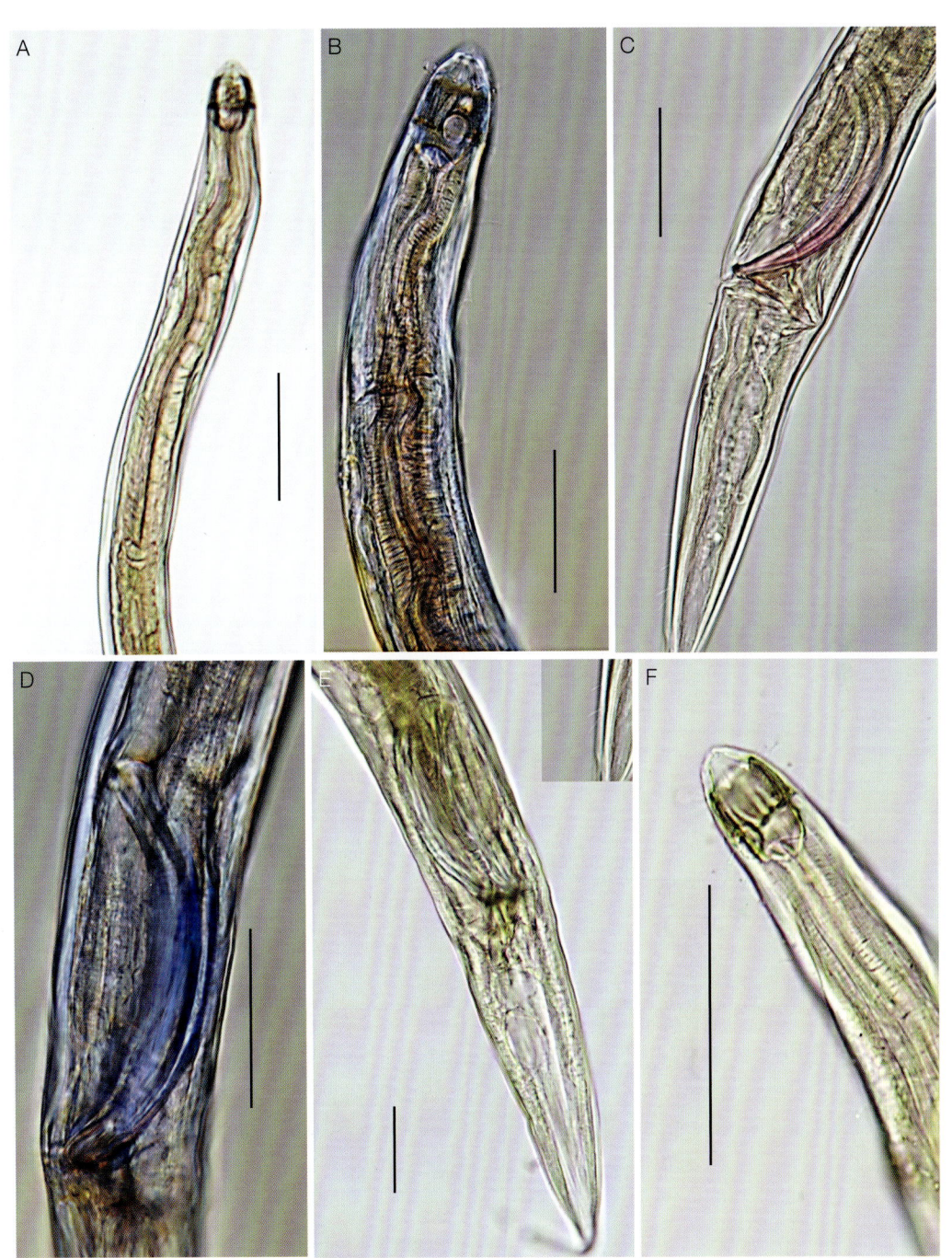

图 49-2 波罗的海囊咽线虫 Sphaerolaimus balticus Schneider, 1906（周红供图）
A. 雄性体前部侧面观，示头刚毛和食道；B. 雄性体前部侧面观，示头刚毛、口腔和化感器；C. 雄性尾部侧面观，示交接刺、引带龙骨突、尾腺及引带龙骨突及尾腺；D. 雄性肛门区侧面观，示交接刺和引带龙骨突；E. 雄性尾部腹面观，示交接刺、引带龙骨突和圆锥 - 圆柱形尾；F. 雄性头部腹面观，示化感器和口腔的角质化区
比例尺：A、F = 100μm；B～E = 50μm

线虫动物门参考文献

赵丽萍, 乔春艳, 陆洋, 等. 2020. 渤海自由生活海洋线虫两个新纪录种. 海洋与湖沼, 51(1): 212-217.

Huang M, Sun J, Huang Y. 2018. *Dorylaimopsis heteroapophysis* sp. nov. (Comesomatidae: Nematoda) from the Jiaozhou Bay of China. Cahiers de Biologie Marine, 59: 607-613.

Huang M, Sun J, Huang Y. 2019. *Daptonema parabreviseta* sp. nov. (Xyalidae, Nematoda) from the Jiaozhou Bay of the Yellow Sea, China. Journal of Oceanology and Limnology, 37(1): 273-277.

Huang Y, Li J. 2010. Two new free-living marine nematode species of the genus *Pseudosteineria* (Monohysterida: Xyalidae) from the Yellow Sea, China. Journal of Natural History, 44(41-42): 2453-2463.

Huang Y, Sun J. 2011. Two new free-living marine nematode species of the genus *Paramarylynnia* (Chromadorida: Cyatholaimidae) from the Yellow Sea, China. Journal of the Marine Biological Association of the United Kingdom, 91(2): 395-401.

Huang Y, Wu X Q. 2010. Two new free-living marine nematode species of the genus *Vasostoma* (Comesomatidae) from the Yellow Sea, China. Cahiers de Biologie Marine, 51: 19-27.

Huang Y, Wu X Q. 2011a. Two new free-living marine nematode species of the genus *Vasostoma* (Comesomatidae) from the China Sea. Cahiers de Biologie Marine, 52: 147-155.

Huang Y, Wu X Q. 2011b. Two new free-living marine nematode species of Xyalidae (Monhysterida) from the Yellow Sea, China. Journal of Natural History, 45(9-10): 567-577.

Huang Y, Zhang Z N. 2005. Two new species and one new record of free-living marine nematodes from the Yellow Sea, China. Cahiers de Biologie Marine, 46: 365-378.

Huang Y, Zhang Z N. 2006. Two new species of free-living marine nematodes (*Trichotheristus articulatus* sp. n. and *Leptolaimoides punctatus* sp. n.) from the Yellow Sea. Russian Journal of Nematology, 14(1): 43-50.

Huang Y, Zhang Z N. 2007. A new genus and new species of free-living marine nematodes from the Yellow Sea, China. Journal of the Marine Biological Association of the United Kingdom, 87: 717-722.

Huang Y, Zhang Z N. 2010. Two new species of Xyalidae (Nematoda) from the Yellow Sea, China. Journal of the Marine Biological Association of the United Kingdom, 90(2): 391-397.

Kito K. 1976. Studies on the free-living marine nematodes from Hokkaido, I. Jour Fac Sci Hokkaido Univ Ser VI, Zool, 20(3): 568-578.

Platt H M, Warwick R M. 1983. Free-living Marine Nematodes. Part I: British Enoplids. Synopses of the British Fauna (New series) No. 28. Cambridge: Cambridge University Press: 307.

Platt H M, Warwick R M. 1988. Free-living Marine Nematodes. Part II: British Chromadorids. Synopses of the British Fauna (New Series) No. 38. New York: Backhuys: 501.

Sun Y, Huang Y, Tang H, et al. 2019. Two new free-living nematode species of the family Xyalidae from the Laizhou Bay of the Bohai Sea, China. Zootaxa, 4614(2): 383-394.

Vanreusel A, Vincx M. 1989. Free-living marine nematodes from the Southern Bight of the North Sea. III. Species of the Monoposthiidae, Filipjev, 1934. Cahiers de Biologie Marine, 30: 69-83.

Warwick R M, Platt H M, Somerfield P J. 1998. Free-living Marine Nematodes. Part III: Monhysterids. Synopses of the British Fauna (New series) No. 53. Shrewsbury: Field Studies Council: 296.

Wieser W. 1959. Free-living nematodes and other small invertebrates of Puget Sound beaches. University of Washington Publications in Biology (University of Washington Press): 1-179.

Zhang Z N. 1991. Two new species of marine nematodes from the Bohai Sea, China. Journal of Ocean University of Qingdao, 21(2): 49-60.

Zhang Z N. 1992. Two new species of the genus *Dorylaimopsis* Ditlevsen, 1918 (Nematoda: Adenophorea, Comesomatidae) from the Bohai Sea, China. Chinese Journal of Oceanology and Limnology, 10(1): 31-39.

Zhang Z N. 2005. Three new species of free-living marine nematodes from the Bohai Sea and Yellow Sea, China. Journal of Natural History, 39(23): 2109-2123.

Zhang Z N, Huang Y. 2005. One new species and two new records of free-living marine nematodes from the Huanghai Sea. Acta Oceanologica Sinica, 24(4): 1-7.

Zhang Z N, Huang Y, Zhou H. Free-living Marine Nematodes of the Bohai Sea and Yellow Sea in China. Beijing: Science Press, in press.

Zhang Z N, Platt H M. 1983. New species of marine nematodes from Qingdao, China. Bulletin of the British Museum (Natural History) Zoology, 45(5): 253-261.

Zhang Y, Zhang Z N. 2010. A new species and a new record of the genus *Siphonolaimus* (Nematoda, Monhysterida) from the Yellow Sea and the East China Sea, China. Acta Zootaxonomica Sinica, 35(1): 16-19.

Zhang Z N, Zhou H. 2012. *Enoplus taipingensis*, a new species of marine nematode from the rocky intertidal seaweeds in the Taiping Bay, Qingdao. Acta Oceanologica Sinica, 31(2):102-108.

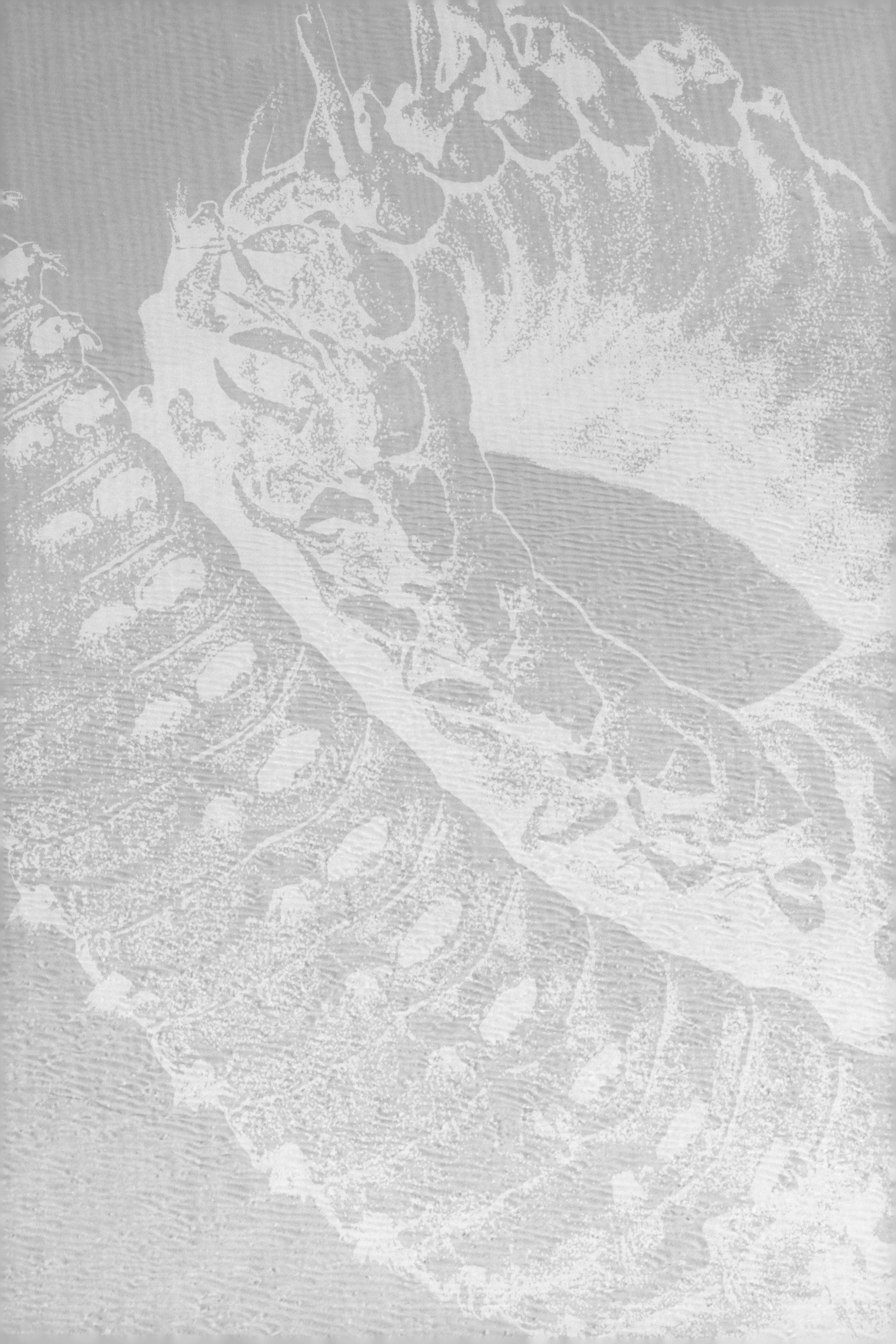

环节动物门
Annelida

螠目 Echiuroidea
棘螠科 Urechidae Monro, 1927
棘螠属 *Urechis* Seitz, 1907

单环棘螠
Urechis unicinctus (Drasche, 1880)

标本采集地： 山东烟台、潍坊。

形态特征： 体圆筒状，长100～300mm，宽15～30mm。体前端略细，后端钝圆。体不分节。体表有许多疣突，略呈环状排列。吻能伸缩，短小，匙状，与躯干无明显界限。口的后方、吻的基部腹面有1对黄褐色钩状腹刚毛，两刚毛间距长于自刚毛至吻部的距离。身体前半部有腺体，可分泌黏液，在产卵或营造泥砂管时润泽用。体末端有横裂形的肛门，在肛门周围有1圈后刚毛或称尾刚毛，9～13根，呈单环排列。无血管，体腔液中含有紫红色的血细胞。肾管2对，基部各有2个螺旋管。肛门囊1对，呈长囊状。活体紫红色或棕红色。

生态习性： 多栖息于潮间带低潮区，穴居于泥沙内，穴道"U"形。

地理分布： 渤海，黄海；俄罗斯，日本，朝鲜半岛。

经济意义： 俗称"海肠子"，可供食用。

参考文献： 冈田要等，1960；周红等，2007。

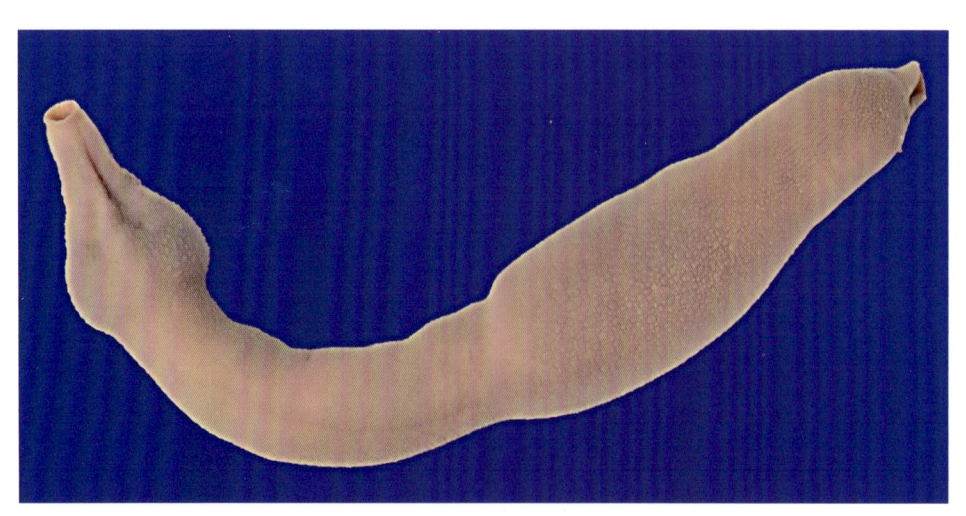

图50　单环棘螠 *Urechis unicinctus* (Drasche, 1880)

沙蠋科 Arenicolidae Johnston, 1835
沙蠋属 *Arenicola* Lamarck, 1801

巴西沙蠋
Arenicola brasiliensis Nonato, 1958

标本采集地： 山东青岛汇泉湾。

形态特征： 虫体似蚯蚓。体长 150～250mm，宽达 18mm。口前叶呈三叶，不具任何附肢。外翻吻呈囊状，吻上有许多小乳突。围口节 2 节，每节皆双环轮，无附肢、无刚毛。躯干部表皮蜂窝状，可分为 3 区：胸区为体前的 6 个无鳃刚节；腹区为胸区后的 11（12）个具鳃刚节，每节皆具 5 个环轮；尾区细，为体长的 1/3～2/5，无鳃亦无刚毛。疣足双叶型，具鳃疣足背叶为圆锥形突起，腹叶横长且向腹面延伸达腹中线。鳃位于疣足后，呈灌木丛状，具羽状分枝。背刚毛羽毛状，腹刚毛短钩状。无背、腹须。活标本褐色或褐绿色，具珠光，鳃鲜红色，尾区淡褐色。

生态习性： 暖水区广布种，栖息于潮间带泥砂滩。

地理分布： 渤海，黄海；世界性分布。

参考文献： 杨德渐和孙瑞平，1988；孙瑞平和杨德渐，2004；刘瑞玉，2008。

图 51 巴西沙蠋 *Arenicola brasiliensis* Nonato, 1958
A. 体前端背面观；B. 吻；C. 鳃；D. 毛状刚毛

小头虫科 Capitellidae Grube, 1862
小头虫属 *Capitella* Blainville, 1828

小头虫
Capitella capitata (Fabricius, 1780)

标本采集地： 山东青岛。

形态特征： 口前叶圆锥形。胸部9个刚节，第1刚节（围口节）有刚毛，皆具双环轮，并有细皱纹。雄体前7个刚节背、腹足叶仅具毛状刚毛，第8～9刚节背面各具两束黄色的生殖刺状刚毛，每束2～4根、对生。生殖孔在两束生殖刺状刚毛之间。腹足叶仍具巾钩刚毛。雌体第8～9刚节背、腹足叶具巾钩刚毛。后腹部无鳃。腹部较光滑，每个刚节背、腹足叶均具巾钩刚毛，巾钩刚毛具3～4个小齿和1个大的主齿。生活时为鲜红色，酒精标本浅黄色或乳白色。体长几毫米至40mm，大标本长56mm、宽2mm，常有薄碎的泥质栖管。

生态习性： 污浊海域的优势种，常栖息于黑泥底质。

地理分布： 渤海，黄海，东海；世界性分布。

参考文献： 杨德渐和孙瑞平，1988；孙瑞平和杨德渐，2004；刘瑞玉，2008。

图 52 小头虫 *Capitella capitata* (Fabricius, 1780)
A. 整体观；B. 体前端背面观；C. 体前端侧面观；D. 体前端腹面观；E. 毛状刚毛（左）和巾钩刚毛（右）

丝异须虫属 *Heteromastus* Eisig, 1887

丝异须虫
Heteromastus filiformis (Claparède, 1864)

标本采集地： 山东青岛胶州湾。

形态特征： 胸部和腹部区分不明显，第 1 体节无刚毛。一般胸部有 11 个刚节（第 2～12 体节），前 5 个刚节背、腹足叶具毛状刚毛，第 6～11 刚节背、腹足叶仅具巾钩刚毛。腹部从第 12 刚节后背、腹足叶均具巾钩刚毛。鳃不明显，始于第 70～80 体节以后，位于腹足叶上方。生殖孔位于第 9～12 胸部体节，有时不易看到。巾钩刚毛主齿上有 3～6 个小齿，巾长为宽的 2 倍多。酒精标本黄褐色。体长 26～100mm，宽 1mm。具 70～100 个体节。

生态习性： 常栖息于潮间带泥砂滩，尤其是河口区。

地理分布： 渤海，黄海，南海；世界性分布。

参考文献： 杨德渐和孙瑞平，1988；孙瑞平和杨德渐，2004；刘瑞玉，2008。

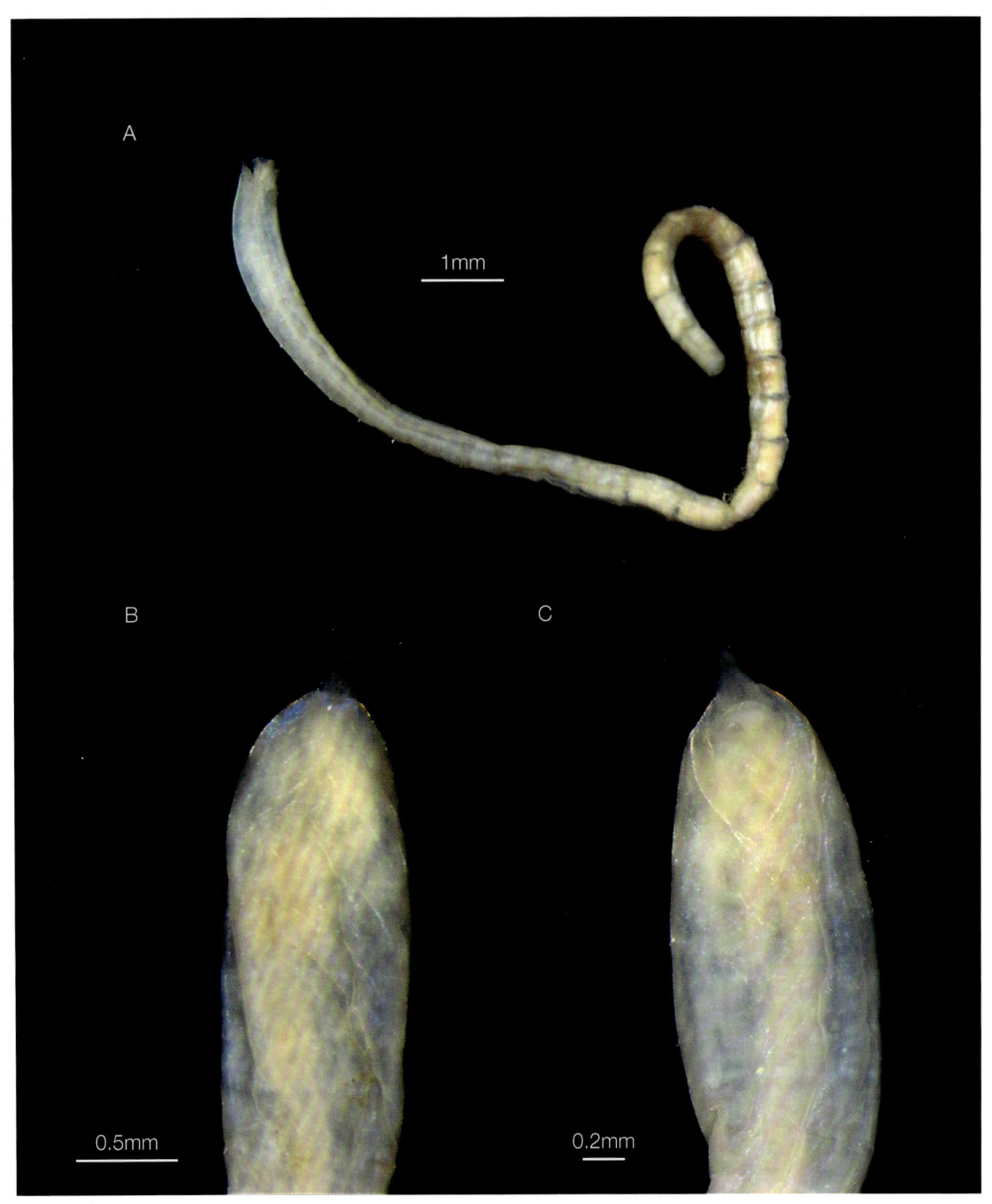

图 53　丝异须虫 *Heteromastus filiformis* (Claparède, 1864)
A. 整体；B. 体前端背面观；C. 体前端腹面观

背蚓虫属 *Notomastus* Sars, 1851

背蚓虫
Notomastus latericeus Sars, 1851

标本采集地： 中国台湾海峡。

形态特征： 口前叶尖锥形。胸部第1体节（围口节）无刚毛，第2～12刚节背、腹足叶均具毛状刚毛。第1～3体节具2～4环，第4～12刚节具5个环轮。鳃为乳突状，位于腹部背、腹叶之间。性成熟个体生殖孔位于第7～20体节，腹足叶上方有大的三角形突起。背、腹足叶均具巾钩刚毛，腹巾钩刚毛排成横排，仅在腹面中央分开。巾钩刚毛的巾长不及宽的2倍，主齿上方有4～5个小齿。

生态习性： 常栖息于潮间带和潮下带泥质和软泥底质。

分布范围： 渤海，黄海，南海；印度尼西亚，马来西亚，菲律宾。

参考文献： 杨德渐和孙瑞平，1988；孙瑞平和杨德渐，2004；刘瑞玉，2008。

小头虫科分属检索表

1. 围口节具刚毛；9个胸刚毛 .... 小头虫属 *Capitella*（小头虫 *C. capitata*）
- 围口节无刚毛；11个胸刚节 2
2. 腹部仅具毛状刚毛 .... 背蚓虫属 *Notomastus*（背蚓虫 *N. latericeus*）
- 腹部仅具巾钩刚毛，具背鳃，巾钩刚毛始于第6刚节 ....
.... 丝异须虫属 *Heteromastus*（丝异须虫 *H. filiformis*）

图54 背蚓虫 *Notomastus latericeus* Sars, 1851（杨德援和蔡立哲供图）
A. 体大部整体观；B. 体前部侧面观；C. 体前部腹面观；D. 胸部背面观；E. 胸部侧面观；F. 胸部腹面观

单指虫科 Cossuridae Day, 1963
单指虫属 *Cossura* Webster & Benedict, 1887

足刺单指虫
Cossura aciculata (Wu & Chen, 1977)

标本采集地： 山东青岛。

形态特征： 口前叶钝圆锥形，无眼点。围口节2节，较短，无附肢。1根细长的鳃丝在第3刚节背前缘伸出。疣足叶退化，仅具刚毛，体前区第1刚节具1束毛状刚毛、第2~21刚节具2束有侧齿的毛状刚毛，体中后区仅具2根粗足刺状刚毛。最大体长约75mm，宽约2mm，具112个体节。

生态习性： 栖息于潮下带。

地理分布： 渤海，黄海，东海；莫桑比克海峡。

参考文献： 杨德渐和孙瑞平，1988；孙瑞平和杨德渐，2004；刘瑞玉，2008。

图 55　足刺单指虫 *Cossura aciculata* (Wu & Chen, 1977)
A. 整体背面观；B. 体前端背面观；C. 体前端侧面观；D. 体前端腹面观；E. 疣足；F. 毛状刚毛

竹节虫科 *Maldanidae* Malmgren, 1867

真节虫属 *Euclymene* Verrill, 1900

持真节虫
Euclymene annandalei Southern, 1921

标本采集地： 山东烟台。

形态特征： 身体圆柱形，具19个刚节和2个肛前节。前3个刚节一般长于后面的第4～8刚节，为体宽的1.5～2倍。第4～5刚节明显缩短，和体宽近等。第6～7刚节较前面刚节有所变长。第8刚节最短。第9刚节及后面的刚节变长。刚毛位于前7刚节的前面、第8刚节的中部、后续刚节的后部。头板缘膜发达，呈薄叶状。头板中间有头脊，长直，为头板的2/3，两侧具项裂。头板边缘两侧光滑，但背面有波状缺刻8～10个。第1～3刚节各具1根光滑的粗钩状腹刚毛，之后腹刚毛为鸟嘴状，具1个大主齿和逐渐变小的4～5个小齿，具喙下毛。背刚毛为毛状刚毛和较细的羽毛状刚毛。尾部具2个无刚毛的肛前节，第1肛前节较长，第2肛前节分成2个短节。肛漏斗具14～25根约等长的肛须，仅腹面中央1根较长。肛锥低，不突出肛漏斗外，肛门位于其末端，无腹瓣。约从第7刚节开始从腹面中央有1条直通肛漏斗的较长的肛须。体长40～118mm，宽3～4mm，一般具21个刚节左右。栖管细泥砂质。

生态习性： 栖息于渤海和黄海潮间带泥沙滩，南海潮下带水深24～35m的砂质泥或粉砂质软泥中。

地理分布： 渤海，黄海，南海；印度，太平洋。

参考文献： 杨德渐和孙瑞平，1988；孙瑞平和杨德渐，2004；刘瑞玉，2008；王跃云，2017。

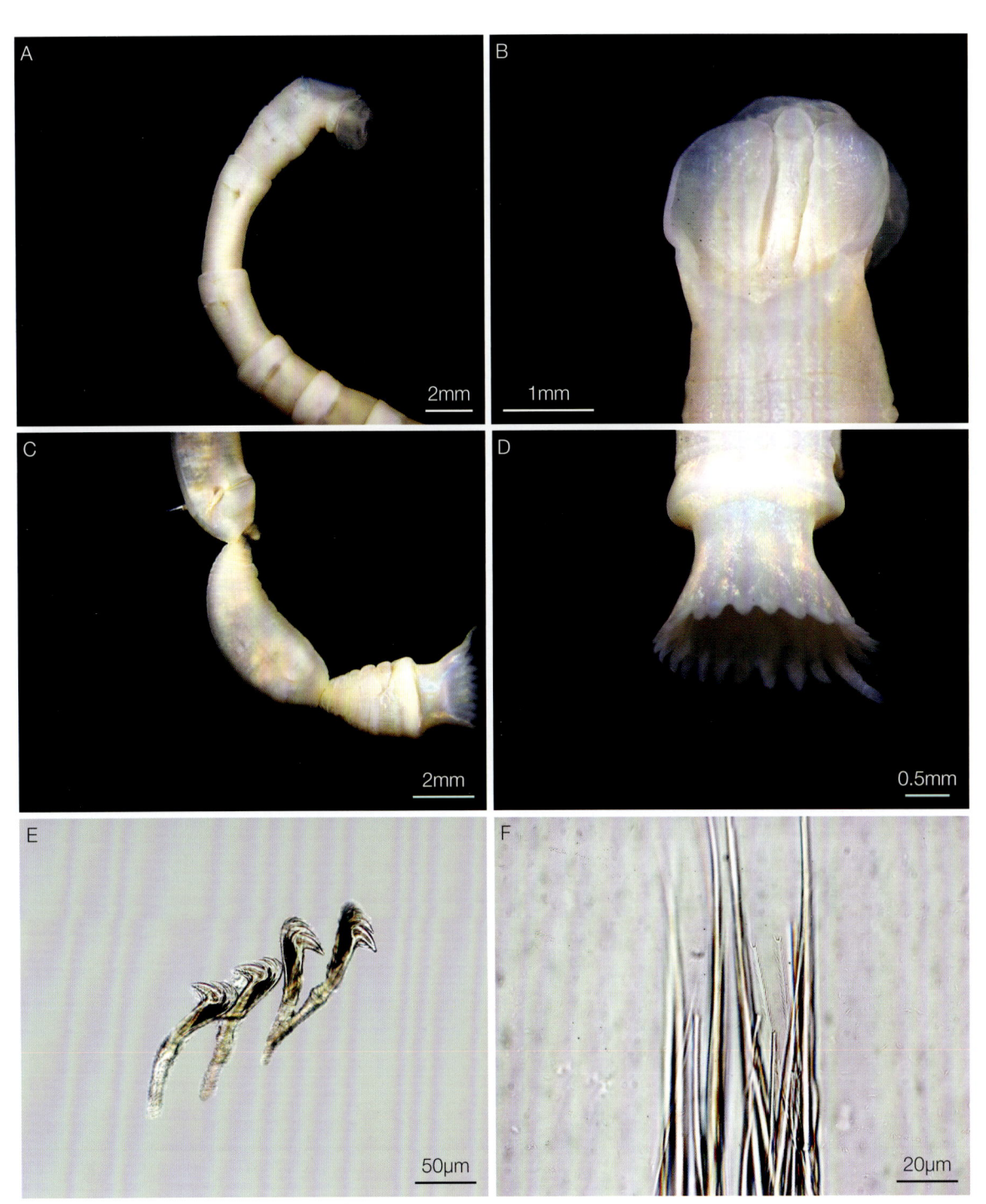

图 56 持真节虫 *Euclymene annandalei* Southern, 1921
A. 体前端侧面观；B. 体前端背面观；C. 体后端侧面观；D. 肛板；E. 鸟嘴状腹刚毛；F. 羽毛状背刚毛

新短脊虫属 *Metasychis* Light, 1991

异齿新短脊虫
Metasychis disparidentatus (Moore, 1904)

同物异名： 异齿短脊虫 *Asychis dispar identata* (Moore, 1904)

标本采集地： 黄海北部。

形态特征： 头板近圆形，缘膜两侧各具 1 深裂，背缘无深裂，侧缘有 5～8 个波状缺刻，背缘有 15～25 个波状（幼小个体为三角形）缺刻。头脊宽短直，项裂前弯向两侧。鸟嘴状腹刚毛始于第 2 刚节，有 4～8 根，之后增加到约 40 根，鸟嘴状腹刚毛主齿上有 3～4 横排小齿，有束毛。具 1 个不明显肛前节，肛板背缘扩展成半圆形，两侧具深裂，腹缘内凹，其上有波状缺刻，肛门位于背面。体长 44～92mm，大标本可达 140mm。宽 2～4mm，具 19 个刚节。栖管泥砂质。

生态习性： 栖息于潮下带水深 53～56m，软泥底。

地理分布： 渤海，黄海；加拿大西部，美国南加利福尼亚，日本。

参考文献： 杨德渐和孙瑞平，1988；孙瑞平和杨德渐，2004；刘瑞玉，2008。

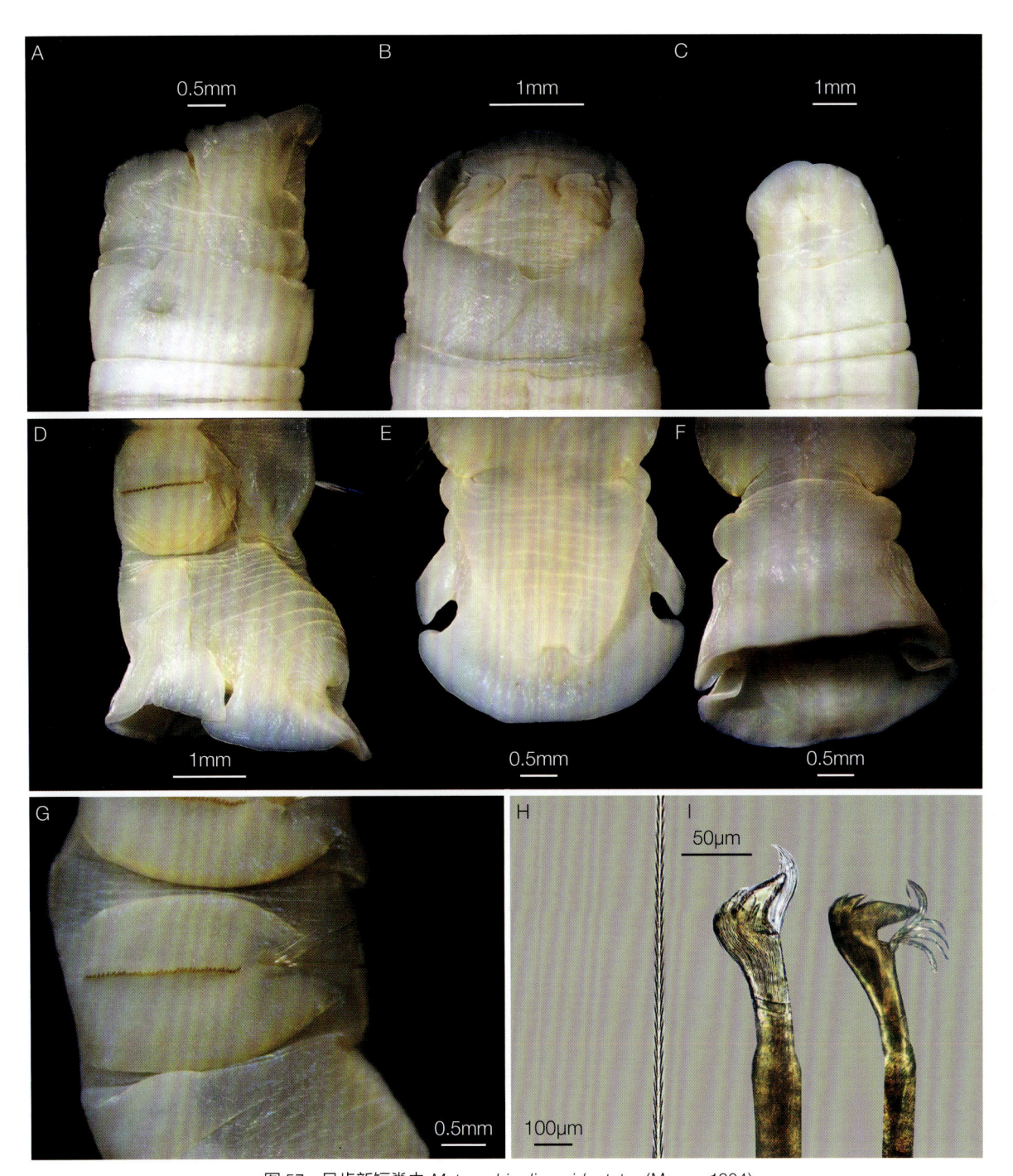

图57 异齿新短脊虫 *Metasychis disparidentatus* (Moore, 1904)
A. 体前端侧面观；B. 体前端背面观；C. 体前端腹面观；D. 体后端侧面观；E. 体后端背面观；F. 肛板腹面观；G. 疣足；H. 背刚毛；I. 鸟嘴状腹刚毛

五岛新短脊虫
Metasychis gotoi (Izuka, 1902)

同物异名： 五岛短脊虫 *Asychis gotoi* (Izuka, 1902)

标本采集地： 东海。

形态特征： 19 个刚节，1 个肛前节。第 1 刚节的腹面具 1 个短领，领状结构在侧面形成前伸的小突起，有时不明显。头板椭圆形，缘膜侧叶具 5～7 个长指状须，后叶具 14～20 个不规则锯齿，中央缺刻小。头脊宽短、低扁，项裂宽短弯曲，呈"J"形，前端向前延伸至口前叶前突与头板缘膜侧叶的交界处，形成小缺刻。围口节和第 1 刚节边界分明。肛板背面扩张为喇叭状，边缘有 6～13 根长肛须，腹面边缘稍内凹，肛门位于背面。背刚毛翅毛状和细毛状，鸟嘴状腹刚毛始于第 2 刚节，有 6～8 根且排成一横排。鸟嘴状腹刚毛具一主齿，其上有 3 排小齿，有束毛，其后刚节鸟嘴状腹刚毛数目增加至 30 余个。体长 20～60mm，宽 2～3mm，具 19 个刚节。虫体部分常被附着泥沙的膜质栖管包裹。

生态习性： 栖息于褐色沙泥或沙质泥等中，水深 22～58m。

地理分布： 渤海，黄海，东海，南海；印度 - 西太平洋，美国加利福尼亚，日本。

参考文献： 杨德渐和孙瑞平，1988；孙瑞平和杨德渐，2004；刘瑞玉，2008。

图 58 五岛新短脊虫 *Metasychis gotoi* (Izuka, 1902)
A. 体前端背面观；B. 体前端腹面观；C. 体前端侧面观；D. 体后端背面观；E. 体后端腹面观

拟节虫属 *Praxillella* Verrill, 1881

拟节虫
Praxillella praetermissa (Malmgren, 1865)

标本采集地： 山东青岛。

形态特征： 头板椭圆形，仅缘膜背面具深裂。头脊约为头板长的 2/3，项裂前面平行向后稍弯。前 3 个刚节有 1～2 根不发达的钩状腹刚毛，约 4 个小齿位于主齿上，无束毛，之后腹刚毛具束毛，鸟嘴状，排成一排，有 6～13 根。背刚毛翅毛状、羽毛状。具 4 个无刚毛的肛前节，肛节漏斗状，漏斗边缘有 20～27 根缘须，腹中央一根最长，其余的均等长，肛锥突出肛漏斗外，锥部朝腹面，肛门位于锥部末端。标本均不完整，较长头段有 17 个刚节，长 19mm，宽 0.9mm。该种具 19 个刚节。

生态习性： 栖息于潮下带水深 27～50m。

地理分布： 渤海，黄海；北极，地中海，北大西洋，挪威，西班牙，日本。

参考文献： 杨德渐和孙瑞平，1988；孙瑞平和杨德渐，2004；刘瑞玉，2008。

竹节虫科分属检索表

1. 肛门在背面..新短脊虫属 *Metasychis*
   （异齿新短脊虫 *M. disparidentatus*；五岛新短脊虫 *M. gotoi*）
   - 肛门在末端..2
2. 头板缘膜通常较窄；肛锥不突出肛漏斗外..................................真节虫属 *Euclymene*
   （持真节虫 *E. annandalei*）
   - 头板缘膜发达，较宽；肛锥突出肛漏斗外..................................拟节虫属 *Praxillella*
   （拟节虫 *P. praetermissa*）

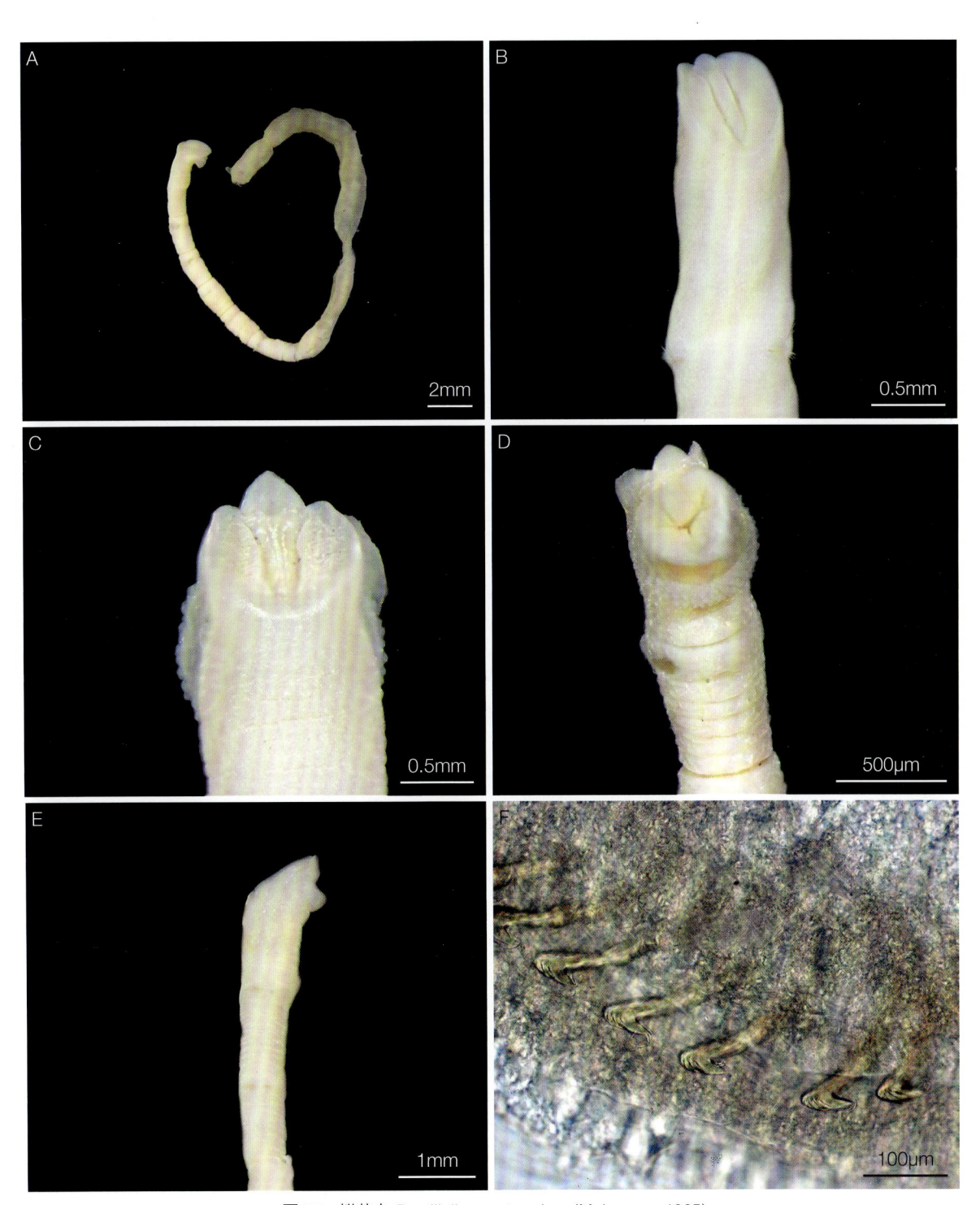

图 59 拟节虫 *Praxillella praetermissa* (Malmgren, 1865)
A. 整体；B. 体前端背面观；C. 体前端背面观，示头板；D. 体前端腹面观，示吻；E. 体前端侧面观；F. 鸟嘴状腹刚毛

127

锥头虫科 Orbiniidae Hartman, 1942

简锥虫属 *Leitoscoloplos* Day, 1977

长简锥虫
Leitoscoloplos pugettensis (Pettibone, 1957)

同物异名： *Haploscoloplos elongatus* (Johnson, 1901)

标本采集地： 河北北戴河。

形态特征： 口前叶尖锥形，胸部和腹部以第 15～20 刚节为界。鳃始于第 12～16 刚节，开始为乳突状，后渐变为长柱状，具缘须。胸部背足叶和腹足叶均为枕状垫，上有一乳突；第 15～18 刚节背、腹足叶呈小叶状，仅具有横排锯齿的毛刚毛。腹部背足叶为叶片状，无内须；腹足叶分一大一小两叶，无腹须。体长 7～40mm，宽 1～3mm，具 30～100 多个刚节。

生态习性： 栖息于泥沙、泥或褐色软泥中，水深 16～44m。

地理分布： 渤海，黄海，南海；日本，美国阿拉斯加、加利福尼亚，加拿大，墨西哥。

参考文献： 杨德渐和孙瑞平，1988；孙瑞平和杨德渐，2004；刘瑞玉，2008。

图 60　长筒锥虫 Leitoscoloplos pugettensis (Pettibone, 1957)
A. 整体（破损）；B. 体前端侧面观；C. 体前部疣足；D. 体后部疣足；E、F. 细齿毛刚毛

矛毛虫属 *Phylo* Kinberg, 1866

矛毛虫
Phylo felix Kinberg, 1866

标本采集地： 山东青岛。

形态特征： 口前叶圆锥形。鳃始于第 5 刚节。胸部具 18～23 个刚节，前胸为第 1～15 刚节，疣足腹足叶起初 2～3 个乳突以后增多，背刚毛锯齿毛状，腹刚毛细毛状和钩状；后胸为第 16～23 刚节，疣足腹足叶乳突可达 10 多个，具细齿毛刚毛、钩状刚毛和矛形粗刚毛。腹部疣足背叶长叶片状，有内须；腹叶分两叶，有腹须。腹面乳突始于第 14（或第 15）刚节，止于第 24～27 刚节，乳突数目为 24～28 个，第 16～26 刚节最多。酒精标本褐色或深褐色。体长 40～80mm，宽 4～5mm，有 100 多个体节。

生态习性： 栖息于软泥中，水深 13.8m。

地理分布： 渤海，黄海；日本。

参考文献： 杨德渐和孙瑞平，1988；孙瑞平和杨德渐，2004；刘瑞玉，2008。

图 61　矛毛虫 *Phylo felix* Kinberg, 1866
A. 整体（破损）；B. 体前端背面观；C. 体前端腹面观；D、E. 体前部疣足；F. 体后部疣足；G. 细齿毛刚毛

梯额虫科 Scalibregmatidae Malmgren, 1867

瘤首虫属 *Hyboscolex* Schmarda, 1861

太平洋瘤首虫
Hyboscolex pacificus (Moore, 1909)

同物异名：*Haploscoloplos elongatus* (Johnson, 1901)

标本采集地：渤海。

形态特征：口前叶"T"形，眼2对、平行斜排。无鳃。疣足不发达，无背、腹须。所有刚毛为简单型毛状或叉状，无刺状刚毛。前部体节3环轮，中部体节4环轮，后部体节1~2环轮，在环轮中间有纵纹。具4个乳突状肛须。体长约30mm，宽约3mm，具78个刚节。

生态习性：栖息于潮下带55m水深，碎贝壳底质。

地理分布：渤海；太平洋。

参考文献：杨德渐和孙瑞平，1988；孙瑞平和杨德渐，2004；刘瑞玉，2008。

图 62 太平洋瘤首虫 *Hyboscolex pacificus* (Moore, 1909)

龙介虫科 Serpulidae Rafinesque, 1815

盘管虫属 *Hydroides* Gunnerus, 1768

华美盘管虫
Hydroides elegans (Haswell, 1883)

标本采集地： 辽宁大连。

形态特征： 鳃冠为无色斑的2个半圆形鳃叶，鳃叶上各具8～19根鳃丝，鳃丝羽枝较长，鳃丝裸露的末端为鳃丝全长的1/5。壳盖柄光滑，圆柱状与壳盖漏斗间不具收缩部。壳盖为2层结构：壳盖漏斗具30～42根放射状辐，缘齿尖锥形；壳盖冠无中央齿或仅呈小突起状，具14～17根等大且同形的棘刺，每根棘刺具2～5对侧小刺和1～4根内小刺，无外小刺。领刚毛为毛状刚毛和枪刺状刚毛，基部有几个大齿及许多小齿向下纵排成齿带。胸区具7个刚节，胸部背刚毛单翅毛状。腹部腹刚毛喇叭状。胸部、腹部齿片刚毛有7～8个齿。虫管白色，圆柱状，管壁较薄，管口近圆形，管表面具很多宽窄不等的生长横纹和2条明显或不明显的纵脊，虫管常盘绕成丛。体长8～20mm，宽1.0～1.5mm，具65～80个刚节。

生态习性： 附着生长，水深0～42m。

地理分布： 渤海，黄海，东海，南海；广布于温带、亚热带和热带的内湾海域。

参考文献： 刘瑞玉，2008；杨德渐和孙瑞平，1988；孙瑞平和杨德渐，2014。

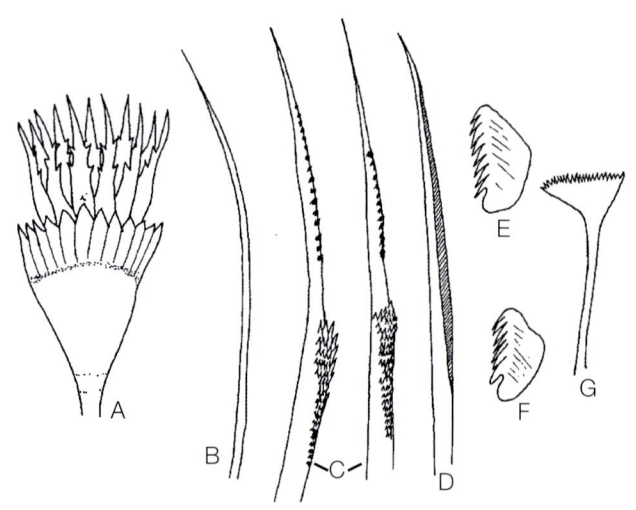

图63-1 华美盘管虫 *Hydroides elegans* (Haswell, 1883)（引自孙瑞平和杨德渐，2014）
A. 壳盖；B. 毛状领刚毛；C. 枪刺状领刚毛；D. 胸区单翅毛状背刚毛；E. 胸区锯齿状腹齿片；
F. 腹区锯齿状背齿片；G. 腹区喇叭状腹刚毛

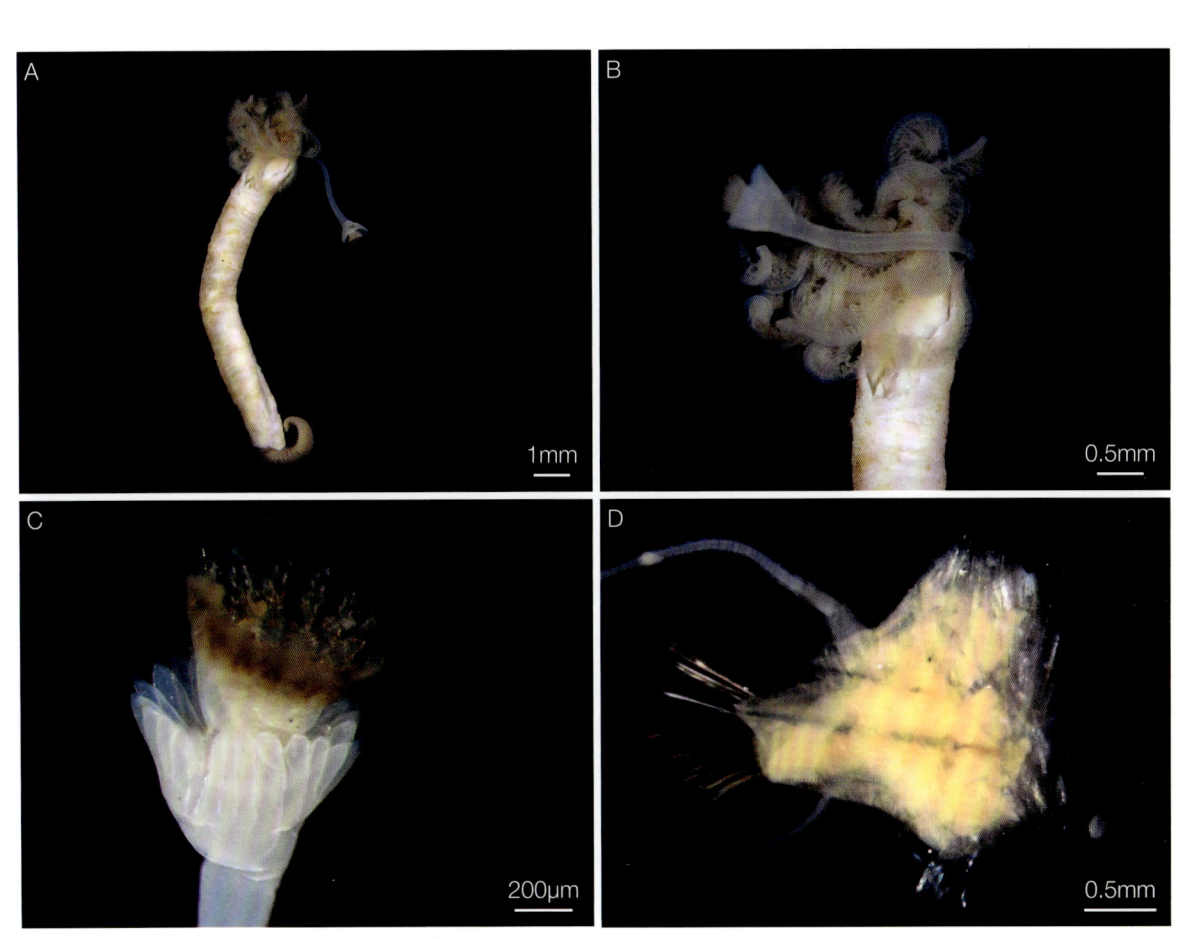

图 63-2 华美盘管虫 *Hydroides elegans* (Haswell, 1883)
A. 整体；B. 鳃冠；C. 壳盖；D. 疣足

内刺盘管虫
Hydroides ezoensis Okuda, 1934

标本采集地： 辽宁大连。

形态特征： 鳃冠为2个半圆形的鳃叶，鳃叶上各具19～23根放射状的鳃丝。壳盖柄光滑，圆柱状。壳盖两层，均为黄色几丁质漏斗状，下层漏斗缘有45～50个锯齿，上层壳盖冠有21～30个尖锥状棘刺，大小形状相同，每个尖锥状棘刺的里面有4～6个小内刺。常具伪壳盖。胸区具7个胸刚节，具胸膜。领刚毛细毛状和枪刺状，其基部有2个刺突，胸部背刚毛单翅毛状。腹部腹刚毛喇叭状，有20多个小齿。胸部齿片和腹部相似，有6～7个齿。虫管白色、厚，互相不规则地盘绕。每个管上常有2条平行纵脊，但不很明显，管口近圆形。体长可达（包括鳃冠）28～40mm，宽（胸区最宽处）1.5～2.0mm，具100多个刚节。

生态习性： 附着生长。

地理分布： 渤海，黄海，东海，南海；俄罗斯，日本。

参考文献： 杨德渐和孙瑞平，1988；孙瑞平和杨德渐，2004，2014；刘瑞玉，2008。

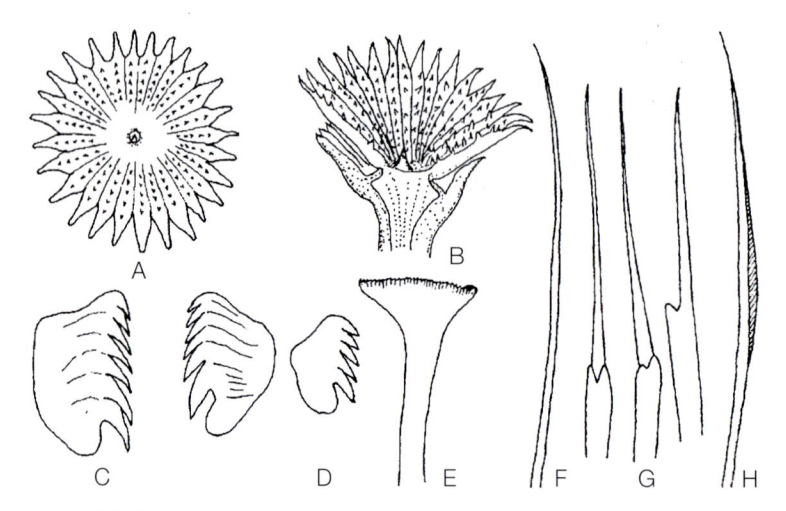

图64-1 内刺盘管虫 *Hydroides ezoensis* Okuda, 1934（引自孙瑞平和杨德渐，2014）
A. 壳盖冠顶面观；B. 壳盖剖面观；C. 胸区锯齿状腹齿片；D. 腹区锯齿状背齿片；E. 腹区喇叭状腹刚毛；F. 细毛状领刚毛；G. 枪刺状领刚毛；H. 胸区单翅毛状背刚毛

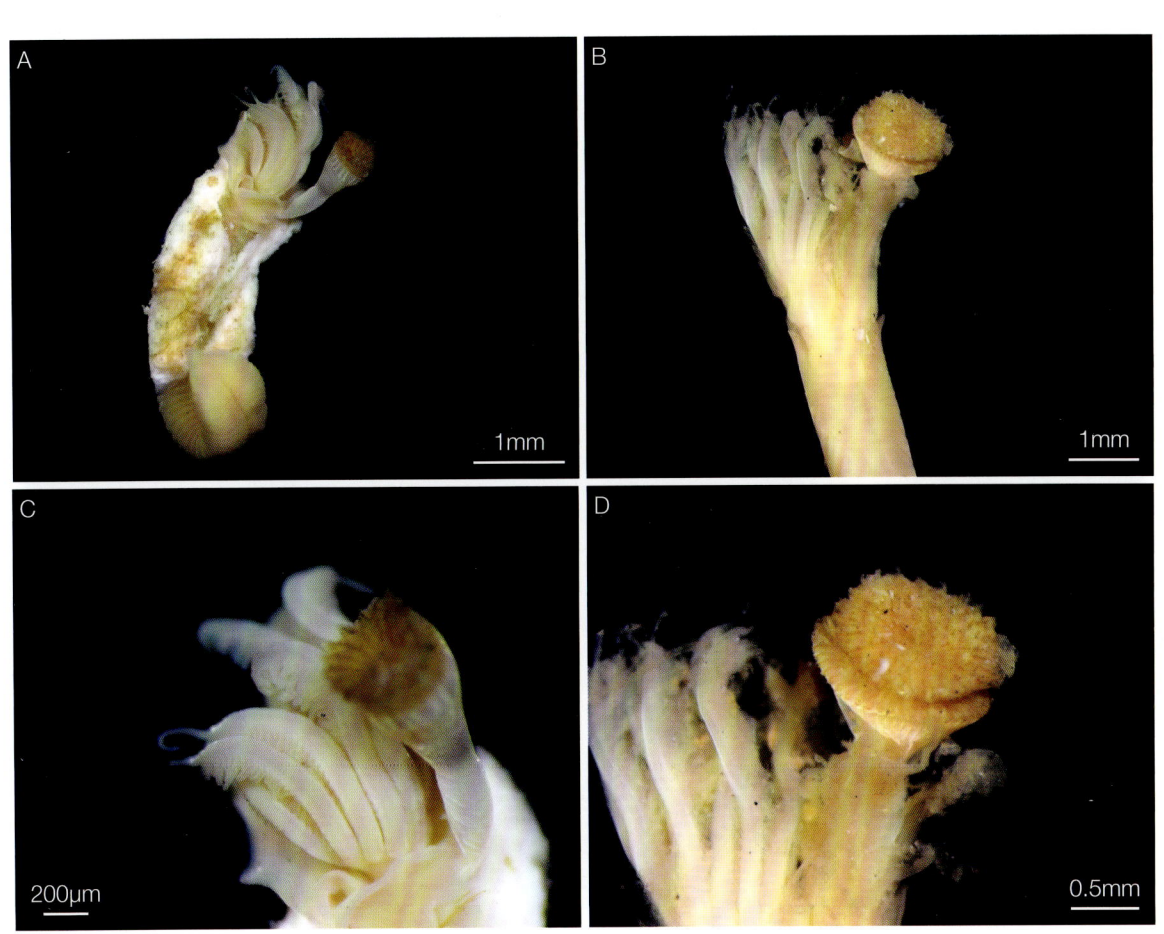

图 64-2　内刺盘管虫 *Hydroides ezoensis* Okuda, 1934
A. 整体；B. 体前端背面观；C. 鳃冠；D. 壳盖

小刺盘管虫
Hydroides fusicola Mörch, 1863

标本采集地： 山东崂山。

形态特征： 鳃冠为2个半圆形的鳃叶，鳃叶上各具19～23根放射状的鳃丝。壳盖柄光滑、圆柱状。壳盖两层，下层漏斗状，边缘有30多个尖齿；上层有14～16个尖锥状棘刺且稍向外伸，在每个尖锥状棘刺近基部有1个小刺。常具伪壳盖。领部有毛状刚毛和枪刺状刚毛，其基部有2～4个齿。胸区具7个胸刚节，具胸膜，背刚毛为单翅毛状。腹区刚节数多于胸区，腹刚毛为喇叭状。胸部、腹部齿片刚毛有5～6齿。虫管白色，呈不规则的盘状，表面具2条近平行的纵脊和许多生长环纹，管口近梯形，常盘绕在一起呈块状。体长可达10～40mm，宽0.5～2.5mm，具100多个刚节。

生态习性： 栖息于黄褐色软泥中或附着生长，水深0～32m。

地理分布： 渤海，黄海；加罗林群岛，摩洛哥，大西洋，太平洋，地中海，日本。

参考文献： 杨德渐和孙瑞平，1988；孙瑞平和杨德渐，2004；刘瑞玉，2008。

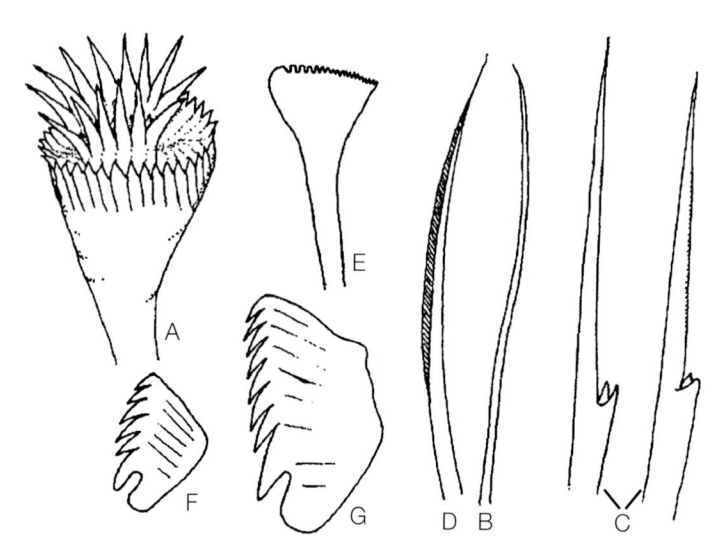

图 65-1　小刺盘管虫 *Hydroides fusicola* Mörch, 1863（引自孙瑞平和杨德渐，2014）
A. 壳盖侧面观；B. 毛状领刚毛；C. 枪刺状领刚毛；D. 胸区单翅毛状背刚毛；E. 腹区喇叭状腹刚毛；
F. 腹区锯齿状背齿片；G. 胸区锯齿状腹齿片

图 65-2　小刺盘管虫 *Hydroides fusicola* Mörch, 1863
A. 整体；B. 体前端侧面观；C. 壳盖；D. 领刚毛
比例尺：A =2mm；B =1mm；C =200μm；D =100μm

中华盘管虫
Hydroides sinensis Zibrowius, 1972

标本采集地： 河北北戴河。

形态特征： 鳃冠为 2 个半圆形的鳃叶，鳃叶上各具 14～16 根放射状的鳃丝。壳盖柄光滑、圆柱状。壳盖两层，下层漏斗具 30～45 个钝锥形或尖锥状的黄色缘齿；上层壳盖冠具 8～10 根等大且同形、末端钝的瓶棒状棘刺，每根棘刺 1/3～1/2 处还具 3～5 个从大到小排列的内小刺，棘刺和内小刺均为棕色或深黄色。常具伪壳盖。胸区具 7 个刚节。具胸膜。第 1 刚节的领 3 叶，具光滑的细毛状领刚毛和 2 个锥状齿的枪刺状领刚毛。胸区其余 6 个胸刚节，具翅毛状背刚毛和近三角形、具 6 个或 7 个齿的锯齿状腹齿片。腹区刚节数多于胸区，腹刚毛喇叭状，腹区锯齿状背齿片与胸区相似，但较小，具 6 个齿。虫管白色或灰白色，呈不规则的盘状，表面具 2 条平行的纵脊和不规则的生长横纹，管口近圆形。体长（包括鳃冠）15～30mm，宽（胸区最宽处）1.0～1.5mm。具 100 多个刚节。

生态习性： 栖息于软泥和泥砂中。

地理分布： 渤海，黄海，东海，南海；地中海。

参考文献： 杨德渐和孙瑞平，1988；孙瑞平和杨德渐，2004；刘瑞玉，2008。

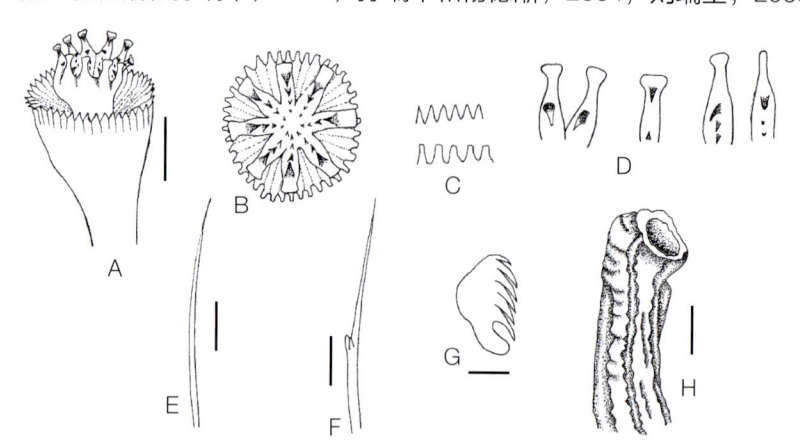

图 66-1　中华盘管虫 *Hydroides sinensis* Zibrowius, 1972（引自孙瑞平和杨德渐，2014）
A. 壳盖（顶侧面观）；B. 壳盖（顶面观）；C. 壳盖漏斗缘齿形状的变化；D. 壳盖冠的棘刺（形状和数目的变化）；E. 细毛状领刚毛；F. 枪刺状领刚毛；G. 胸区锯齿状腹齿片；H. 虫管（部分）
比例尺：A、B=0.2mm；C、D=0.6mm；E、F=0.1mm；G=0.01mm；H=1mm

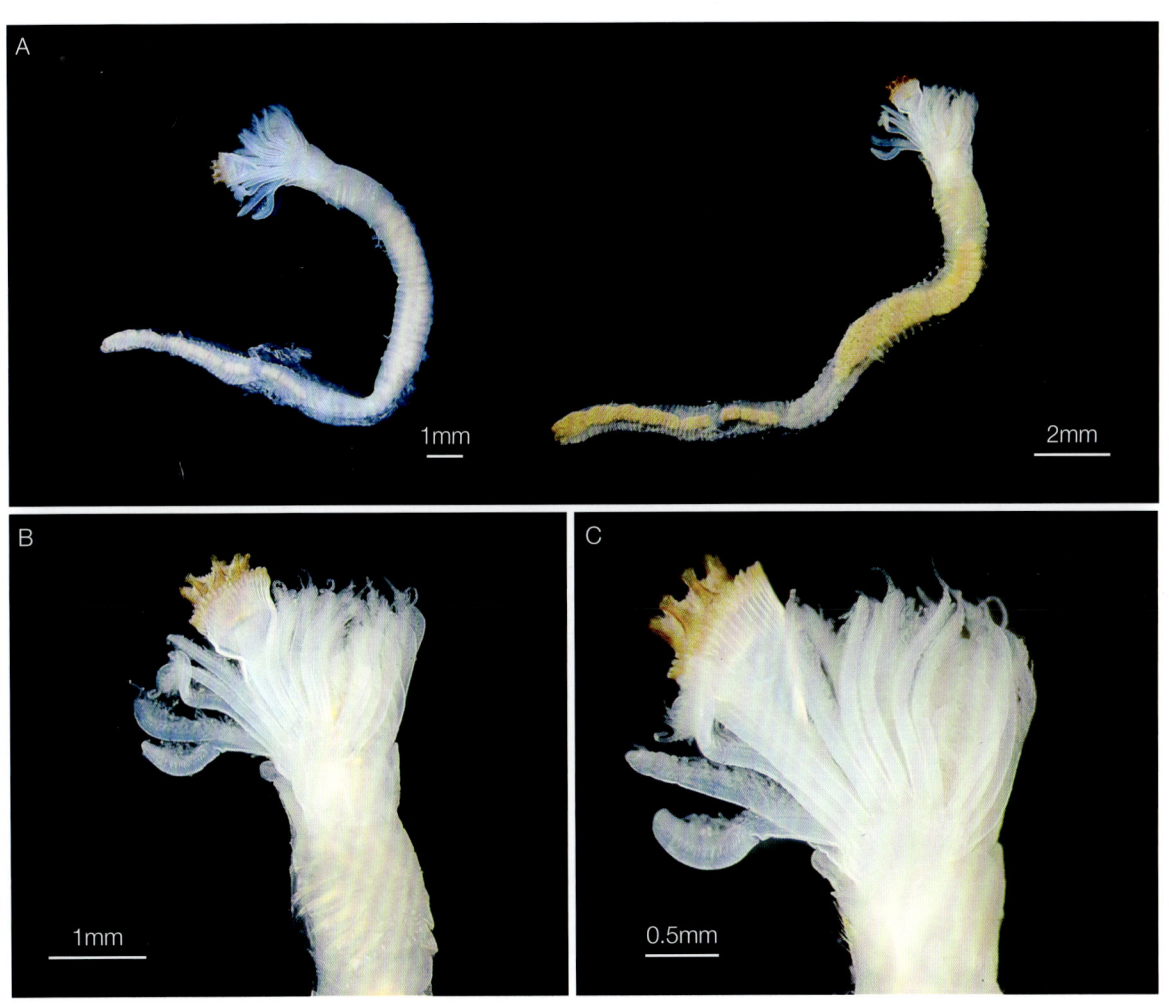

图 66-2　中华盘管虫 *Hydroides sinensis* Zibrowius, 1972
A. 整体；B. 体前端背面观；C. 鳃冠

盘管虫属分种检索表

1. 壳盖冠棘刺具 2～5 对外（侧）小刺；壳盖冠无中央齿或仅呈小突起状...华美盘管虫 *H. elegans*
- 壳盖冠棘刺无侧小刺或外小刺，具内小刺或基小刺..2
2. 壳盖冠棘刺仅具 1 根内小刺或基小刺...小刺盘管虫 *H. fusicola*
- 壳盖冠棘刺具多根内小刺或基小刺..3
3. 壳盖冠棘刺尖锥状..内刺盘管虫 *H. ezoensis*
- 壳盖冠棘刺瓶棒状..中华盘管虫 *H. sinensis*

缨鳃虫科 Sabellidae Latreille, 1825
分歧管缨虫属 *Dialychone* Claparède, 1868

白环分歧管缨虫
Dialychone albocincta (Banse, 1971)

同物异名： 白环管缨虫 *Chone albocincta* Banse, 1971

标本采集地： 山东烟台。

形态特征： 鳃冠为2个半圆形的鳃叶，各具9根或10根鳃丝。鳃丝细长，具鳃丝镶边，游离的末端突然变尖而细长，鳃丝间的鳃膜可达鳃丝长的5/6。胸区具8个胸刚节，无腹腺盾。第1胸刚节具翅毛状背刚毛的领刚毛束。其余胸刚节的背足叶上部具单翅毛状背刚毛，背足叶下部具短尖端的抹刀状背刚毛和细长的毛状刚毛。胸区腹面不具伴随刚毛，胸区的腹齿片枕上，柄和主齿约成直角，主齿上具5个小齿的具巾长柄钩状齿片。腹区刚节较多。前腹区背齿片为具5～7个小齿、主齿长于近四边形的齿片基部、无柄"C"形的锉刀状。中腹区具4纵排齿片，每排7～9个齿。后腹区的齿片较小，具9个或10个齿，齿冠较高，主齿长于齿片基部。腹区的腹刚毛为光滑的毛状。体长16～30mm，宽约1.5mm，具49～58个刚节。

生态习性： 栖息于泥沙和碎贝壳底质。

地理分布： 渤海，东海；东北太平洋。

参考文献： 杨德渐和孙瑞平，1988；孙瑞平和杨德渐，2004；刘瑞玉，2008。

图 67　白环分歧管缨虫 *Dialychone albocincta* (Banse, 1971)
A. 整体；B. 体前端侧面观；C. 尾部；D. 疣足

胶管虫属 *Myxicola* Koch in Renier, 1847

胶管虫
Myxicola infundibulum (Montagu, 1808)

标本采集地： 黄海。

形态特征： 虫体锥形，具 1 对半圆形鳃叶，20～40 对放射状鳃丝，鳃丝之间为薄膜相连几乎达顶部。领不明显，但形成两个低的、很靠近的背叶，腹面中央为三角形的突起。胸区有 8 个刚节，具很多翅毛状背刚毛和长柄钩状腹齿片（其弯角上有数个小齿）；腹区有很多刚节，背刚毛齿片状、具 2 个齿，很多齿片形成一条几乎达背面中线的连续的齿带，腹区腹刚毛为翅毛状，与胸区相似。尾部具斑点（与视觉有关）。栖管胶质状。固定标本为肉色或肉褐色。最大标本长约 130mm，宽 10mm，一般长 18～50mm。

生态习性： 栖息于潮间带泥沙滩。

地理分布： 渤海，黄海；北极，大西洋，格陵兰岛，苏格兰，地中海，北太平洋，白令海，日本。

参考文献： 杨德渐和孙瑞平，1988；孙瑞平和杨德渐，2004，2014；刘瑞玉，2008。

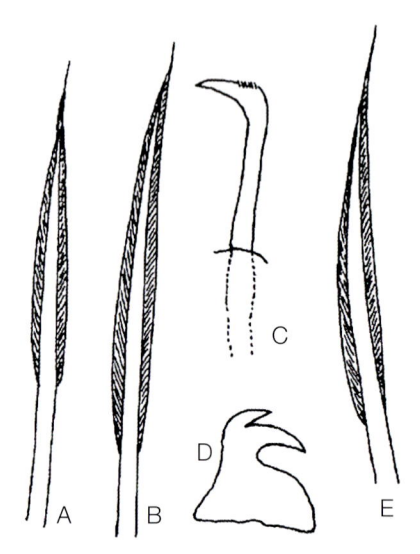

图 68-1 胶管虫 *Myxicola infundibulum* (Montagu, 1808)（引自孙瑞平和杨德渐，2014）
A. 双翅毛状领刚毛；B. 胸区翅毛状背刚毛；C. 胸区钩状腹齿片；D. 腹区鸟头状背齿片；E. 腹区双翅毛状腹刚毛

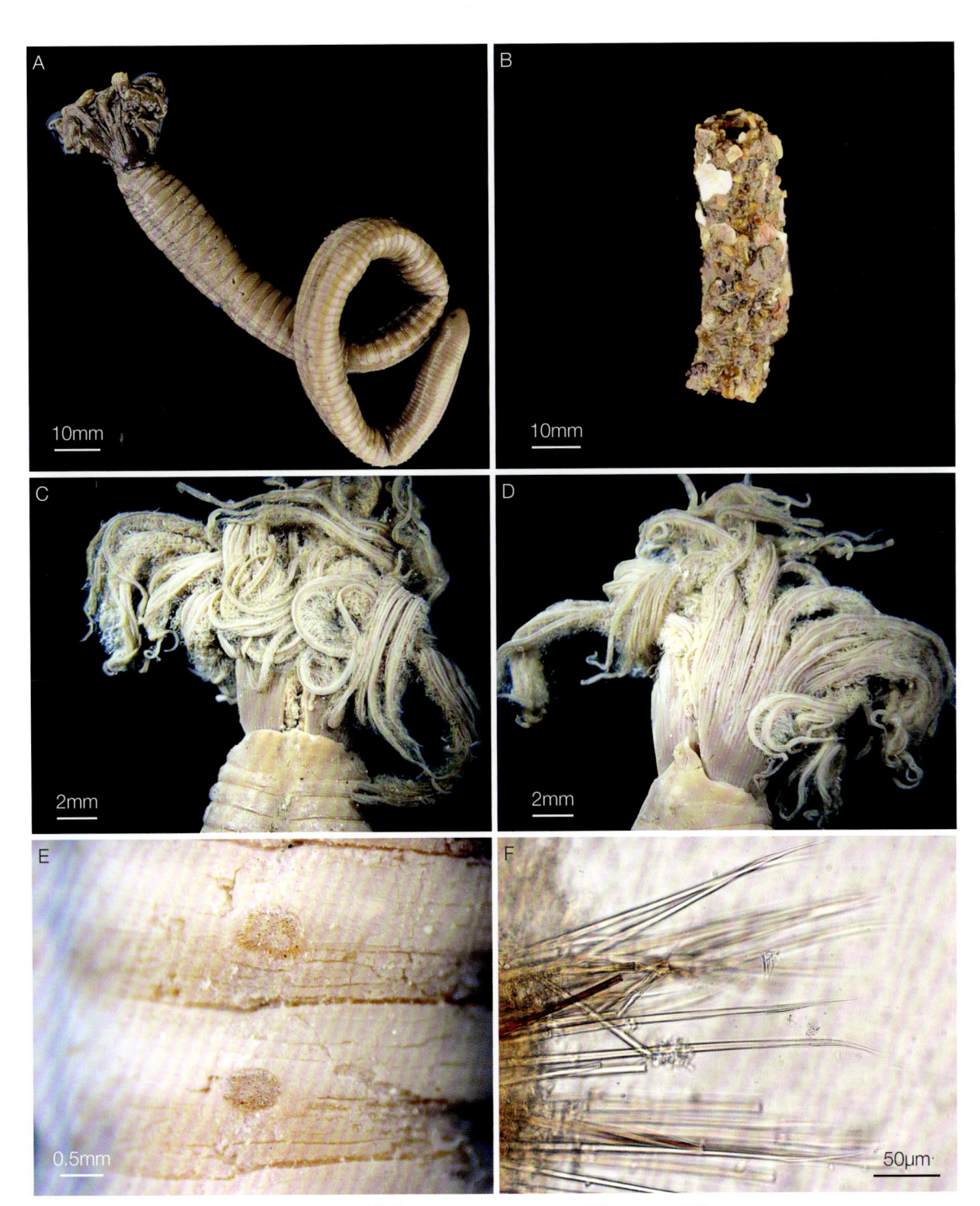

图 68-2 胶管虫 *Myxicola infundibulum* (Montagu, 1808)
A. 整体；B. 栖管；C. 体前端背面观；D. 体前端腹面观；E. 疣足；F. 双翅毛状刚毛

珀氏缨虫属 *Perkinsiana* Knight-Jones, 1983

尖珀氏缨虫
Perkinsiana acuminata (Moore & Bush, 1904)

同物异名： 尖刺缨虫 *Potamilla acuminata* Moore & Bush, 1904

标本采集地： 天津塘沽。

形态特征： 鳃冠长，具14对鳃丝，鳃丝无鳃丝镶边、无鳃膜、无眼。领背面明显分开，腹中线具2个三角形叶。胸区8个刚节，领刚毛为双翅毛状，第2~8刚节具翅毛状背刚毛和匙状刚毛，胸区腹面为1排鸟头体状短弯柄齿片和1排尖细掘斧状伴随刚毛。腹区背齿片基部钝圆无柄，翅毛状腹刚毛同胸区，但无稃刚毛。栖管泥质，易碎。体长约38mm，鳃冠长5mm，体宽4mm，约86个刚节。

生态习性： 栖息于潮间带泥沙滩。

地理分布： 渤海；日本。

参考文献： 杨德渐和孙瑞平，1988；孙瑞平和杨德渐，2004；刘瑞玉，2008。

缨鳃虫科分属检索表

1. 腹区齿片近完整地环绕身体 ·················· 胶管虫属 *Myxicola*（胶管虫 *M. infundibulum*）
- 腹区齿片不环绕身体 ·· 2
2. 胸区具长柄钩状齿片，不具伴随刚毛；鳃丝具鳃丝镶边 ···
 ··· 分歧管缨虫属 *Dialychone*（白环分歧管缨虫 *D. albocincta*）
- 胸区齿片为"S"形或"Z"形鸟头体状，胸区腹面有伴随刚毛；鳃丝无鳃丝镶边、无鳃膜 ········
 ·· 珀氏缨虫属 *Perkinsiana*（尖珀氏缨虫 *P. acuminata*）

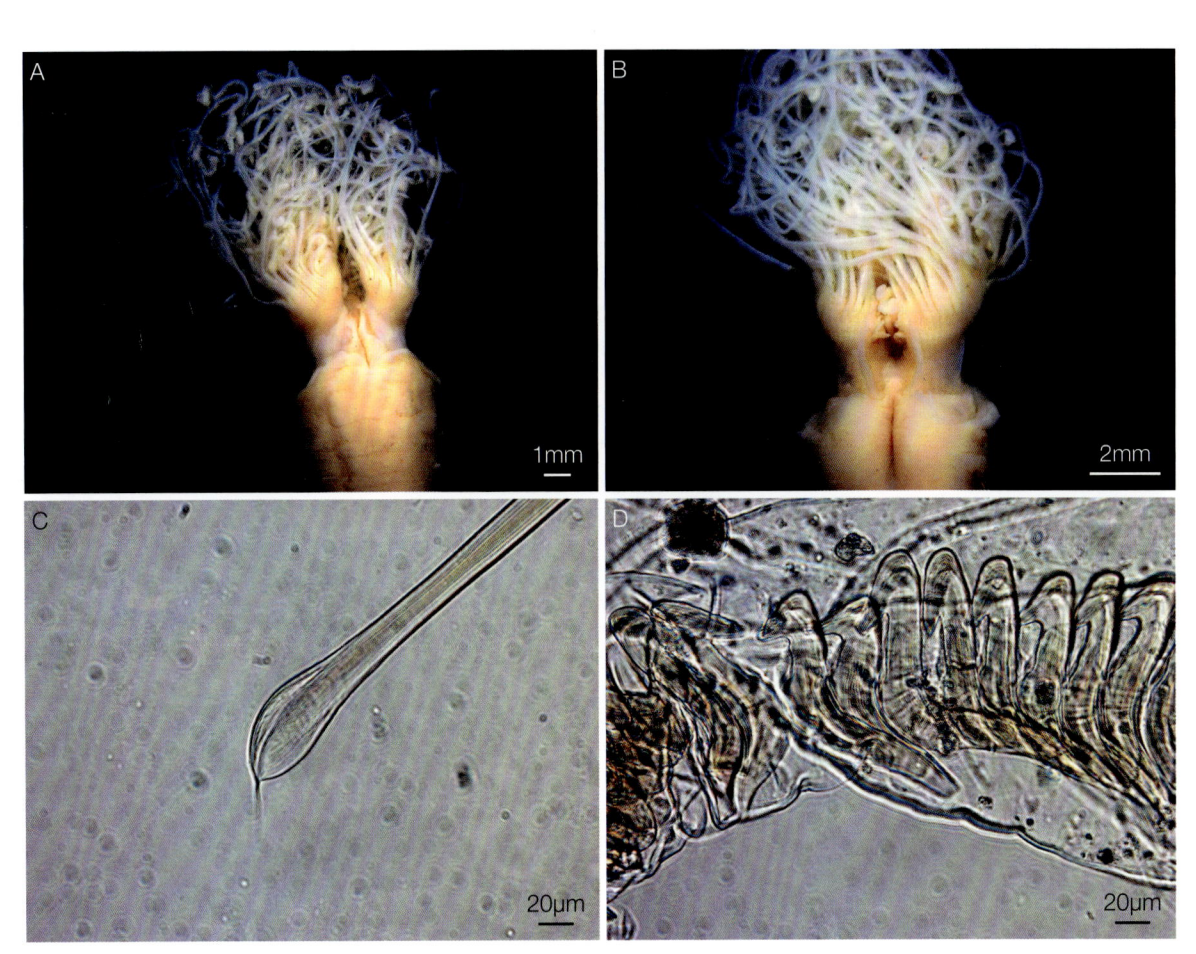

图 69 尖珀氏缨虫 Perkinsiana acuminata (Moore & Bush, 1904)
A. 体前端腹面观； B. 体前端背面观； C. 匙状背稃刚毛； D. 鸟头体状刚毛

杂毛虫科 Poecilochaetidae Hannerz, 1956

杂毛虫属 Poecilochaetus Claparède in Ehlers, 1875

蛇杂毛虫
Poecilochaetus serpens Allen, 1904

标本采集地： 广西防城港白龙尾。

形态特征： 口前叶圆，具前伸的指状触手和 2 对眼，3 个指状项器向后延伸至第 3～4 刚节。第 1 刚节疣足的背须小、腹须须状，简单毛状刚毛前伸形成头笼；第 2～3 刚节疣足背、腹须为圆锥状，具毛状背刚毛和稍向前伸的 2～4 根粗弯足刺刚毛；第 4～6 刚节背、腹须仍为圆锥状，腹须常长于背须，乳突状的侧感觉器位于背、腹须之间；第 7～13 刚节疣足背、腹须瓶状；第 14 刚节后，背、腹须仍为圆锥状。鳃出现于后区疣足背面，线头状，2～4 对。刚毛有光滑毛状、羽毛状、刺状、弯足刺状、具瘤锯齿状。体长约 55mm，宽 2～5mm，具 44～110 个刚节。

生态习性： 栖息于软泥中。

地理分布： 渤海，黄海，东海；太平洋，美国。

参考文献： 杨德渐和孙瑞平，1988；孙瑞平和杨德渐，2004；刘瑞玉，2008。

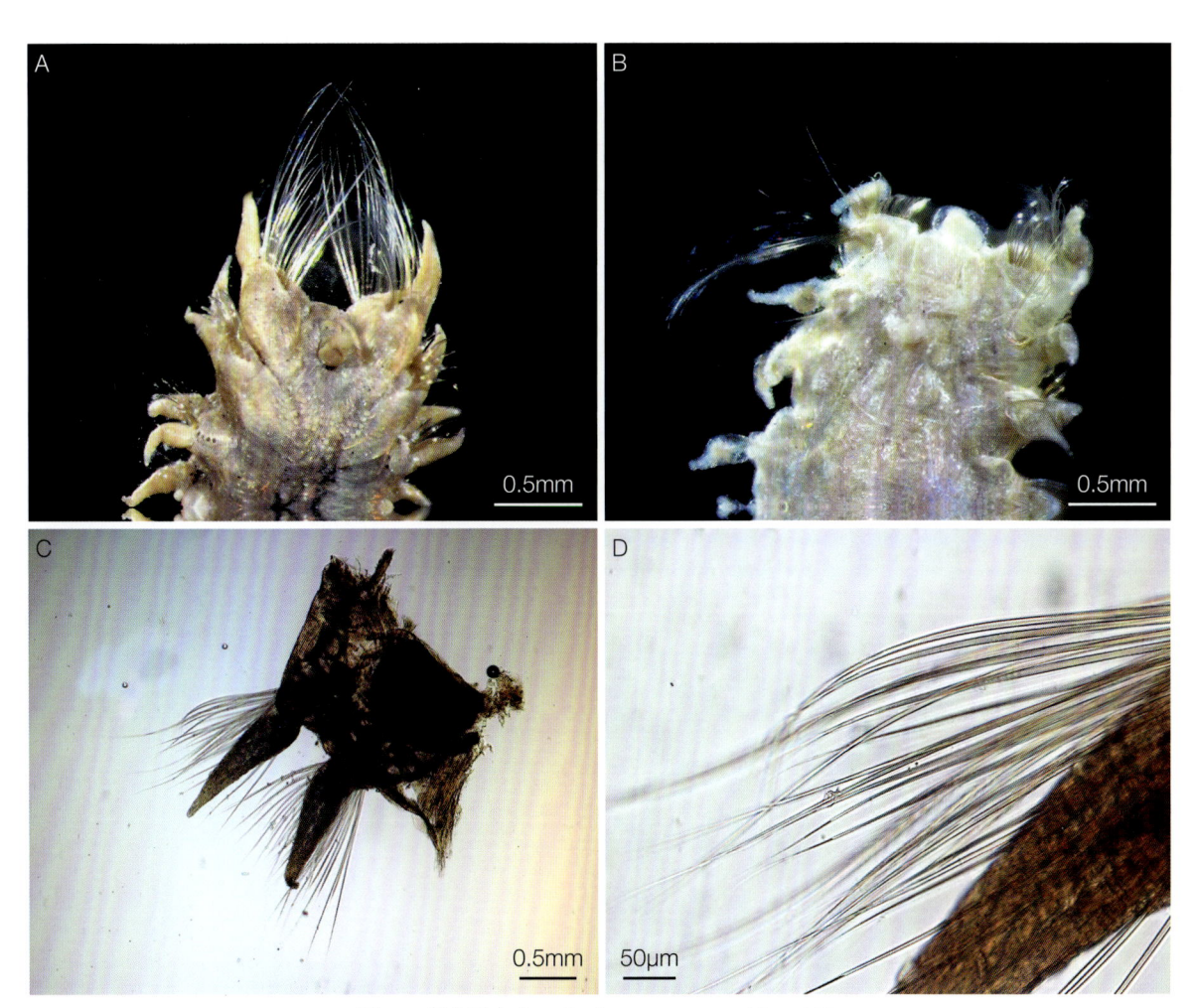

图 70　蛇杂毛虫 *Poecilochaetus serpens* Allen, 1904
A. 体前端背面观；B. 体前端腹面观；C. 疣足；D. 光滑毛状刚毛

海稚虫科 Spionidae Grube, 1850

后稚虫属 *Laonice* Malmgren, 1867

后稚虫
Laonice cirrata (M. Sars, 1851)

标本采集地： 厦门、香港海域。

形态特征： 口前叶前缘钝，后伸为脑后脊，上具1个后头触手，脑后脊后伸达第9～10刚节。鳃34～41对，始于第2刚节，第2～4刚节鳃不发达，不与背足叶相连；从第5刚节开始鳃长于背足叶，有鳃的背足叶很大，叶片状，之后慢慢变小，腹足叶椭圆形。腹巾钩刚毛始于第35～43刚节，双齿。肛须8对。

生态习性： 栖息于泥砂或碎贝壳沉积物中。

地理分布： 渤海，黄海，东海，南海；世界性分布。

参考文献： 杨德渐和孙瑞平，1988。

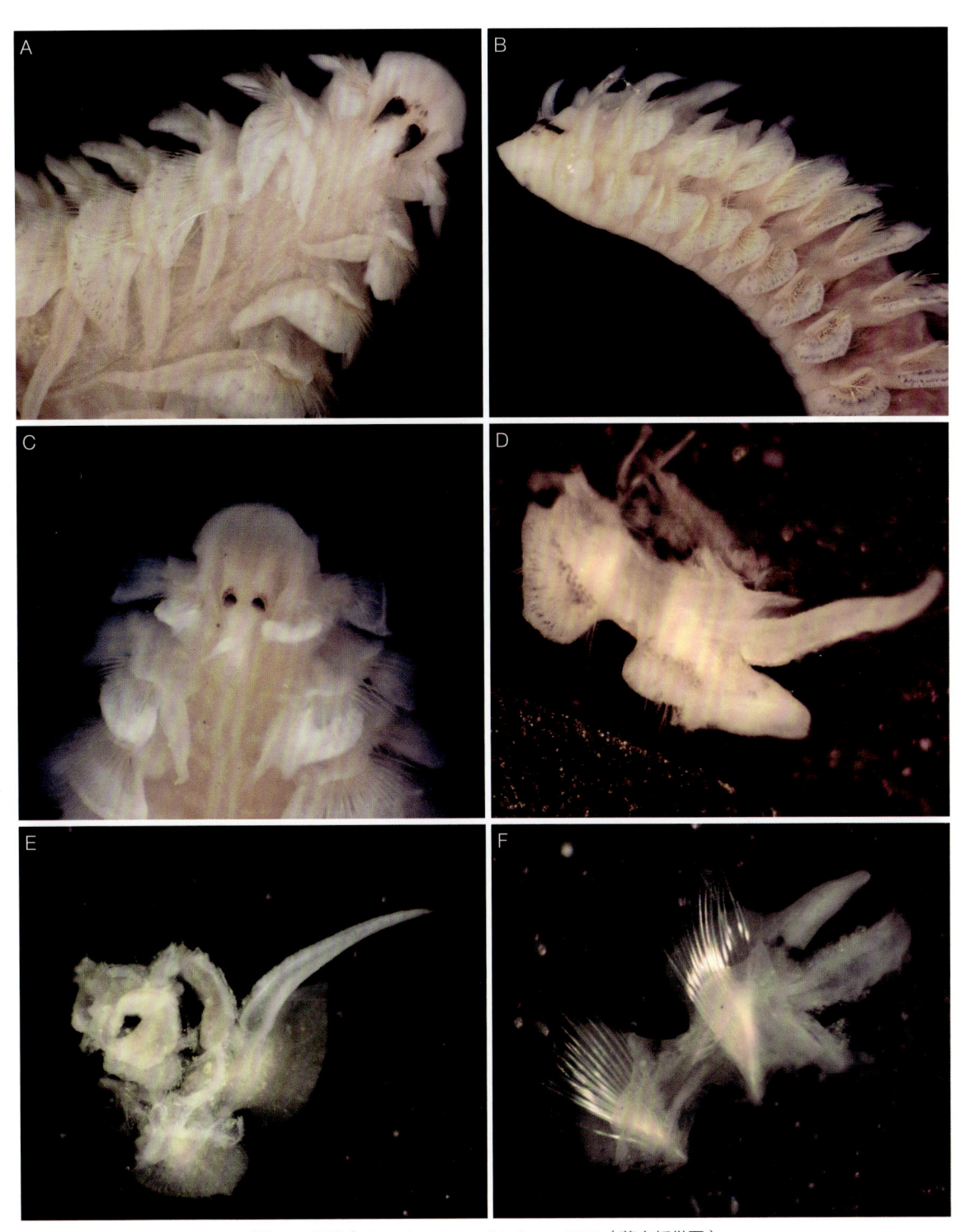

图71 后稚虫 *Laonice cirrata* (M. Sars, 1851)（蔡立哲供图）
A. 体前部背面观；B. 体前部侧面观；C. 口前叶；D. 第10刚节疣足；E. 第22刚节疣足；F. 第40刚节疣足

腹沟虫属 *Scolelepis* Blainville, 1828

鳞腹沟虫
Scolelepis (*Scolelepis*) *squamata* (O. F. Müller, 1806)

标本采集地： 福建厦门海域、广东大亚湾。

形态特征： 酒精标本为黄色，有的背面有咖啡色横斑。体长 25～40mm，宽 1～2mm。口前叶前端尖，脑后脊可达第 2 刚节，无后头触手，有 4～6 对眼（有的标本眼不清楚）。围口节形成侧翼围着口前叶。鳃始于第 2 刚节，部分与背足后刚叶愈合。体中后部鳃与背足后刚叶稍分离。双齿巾钩刚毛始于第 70 多刚节后的背足叶和第 35～41 刚节腹足叶。背、腹毛状刚毛具窄边。肛部盘状，宽大于长，边缘中间有凹裂。

生态习性： 栖息于高潮带至 25m 水深的泥砂、细砂或石块下沉积物中。

地理分布： 渤海，黄海，南海；北大西洋，加拿大，美国。

参考文献： 杨德渐和孙瑞平，1988；孙瑞平和杨德渐，2004。

图72 鳞腹沟虫 Scolelepis (Scolelepis) squamata (O. F. Müller, 1806)（蔡立哲供图）
A. 体前部背面观（染色）；B. 体前部背面观；C. 体前部侧面观；D. 第21刚节疣足；E. 第39刚节疣足；F. 体后部疣足刚毛

丝鳃虫科 Cirratulidae Ryckholt, 1851
须鳃虫属 *Cirriformia* Hartman, 1936

毛须鳃虫
Cirriformia filigera (Delle Chiaje, 1828)

标本采集地： 广西防城港白龙尾。

形态特征： 体细长，口前叶尖锥形，无眼。围口节具明显 3 环轮。触角密集成束位于第 3 或第 4 刚节背面，且在背中间稍分开。鳃丝出现于第 1 刚节并延续至体后。在体中部，鳃丝与背刚叶的间距等于或稍长于背、腹刚叶的间距。弯曲足刺状刚毛约始于第 12 刚节，体后刚节腹刚叶仅具足刺状钩刚毛。毛状刚毛始于第 1 刚节，至体后部腹刚叶上消失。酒精标本紫褐色。最大标本体长 60mm，宽 4mm，具 200 多个刚节。

生态习性： 潮间带和浅海广布种；渤海 46m 水深含贝壳中砂；南海 43m 水深砂质泥。

地理分布： 渤海，黄海，南海；大西洋，太平洋，南极，地中海。

参考文献： 杨德渐和孙瑞平，1988；孙瑞平和杨德渐，2004；刘瑞玉，2008。

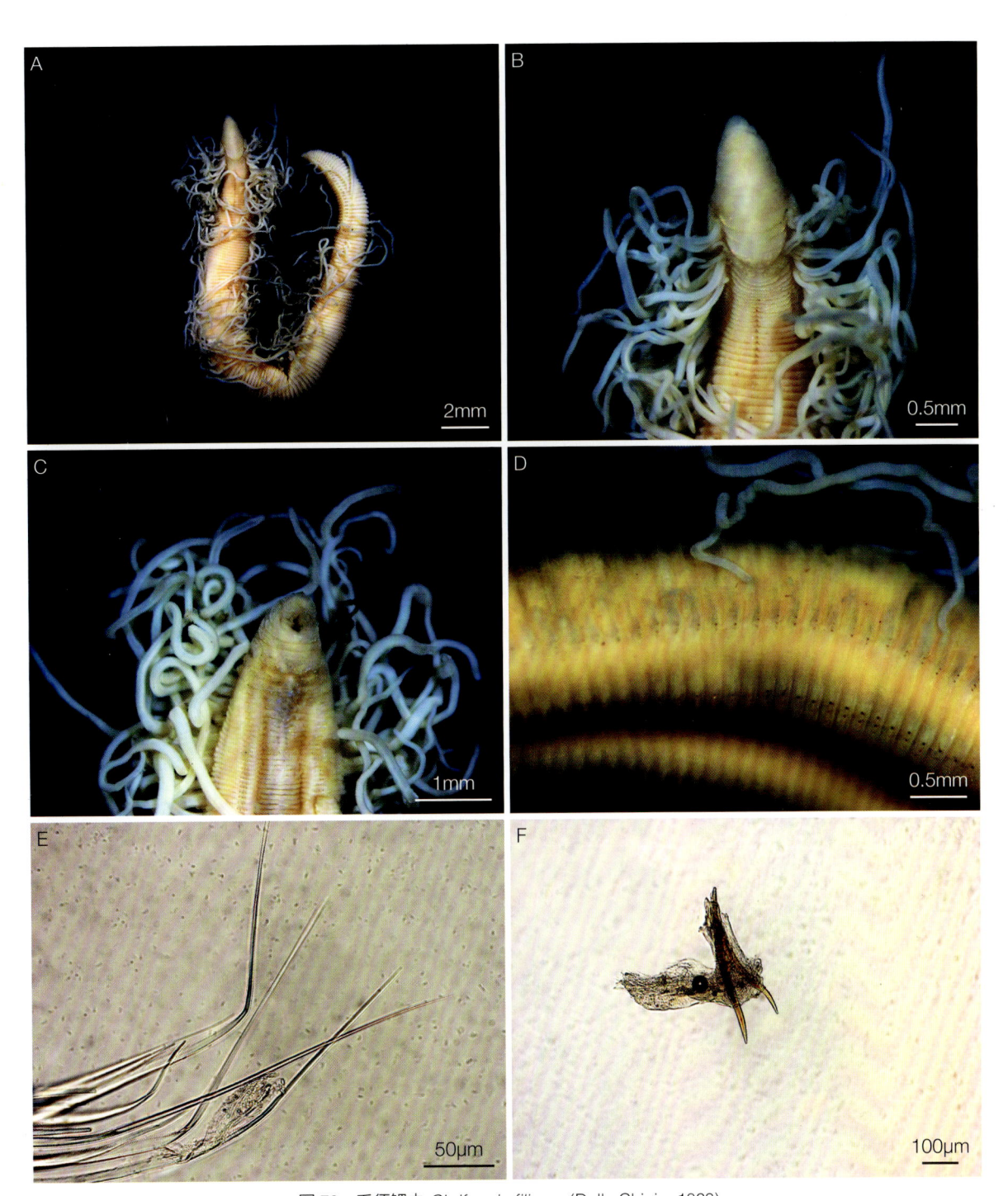

图 73 毛须鳃虫 *Cirriformia filigera* (Delle Chiaje, 1828)
A. 整体；B. 体前端背面观；C. 体前端腹面观；D. 疣足；E. 毛状刚毛；F. 足刺状刚毛

毛鳃虫科 Trichobranchidae Malmgren, 1866
梳鳃虫属 Terebellides Sars, 1835

梳鳃虫
Terebellides stroemii Sars, 1835

标本采集地： 福建厦门海域、广东大亚湾。

形态特征： 体长，蛆状，前端宽扁，后端尖。口前叶与围口节愈合形成一个大的皱褶状的头罩（触手叶）。头罩直立，具皱褶，其背面有很多须状触手，腹面愈合成领状唇。无眼。1个具粗柄的鳃位于第2～4体节，柄上有4个梳状瓣鳃。胸区具18个刚节，第1刚节开始于第3体节，背刚毛为翅毛状，腹刚毛单齿足刺状，末端弯曲，之后腹刚毛具长柄，主齿弯曲，其上有数个小齿。腹区齿片鸟嘴状，主齿上具多行小齿。

生态习性： 常栖息于潮下带软泥或泥砂底质。

地理分布： 渤海，黄海，东海，南海。

参考文献： 孙瑞平和杨德渐，2004。

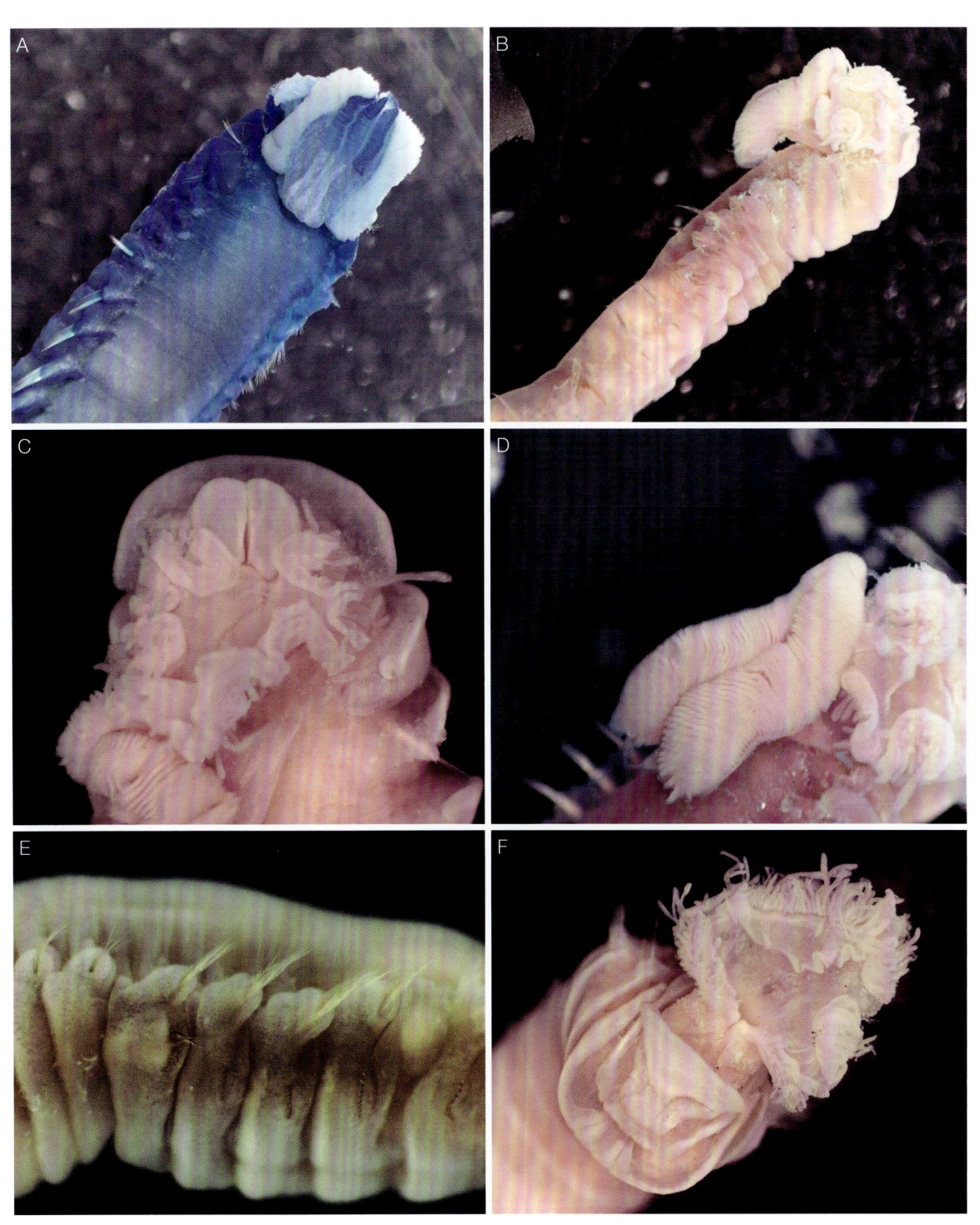

图 74 梳鳃虫 *Terebellides stroemii* Sars, 1835（杨德援和蔡立哲供图）
A. 体前部背面观（染色）；B. 体前部侧面观；C. 头部；D. 鳃；E. 体前部疣足；F. 头罩

双栉虫科 Ampharetidae Malmgren, 1866
扇栉虫属 Amphicteis Grube, 1850

扇栉虫
Amphicteis gunneri (M. Sars, 1835)

标本采集地： 上海长江口。

形态特征： 口前叶有腺脊，口触手短，光滑，常部分缩入口中。4对光滑棒状鳃，末端稍细，分两组，2对在前、2对在后。秆刚毛顶端弯曲，具尖端，长出口前叶顶端，位于第3刚节，每侧8～20根。第4～6刚节仅具翅毛状刚毛。有14个胸枕齿片刚节，胸枕齿片始于第7节（第4刚节，不包括秆刚毛节），齿片具5～6个齿，排成一排。腹区约有15个腹齿片刚节，具原始的乳突状背须。尾节具1对细肛须。体长15～46mm，宽3～5mm。泥砂栖管，管外常有碎贝壳。

生态习性： 栖息于含有贝壳的灰色泥砂或泥质砂中。

地理分布： 渤海，黄海，东海，南海；大西洋。

参考文献： 杨德渐和孙瑞平，1988；孙瑞平和杨德渐，2004；刘瑞玉，2008；隋吉星，2013。

图 75　扇栉虫 *Amphicteis gunneri* (M. Sars, 1835)
A. 整体；B. 体前端背面观；C. 头部背面观；D. 体前端腹面观；E. 疣足；F. 齿片侧面观和正面观

蛰龙介科 Terebellidae Johnston, 1846
似蛰虫属 *Amaeana* Hartman, 1959

西方似蛰虫
Amaeana occidentalis (Hartman, 1944)

标本采集地： 山东青岛。

形态特征： 身体背面突起，腹面具一纵沟，内具按刚节分开的小横沟。口前叶分3叶，中间叶最大，为圆形叶片状。围口节在腹面形成低唇，其背面有很多触手，触手两种，为细长的须状和末端突然变粗的柳叶状。无鳃，无侧瓣。背疣足始于第3刚节，共12对。疣足圆柱状，非常长，具很短的背刚毛，背刚毛刺毛状。胸、腹区之间具5～6个无刚毛节。腹区不少于33个刚节，疣足不明显，仅具圆头状内足刺，无齿片。肾乳突位于胸区腹足基部，前1对最大，之后很小，一直分布到后胸区。体最长约50mm，宽6mm。胸区有乳突状花斑，之后体表光滑。在胸、腹区之间第5～6刚节常无疣足突起。

生态习性： 栖息于潮间带和潮下带。

地理分布： 渤海，黄海，东海；美国加利福尼亚。

参考文献： 杨德渐和孙瑞平，1988；孙瑞平和杨德渐，2004；刘瑞玉，2008。

图76 西方似蛰虫 *Amaeana occidentalis* (Hartman, 1944)
A. 整体；B. 体前端侧面观；C. 体前端腹面观
比例尺：A =1mm；B =200μm；C =0.5mm

不倒翁虫科 Sternaspidae Carus, 1863
不倒翁虫属 Sternaspis Otto, 1820

中华不倒翁虫
Sternaspis chinensis Wu, Salazar-Vallejo & Xu, 2015

标本采集地： 黄海。

形态特征： 体苍白色或淡黄色，体中部收缩，第 7 刚节和第 8 刚节之间有 2 个生殖乳突，体前部可外翻的部分大多是光滑的，腹部有微小乳突。口前叶为白色半球状突起，口前叶后是一个倒"U"形的边界。围口节圆形，没有乳突，向侧面和腹面几乎延伸至第 1 刚节。口圆形，比口前叶更宽，有微小乳突。前 3 个刚节每节有 14～16 根镰状内钩刚毛，内钩刚毛在腹侧变得非常短小，刚毛末端没有黑色区域。腹侧盾板为橙红色或砖红色，中央区域颜色更深，有环状同心带，肋条明显；前边缘有角或稍圆，前部凹陷深，前端龙骨被一层半透明的表皮覆盖。侧边缘稍圆、光滑，后侧角明显；缝明显贯穿盾板或左右 2 块盾板在后部愈合；扇面达到或略超过后侧角，扇面边缘具小齿，有宽浅的中央缺刻。不同大小的不倒翁虫盾板的颜色和形状存在差别。随个体增大，盾板颜色由橙红色变为砖红色或红棕色，在相对较小的个体中，同心环带不明显，缝贯通整个盾板，前端凹陷深，龙骨暴露，扇面边缘明显超过后角，扇面中央缺刻相对深。每块盾板边缘有 10 束侧刚毛和 5 束后刚毛。鳃丝丰富，细长卷曲，着生在两块分开的鳃盘上，鳃盘上的鳃间乳突长、卷曲。鳃盘长，两个鳃盘呈"V"形，末端扩展为圆形。

生态习性： 栖息于潮下带，水深 7m。

地理分布： 渤海，黄海，东海。

参考文献： Wu et al., 2015。

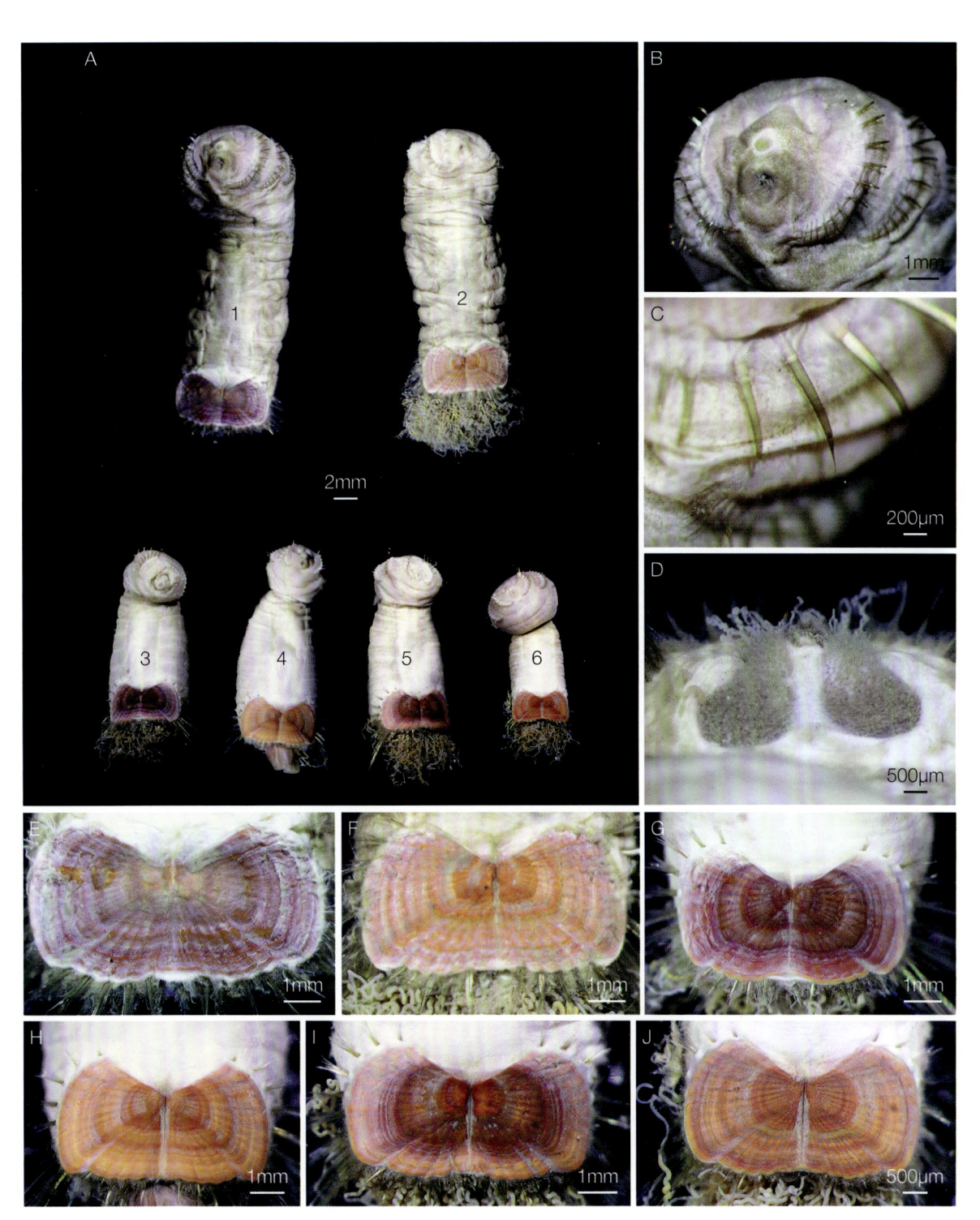

图 77　中华不倒翁虫 Sternaspis chinensis Wu, Salazar-Vallejo & Xu, 2015
A1～A6. 整体腹面观；B. 体前部；C. 刚毛；D. 鳃盘；E～J. A1～A6 的盾板

磷虫科 Chaetopteridae Audouin & Milne Edwards, 1833

中磷虫属 *Mesochaetopterus* Potts, 1914

日本中磷虫
Mesochaetopterus japonicus Fujiwara, 1934

标本采集地： 黄海。

形态特征： 口前叶小，圆锥形，无色斑，围口节扁圆、内表面棕褐色，具1对细长的有沟触角。躯干部分为3区：前区扁平，具9个刚节，其中第4刚节疣足叶短圆，上具数根斜截形粗刚毛，其余刚节具矛状背刚毛；中区具3个刚节，疣足多退化，第1刚节正方形，具1对须状突起的背叶和1对腹叶，整个背面被分泌发光物的褐色腺体覆盖，第2刚节为圆柱形，并具一舟状吸盘；后区具20～45个刚节，每刚节长为中区节长的1/4，其背叶小，为乳突状，具一束刺状刚毛，腹叶具齿片，其上有8～9个齿。体长200～250mm，栖管细长，薄膜状，垂直埋于地下深达1m多。

生态习性： 栖息于潮下带和多细砂的沙滩。

地理分布： 渤海，黄海；日本。

参考文献： 杨德渐和孙瑞平，1988；孙瑞平和杨德渐，2004；刘瑞玉，2008。

图 78　日本中磷虫 *Mesochaetopterus japonicus* Fujiwara, 1934
A. 体前端侧面观（虫体不完整）；B. 粗刚毛

仙虫科 Amphinomidae Lamarck, 1818
拟刺虫属 Linopherus Quatrefages, 1866

含糊拟刺虫
Linopherus ambigua (Monro, 1933)

标本采集地： 山东青岛。

形态特征： 口前叶由 2 部分组成，前叶圆形，后叶近方形，具 2 对红色眼点。中触手位于后叶中后区，较侧触手稍长。肉瘤方形，显著，位于口前叶后侧，中央具有一退化的不明显脊。所有疣足为双叶型，发达，刚毛囊形成一个低的圆形叶，前 2 刚节背、腹须较后部刚节更长。鳃始于第 3 刚节，位于背疣足叶后侧，成束，枝状分支，分布至体中后区（30～70 对）。背刚毛具 3 种类型：粗壮锯齿状刚毛、细长毛状刚毛（具细锯齿，无基部刺）和背足刺；腹刚毛二叉，具细长和粗短 2 种类型，长叉内缘具细锯齿。

生态习性： 常栖息于潮下带软泥底质。

地理分布： 渤海，黄海，东海，南海；巴拿马，墨西哥湾。

参考文献： 孙悦，2018。

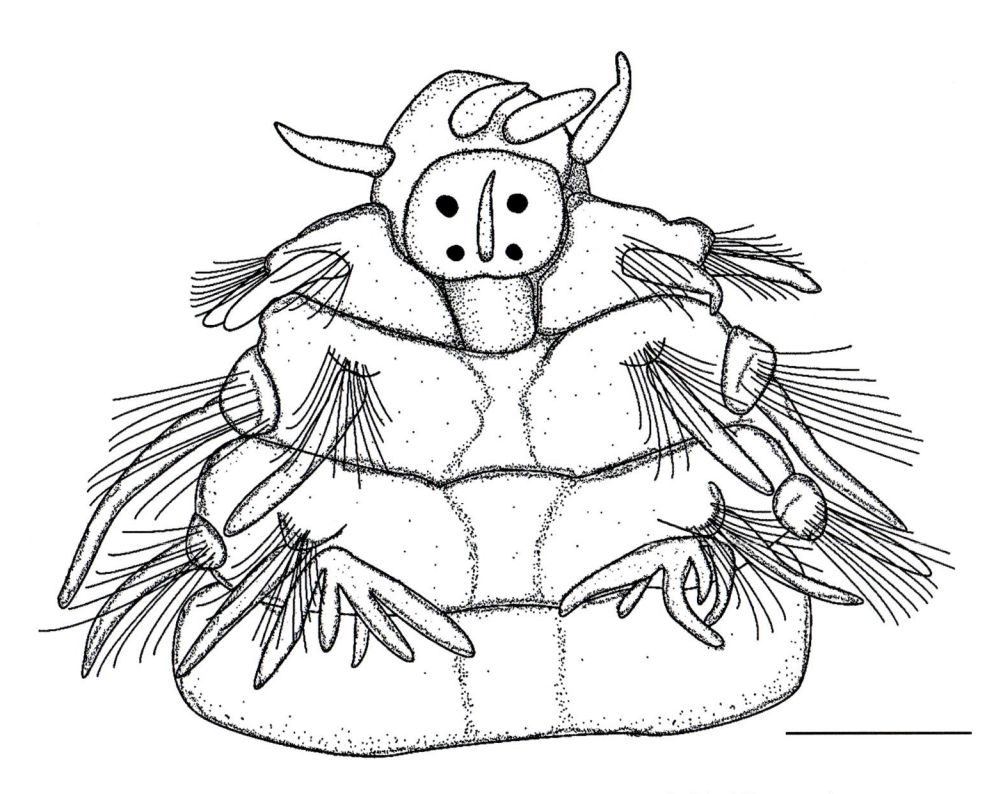

图 79　含糊拟刺虫 *Linopherus ambigua* (Monro, 1933)（引自孙悦，2018）
体前端背面观
比例尺：0.5mm

矶沙蚕科 Eunicidae Berthold, 1827

岩虫属 *Marphysa* Quatrefages, 1866

岩虫
Marphysa sanguinea (Montagu, 1813)

标本采集地： 山东青岛。

形态特征： 围口节和前部体节为圆柱形，体后部背腹面逐渐扁平，横截面为卵圆形。两个围口节分界明显，第2围口节长为第1围口节的2～3倍。体表颜色多样，具虹彩。口前叶双叶型，前端圆，中央沟明显。具5个后头触手，以中央者最长，长为口前叶的2倍。上颚齿式：1+1, 3+3, 5+0, 5+6, 1+1。体前部疣足具发达的后叶、稍长的指状背须和稍短的圆锥形腹须。随后背、腹须皆减小为突指状。鳃始于第14～27刚节，止于体后端。最初鳃为一结节状突起，至体中部最发达，每束达4～7根鳃丝，体后部减少为1根。足刺上方具毛状刚毛、梳状刚毛，足刺下方具复型刺状刚毛。亚足刺状刚毛始于第20～76刚节，每疣足1根，体后端某些疣足可能具2根或缺失。亚足刺钩状刚毛双齿、具巾，明显较足刺细，其远端齿指向末端，近端齿圆钝、指向侧面。

生态习性： 栖息于岩岸潮间带、潮下带。

地理分布： 渤海，黄海，东海，南海。

参考文献： 孙瑞平和杨德渐，2004；吴旭文，2013。

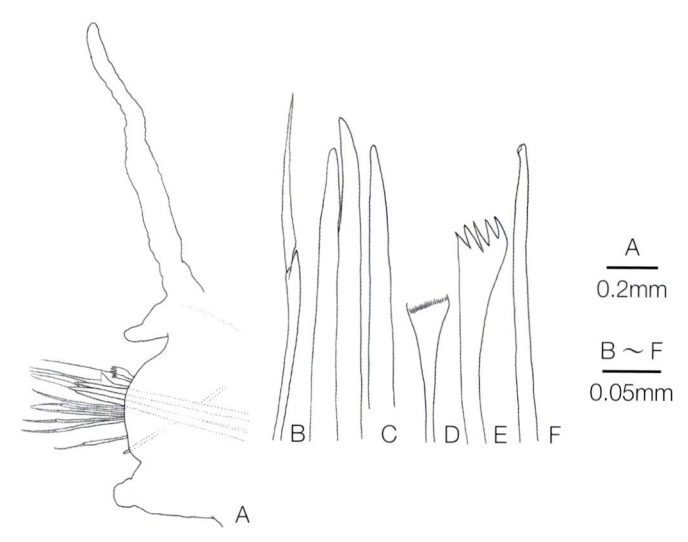

图 80-1　岩虫 *Marphysa sanguinea* (Montagu, 1813)（引自吴旭文，2013）
A. 体后部疣足；B. 复型刺状刚毛；C. 足刺；D. 细齿梳状刚毛；E. 粗齿梳状刚毛；F. 亚足刺钩状刚毛

图 80-2 岩虫 *Marphysa sanguinea* (Montagu, 1813)（吴旭文供图）
A. 体前端背面观；B. 体前端腹面观；C. 体中部刚节；D. 尾部

索沙蚕科 Lumbrineridae Schmarda, 1861
科索沙蚕属 *Kuwaita* Mohammad, 1973

异足科索沙蚕
Kuwaita heteropoda (Marenzeller, 1879)

同物异名： 异足索沙蚕 *Lumbrineris heteropoda* (Marenzeller, 1879)

标本采集地： 山东青岛第二海水浴场。

形态特征： 口前叶圆锥形，长稍大于宽。前围口节稍长于后围口节。下颚黑褐色，前端切断缘宽直，后端细长。上颚基长且宽，基部稍尖具侧缺刻，上颚齿式为 1-4-2-1。体前部几节疣足小，具圆形或斜截形的前叶和稍大的圆锥形后叶，体中部疣足前、后叶皆发达，几乎等大，体后部疣足后叶变长，叶状向上斜伸。体中后部疣足背部近体壁处具乳突状突起。体前 35 个刚节仅具翅毛状刚毛，简单多齿巾钩刚毛始于第 36 刚节，足刺淡黄色。体后端 30 余个刚节密集变小，肛节具 4 根肛须。体黄褐色，体长可达 295mm，宽 7mm，约具 330 个刚节。

生态习性： 栖息于潮下带及潮间带。

地理分布： 渤海，黄海，东海，南海；世界性分布。

参考文献： 杨德渐和孙瑞平，1988；孙瑞平和杨德渐，2004；刘瑞玉，2008。

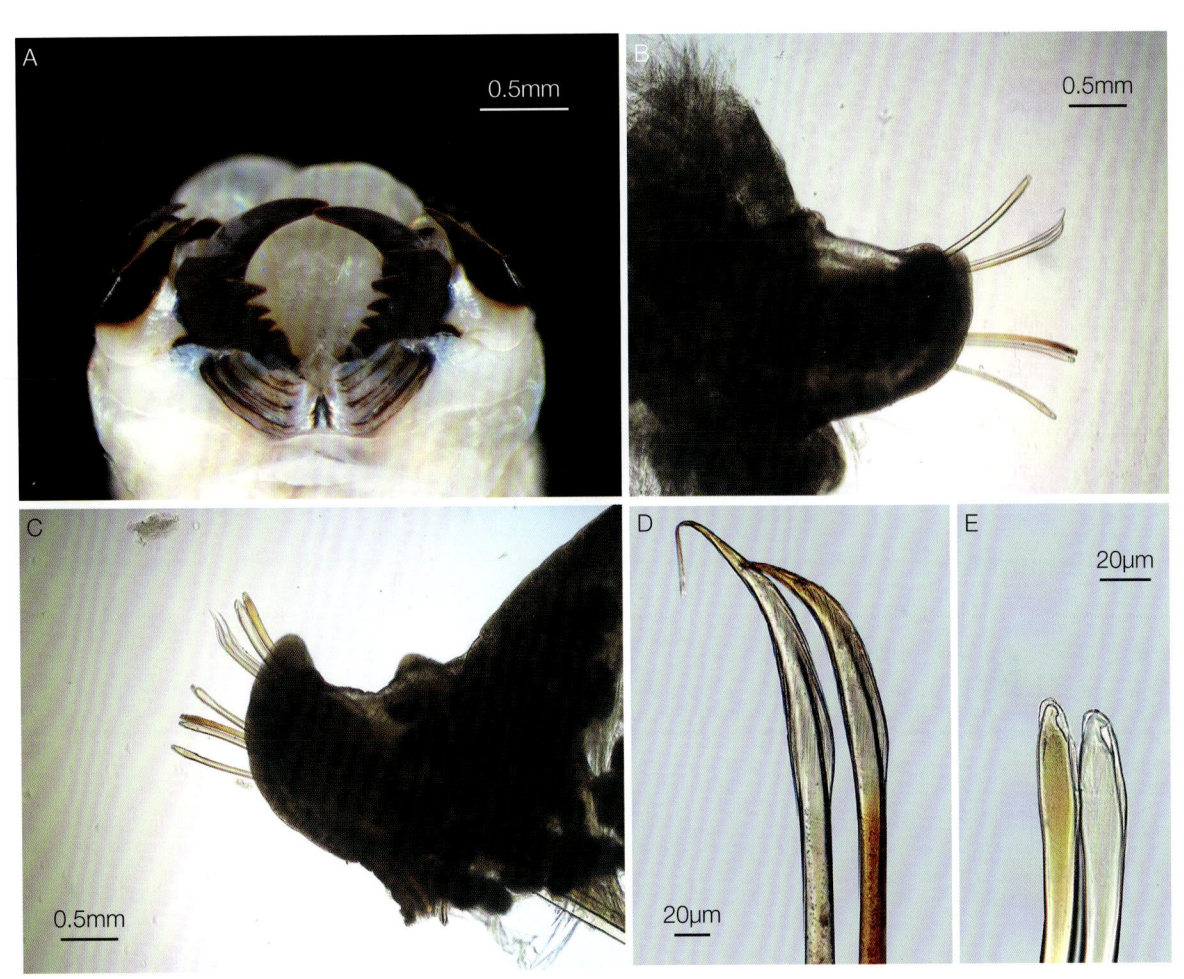

图81 异足科索沙蚕 *Kuwaita heteropoda* (Marenzeller, 1879)
A. 颚齿；B. 体前部疣足；C. 体后部疣足；D. 翅毛状刚毛；E. 巾钩刚毛

索沙蚕属 *Lumbrineris* Blainville, 1828

长叶索沙蚕
Lumbrineris longifolia Imajima & Higuchi, 1975

标本采集地： 东海。

形态特征： 口前叶扁，圆锥形，长稍短于最宽处，前端稍突。前后两围口节近等长。下颚薄，半透明，前端具明显的半圆形黑色环，后部分叉。上颚齿式为 1-4-2-1。第 10 对疣足具短圆的斜截形前叶和叶状后叶。第 21 刚节至体中部前后叶圆锥形、近等长，体后部后叶变长为须状且向上伸。前 20 余个刚节具翅毛状刚毛和简单巾钩刚毛，其后巾钩刚毛巾部变宽短，除具 8 个小齿外还具明显的主齿，足刺黄褐色。不完整标本长 23mm，宽不足 1mm，约具 200 个刚节。

生态习性： 栖息于潮下带泥砂底质。

地理分布： 渤海，黄海；日本海。

参考文献： 杨德渐和孙瑞平，1988；孙瑞平和杨德渐，2004；刘瑞玉，2008。

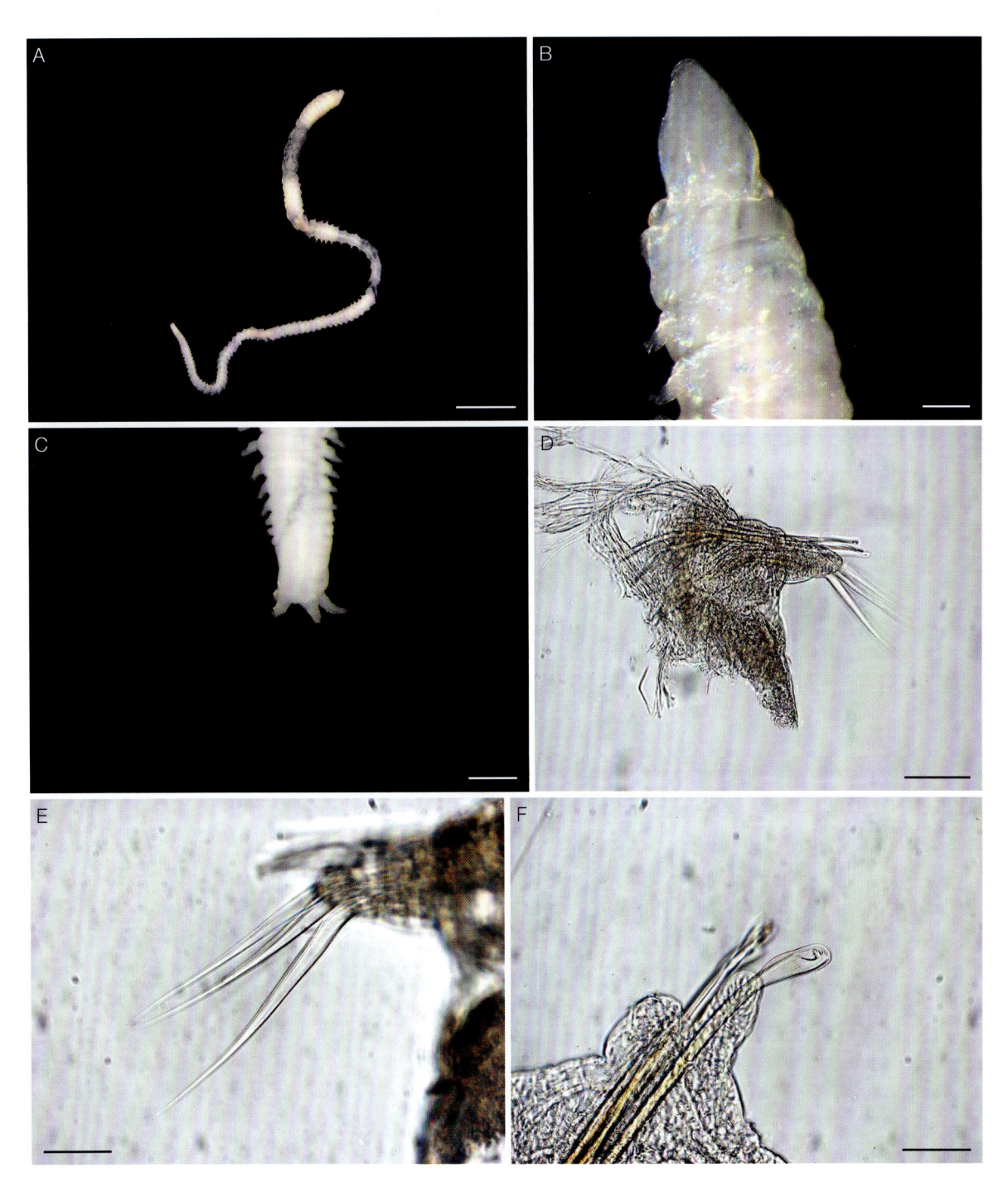

图 82　长叶索沙蚕 *Lumbrineris longifolia* Imajima & Higuchi, 1975
A. 整体；B. 体前端背面观；C. 尾部；D. 疣足；E. 体前部翅毛状刚毛；F. 体后部巾钩刚毛
比例尺：A =2mm；B =200μm；C =200μm；D =100μm；E =50μm；F =50μm

欧努菲虫科 Onuphidae Kinberg, 1865

欧努菲虫属 *Onuphis* Audouin & Milne Edwards, 1833

微细欧努菲虫
Onuphis eremita parva Berkeley & Berkeley, 1941

标本采集地： 渤海。

形态特征： 口前叶近三角形，前端圆，前唇锥形。未观察到眼。触角基节具 25 个环轮；侧触手具 26 个环轮，向后可伸至第 18 刚节；中央触手具 17 个环轮，可伸至第 10 刚节。触角的端节较短，长为基节的 1/2。围口节短，长为第 1 刚节的 2/3。一对触须位于围口节前缘，稍长于围口节。下颚柄部细长，切割板钙质化。上颚齿式：1+1, 7+10, 11+0, 7+11, 1+1。前 3 个刚节为变形疣足，伸向前方，稍大于其后疣足。腹须在前 6 个刚节为须状，从第 7 刚节始为腺垫状。背须在体前部为须状，较后刚叶长；其后逐渐变细，至体后部为丝状。疣足后刚叶在体前部 15 个刚节明显较长、须状，其后逐渐缩短为短锥形。鳃始于第 1 刚节，前 23 个刚节具简单鳃丝，其后鳃出现分枝，至第 29 刚节排列成梳状，最大鳃丝数 4。伪复型钩状刚毛具 3 个齿，钝巾，分布于前 4 个刚节。梳状刚毛端片具 8～9 个小齿，排成一斜排。亚足刺钩状刚毛双齿，具巾，始于第 12 刚节。

生态习性： 栖息于潮下带砂泥或砂质底，水深 19～89m。

地理分布： 渤海，黄海，东海；日本土佐湾，美国加利福尼亚南部。

参考文献： 吴旭文，2013。

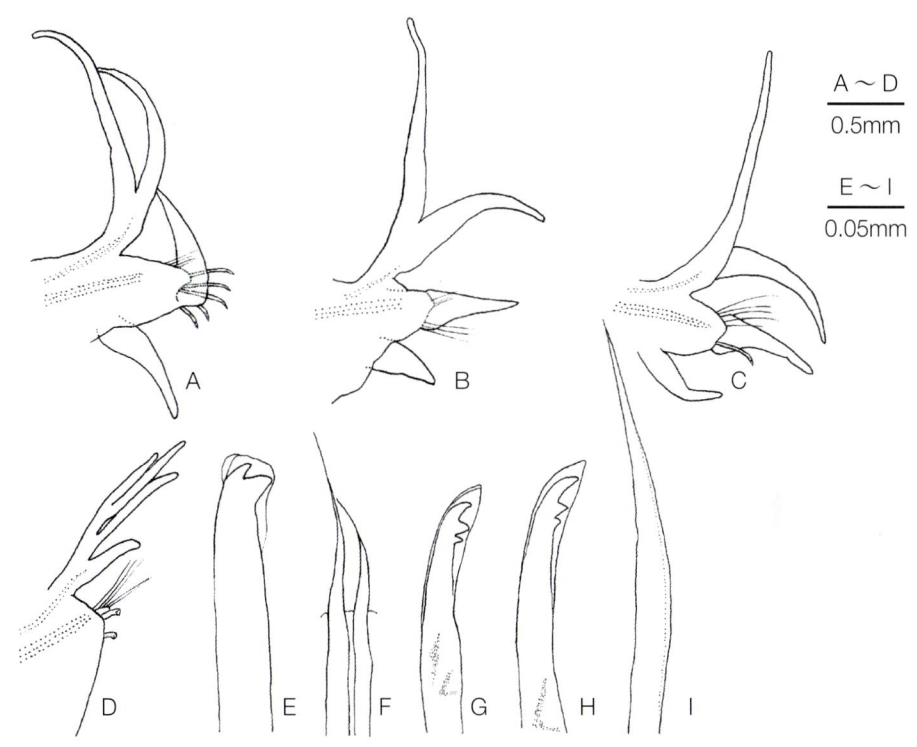

图 83-1　微细欧努菲虫 *Onuphis eremita parva* Berkeley & Berkeley, 1941（引自吴旭文，2013）
A. 第 1 疣足后面观；B. 第 5 疣足后面观；C. 第 4 疣足前面观；D. 第 39 疣足前面观；E. 第 39 疣足亚足刺钩状刚毛；F. 第 39 疣足足刺；
G. 第 1 疣足最下方的伪复型钩状刚毛；H. 第 2 疣足中间的伪复型钩状刚毛；I. 第 5 疣足下方的翅毛状刚毛

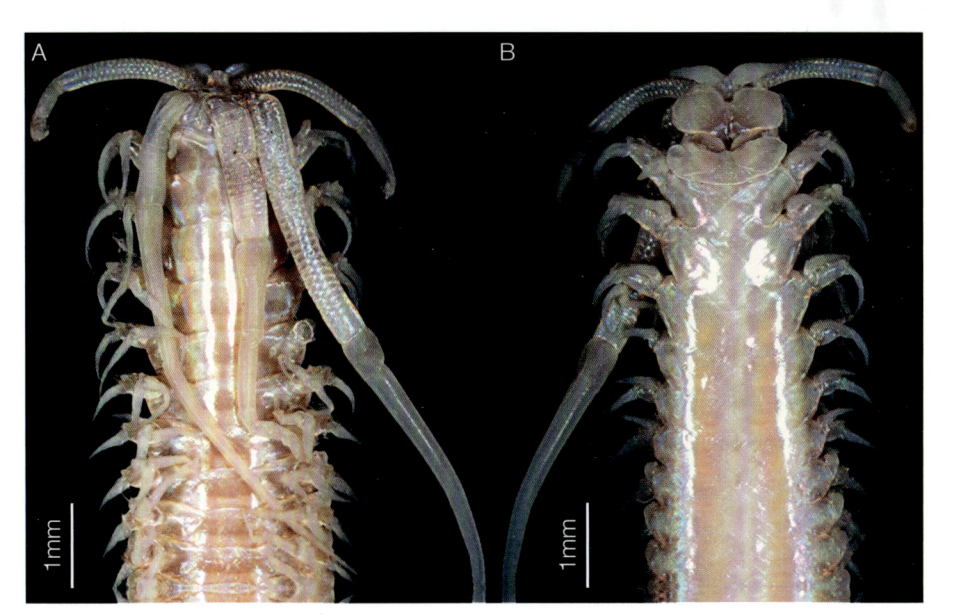

图 83-2　微细欧努菲虫 *Onuphis eremita parva* Berkeley & Berkeley, 1941（吴旭文供图）
A. 体前端背面观；B. 体前端腹面观

四齿欧努菲虫
Onuphis tetradentata Imajima, 1986

标本采集地： 东海。

形态特征： 口前叶近三角形，前端圆，前唇卵圆形。未观察到眼点。触角基节具 8 个环轮，向后可伸至第 1 刚节；侧触手具 8 个环轮，可伸至第 12 刚节；中央触手具 6 个环轮，可伸至第 5 刚节。围口节短于第 1 刚节。一对触须位于围口节前缘，与围口节等长。下颚柄部细长，切割板钙质化。上颚齿式：1+1, 9+8, 9+0, 8+9, 1+1。前 3 刚节为变形疣足，伸向前方，大小与其后疣足相等。腹须在前 5 个刚节为须状，经过第 6 刚节和第 7 刚节过渡后，变为腺垫状。背须在体前部为须状，较后刚叶长；其后逐渐变细，至体后部为丝状。疣足后刚叶至少在体前 10 个刚节较长，为须状，其后缩短为短锥形。鳃始于第 4 刚节，简单，仅具一根鳃丝；鳃丝带状，在第 4 刚节稍长于背须，其后逐渐变长，至第 10 刚节达到最大长度。伪复型钩状刚毛具 3 齿和 4 齿，巾末端钝，分布于前 4 个刚节；某些个体的第 4 齿甚至分裂出第 5 齿。梳状刚毛端片扁平，约具 15 个小齿，排成一斜排。亚足刺钩状刚毛双齿，具巾，始于第 12 刚节。

生态习性： 栖息于潮下带泥砂底质，水深 13.5～98m。

地理分布： 渤海，黄海，东海；日本东北部沿岸。

参考文献： 吴旭文，2013。

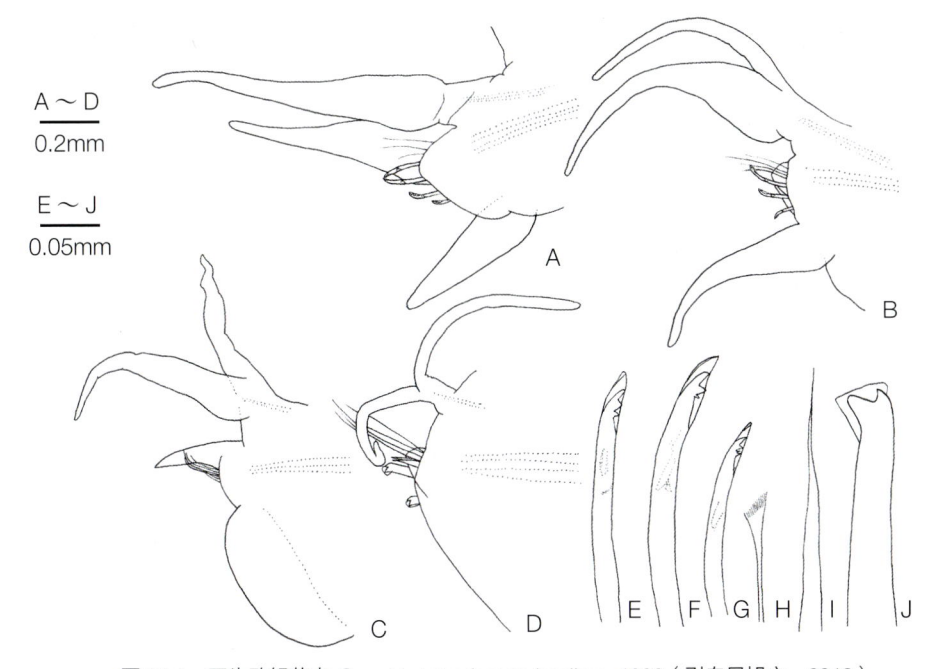

图 84-1　四齿欧努菲虫 Onuphis tetradentata Imajima, 1986（引自吴旭文，2013）
A. 第 1 疣足背面观；B. 第 4 疣足前面观；C. 第 40 疣足前面观；D. 第 40 疣足背面观；E. 第 3 疣足三齿伪复型钩状刚毛；F. 第 4 疣足三齿伪复型钩状刚毛；G. 第 1 疣足四齿伪复型钩状刚毛；H. 第 21 疣足梳状刚毛；I. 第 24 疣足足刺；J. 第 24 疣足亚足刺钩状刚毛

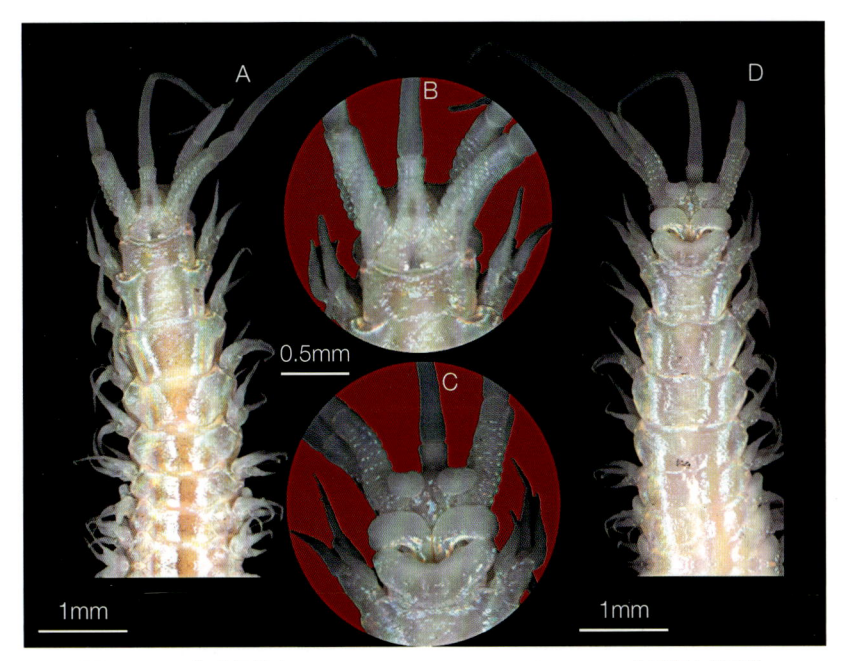

图 84-2　四齿欧努菲虫 Onuphis tetradentata Imajima, 1986（吴旭文供图）
A. 体前端背面观；B. 头部背面观；C. 头部腹面观；D. 体前端腹面观

多鳞虫科 Polynoidae Kinberg, 1856

优鳞虫属 *Eunoe* Malmgren, 1865

须优鳞虫
Eunoe oerstedi Malmgren, 1865

标本采集地： 山东青岛胶州湾。

形态特征： 口前叶具额角，侧触手位于中央触手下腹方，短于中央触手。触手、触须和疣足背须皆具丝状乳突，近末端具膨大部。眼 2 对，前对位于口前叶最宽处的侧缘，后对位于口前叶后缘，几乎被第 2 刚节的背褶部分覆盖。鳞片 15 对，把体背面完全盖住。鳞片外侧缘具大小不等的分枝状或星状结节，多为黑色，其外缘具缘穗。疣足双叶型，背刚毛成束状排列，粗棒状，较直，其上具小刺状横带。腹刚毛单齿，具 10～12 行粗侧齿。体长 15～35mm，宽 7～16mm，具 38 个刚节。

生态习性： 栖息于潮下带软泥、砂质泥中。

地理分布： 渤海，黄海。

参考文献： 杨德渐和孙瑞平，1988；吴宝铃等，1997；孙瑞平和杨德渐，2004；刘瑞玉，2008。

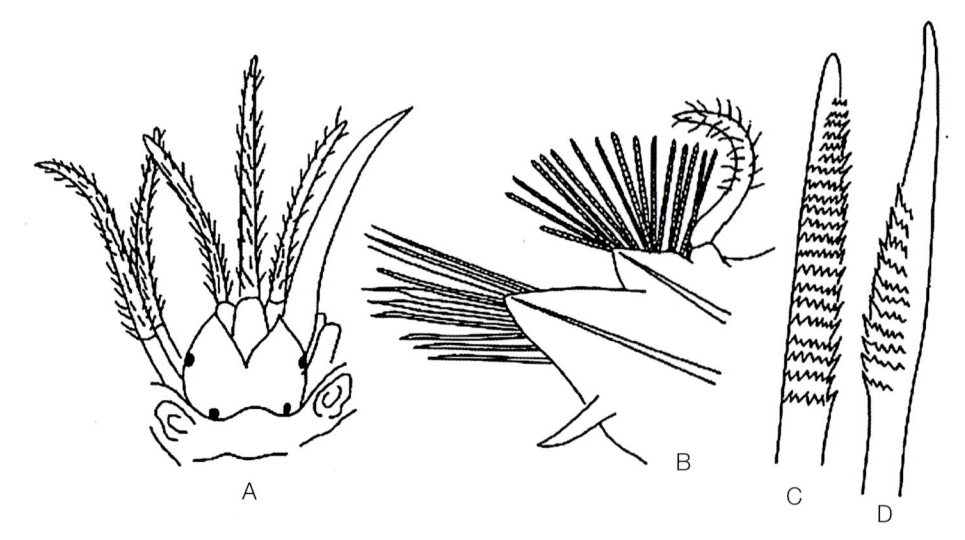

图 85-1 须优鳞虫 *Eunoe oerstedi* Malmgren, 1865（引自吴宝铃等，1997）
A. 头部背面观；B. 疣足；C. 背刚毛；D. 腹刚毛

图 85-2 须优鳞虫 *Eunoe oerstedi* Malmgren, 1865
A. 整体；B. 体前端背面观；C. 体前端腹面观；D. 鳞片；E. 疣足（双叶型）；F. 背刚毛；G. 腹刚毛

格鳞虫属 *Gattyana* McIntosh, 1897

渤海格鳞虫
Gattyana pohaiensis Uschakov & Wu, 1959

标本采集地： 山东青岛胶州湾。

形态特征： 口前叶哈鳞虫型，额角不显著。头瓣呈不太明显的黄褐色，其上有许多小颗粒。吻具 9+9 个缘突。中央触手约为侧触手长的 2 倍。头部附肢及疣足背须均不具长的乳突。触须基部无刚毛。背鳞 15 对，上缘具小的缘穗，表面上还密覆有很多像长乳突一样的小刺，刺的大小不同，顶端钝或尖锐。背鳞薄而嫩，容易脱落。疣足双叶型，背须细长。刚毛密集成束，背刚毛及腹刚毛均具细长尖锐的末端。刚节背面可看到灰色的横条纹。体长约 15mm，宽 5mm，具 36 个刚节。

生态习性： 栖息于潮间带泥砂滩。

地理分布： 渤海，黄海。

参考文献： 杨德渐和孙瑞平 1988；吴宝铃等，1997；孙瑞平和杨德渐，2004；刘瑞玉，2008。

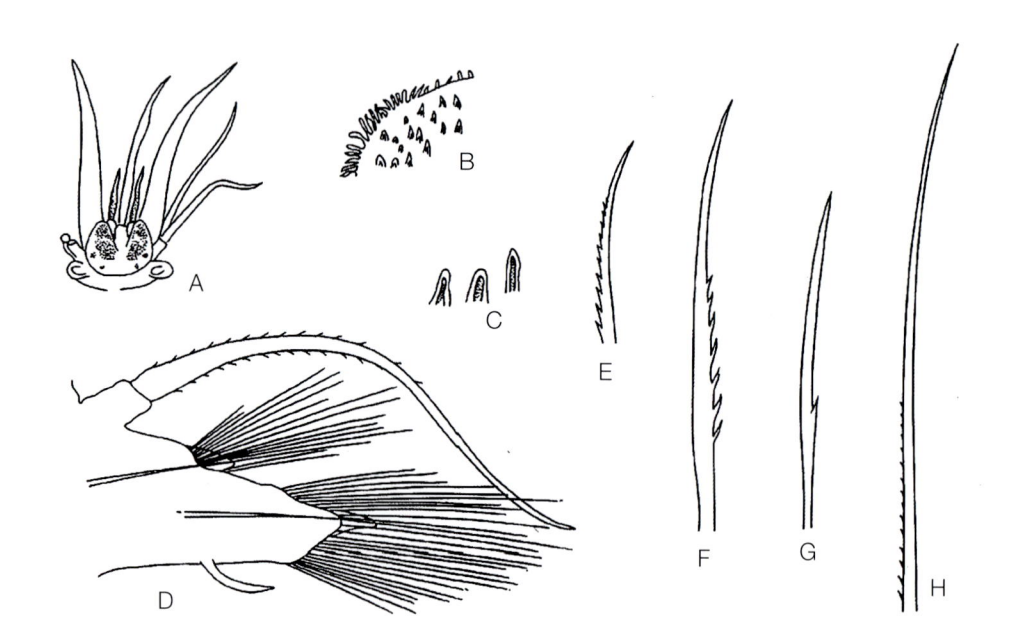

图 86-1 渤海格鳞虫 *Gattyana pohaiensis* Uschakov & Wu, 1959（引自吴宝铃等，1997）
A. 头部；B. 背刚毛；C. 背鳞片表面的刺形乳突放大；D. 疣足；E. 上部背刚毛；F. 中部腹刚毛；G. 下部腹刚毛；H. 中部背刚毛

图 86-2　渤海格鳞虫 *Gattyana pohaiensis* Uschakov & Wu, 1959
A. 体前端背面观；B. 头部背面观（吻翻出）；C. 头部腹面观（吻翻出）；D. 疣足

哈鳞虫属 *Harmothoe* Kinberg, 1856

覆瓦哈鳞虫
Harmothoe imbricata (Linnaeus, 1767)

标本采集地： 黄海。

形态特征： 口前叶哈鳞虫型，前对眼部分位于口前叶额角下方腹面，后对眼位于口前叶后侧缘。中央触手长约为侧触手的2倍。触手、触角、触须和背须皆具稀疏排列的丝状乳突。鳞片15对，位于第2、4、5、7～19、23、27、29和32节上。鳞片肾形或椭圆形，具锥形结节、稀疏的缘穗和不同颜色的色斑。疣足双叶型，背刚毛稍粗，具侧锯齿，腹刚毛浅黄色，末端具2个小齿。

生态习性： 栖息于渤海（水深16～32m），黄海潮间带和潮下带（水深0～60m），东海潮间带石块下或海藻间泥沙底和碎贝壳内，海星纲海盘车步带沟内。

地理分布： 渤海，黄海，东海；北冰洋，英吉利海峡，大西洋，地中海，北太平洋，广泛分布的北极北温带种。

参考文献： 杨德渐和孙瑞平，1988；孙瑞平和杨德渐，2004；刘瑞玉，2008。

多鳞虫科分属检索表

1. 背刚毛及腹刚毛均具细毛状端；腹刚毛单齿 ·· 格鳞虫属 *Gattyana*（渤海格鳞虫 *G. pohaiensis*）
- 背刚毛及腹刚毛均无细毛状端；无叉状腹刚毛 ·· 2
2. 腹刚毛单齿 ·· 优鳞虫属 *Eunoe*（须优鳞虫 *E. oerstedi*）
- 腹刚毛双齿 ·· 哈鳞虫属 *Harmothoe*（覆瓦哈鳞虫 *H. imbricate*）

图 87　覆瓦哈鳞虫 *Harmothoe imbricata* (Linnaeus, 1767)
A. 整体背面观；B. 整体腹面观；C. 头部背面观；D. 头部腹面观（颚齿放大图）；E. 尾部；F. 鳞片；G. 疣足；H. 背刚毛；I. 腹刚毛

锡鳞虫科 Sigalionidae Kinberg, 1856

强鳞虫属 *Sthenolepis* Willey, 1905

日本强鳞虫
Sthenolepis japonica (McIntosh, 1885)

标本采集地： 山东青岛胶州湾。

形态特征： 虫体较长，蠕虫型。鳞片透明，具黄锈色块，覆盖于背面。口前叶圆，黄锈色，2对眼等大，呈四方形排列，前对眼位于中央触手基节的前下方，从背部仅见一部分。中央触手基部具耳状突；侧触手位于第1疣足的内背侧。项器不明显。疣足双叶型，背部有3个栉状突，端部唇叶上有数个茎状突。背刚毛刺毛状；腹刚毛复型长刺状，常伴有少量的双面简单锯齿状刚毛和短刺状复型刚毛。

生态习性： 栖息于潮下带。

地理分布： 渤海，黄海，东海，南海；印度-太平洋，孟加拉湾，阿拉伯海，日本沿岸。

参考文献： 杨德渐和孙瑞平，1988；孙瑞平和杨德渐，2004；刘瑞玉，2008。

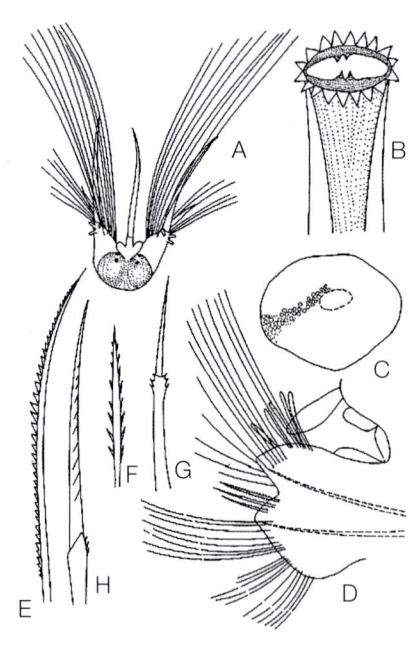

图 88-1 日本强鳞虫 *Sthenolepis japonica* (McIntosh, 1885)（引自吴宝铃等，1997）
A. 头部背面观；B. 吻前部背面观；C. 左侧第6个鳞片；D. 体中部疣足；E. 具锯齿的背刚毛；
F. 双面锯齿状腹刚毛；G. 等齿复型短刺状腹刚毛；H. 异齿复型长刺状腹刚毛

图 88-2　日本强鳞虫 Sthenolepis japonica (McIntosh, 1885)
A. 体前端背面观；B. 头部背面观；C. 吻；D. 鳞片；E. 疣足；F. 复型刺状腹刚毛

吻沙蚕科 Glyceridae Grube, 1850
吻沙蚕属 *Glycera* Lamarck, 1818

白色吻沙蚕
Glycera alba (O. F. Müller, 1776)

标本采集地： 山东烟台。

形态特征： 体前端宽，后端较细。每刚节都具双环轮。口前叶圆锥形，有 8 个明显的环轮。吻上的乳突长，具足。鳃位于疣足的背面，为指状，比疣足稍短，不能伸缩。疣足有 2 个前刚叶和 2 个后刚叶；后背刚叶长圆锥形，具尖端；后腹刚叶短钝圆。体长 56～75mm，宽 4mm，具 80～100 个刚节。

生态习性： 栖息于泥质底质（水深 100m）。

地理分布： 渤海，黄海，东海；日本沿岸，印度洋，大西洋。

参考文献： 杨德渐和孙瑞平，1988；吴宝铃等，1997；孙瑞平和杨德渐，2004；刘瑞玉，2008。

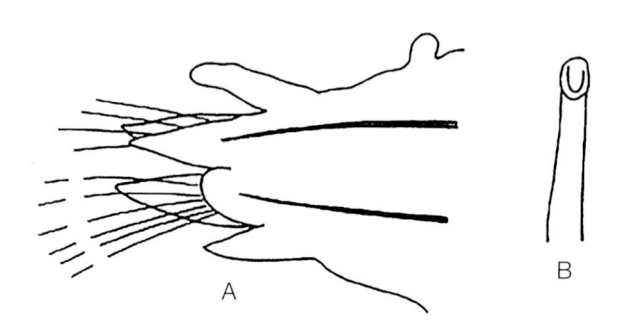

图 89-1　白色吻沙蚕 *Glycera alba* (O. F. Müller, 1776)（引自吴宝铃等，1997）
A. 疣足后面观；B. 吻上乳突

图 89-2　白色吻沙蚕 Glycera alba (O. F. Müller, 1776)
A. 整体；B. 体前端背面观；C. 颚齿；D. 疣足

长吻沙蚕
Glycera chirori Izuka, 1912

标本采集地： 黄海。

形态特征： 体大而粗，每刚节具双环轮。口前叶短，呈圆锥形，具 10 个环轮，末端有 4 个短而小的触手。吻短而粗，上具稀疏的叶状和圆锥状乳突。疣足具 2 个前刚叶和 2 个后刚叶，2 个前刚叶近等长，基部宽圆，前端突然收缩；背后刚叶与前刚叶相似但稍短，而腹后刚叶短而圆。背须瘤状，位于疣足基部上方。鳃细长，位于疣足前唇的前壁中部，能伸缩。最大的标本长达 350mm 以上，刚节数目为 200 个左右。

生态习性： 栖息于潮间带至陆架区水深 130m 的泥质砂或砂质泥海底。

地理分布： 渤海，黄海，东海，南海；日本沿岸。

参考文献： 杨德渐和孙瑞平，1988；吴宝铃等，1997；孙瑞平和杨德渐，2004；刘瑞玉，2008。

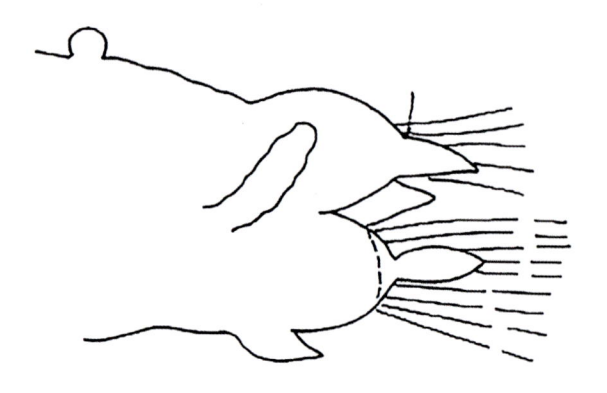

图 90-1　长吻沙蚕 *Glycera chirori* Izuka, 1912 疣足前面观（引自吴宝铃等，1997）

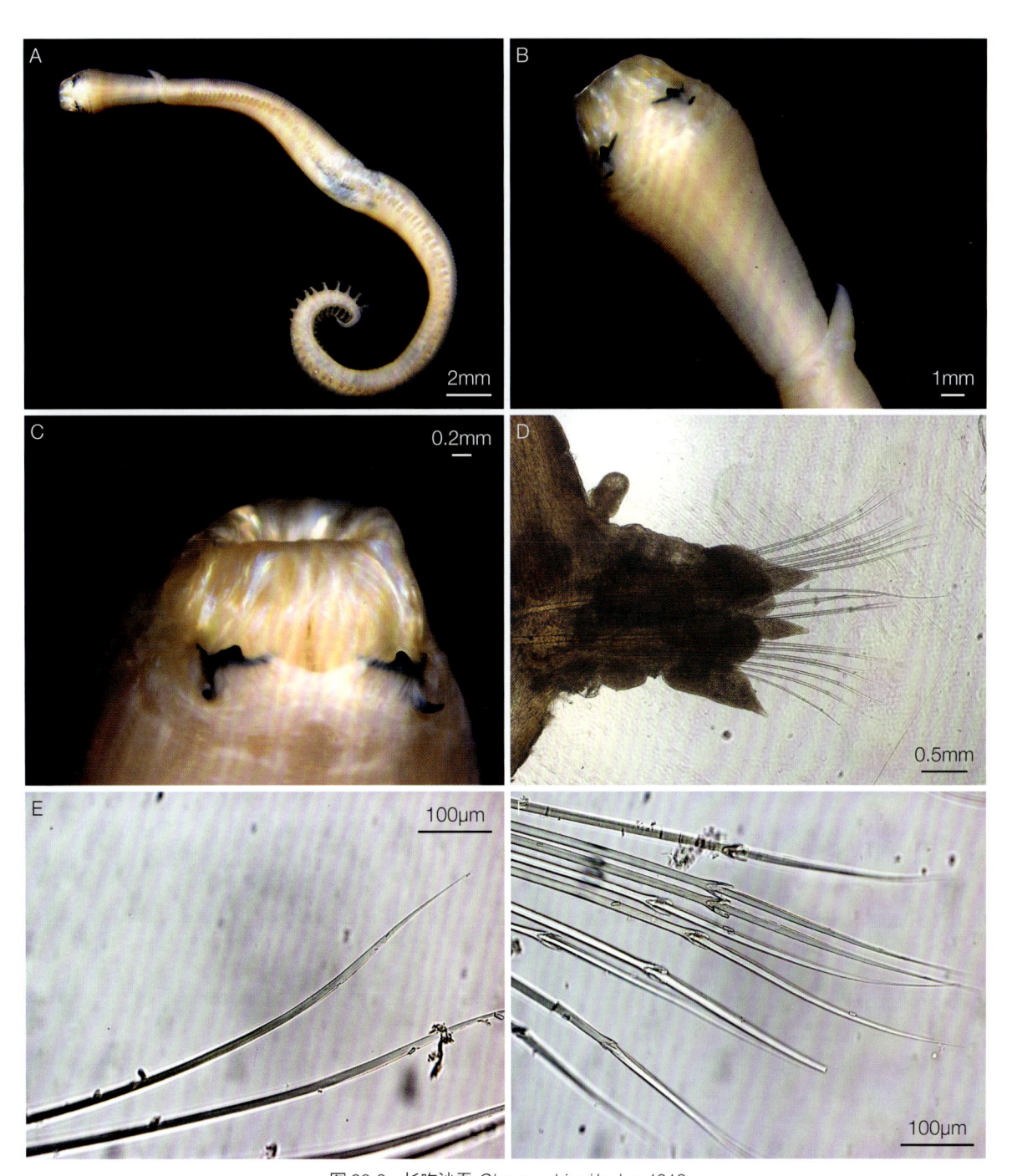

图 90-2　长吻沙蚕 *Glycera chirori* Izuka, 1912
A. 整体；B. 体前端侧面观（吻翻出）；C. 颚齿；D. 疣足；E. 毛状刚毛；F. 等齿刺状刚毛

锥唇吻沙蚕
Glycera onomichiensis Izuka, 1912

标本采集地： 黄海。

形态特征： 口前叶圆锥形，具10个环轮。吻器有2种乳突：一种较为细小，且末端钝，呈截板状；另一种较大，为圆锥状。疣足具2个圆锥形前刚叶和2个稍短的圆锥形后刚叶。背须圆锥状，位于疣足基部上方；腹须很发达，与疣足刚叶等大。无鳃。体长约为80mm，体宽（含疣足）约为5mm，体节具双环轮，约130个。

生态习性： 栖息于潮下带泥质砂或砂质泥底质。

地理分布： 渤海，黄海，东海；鄂霍次克海，南千岛群岛，南萨哈林岛（库页岛），日本海（大彼得湾），日本太平洋沿岸。

参考文献： 杨德渐和孙瑞平，1988；吴宝铃等，1997；孙瑞平和杨德渐，2004；刘瑞玉，2008。

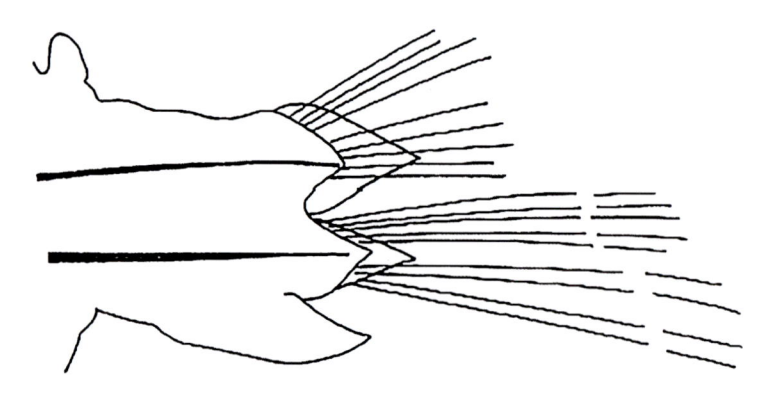

图91-1 锥唇吻沙蚕 *Glycera onomichiensis* Izuka, 1912 疣足后面观（引自吴宝铃等，1997）

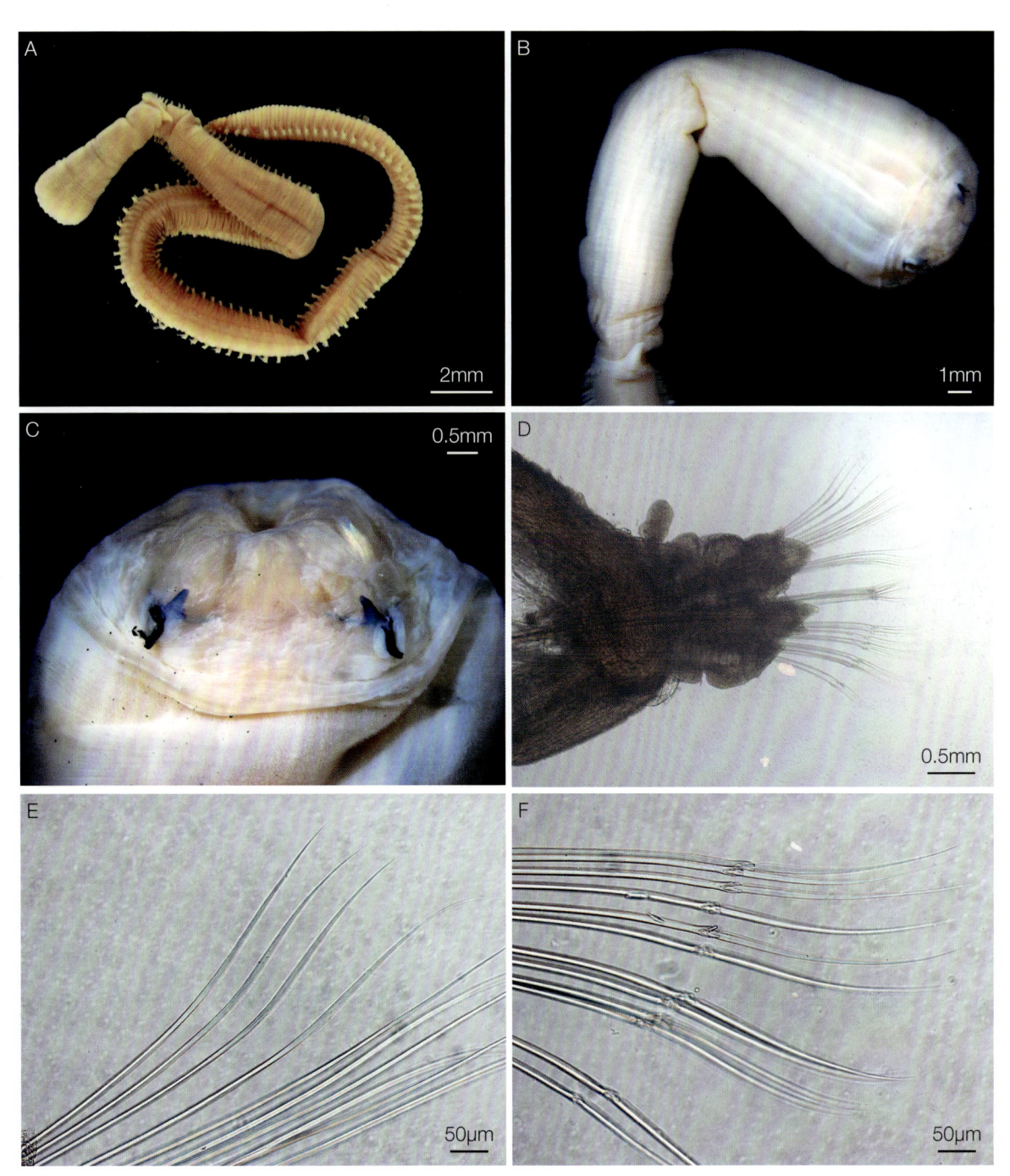

图 91-2　锥唇吻沙蚕 *Glycera onomichiensis* Izuka, 1912
A. 整体；B. 体前端背面观；C. 颚齿；D. 疣足；E. 毛状刚毛；F. 等齿刺状刚毛

吻沙蚕
Glycera unicornis Lamarck, 1818

同物异名： 中锐吻沙蚕 *Glycera rouxii* Audouin & Milne Edwards, 1833

标本采集地： 山东烟台芝罘湾。

形态特征： 口前叶具 10 个环轮。吻覆盖有不具足的圆锥状或球状乳突。疣足具 2 个前刚叶和 2 个后刚叶。前刚叶近等长，末端渐变尖细。在体中部 2 个后刚叶明显具尖端，稍短、近等长，但在体后部背后刚叶变长，具尖端，腹后刚叶短圆。背须卵圆形，位于疣足基部，腹须长，具尖端。疣足的前壁具单一能伸缩的小鳃。背叶具简单型刚毛；腹叶具复型刚毛，其端节上带有细锯齿。体长 125～170mm，宽约 4mm。刚节 150～200 个，每刚节有 2 个环轮。

生态习性： 常栖息于潮间带泥砂滩，在潮下带水深 30m 处也可采到，底质为砂质泥或泥质砂，垂直分布可达 100m 以上。

地理分布： 渤海，黄海，东海，南海；日本沿岸，日本海，美国加利福尼亚沿岸，大西洋北部，地中海，波斯湾，印度沿岸。

参考文献： 杨德渐和孙瑞平，1988；吴宝铃等，1997；孙瑞平和杨德渐，2004；刘瑞玉，2008。

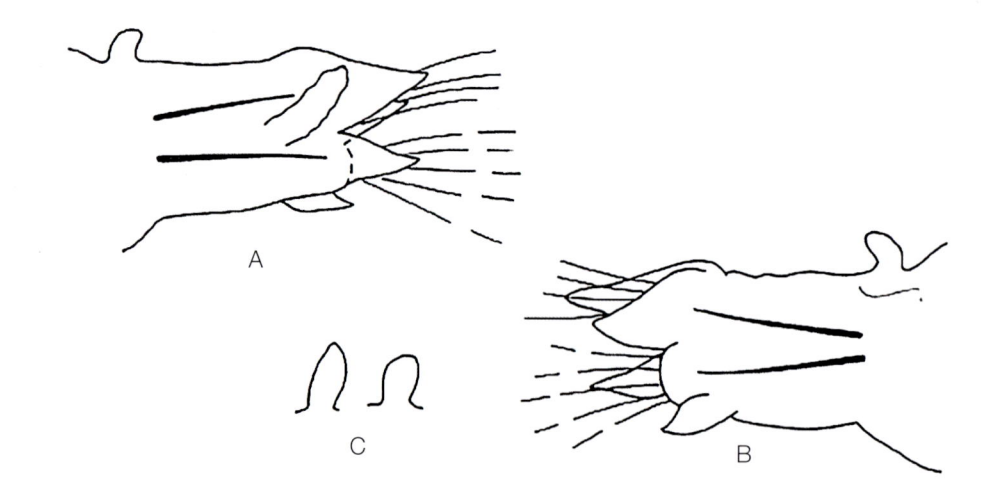

图 92-1　吻沙蚕 *Glycera unicornis* Lamarck, 1818（引自吴宝铃等，1997）
A. 疣足前面观；B. 疣足后面观；C. 吻上的乳突

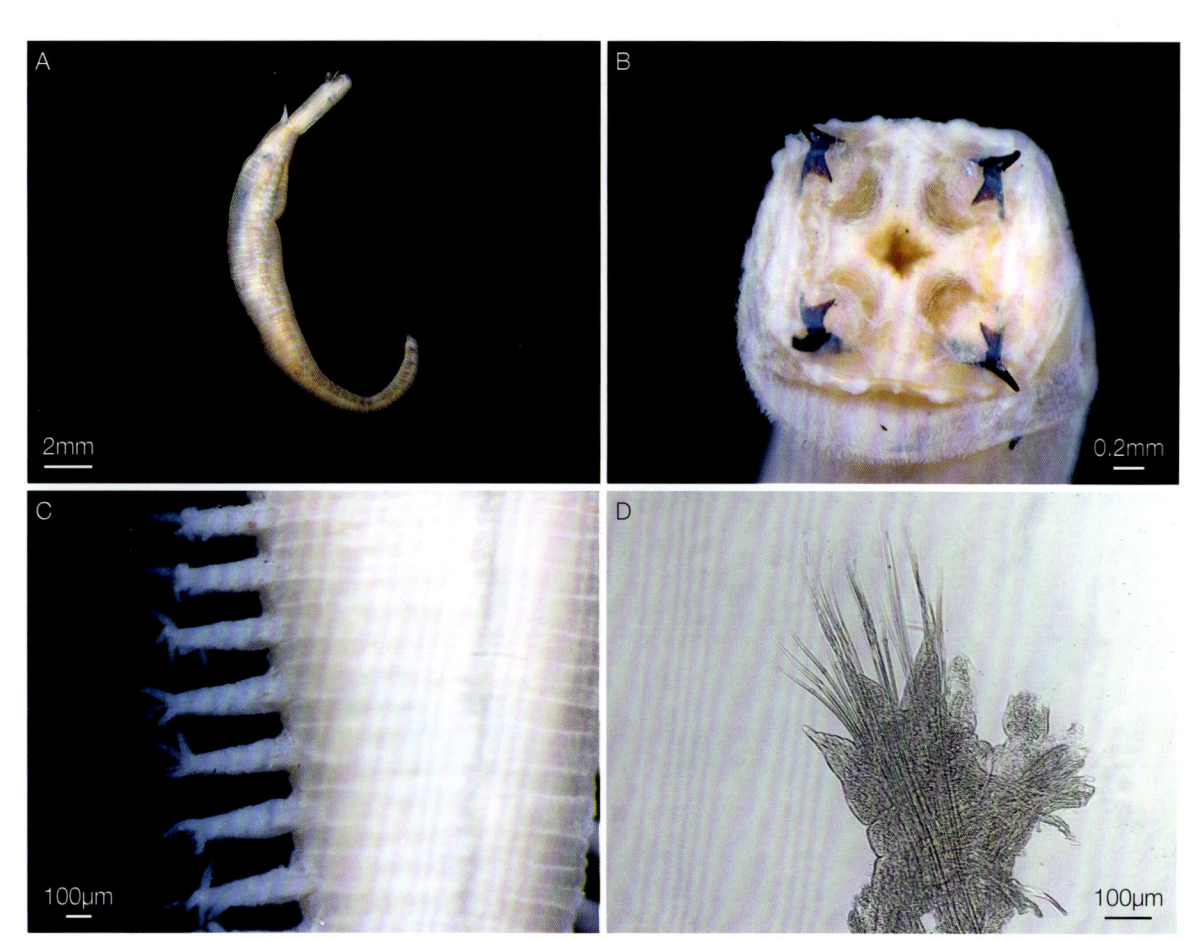

图 92-2　吻沙蚕 *Glycera unicornis* Lamarck, 1818
A. 整体；B. 颚齿；C、D. 疣足

吻沙蚕属分种检索表

1. 无鳃 ·· 锥唇吻沙蚕 *G. onomichiensis*
 - 具鳃 ··· 2
2. 鳃不能收缩；鳃不比疣足长 ··· 白色吻沙蚕 *G. alba*
 - 鳃能收缩；鳃不分枝 ·· 3
3. 疣足后背刚叶、前刚叶具收缩部、后腹刚叶短圆 ····································· 长吻沙蚕 *G. chirori*
 - 疣足刚叶渐变尖、无收缩部 ·· 吻沙蚕 *G. unicornis*

角吻沙蚕科 Goniadidae Kinberg, 1866
甘吻沙蚕属 Glycinde Müller, 1858

寡节甘吻沙蚕
Glycinde bonhourei Gravier, 1904

同物异名： *Glycinde gurjanovae* Uschakove & Wu, 1962

标本采集地： 渤海湾。

形态特征： 口前叶尖锥形，具8~9个环轮，末端具4个小的头触手。口前叶基部有1对小眼，前端部无眼。吻长柱形，前端具软乳突，2个位于腹面的大颚，在每个大颚的内缘各具5个小齿。小颚齿4~14个，位于吻的背面，排成半圆形。体前端19~22个刚节疣足为单叶型，疣足的前、后刚叶末端窄细，后刚叶又比前刚叶稍大且长。体后部的疣足均为双叶型，疣足的腹叶具2个很大的唇瓣，其中前唇瓣具1窄的指状末端部分。背刚毛数目少，有2~3根，呈瘤刺状；腹刚毛复型，具1长的端节。酒精标本的体色为灰褐或浅灰褐色，在背面具深色斑。大标本长28mm，宽（包括疣足）1mm，刚节数目一般超过90个。

生态习性： 栖息于潮间带砂质滩至潮下带60m。

地理分布： 渤海，黄海。

参考文献： 杨德渐和孙瑞平，1988；吴宝铃等，1997；孙瑞平和杨德渐，2004；刘瑞玉，2008。

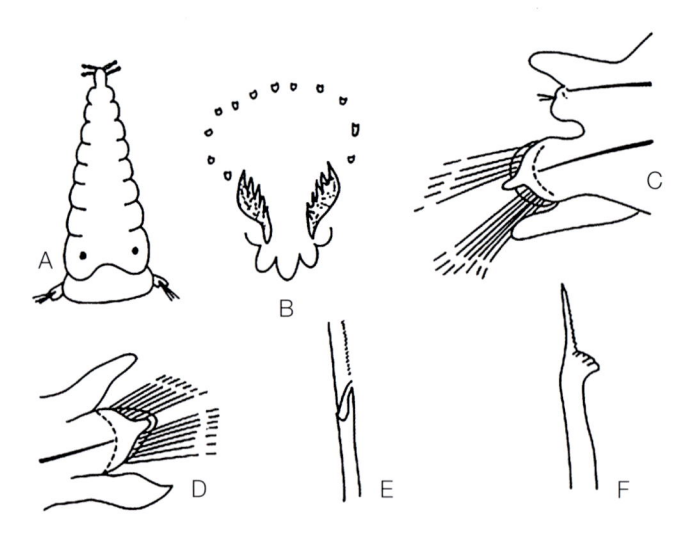

图93-1 寡节甘吻沙蚕 *Glycinde bonhourei* Gravier, 1904（引自吴宝铃等，1997）
A. 口前叶；B. 大颚及颚齿；C. 后部疣足；D. 前部疣足；E. 腹刚毛；F. 背刚毛

图 93-2　寡节甘吻沙蚕 *Glycinde bonhourei* Gravier, 1904
A. 整体；B. 头部侧面观（带翻吻）；C. 疣足；D. 刚毛

角吻沙蚕属 *Goniada* Audouin & H. Milne Edwards, 1833

日本角吻沙蚕
Goniada japonica Izuka, 1912

标本采集地： 山东青岛胶州湾。

形态特征： 口前叶圆锥形，具9个环轮和4个小触手，其中腹触手稍短于背触手。吻器心形，基部两侧具13～22个"V"形齿片，吻前端具16～18个软乳突、2个大颚（有2个大齿和2个小齿）、16个背小颚和11个腹小颚（皆二齿形）。体前部76～80个刚节具单叶型疣足；体后部具双叶型疣足，上背舌叶三角形，长为腹叶的一半，腹叶具2个前刚叶和1个后刚叶。背须三角形，腹须指状。疣足具2～3根粗刺状背刚毛和1束复型刺状腹刚毛。体黄褐色或深棕色，具珠光。最大标本长为178mm，宽为3mm，约200个刚节。

生态习性： 栖息于黄海潮间带、潮下带23m软泥碎壳，东海潮下带47～54m砂质泥中。

地理分布： 渤海，黄海，东海；日本。

参考文献： 杨德渐和孙瑞平，1988；吴宝铃等，1997；孙瑞平和杨德渐，2004；刘瑞玉，2008。

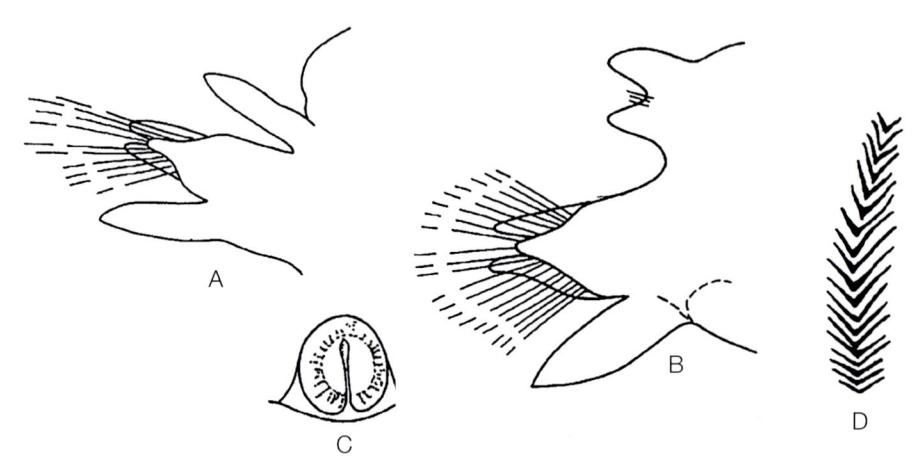

图94-1 日本角吻沙蚕 *Goniada japonica* Izuka, 1912（引自吴宝铃等，1997）
A. 体前部疣足；B. 体后部第145刚节疣足；C. 吻上乳突；D. 吻上齿片

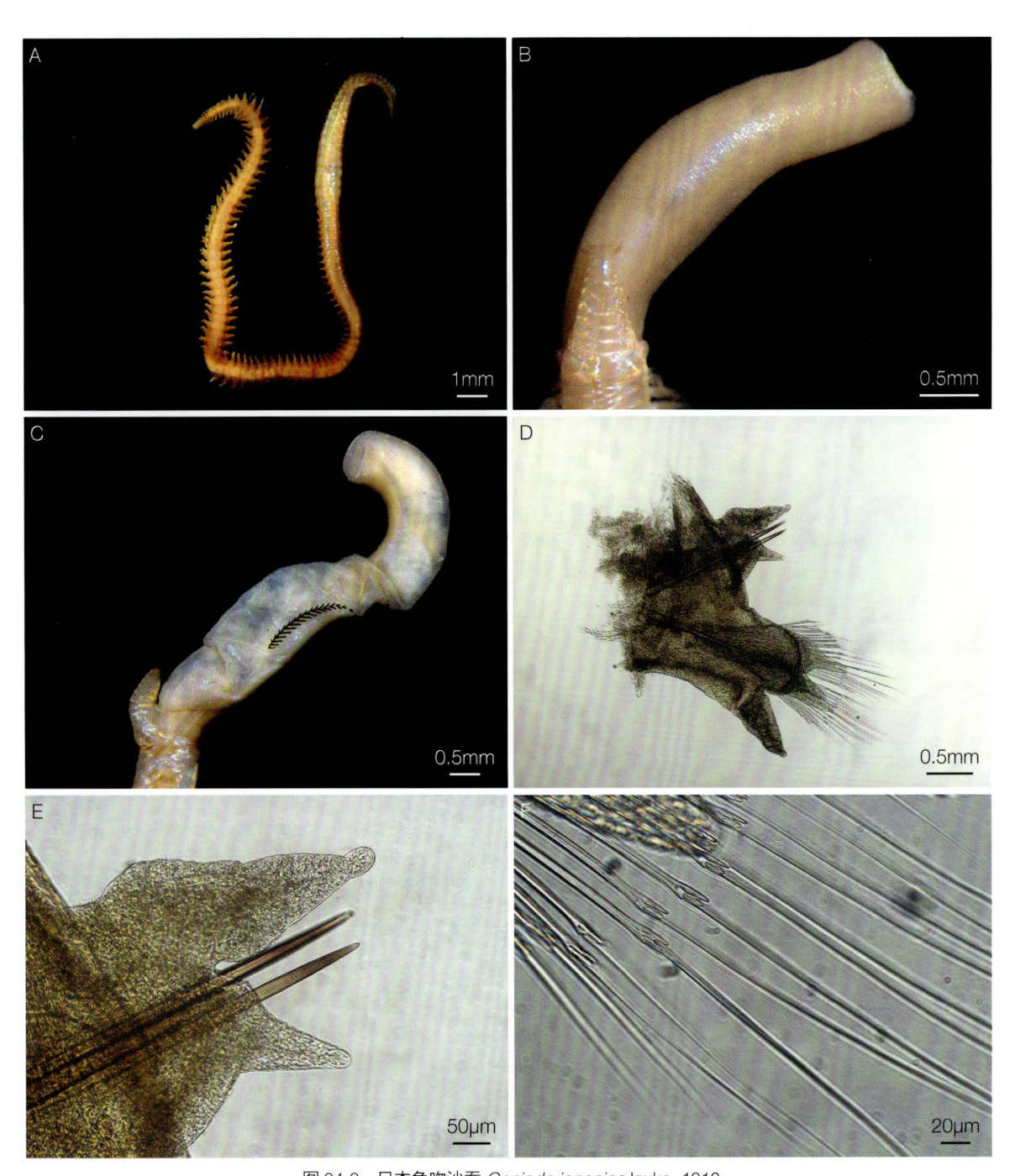

图94-2 日本角吻沙蚕 *Goniada japonica* Izuka, 1912
A. 整体；B. 头部背面观（带翻吻）；C. 头部侧面观（带翻吻）；D. 体后部疣足；E. 粗刺状背刚毛；F. 复型刺状腹刚毛

色斑角吻沙蚕
Goniada maculata Örsted, 1843

标本采集地： 黄海南部。

形态特征： 口前叶锥形，约具 10 个环轮。吻器矮小、心形，其基部两侧各具 9～12 个 "V" 形小齿片，吻前端侧面具 2 个大颚（4～8 个侧齿）、4 个背小颚和 3 个腹小颚。体前部 41～43 个刚节疣足为单叶型，疣足背须叶片状，腹须指状；体后部双叶型疣足扁平，其腹叶具 2 个指状前刚叶和 1 个宽大稍短的后刚叶，腹须指状，背须与上背叶舌之间具 1 束毛状刚毛，腹刚毛复型。体长 21～30mm，宽 1～1.8mm。

生态习性： 栖息于软泥和砂质泥底质。

地理分布： 渤海，黄海，东海，南海；西欧，北美洲东北部，北太平洋。

参考文献： 杨德渐和孙瑞平，1988；吴宝铃等，1997；孙瑞平和杨德渐，2004；刘瑞玉，2008。

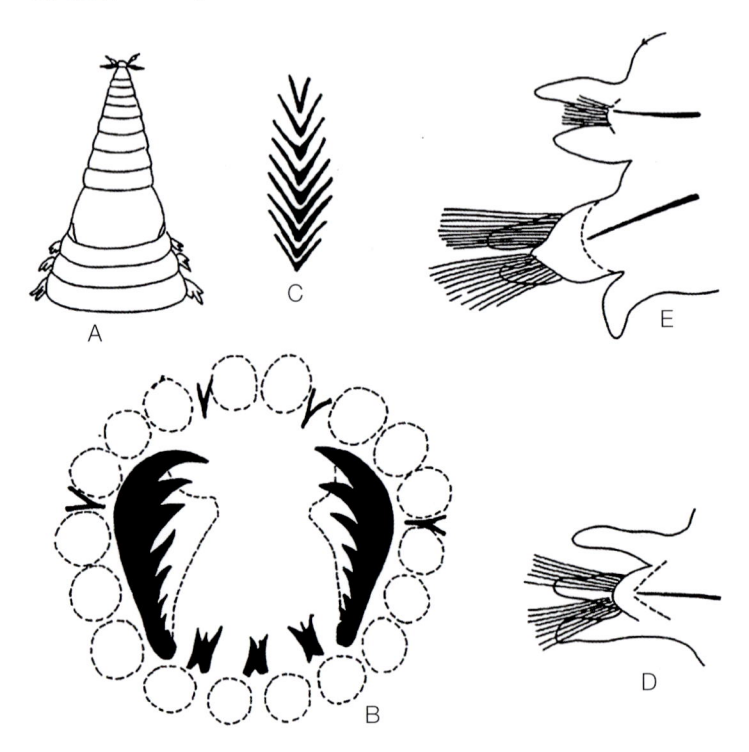

图 95-1　色斑角吻沙蚕 *Goniada maculata* Örsted, 1843（引自吴宝铃等，1997）
A. 头部；B. 颚齿及其排列；C. 吻上的齿片；D. 体前部疣足；E. 体后部疣足

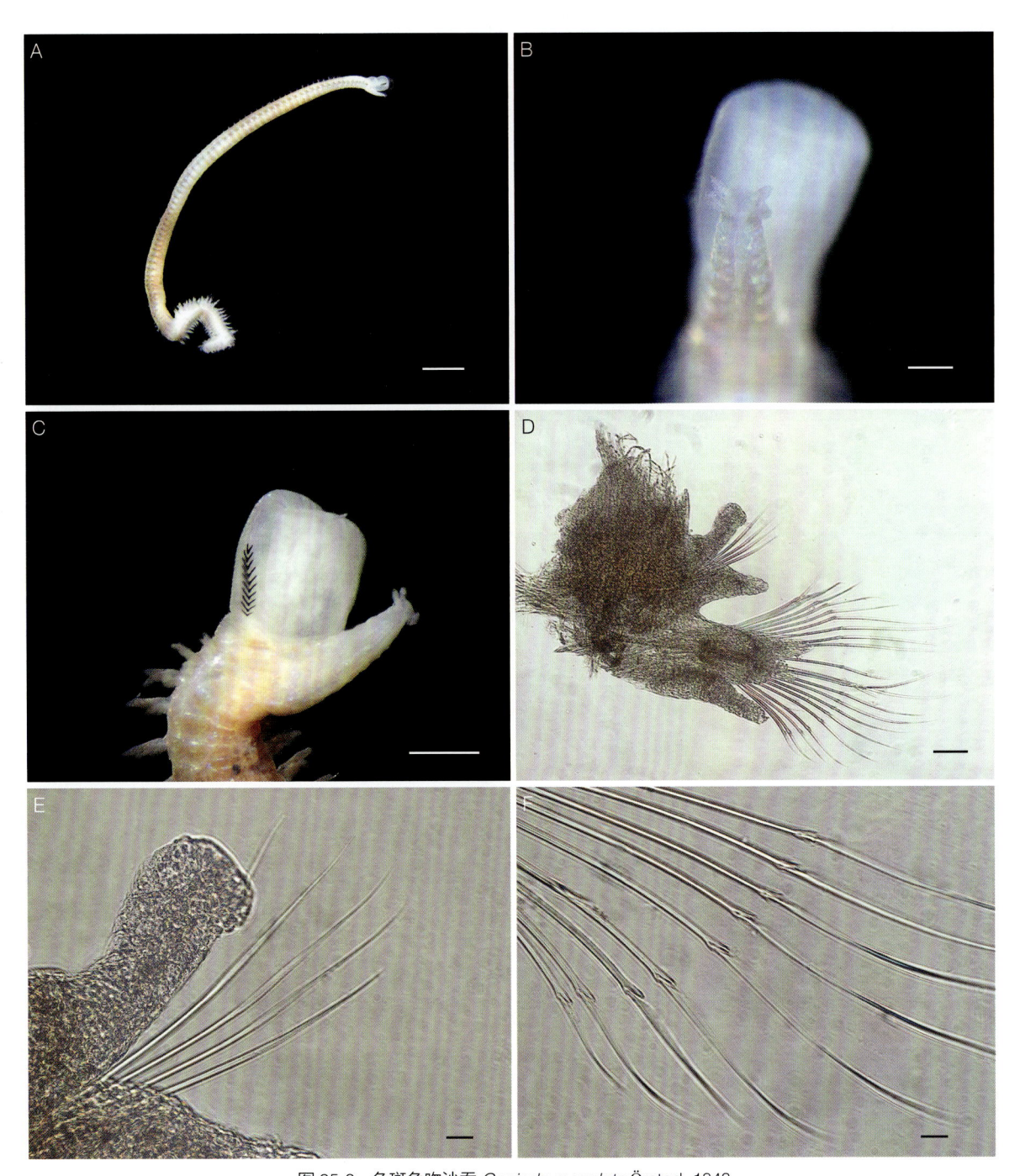

图 95-2 色斑角吻沙蚕 *Goniada maculata* Örsted, 1843

A. 整体；B. 体前端背面观；C. 体前端侧面观（带翻吻）；D. 体后部疣足；E. 毛状背刚毛；F. 复型刺状腹刚毛

比例尺：A =2mm；B =200μm；C =0.5mm；D =100μm；E =20μm；F =20μm

拟特须虫科 Paralacydoniidae Pettibone, 1963
拟特须虫属 Paralacydonia Fauvel, 1913

拟特须虫
Paralacydonia paradoxa Fauvel, 1913

标本采集地： 山东青岛胶州湾。

形态特征： 口前叶椭圆形，长为宽的 2 倍。口前叶背面有两条纵沟，无眼。吻短，光滑，无乳突；末端有两片厚唇，外缘有 4 个长的侧乳突，厚唇前后各有 1 个短乳突。头触手分为柄部和端片两部分。第 1 刚节无疣足，第 2 刚节疣足单叶型，具 1 束刚毛，其余疣足皆为双叶型，背、腹须间距宽。背、腹前刚叶椭圆形，足刺位于缺刻内；背、腹后刚叶圆形。背刚毛为短的简单型刚毛；腹刚毛复型，其下方有 1～2 根简单型刚毛。尾部呈桶状，具 1 对肛须，有的标本肛叶上具小黑点。体长 15mm，宽（含疣足）1.5mm，具 60 个刚节。

生态习性： 栖息于潮下带水深 7～25m。

地理分布： 渤海，黄海，东海，台湾岛，南海；地中海，摩洛哥，南非，北美洲大西洋，太平洋，印度，印度尼西亚，新西兰北部，世界性分布。

参考文献： 杨德渐和孙瑞平，1988；吴宝铃等，1997；孙瑞平和杨德渐，2004；刘瑞玉，2008。

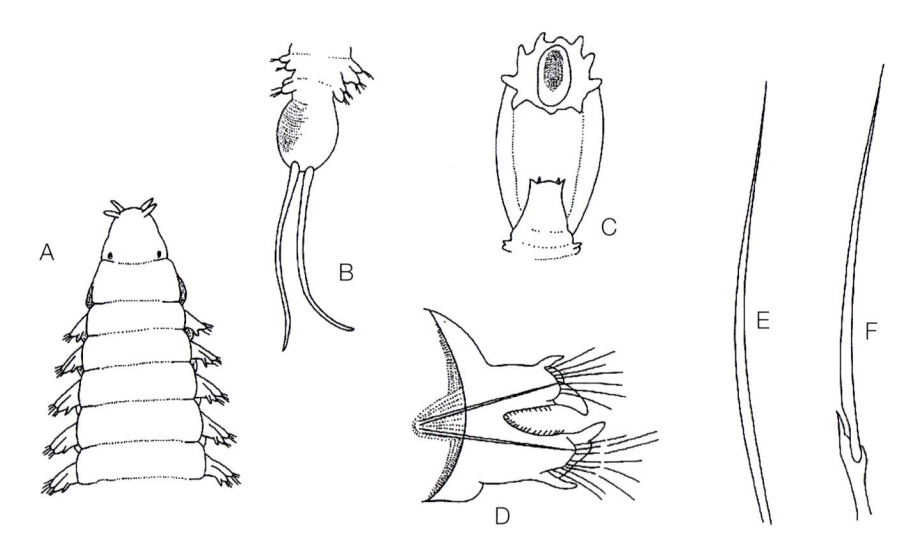

图 96-1 拟特须虫 *Paralacydonia paradoxa* Fauvel, 1913（引自吴宝铃等，1997）
A. 头部；B. 体后部；C. 吻背面观；D. 疣足前面观；E. 简单型刚毛；F. 复型刚毛

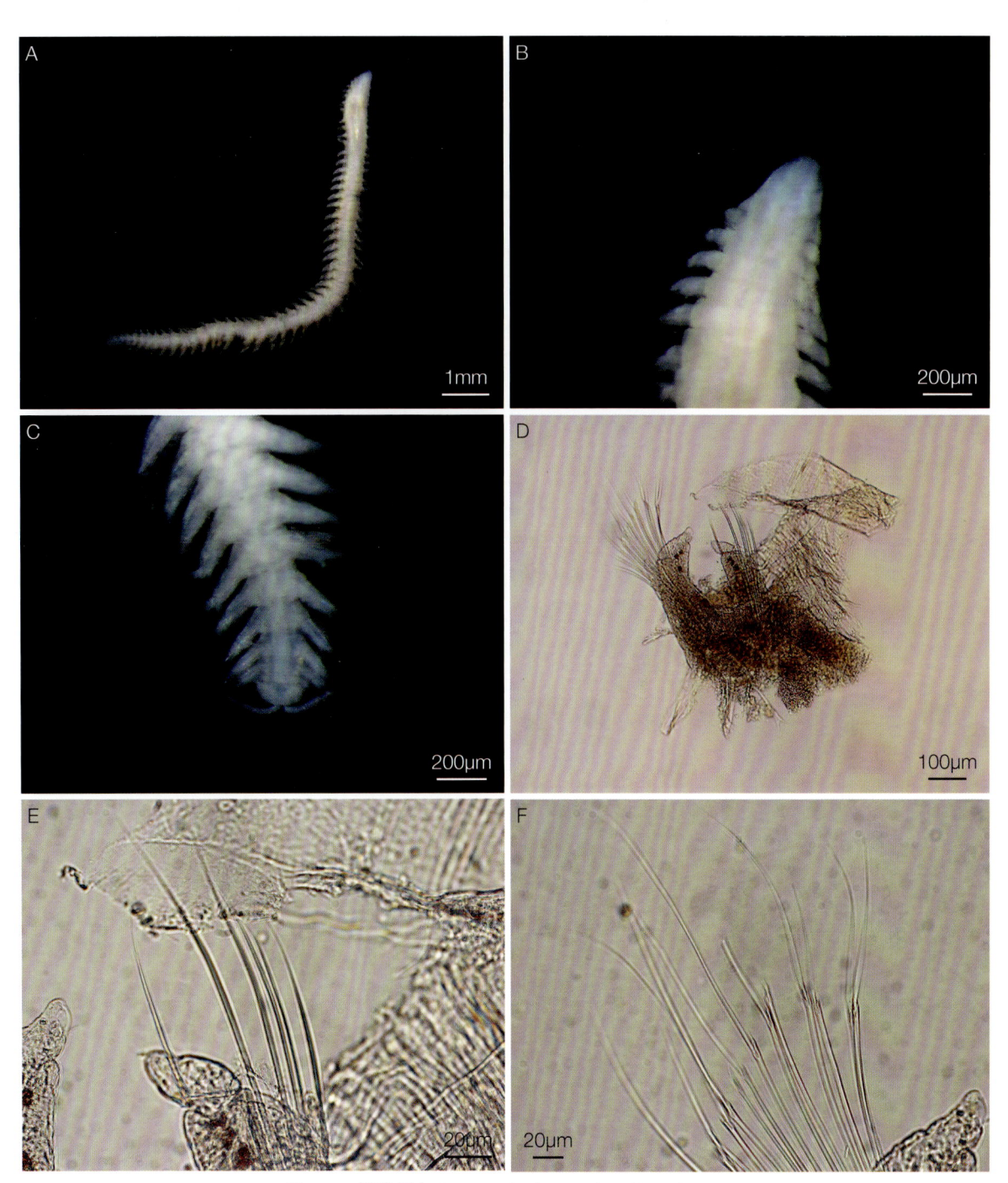

图 96-2 拟特须虫 *Paralacydonia paradoxa* Fauvel, 1913
A. 整体；B. 体前端背面观；C. 尾部；D. 疣足；E. 背刚毛（毛状刚毛）；F. 腹刚毛（异齿刺状刚毛）

沙蚕科 Nereididae Blainville, 1818

环唇沙蚕属 *Cheilonereis* Benham, 1916

环唇沙蚕
Cheilonereis cyclurus (Harrington, 1897)

标本采集地： 辽宁大连老虎滩。

形态特征： 围口节为领状，包围着口前叶后部，长为其后刚节的 2 倍，背面光滑，腹面具纵皱纹。最长触须后伸至第 4 刚节。吻具圆锥状齿；Ⅰ区 3 个排成 1 纵列，Ⅱ区 12～30 个排成 3 个斜排，Ⅲ区 15～20 个排成 2～4 横排，Ⅳ区 15～24 个排成弓形堆，Ⅴ区无齿，Ⅵ区 14～18 个排成圆形堆，Ⅶ、Ⅷ区近颚环处具一排大颚齿（向Ⅵ区延伸）和 2～3 排小颚齿。吻端大颚无侧齿。吻伸出时，宽大、呈领状的围口节可把Ⅶ、Ⅷ两区完全遮盖。体前部的刚节后半部有褐色横带。疣足具黑斑。除前 2 对疣足单叶型外，其余疣足均为双叶型。单叶型疣足的背、腹须皆为须状，背、腹舌叶钝圆、指状。体前部双叶型疣足的上背舌叶基部膨大，至体中部上背舌叶基部膨大为叶片状、细长的背须位于其凹陷中。体后部疣足的上背舌叶隆起变小，背须细且长于疣足叶。具等齿刺状背刚毛，腹足刺上方具等齿刺状和异齿镰刀形刚毛，腹足刺下方具异齿刺状和异齿镰刀形刚毛，足刺黑色。体长 100～210mm，宽 9～11mm，具 100 多个刚节。

生态习性： 北太平洋两岸温带冷水种。栖息于潮下带水深 26～54m 的软泥或泥砂底质，大寄居蟹（*Pagurus ochotensis*）居住的螺壳内。

地理分布： 渤海，黄海；日本，日本海，千岛群岛，北太平洋东岸的美国阿拉斯加至加利福尼亚。

参考文献： 杨德渐和孙瑞平，1988；孙瑞平和杨德渐，2004；刘瑞玉，2008。

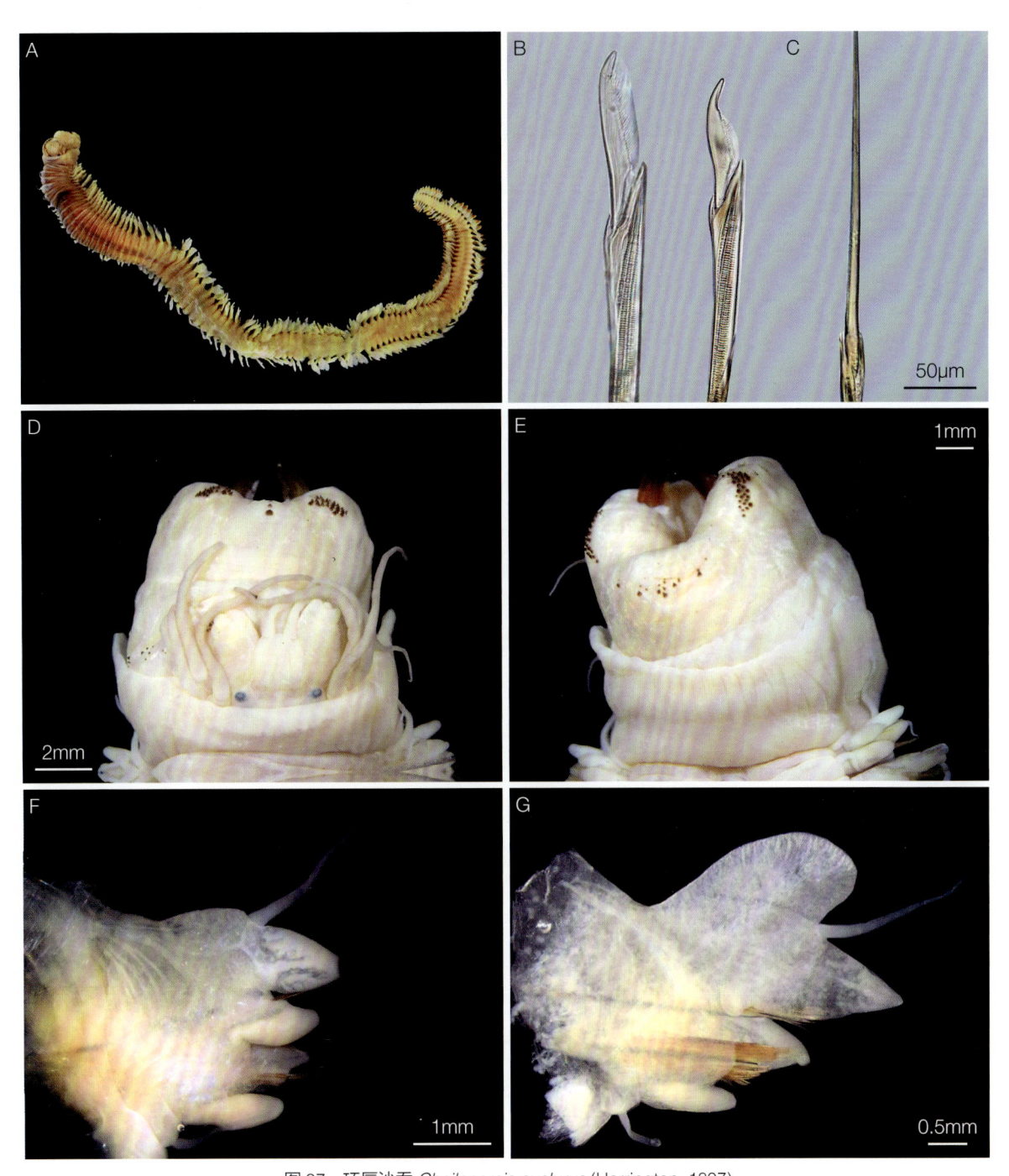

图 97　环唇沙蚕 *Cheilonereis cyclurus* (Harrington, 1897)
A. 整体；B. 异齿镰刀形刚毛；C. 等齿刺状刚毛；D. 体前端背面观；E. 体前端腹面观；F. 体前部疣足；G. 体中部疣足

突齿沙蚕属 *Leonnates* Kinberg, 1865

光突齿沙蚕
Leonnates persicus Wesenberg-Lund, 1949

标本采集地： 渤海。

形态特征： 口前叶具1对触手和1对触角、2对眼。触须4对，最长者后伸达第7～9刚节。吻颚环具齿，口环具软乳突：Ⅰ区无齿，Ⅱ区2～3个齿，Ⅲ区无齿，Ⅳ区3～4个齿，Ⅴ区无乳突，Ⅵ区1个扁乳突，Ⅶ、Ⅷ区3～4排乳突为1横带，大颚侧齿不明显。体前部双叶型疣足具3个背舌叶，中间者稍小，至体中后部中间背舌叶小或仅为1突起。背、腹须细而短，不及疣足叶长。背刚毛等齿刺状，体前、中部腹刚毛均为等齿刺状和镰刀形，体后部腹足刺上方具等齿刺状腹刚毛，足刺下方具两种等齿镰刀形刚毛，一种端片宽、具粗齿，一种端片长、具细齿。酒精标本仅疣足叶具铁锈色斑。体长80mm，宽（含疣足）10mm，具110个刚节。

生态习性： 栖息于黄海潮间带和潮下带水深19～34m、南海水深37～58m。

地理分布： 渤海，黄海，南海；越南南部，印度洋，印度，波斯湾，莫桑比克，热带和亚热带广布种。

参考文献： 杨德渐和孙瑞平，1988；孙瑞平和杨德渐，2004；刘瑞玉，2008。

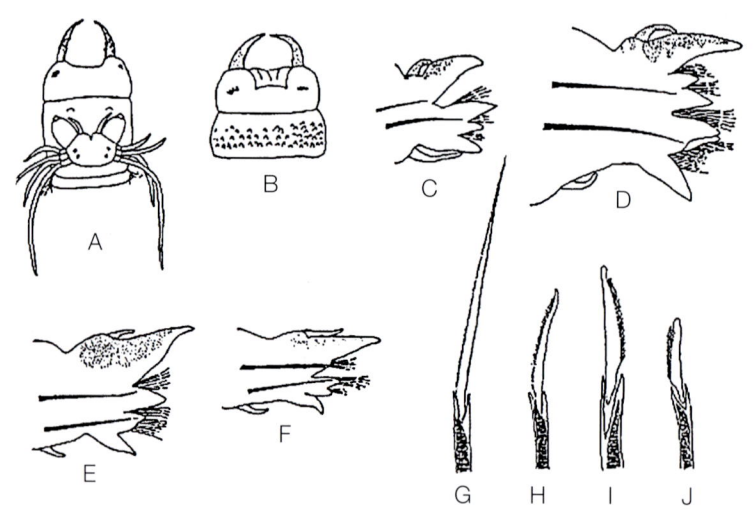

图98-1 光突齿沙蚕 *Leonnates persicus* Wesenberg-Lund, 1949（引自孙瑞平和杨德渐，2004）
A. 体前端背面观；B. 吻腹面观；C. 第1对疣足；D. 第15对疣足；E. 体中部疣足；F. 体后部疣足；G～J. 复型等齿刺状刚毛

图 98-2　光突齿沙蚕 Leonnates persicus Wesenberg-Lund, 1949
A. 整体；B. 体前端背面观；C. 体前端腹面观；D. 疣足；E. 等齿镰刀形刚毛；F. 等齿刺状刚毛

全刺沙蚕属 *Nectoneanthes* Imajima, 1972

全刺沙蚕
Nectoneanthes oxypoda (Marenzeller, 1879)

同物异名： 饭岛全刺沙蚕 *Nectoneanthes ijimai* (Izuka, 1912)

标本采集地： 河北北戴河。

形态特征： 口前叶三角形，触手短小，触角苹果形。2对近等大的眼，矩形排列于口前叶后半部。触须4对，其中最长1对后伸可达第4～5刚节。吻各区皆具圆锥形颚齿：Ⅰ区1～5个纵排，Ⅱ区26～34个呈3～4斜排，Ⅲ区10～20个成1堆，Ⅳ区29～34个为三角形堆，Ⅴ区1～2个，Ⅵ区11～16个为1椭圆形堆，Ⅶ、Ⅷ区竖排小齿不规则地排成宽的横带，部分颚齿可延伸至Ⅵ区。大颚褐色，具8～12个侧齿。除前2对疣足单叶型外，余皆为双叶型。单叶型疣足背、腹须和舌叶末端尖细指状。体前部双叶型疣足背须长但不超过疣足叶，具3个尖锥形背舌叶（含背刚叶）。从第14对疣足开始，上背舌叶膨大伸长，中部具凹陷，背须位于其中。体中部疣足，上背舌叶增大变宽为具凹陷叶片状，背须位于其中。体后部疣足，上背舌叶逐渐变小为椭圆形，背须位于其顶端。背、腹刚毛均为复型等齿刺状和非典型的异齿刺状。肛门位于肛节的背面，具1对细长的肛须。大标本体长260mm，宽10mm，具180个刚节。

生态习性： 广盐性种，可生活于海水、半盐水和河口区，潮间带中区、下区和潮下带0～20m水深，底质主要为泥砂。

地理分布： 渤海，黄海，东海，南海；日本，朝鲜半岛，澳大利亚，新西兰。

参考文献： 杨德渐和孙瑞平，1988；孙瑞平和杨德渐，2004；刘瑞玉，2008。

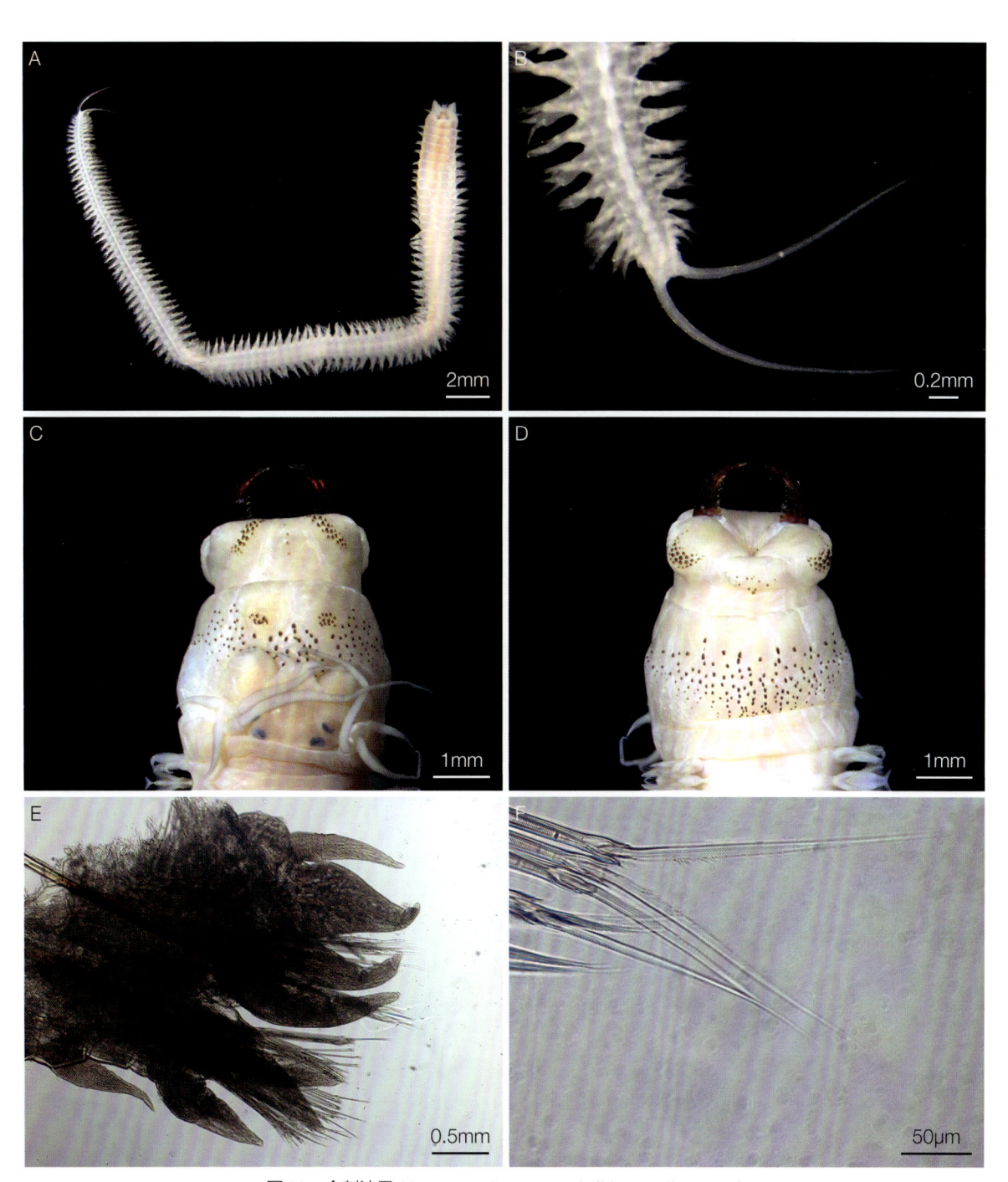

图 99　全刺沙蚕 *Nectoneanthes oxypoda* (Marenzeller, 1879)
A. 整体；B. 尾部；C. 体前端背面观；D. 体前端腹面观；E. 体前部疣足；F. 等齿刺状刚毛

沙蚕属 *Nereis* Linnaeus, 1758

宽叶沙蚕
Nereis grubei (Kinberg, 1865)

标本采集地： 辽宁大连大连湾、小平岛。

形态特征： 口前叶梨形、其前 1/3 窄细、后 2/3 宽，触手比触角短，2 对眼靠近呈倒梯形，位于口前叶后半部。吻短，大颚具侧齿。围口节触须 4 对，皆为长须状，最长者后伸可达第 2～3 刚节。吻仅具颚齿：Ⅰ区 2～4 个排成 2 行，Ⅱ区 18～23 个排成 3 斜排，Ⅲ区 30～38 个聚成 4～5 个不正规的横排，Ⅳ区 30～36 个排成 4～5 斜排，Ⅴ区无，Ⅵ区 3～4 个大锥形齿成 1 堆，Ⅶ、Ⅷ区具不正规排列的大齿 3～4 排，且在Ⅷ区大齿间散布着许多小齿，小齿不向Ⅷ区扩散。除前 2 对疣足单叶型外，余皆为双叶型。第 1 腹触须不变粗为指状（长瓶状）。体前部双叶型疣足上、下背舌叶和腹刚叶皆呈大小近等的钝圆锥形，背、腹须须状。体中部疣足背、腹舌叶变细，上背舌叶稍长于下背舌叶。体后部疣足上背舌叶膨大，背面隆起呈宽叶片状，背须位于其背上方。体前部疣足背刚毛均为复型等齿刺状，体中后部背刚毛为 2～4 根端片具侧齿的复型等齿镰刀形。腹刚毛，在腹足刺上方者为复型等齿刺状和异齿镰刀形，下方者为复型异齿刺状和异齿镰刀形。标本体长 65mm，宽 5mm，具 85 个刚节。

生态习性： 栖息于珊瑚藻属 *Corallina*、马尾藻属 *Sargassum* 和黏膜藻属 *Leathesia* 群落中。

地理分布： 渤海，黄海；美洲太平洋沿岸，加拿大温哥华 - 智利瓦尔帕莱索。

参考文献： 杨德渐和孙瑞平，1988；孙瑞平和杨德渐，2004；刘瑞玉，2008。

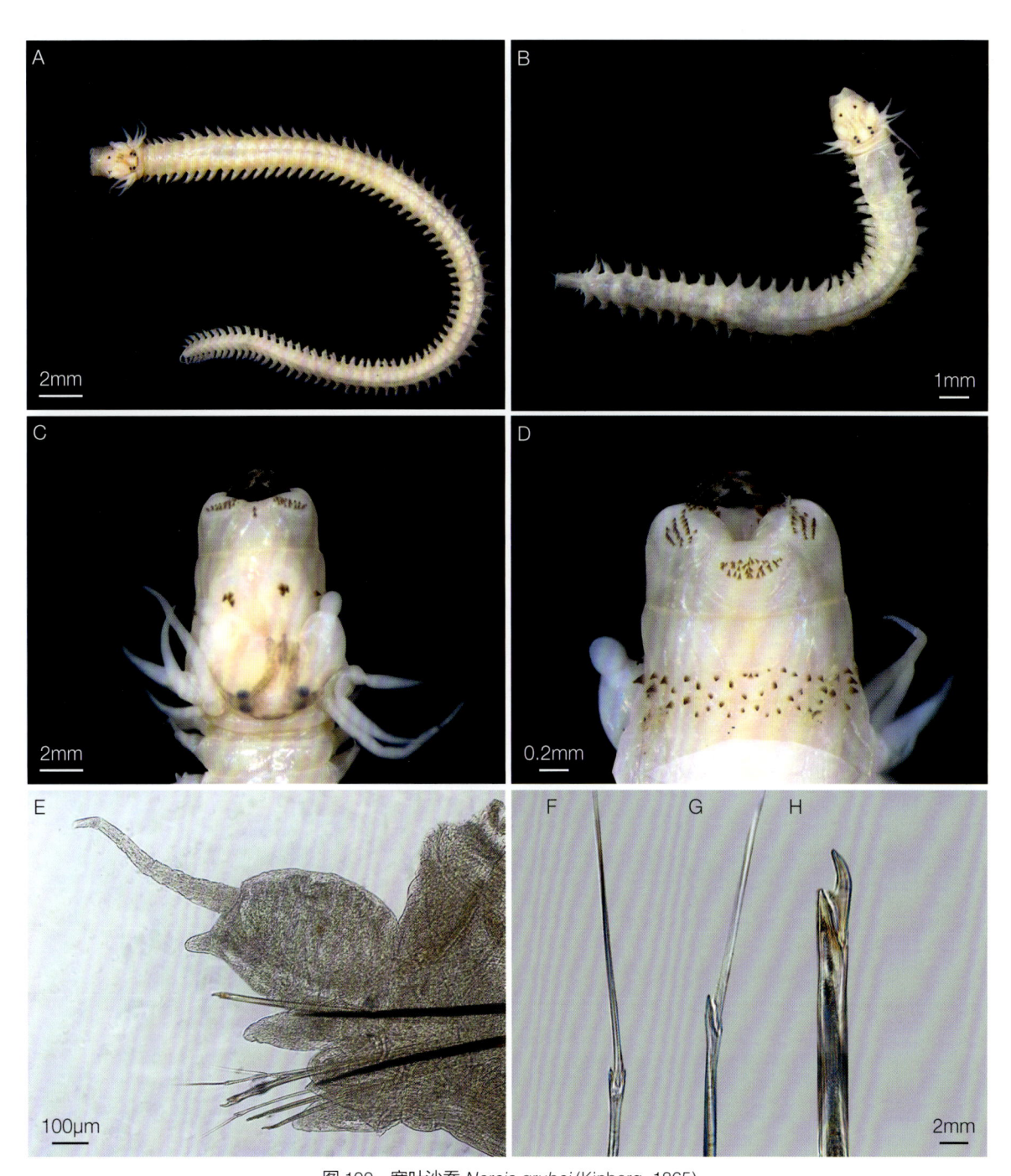

图100 宽叶沙蚕 *Nereis grubei* (Kinberg, 1865)
A、B. 整体；C. 体前端背面观；D. 体前端腹面观；E. 疣足；F. 等齿刺状刚毛；G. 异齿刺状刚毛；H. 异齿镰刀形刚毛

围沙蚕属 *Perinereis* Kinberg, 1865

双齿围沙蚕
Perinereis aibuhitensis (Grube, 1878)

标本采集地： 辽宁旅顺。

形态特征： 口前叶似梨形，前部窄、后部宽。触手稍短于触角。2 对眼呈倒梯形，排列于口前叶中后部，前对眼稍大。触须 4 对，最长者后伸可达第 6～8 刚节。吻各区具颚齿：Ⅰ区 2～4 个圆锥状颚齿纵列或成堆，Ⅱ区 12～18 个圆锥状颚齿为 2～3 弯曲排，Ⅲ区 30～54 个圆锥状颚齿为椭圆形堆，Ⅳ区 18～25 个圆锥状颚齿成 3～4 斜排，Ⅴ区 2～4 个圆锥状齿（3 个时排成三角形），Ⅵ区 2～3 个平直的扁棒状颚齿成 1 排或 4 个扁棒状颚齿成 2 排，Ⅶ、Ⅷ区 40～50 个圆锥状颚齿为 2 横排。Ⅰ、Ⅴ、Ⅵ区颚齿数和排列方式常有变化，大颚具侧齿 6～7 个。除前 2 对疣足为单叶型外，余皆为双叶型。体前部双叶型疣足上背舌叶近三角形，背、腹须须状，背须与上背舌叶约等长，腹须短，仅为下腹舌叶的一半。体中部疣足背须短于上背舌叶，上背舌叶尖细，下背舌叶稍短且钝，2 个腹前刚叶和 1 个腹后刚叶与下腹舌叶近等长，腹须短。体后部疣足明显变小，上下背舌叶和腹舌叶变小为指状。疣足背刚毛皆为复型等齿刺状。腹刚毛在腹足刺上方者为复型等齿刺状和异齿镰刀形，腹足刺下方者为复型异齿刺状和异齿镰刀形。活标本肉红色或蓝绿色并具闪光。酒精标本黄白色、黄褐色、紫褐色或肉红色，大多数标本上背舌叶具咖啡色色斑。大标本体长 270mm，宽（含疣足）10mm，具 230 个刚节。

生态习性： 喜栖于潮间带泥砂滩，是高中潮带的优势种，亦见于红树林群落中。

地理分布： 渤海，黄海，东海，南海；朝鲜半岛，泰国，菲律宾，印度，印度尼西亚。

参考文献： 杨德渐和孙瑞平，1988；孙瑞平和杨德渐，2004；刘瑞玉，2008。

图101 双齿围沙蚕 *Perinereis aibuhitensis* (Grube, 1878)
A. 整体；B. 疣足；C. 体前端背面观；D. 体前端腹面观

独齿围沙蚕
Perinereis cultrifera (Grube, 1840)

标本采集地： 辽宁大连。

形态特征： 口前叶似梨形，2对黑色眼呈倒梯形，排列于口前叶中后部。触手短指状，触角粗大，基节长圆柱状，端节乳突状。围口节触须4对，最长者后伸可达第5～6刚节。吻各区均具颚齿：Ⅰ区1～2个纵列的圆锥状颚齿，Ⅱ区10～26个圆锥状颚齿为2～3斜排，Ⅲ区10～15个圆锥状颚齿为3～4横排，Ⅳ区20～30个圆锥状颚齿为2～4斜排，Ⅴ区具1～3个圆锥状颚齿，若有3个颚齿则呈三角形排列，Ⅵ区1个扁棒状颚齿，Ⅶ、Ⅷ区2排大的圆锥状颚齿。大颚具4～6个侧齿。除前2对疣足为单叶型外，其余皆为双叶型。单叶型疣足背、腹须和腹舌叶为粗指状，背舌叶最大为钝圆叶形，背须稍长于背舌叶，腹须稍短于腹舌叶。体前部双叶型疣足（第15对），为单叶型疣足的1倍大，背须指状、末端尖细且位于背舌叶背面，上背腹舌叶最宽大，为末端稍钝的叶片状，下背舌叶小、末端钝圆，背刚叶乳突状、末端钝圆，腹前刚叶2片，下片稍长、末端锥形，腹舌叶与下背舌叶近等大，腹须短、末端尖。体中部疣足上背舌叶伸长、末端钝锥状，末端渐细的背须与上背舌叶等长且位于其上方，似灯泡状的下背舌叶较前小且末端钝圆，腹刚叶增宽，腹舌叶同前但稍小，腹须小，位于腹舌叶的基部。体后部疣足变小，背须似一小旗竖立于大而长、末端尖细的上背舌叶上，下背舌叶小、末端钝圆，下腹舌叶亦变细，腹须末端细、短指状。所有背刚毛皆为复型等齿刺状。腹刚毛在腹足刺上方者为复型等齿刺状和异齿镰刀形，在腹足下方者为复型异齿刺状和异齿镰刀形。大标本体长90mm，宽（含疣足）5mm，具96个刚节。

生态习性： 岩岸潮间带中区牡蛎带的优势种。

地理分布： 渤海，黄海，东海，南海；日本，朝鲜半岛，太平洋，印度洋，地中海，大西洋。

参考文献： 杨德渐和孙瑞平，1988；孙瑞平和杨德渐，2004；刘瑞玉，2008。

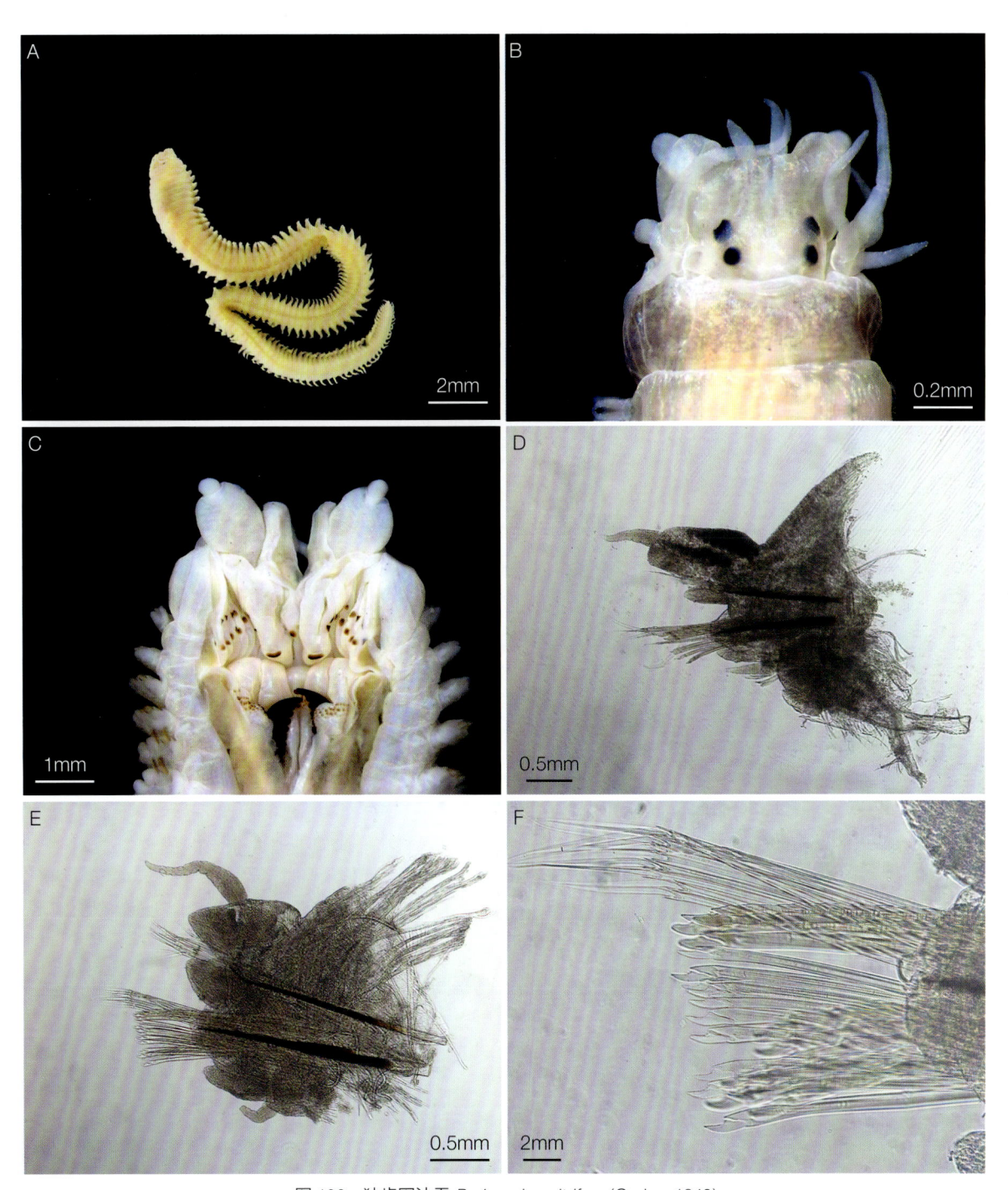

图 102　独齿围沙蚕 Perinereis cultrifera (Grube, 1840)
A. 整体；B. 体前端背面观；C. 吻；D. 体后部疣足；E. 体前部疣足；F. 腹刚毛（等齿刺状刚毛、异齿镰刀形刚毛）

枕围沙蚕
Perinereis vallata (Grube, 1857)

标本采集地： 辽宁大连。

形态特征： 口前叶卵圆梨形。触手短于触角。2 对眼呈倒梯形，排列于口前叶后部，前对眼稍大。触须 4 对，最长者后伸可达第 6～8 刚节。吻各区具颚齿：Ⅰ区 1～3 个圆锥状颚齿成纵列，Ⅱ区 20 多个圆锥状颚齿成 2～3 斜排，Ⅲ区 20～30 个圆锥状颚齿聚成椭圆形堆、两侧外还有 2～4 个小颚齿，Ⅳ区 30～40 个圆锥状颚齿成 2～3 月牙形斜排、近大颚处还具几个扁棒状齿，Ⅴ区 1 个圆锥状颚齿，Ⅵ区 5～8 个扁棒状和圆锥状颚齿排成一排，Ⅶ、Ⅷ区具 2～3 排较大的圆锥状颚齿。大颚具侧齿 5～7 个。除前 2 对疣足为单叶型外，余皆为双叶型。单叶型疣足背、腹须指状，背、腹舌叶圆锥形，腹舌叶稍长且末端钝，刚叶短，为圆锥形。体前部双叶型疣足增大，约为前 2 对的 1 倍，背须细长，长于背舌叶，末端钝圆，前腹刚叶 2 片、稍长，后腹刚叶 1 片、末端圆，下腹舌叶同背舌叶但稍小，短而细的指状腹须位于腹舌叶的基部。体中部疣足背须长指状，上背舌叶延伸为三角形、末端尖，下背舌叶稍短于上背舌叶，腹后刚叶增大为圆形，腹舌叶变小、末端钝圆，腹须短、末端细。体后部疣足明显变小，上背舌叶大、末端尖细，较短的下背舌叶末端钝圆，但仍比钝指状的腹舌叶大，腹刚叶同前，腹须指状、末端稍细，与腹舌叶等长。疣足背刚毛皆为复型等齿刺状。腹刚毛，在腹足刺上方者为复型等齿刺状和异齿镰刀形，在腹足刺下方者为复型异齿刺状和异齿镰刀形。大标本体长 105mm，宽（含疣足）6.4mm，具 112 个刚节。

生态习性： 潮间带中区牡蛎带的优势种，分布至潮间带上区藤壶、偏顶蛤带，栖息于石块下泥砂中。

地理分布： 渤海，黄海，东海，南海；日本，印度，澳大利亚，新西兰，所罗门群岛，红海，西南非洲，智利。

参考文献： 杨德渐和孙瑞平，1988；孙瑞平和杨德渐，2004；刘瑞玉，2008。

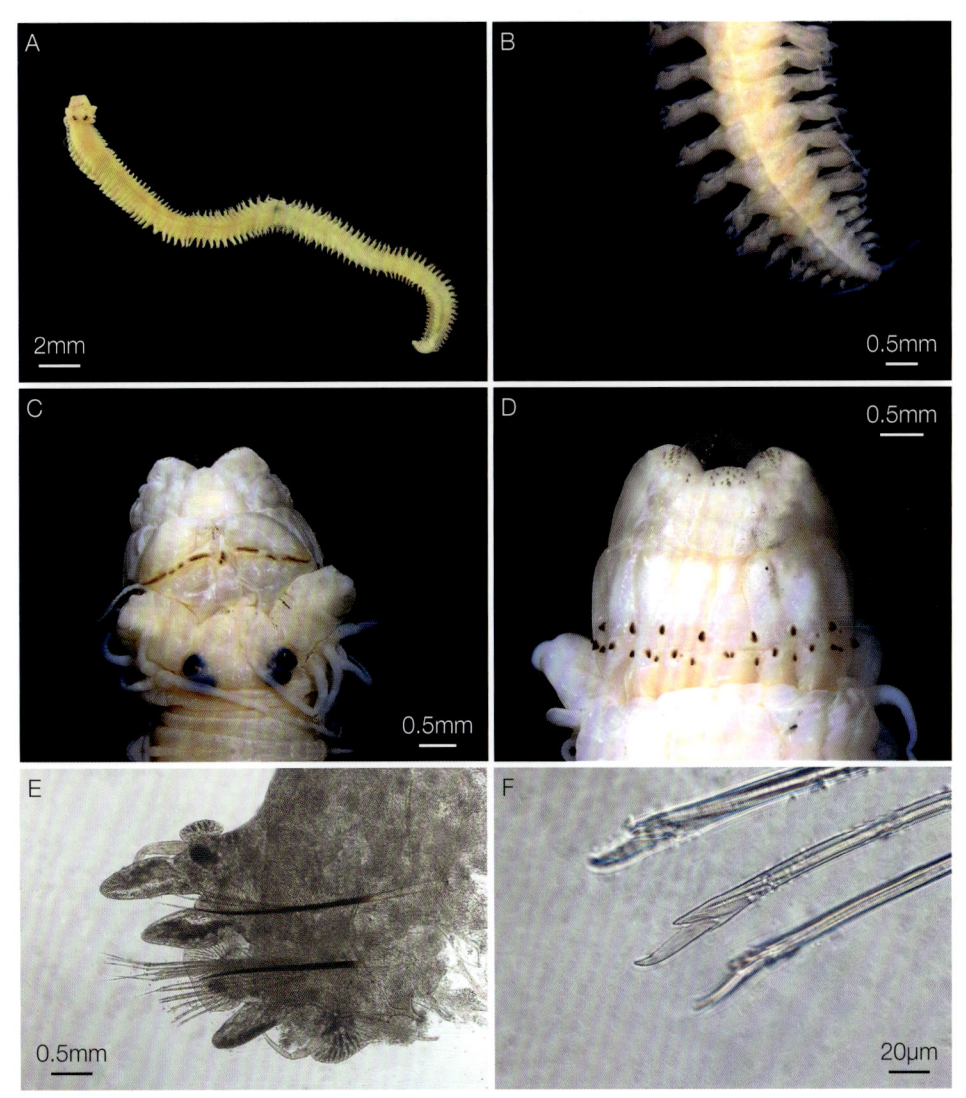

图 103 枕围沙蚕 *Perinereis vallata* (Grube, 1857)
A. 整体；B. 尾部；C. 体前端背面观；D. 吻腹面观；E. 体中部疣足；F. 异齿镰刀形刚毛

围沙蚕属分种检索表

1. 吻Ⅵ区具1个扁棒状颚齿，Ⅴ区具1～3个颚齿 .... 独齿围沙蚕 *P. cultrifera*
 - 吻Ⅵ区具2个或多于2个扁棒状颚齿 2
2. 吻Ⅵ区具4个以上扁棒状颚齿，Ⅳ区具圆锥状颚齿和扁棒状颚齿 .... 枕围沙蚕 *P. vallate*
 - 吻Ⅵ区具2～4个扁棒状颚齿，扁棒状颚齿平直 .... 双齿围沙蚕 *P. aibuhitensis*

阔沙蚕属 *Platynereis* Kinberg, 1865

双管阔沙蚕
Platynereis bicanaliculata (Baird, 1863)

标本采集地： 辽宁旅顺。

形态特征： 口前叶似六边形，后缘中央稍向内凹进。触手短于触角。2 对圆眼，呈矩形排列于口前叶中后部，前对稍大于后对。触须 4 对，最长者后伸可达第 11~16 刚节。吻各区除Ⅰ、Ⅱ、Ⅴ区无颚齿外，其余具梳状齿。颚齿在各区的数目和排列为：Ⅲ区 3~6 堆梳棒状颚齿排成一横排，Ⅳ区 4~5 排梳棒状颚齿密集成月牙状，Ⅵ区 2~3 排梳棒状颚齿整齐排成长方形，Ⅶ、Ⅷ区 4~5 堆梳棒状颚齿排成一直线。大颚琥珀色，具侧齿 8~9 个。前 2 对单叶型疣足具 2 个背舌叶，背、腹须长度均超过疣足叶。体前部双叶型疣足背、腹须细长须状，背、腹舌叶圆锥状，末端钝圆。体中部疣足上背舌叶加长，其长稍超过下背舌叶。体后部疣足指状，末端稍细的上背舌叶更长。前部疣足的背刚毛为复型等齿刺状，约从第 10 刚节以后的背刚毛中具 1~3 根琥珀色、鸟嘴状简单型刚毛。疣足的腹刚毛为复型等齿刺状、异齿刺状和异齿镰刀形。活标本口前叶具浅咖啡色色斑，体背面两侧和疣足的背舌叶具绿色色斑，且越向后越显著。酒精标本肉色，大多数标本上背舌叶具咖啡色色斑。福尔马林保存的标本体背面青绿色，色斑为咖啡色。大标本体长 100mm，宽（含疣足）9mm，具 130 个刚节。

生态习性： 岩岸潮间带中区的优势种。

地理分布： 渤海，黄海，东海，南海；日本，朝鲜半岛，澳大利亚，新西兰，夏威夷群岛，太平洋东岸的加拿大不列颠哥伦比亚，美国加利福尼亚，墨西哥湾。

参考文献： 杨德渐和孙瑞平，1988；孙瑞平和杨德渐，2004；刘瑞玉，2008。

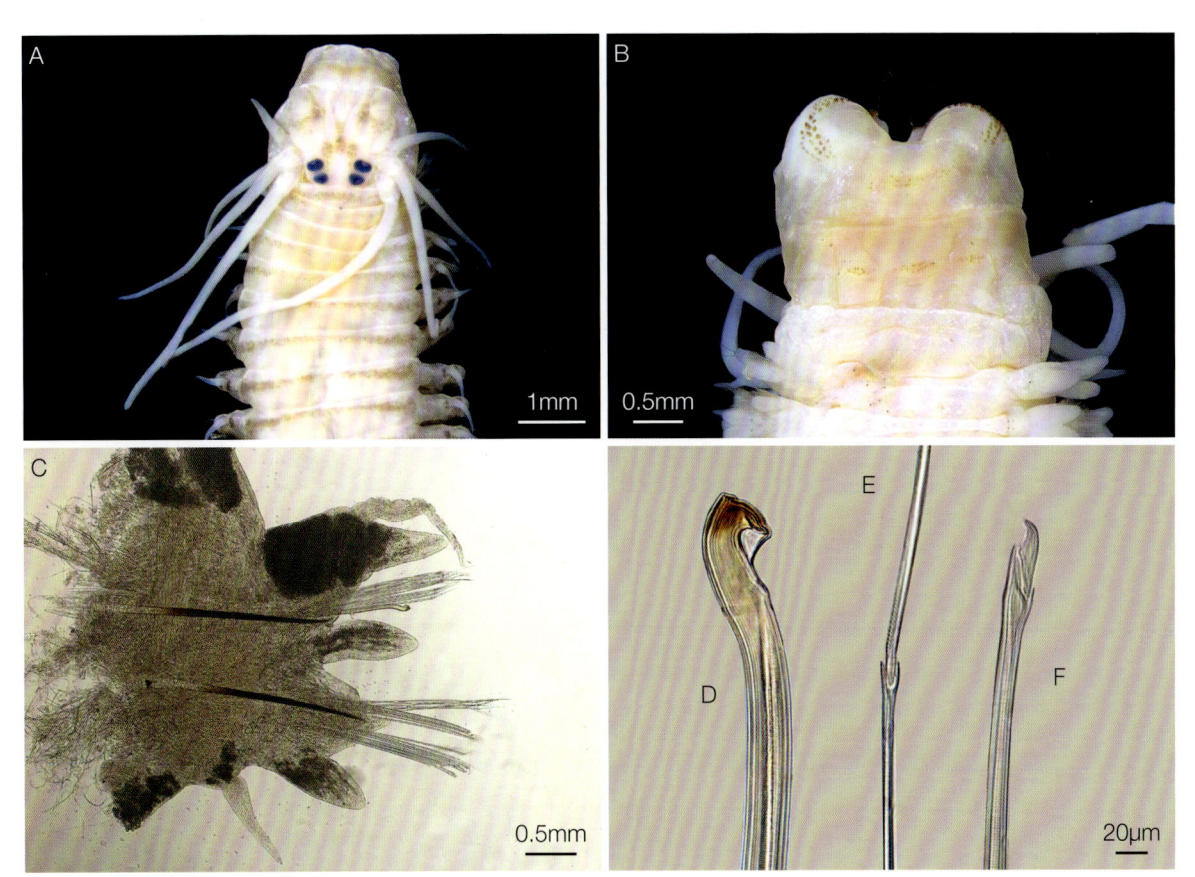

图 104　双管阔沙蚕 *Platynereis bicanaliculata* (Baird, 1863)
A. 体前端背面观；B. 吻腹面观；C. 体中部疣足；D. 鸟嘴状简单型刚毛；E. 等齿刺状刚毛；F. 异齿镰刀形刚毛

沙蚕科分属检索表

1. 吻具乳突 .... 突齿沙蚕属 *Leonnates*（光突齿沙蚕 *L. persica*）
  - 吻具无乳突 2
2. 围口节扩展成领部 .... 环唇沙蚕属 *Cheilonereis*（环唇沙蚕 *C. cyclurus*）
  - 围口节不扩展成领部 3
3. 仅具梳状齿 .... 阔沙蚕属 *Platynereis*（双管阔沙蚕 *P. bicanaliculata*）
  - 颚齿圆锥形或扁平，口环、颚环皆具颚齿 4
4. 仅Ⅵ区具棒状或扁平状颚齿 .... 围沙蚕属 *Perinereis*
  - 吻各区皆具圆锥形齿 5
5. 体前部背刚毛复型刺状，体后部背刚毛复型镰刀形 .... 沙蚕属 *Nereis*（宽叶沙蚕 *N. grubei*）
  - 体前、后部背刚毛和腹刚毛皆为复型刺状 ... 全刺沙蚕属 *Nectoneanthes*（全刺沙蚕 *N. oxypoda*）

齿吻沙蚕科 Nephtyidae Grube, 1850
内卷齿蚕属 Aglaophamus Kinberg, 1866

中华内卷齿蚕
Aglaophamus sinensis (Fauvel, 1932)

标本采集地：山东青岛。

形态特征：口前叶稍宽，近卵圆形，背面具"人"字形色斑，无眼。具2对触手，前对位于口前叶前缘，后对位于口前叶腹面前两侧，稍大于前对。1对乳突状项器位于口前叶后缘两侧。翻吻末端具22个端乳突，背、腹各10个分叉，背中线2个较小不分叉；亚末端具14纵排亚端乳突，每排具20～30个（吻前部乳突较大，后逐渐变小，且每排变为3～4排密集的小乳突），无中背乳突。第1刚节疣足前伸，足刺叶短圆，前、后刚叶短小，无背须，具发达纤细的腹须。间须始于第2刚节，较长且内卷。体中部疣足背须长叶状，间须位于其基部，背足刺叶圆三角形、具一大的指状突起，背前刚叶小，为2圆叶，背后刚叶与其类似，上叶较大；腹足刺叶斜圆形，具一指状上叶，腹前刚叶小，为2圆叶，腹后刚叶很长，为足刺叶的2倍，舌叶状向外直伸。腹须与背须同形但稍长。具2种刚毛：具横纹（梯形）毛状刚毛位于前足刺叶上，小刺毛状刚毛位于后足刺叶上，无竖琴状刚毛。最大体长140mm，宽（含疣足）11mm，具180多个刚节。一般体长20～60mm，具50～80个刚节。

生态习性：栖息于潮间带泥砂滩，潮下带泥砂底。

地理分布：渤海，黄海，东海，南海；日本本州中部和九州，越南，泰国。

参考文献：杨德渐和孙瑞平，1988；孙瑞平和杨德渐，2004；刘瑞玉，2008。

图 105 中华内卷齿蚕 *Aglaophamus sinensis* (Fauvel, 1932)
A. 体前端腹面观；B. 头部背面观（吻翻出）；C. 头部腹面观；D. 疣足；E. 刚毛

无疣齿吻沙蚕属 *Inermonephtys* Fauchald, 1968

无疣齿吻沙蚕
Inermonephtys inermis (Ehlers, 1887)

标本采集地： 山东青岛胶州湾。

形态特征： 体细长，腹中线具一浅的纵沟，背中线少突起。口前叶圆五边形，具一明显的向后延长部，具竖的色斑。无眼。1对乳突状触手位于口前叶前缘腹面，1对指状项器位于口前叶后缘两侧。翻吻不具任何乳突。内须始于第3～4刚节，前15刚节的内须为指状，近基部具乳突，之后变长内卷，至体后部又为指状。第1刚节的足刺叶圆锥形，前刚叶小，背后刚叶很发达、四边形，腹后刚叶小，具背、腹须。体中部典型的疣足为双叶型，背足刺叶圆锥形，背前刚叶圆，稍短于背足刺叶，背后刚叶三角形，长为足刺叶的2倍，背须指状；腹足刺叶圆锥形，具钝端，腹前刚叶圆，短于腹足刺叶，腹后刚叶几乎退化，腹须指状。疣足具梯形刚毛和侧缘有锯齿的短毛状刚毛，后刚叶多数刚毛侧缘锯齿细，背、腹足叶皆具叉状刚毛。第20刚节疣足背足的前足刺叶圆锥形，中央稍具浅凹，小于钝圆锥状的足刺叶，后足刺叶圆叶形，大于足刺叶；腹足的前足刺叶半圆形，小于钝圆锥状的足刺叶，后足刺叶圆锥形，近等长于足刺叶；内须发达，内卷，近基部具1小乳突；背须位于内须的基部；腹须位于腹足的基部，长指状。第80刚节疣足背足的前足刺叶和足刺叶均为圆锥状，前足刺叶小于足刺叶，后足刺叶为尖叶形、长于足刺叶；腹足的前足刺叶圆钝形，前足刺叶短于圆锥形的足刺叶，后足刺叶等长于足刺叶；内须稍内卷，近基部仍具1小乳突；背、腹须指状，腹须紧靠足刺叶。具3种刚毛：具横纹（梯形）毛状刚毛位于前足刺叶上，小刺毛状刚毛位于后足刺叶上，竖琴状刚毛位于背、腹足的后足刺叶上。一般体长40～60mm，宽（含疣足）5mm，具120～150个刚节。大标本体长165mm，宽5mm，具220个刚节。

生态习性： 栖息于潮下带，底质为砂质泥或泥质砂。

地理分布： 渤海，黄海，东海，南海；朝鲜半岛，越南，泰国，印度，地中海，苏伊士湾，马尔代夫群岛，美国加利福尼亚，巴拿马沿岸，墨西哥湾。

参考文献： 杨德渐和孙瑞平，1988；孙瑞平和杨德渐，2004；刘瑞玉，2008。

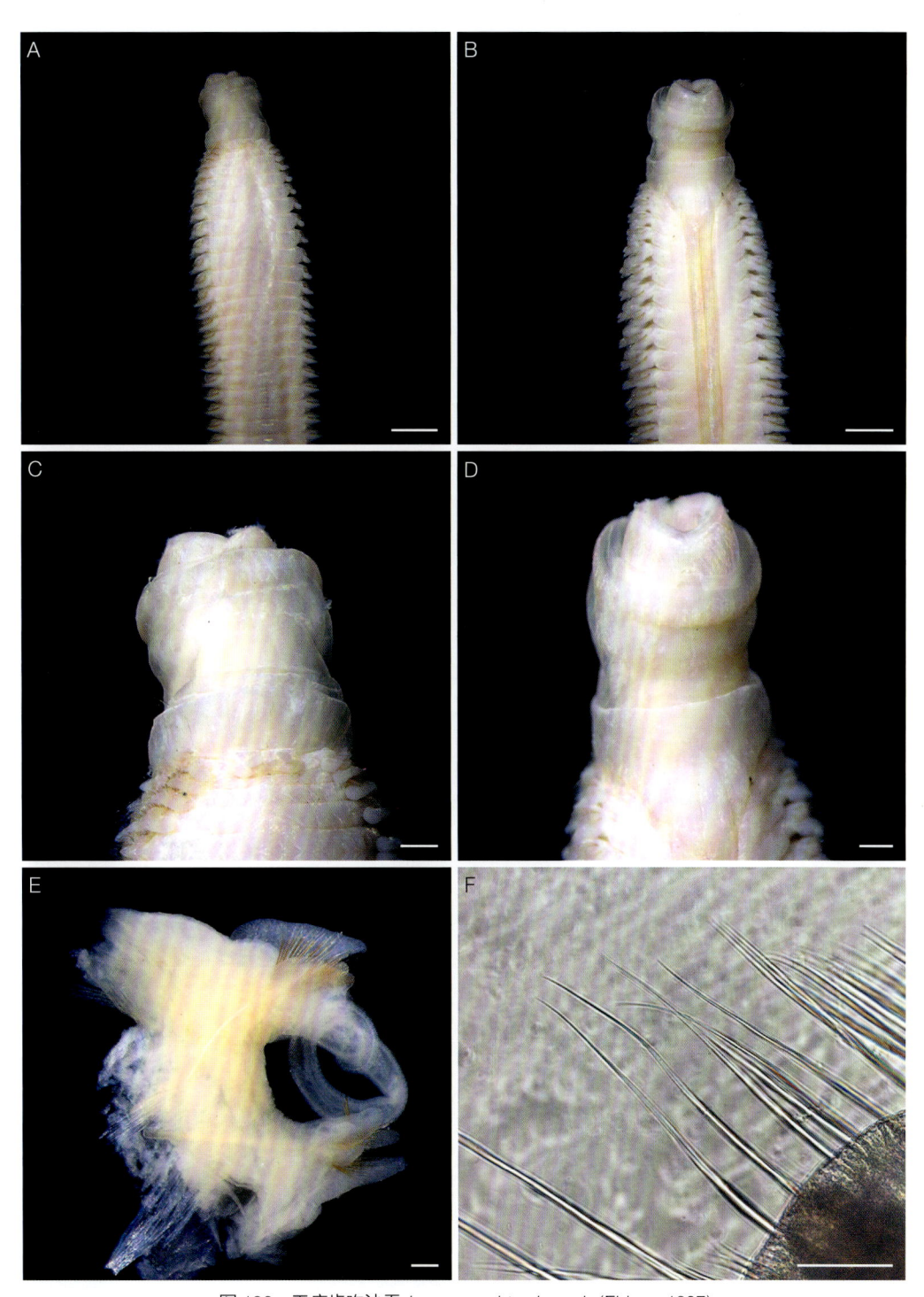

图 106　无疣齿吻沙蚕 *Inermonephtys inermis* (Ehlers, 1887)
A. 体前端背面观；B. 体前端腹面观；C. 头部背面观（吻翻出）；D. 头部腹面观；E. 疣足；F. 毛状刚毛
比例尺：A = 2mm；B = 2mm；C = 0.5mm；D = 0.5mm；E = 0.2mm；F = 100μm

微齿吻沙蚕属 *Micronephthys* Friedrich, 1939

寡鳃微齿吻沙蚕
Micronephthys oligobranchia (Southern, 1921)

同物异名： 寡鳃齿吻沙蚕 *Nephtys oligobranchia* Southern, 1921

标本采集地： 山东青岛胶州湾。

形态特征： 口前叶长方形，前缘平直，后部缩入第2刚节。1对眼，位于口前叶后缘、第2刚节前部。2对大小相等的触手，前对位于口前叶前缘并前伸，后对前伸于口前叶腹面前两侧。乳突状的项器位于口前叶中部两侧。翻吻具22对分叉的端乳突、22纵排亚端乳突（每排乳突6～9个，从大到小排列）和1个中背乳突。疣足双叶型。内须始于第6～8刚节，开始很小，之后变大为不外弯的囊状，至第15～18刚节变小，至第16～27刚节后消失。第7刚节疣足背、腹足的前足刺叶、足刺叶和后足刺叶均为钝圆锥形，足刺叶长于前、后足刺叶；内须指状，稍大于背须；背须位于内须的基部，为小指状；腹须位于腹足的基部，为细指状。体中部第14刚节疣足背、腹足的前足刺叶钝圆锥形，稍短于其圆锥形的足刺叶；背足后足刺叶为圆锥形，稍短于圆锥形的背足刺叶，腹足后足刺叶亦为圆锥形，但稍短于圆锥形的腹足刺叶；内须囊状，远大于背须；背须短指状，腹须细指状。体后部第50刚节疣足背、腹足的前、后足刺叶皆为圆锥形，均短于其锥状的足刺叶，内须消失；背须乳突状；腹须细指状。具2种刚毛：具横纹（梯形）毛状刚毛位于前足刺叶上，小刺毛状刚毛位于背、腹足的后足刺叶上，无竖琴状刚毛。体长14～17mm，宽（含疣足）1～1.5mm，具50～60个刚节。

生态习性： 栖息于潮下带、潮间带的细砂中。

地理分布： 渤海，黄海，东海，南海；日本，朝鲜半岛，越南，泰国，印度。

参考文献： 杨德渐和孙瑞平，1988；孙瑞平和杨德渐，2004；刘瑞玉，2008。

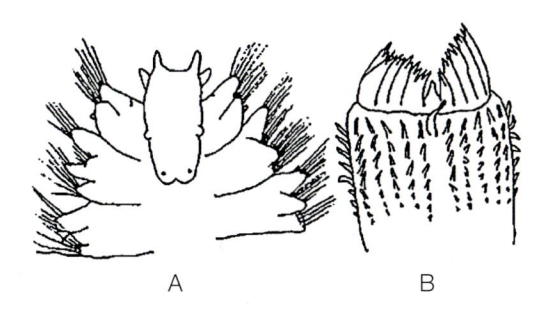

图 107-1　寡鳃微齿吻沙蚕 Micronephthys oligobranchia (Southern, 1921)（引自孙瑞平和杨德渐，2004）
A. 体前部背面观；B. 翻吻背面观

图 107-2　寡鳃微齿吻沙蚕 Micronephthys oligobranchia (Southern, 1921)
A. 整体背面观；B. 体前端背面观；C. 体前端腹面观；D. 尾部背面观

齿吻沙蚕属 *Nephtys* Cuvier, 1817

囊叶齿吻沙蚕
Nephtys caeca (Fabricius, 1780)

标本采集地： 辽宁长海小长山。

形态特征： 口前叶无色斑，为长宽相等的近四边形，前缘宽平，后端变窄且伸入第1刚节。无眼。具2对触手，前对位于口前叶前侧缘且大于后对，后对位于口前叶的腹面两侧。口前叶后缘两侧各具1对乳突状项器。翻吻具22对分叉的端乳突和22纵排亚端乳突（每纵排乳突5～6个且从大到小排列）。无中背乳突。疣足双叶型。内须始于第4刚节，稍外弯，至体后部为小指状。体前部足刺稍伸出足刺叶，体后部足刺叶完整无缺刻，前刚叶退缩不发达，后刚叶发达、叶状，尤以腹后刚叶最发达。第4刚节疣足背、腹足的前足刺叶和足刺叶皆为2个半圆形叶，且前足刺叶短于其足刺叶；背、腹足的后足刺叶均为圆叶形，均长于其足刺叶；内须指状，稍外弯，远大于背须；背、腹须小指状。体中部第30刚节疣足背、腹足的前足刺叶为半圆形，均短于其2个半圆形的足刺叶；背、腹足的后足刺叶增大为圆三角形叶，为其足刺叶长的1～2倍；内须指状，发达，镰刀状外弯；背、腹须小指状。体后部疣足背、腹足的前足刺叶和足刺叶均为半圆形，前足刺叶小于足刺叶，背、腹足的后足刺叶变小，也为半圆形，稍长于其足刺叶；内须指状，不外弯；背、腹须小指状。具2种刚毛：具横纹（梯形）毛状刚毛位于前足刺叶上，小刺毛状刚毛位于背、腹足的后足刺叶上，无竖琴状刚毛。体长100～200mm，宽（含疣足）5～6mm，具140～160个刚节。

生态习性： 栖息于黄海潮下带碎石下泥砂、渤海水深30～49m的砂底质。

地理分布： 渤海，黄海；日本，朝鲜半岛，北大西洋，太平洋，北冰洋，挪威，美国新英格兰、阿拉斯加至加利福尼亚北部。

参考文献： 杨德渐和孙瑞平，1988；孙瑞平和杨德渐，2004；刘瑞玉，2008。

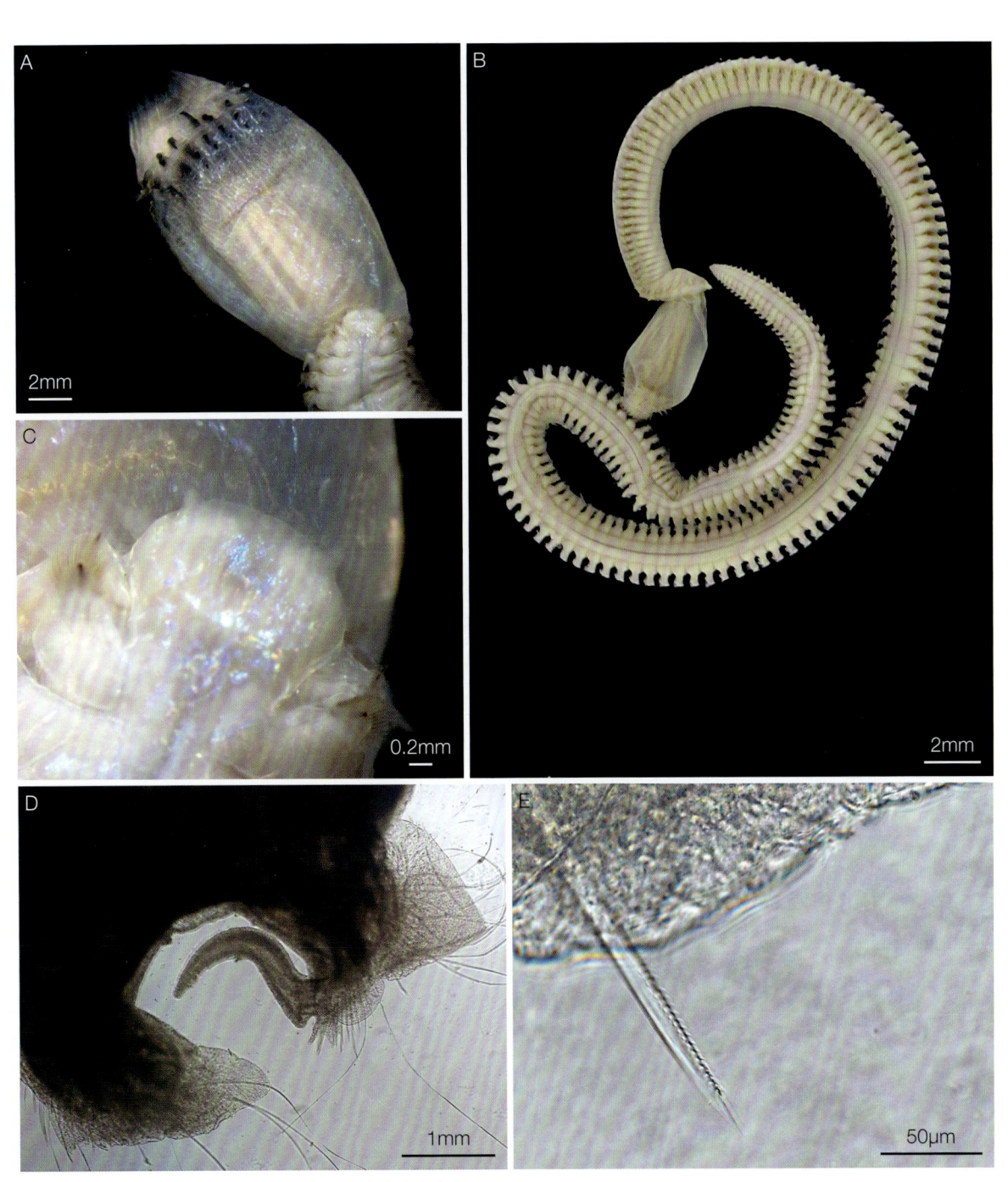

图 108　囊叶齿吻沙蚕 *Nephtys caeca* (Fabricius, 1780)
A. 头部背面观（吻翻出）；B. 整体；C. 头部；D. 疣足；E. 毛状刚毛

加州齿吻沙蚕
Nephtys californiensis Hartman, 1938

标本采集地： 江苏连云港。

形态特征： 口前叶为长方形，前缘稍圆，后端稍窄且陷入第 1 刚节。无眼。具 2 对触手，前对位于口前叶前缘，后对稍长，位于口前叶腹面两侧。口前叶中部有一红色斑点，后缘似展翅翔鹰状。口前叶近后缘两侧各具 1 个乳突状的项器。翻吻具 22 对分叉的端乳突和 22 纵排亚端乳突（每纵排乳突 6~8 个且从大到小排列），无中背乳突。疣足双叶型。指状内须始于第 3 刚节，约第 10 刚节后内须皆外弯为镰刀状。背须细长且位于内须旁，基部常见一膨大突起。疣足足刺叶前端具缺刻，呈 2 叶瓣，后刚叶比足刺叶大，前刚叶比足刺叶小。第 30 刚节疣足背、腹足的前足刺叶为半圆形，均短于其 2 个半圆形叶的足刺叶，后足刺叶为半圆形并长于足刺叶；内须外弯，远大于背须；背须位于内须基部，细指状；腹须位于腹足基部，指状。体中部第 80 刚节疣足背、腹足的前足刺叶仍为半圆形，均短于其足刺叶（背足的足刺叶仍为 2 个半圆形叶，腹足的足刺叶为圆锥状）；背、腹足的后足刺叶为圆叶形，近等长于其足刺叶；内须稍外弯；背须细指状；指状腹须位于腹足的基部。具 2 种刚毛：具横纹（梯形）毛状刚毛位于前足刺叶上，小刺毛状刚毛位于背、腹后足刺叶上，无竖琴状刚毛。活标本为浅黄色，并具闪烁的珠光。酒精保存的标本为灰白色。体长 40~100mm，宽（含疣足）3~6mm，具 90~140 个刚节。

生态习性： 栖息于潮间带砂质底。

地理分布： 渤海，黄海，东海，南海；朝鲜半岛，日本北海道、本州，美国加利福尼亚，澳大利亚昆士兰，北大西洋。

参考文献： 杨德渐和孙瑞平，1988；孙瑞平和杨德渐，2004；刘瑞玉，2008。

图 109　加州齿吻沙蚕 *Nephtys californiensis* Hartman, 1938
A. 整体；B. 头部腹面观；C. 头部背面观；D. 疣足；E. 毛状刚毛

毛齿吻沙蚕
Nephtys ciliata (Müller, 1788)

标本采集地： 天津驴驹河口。

形态特征： 口前叶为长约大于宽的近五边形，前缘宽平，后端变窄且陷入第1～2刚节。无眼。具2对触手，前对位于口前叶前缘，后对较小，位于口前叶腹面前两侧。口前叶后缘两侧各具1个乳突状的项器。翻吻具22对分叉的端乳突和22纵排亚端乳突（每纵排乳突3～5个，从大到小排列），具1个较大的中背乳突。疣足双叶型。内须始于第7～8刚节，外弯镰刀状，延至体后部。第10刚节疣足背、腹足的前足刺叶为半圆形，短于2个半圆形的足刺叶，足刺叶稍短于圆叶状的后足刺叶；内须稍外弯，镰刀状，大于背须；背、腹须细指状。体中部第35刚节疣足增大，背、腹足的各叶与前部疣足相似，腹足的后足刺叶稍长于足刺叶；内须外弯，镰刀状，远大于背须；背须细指状；腹须位于腹足的基部，指状。具2种刚毛：具横纹（梯形）毛状刚毛位于前足刺叶上，小刺毛状刚毛位于背、腹足叶的后足刺叶上，无竖琴状刚毛。体长30～40mm，宽（含疣足）1.5～2.5mm，具74～80个刚节。

生态习性： 栖息于潮间带泥滩。

地理分布： 渤海，黄海；日本本州北部，美国阿拉斯加、新英格兰，北大西洋，挪威，丹麦，白令海。

参考文献： 杨德渐和孙瑞平，1988；孙瑞平和杨德渐，2004；刘瑞玉，2008。

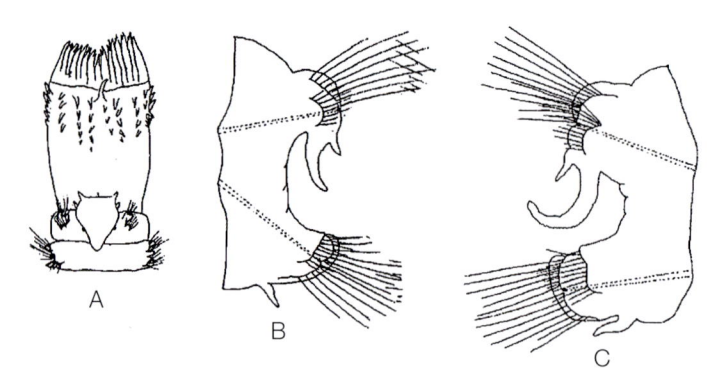

图110-1 毛齿吻沙蚕 *Nephtys ciliata* (Müller, 1788)（引自孙瑞平和杨德渐，2004）
A. 体前部背面观；B. 第10刚节疣足；C. 第35刚节疣足

图 110-2 毛齿吻沙蚕 *Nephtys ciliata* (Müller, 1788)
A. 整体；B. 尾部；C. 头部（吻翻出）；D. 疣足；E. 毛状刚毛

多鳃齿吻沙蚕
Nephtys polybranchia Southern, 1921

标本采集地： 江苏南京上新河。

形态特征： 口前叶为长大于宽的长方形，前缘平直，后端凹且缩入第3刚节。1对眼，位于口前叶后部约第3刚节处。具2对触手，前对位于口前叶前缘，后对位于口前叶腹面前两侧。口前叶后部两侧各具1个乳突状的项器。翻吻具22对分叉的端乳突和22纵排亚端乳突（每排乳突从大到小6～7个），无中背乳突。疣足双叶型。内须始于第5刚节，为乳突状，第8～10刚节开始为囊状，至体后部为指状，接近尾部消失。第15刚节疣足背足的前足刺叶小于足刺叶、后足刺叶，皆为钝圆锥形；腹足的前足刺叶为斜三角形，小于末端具尖部的腹足刺叶和圆叶形的后足刺叶；内须囊状，远大于背须；背须位于内须基部，为小指状；腹须位于腹足基部，为细指状。中后部第75刚节疣足背、腹足的前足刺叶为三角形且均与其钝圆锥形的足刺叶等长，背足的后足刺叶为半圆形且短于背足刺叶，腹足的后足刺叶则稍长于腹足刺叶；内须消失；背、腹须细指状。具2种刚毛：梯形毛状刚毛位于前足刺叶上，小刺毛状刚毛位于背、腹后足刺叶上，无竖琴状刚毛。体长14～20mm，宽（含疣足）1～2mm，具50～90个刚节。

生态习性： 栖息于潮下带和潮间带泥砂滩。

地理分布： 渤海，黄海，东海，南海；日本，朝鲜半岛，越南，泰国，印度。

参考文献： 杨德渐和孙瑞平，1988；孙瑞平和杨德渐，2004；刘瑞玉，2008。

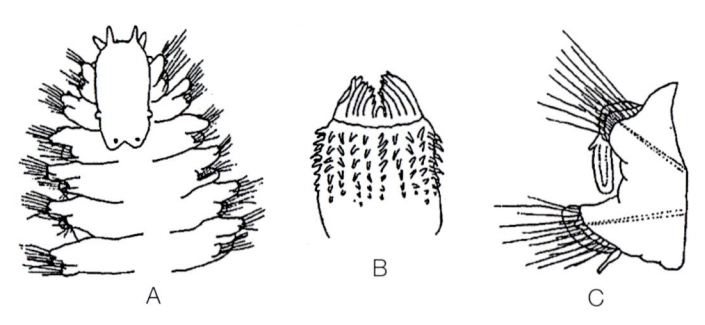

图 111-1 多鳃齿吻沙蚕 *Nephtys polybranchia* Southern, 1921（引自孙瑞平和杨德渐，2004）
A. 体前部背面观；B. 翻吻背面观；C. 第15刚节疣足前面观

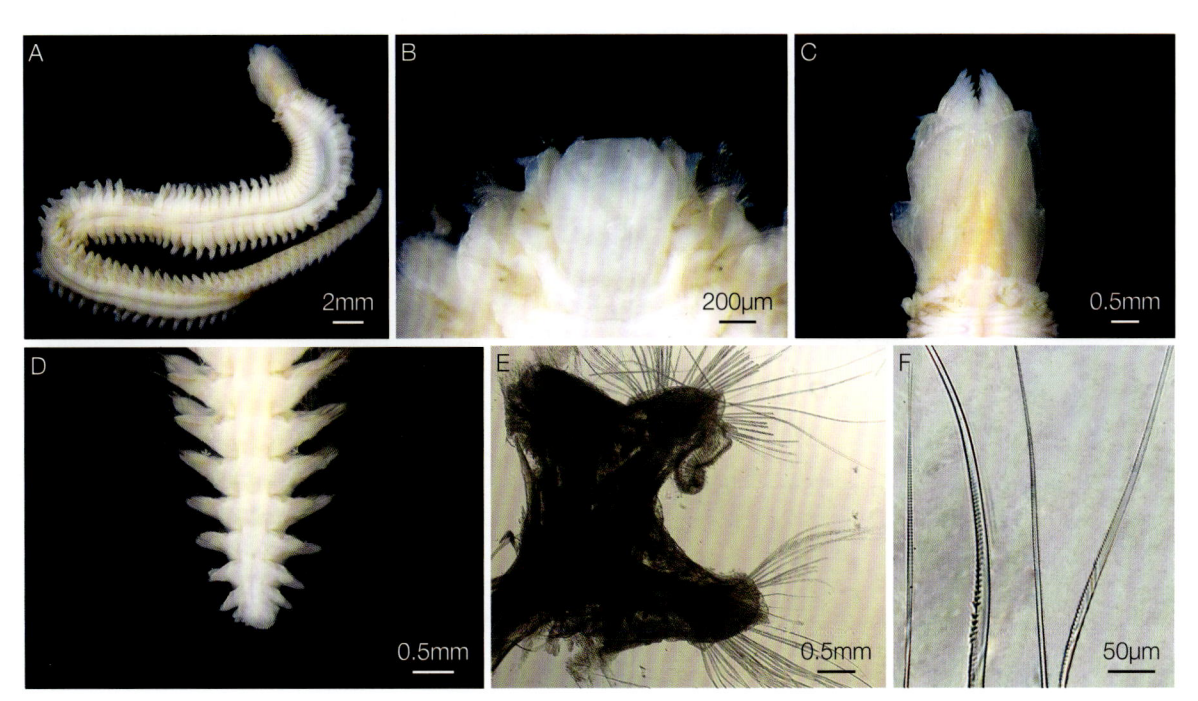

图 111-2　多鳃齿吻沙蚕 Nephtys polybranchia Southern, 1921
A. 整体；B. 头部背面观；C. 头部背面观（吻翻出）；D. 尾部（背面观）；E. 疣足；F. 毛状刚毛

齿吻沙蚕科分属检索表

1. 疣足无内须 ································· 微齿吻沙蚕属 Micronephthys（寡鳃微齿吻沙蚕 M. oligobranchia）
- 疣足具内须 ··· 2
2. 翻吻无乳突，具 1 对触手 ························· 无疣齿吻沙蚕属 Inermonephtys（无疣齿吻沙蚕 I. inermis）
- 翻吻具乳突，具 2 对触手 ·· 3
3. 内须叶状或须状，或外弯的镰刀状 ··· 齿吻沙蚕属 Nephtys
- 内须须状，内卷 ··· 内卷齿蚕属 Aglaophamus（中华内卷齿蚕 A. sinensis）

齿吻沙蚕属分种检索表

1. 内须为不外弯的叶状 ··· 多鳃齿吻沙蚕 N. polybranchia
- 内须为外弯的镰刀状 ·· 2
2. 翻吻具中背乳突 ··· 毛齿吻沙蚕 N. ciliata
- 翻吻无中背乳突 ··· 3
3. 口前叶具翔鹰状色斑；体中部背、腹足的后足刺叶近等长于其足刺叶 ···· 加州齿吻沙蚕 N. californiensis
- 口前叶无翔鹰状色斑，体中部腹足的后足刺叶为其足刺叶长的 1～2 倍 ········· 囊叶齿吻沙蚕 N. caeca

叶须虫科 Phyllodocidae Örsted, 1843
淡须虫属 Genetyllis Malmgren, 1865

球淡须虫
Genetyllis gracilis (Kinberg, 1866)

同物异名： *Phyllodoce gracilis* Kinberg, 1866
标本采集地： 天津塘沽防浪坝。
形态特征： 口前叶圆形，后部稍凹陷。具 2 个大黑眼。前 2 个刚节背面愈合。最长触须向体后伸直达第 9 刚节。第 2 和第 3 刚节具刚毛。背须细长，末端尖。口前叶后部有小的白色斑点形成凹陷，凹陷内具脑后乳突。整个虫体具黑棕色斑点，体前部颜色较深，以致前后刚节背须皆为黑棕色。体长 5mm，宽 0.5mm，虫体约 35 个刚节。
生态习性： 栖息于潮间带。
地理分布： 渤海，黄海；孟加拉湾，法属波利尼西亚，澳大利亚。
参考文献： 杨德渐和孙瑞平，1988；吴宝铃等，1997；孙瑞平和杨德渐，2004；刘瑞玉，2008。

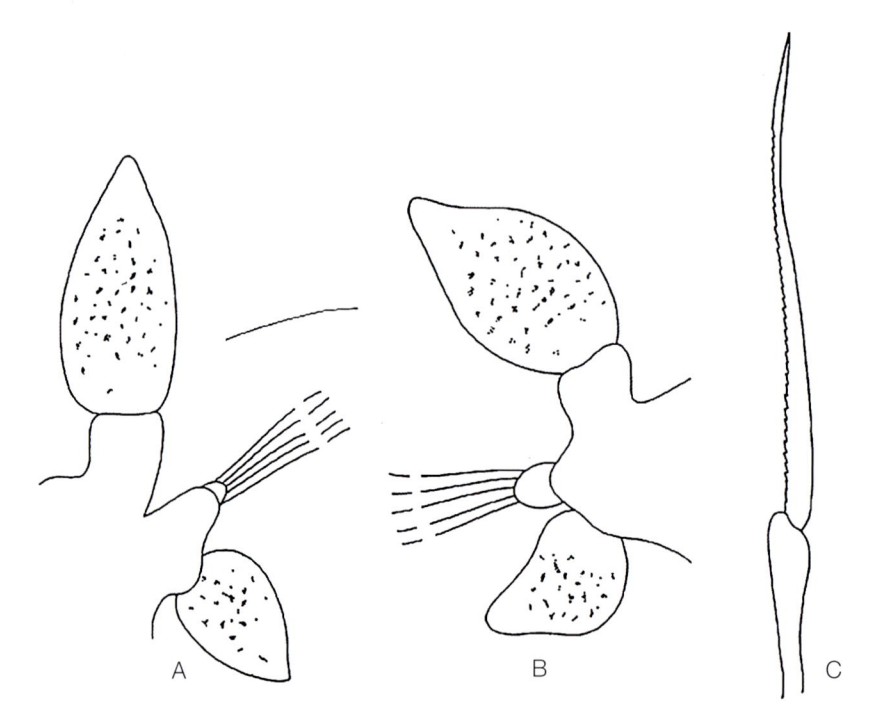

图 112-1　球淡须虫 *Genetyllis gracilis* (Kinberg, 1866)（引自吴宝铃，1997）
A、B. 疣足；C. 刚毛

图 112-2 球淡须虫 *Genetyllis gracilis* (Kinberg, 1866)
A. 整体；B. 体前端背面观

欧文虫科 Oweniidae Rioja, 1917
欧文虫属 *Owenia* Delle Chiaje, 1844

欧文虫
Owenia fusiformis Delle Chiaje, 1841

标本采集地： 渤海。

形态特征： 体前部圆柱状，体后部渐细为圆锥状。触手冠每叶各具 3 对或 4 对主枝，每个主枝又分出 4 个或 5 个分枝。触手冠和前 3 个刚节具浅棕色的色斑。触手冠背面基部的膜状领不明显。触手冠基部侧面常见有浅色斑。胸区的 3 个胸刚节较短，前端腹面具 1 短的裂隙。胸区疣足单叶型，前 2 个胸刚节的背刚毛位于体两侧，第 3 胸刚节的背刚毛稍位于体背中间，仅具刺毛状背刚毛。自第 4 刚节起为腹区，腹区疣足双叶型，具长而窄的腹足枕，其中第 4～9 刚节的腹足枕几乎环绕身体。腹区背刚毛刺毛状。腹区腹齿片横排于齿片枕上，齿片为长柄、双齿近等大且呈近平行线排列的钩状。从第 8 刚节起节间距渐短，最后端的 5～7 个刚节最密。尾节圆锥状，肛叶不明显。栖管为棕黑色、两端稍细的长纺锤状，外面黏有粗沙粒和碎贝壳，其有规则地排列成瓦状。活标本为银珠色，固定标本苍白色或浅灰色。体长 25～50mm，宽（胸区最宽处）0.9～2.5mm，具 20～23 个刚节，第 5～8 刚节最长。

生态习性： 栖息于泥沙滩和大型海藻基部。

地理分布： 渤海，黄海，东海，南海；格陵兰岛，瑞典，美国北卡罗来纳，墨西哥湾，非洲沿岸，地中海，红海，印度洋，北太平洋，日本，白令海。

参考文献： 刘瑞玉，2008；孙瑞平和杨德渐，2004；杨德渐和孙瑞平，1988。

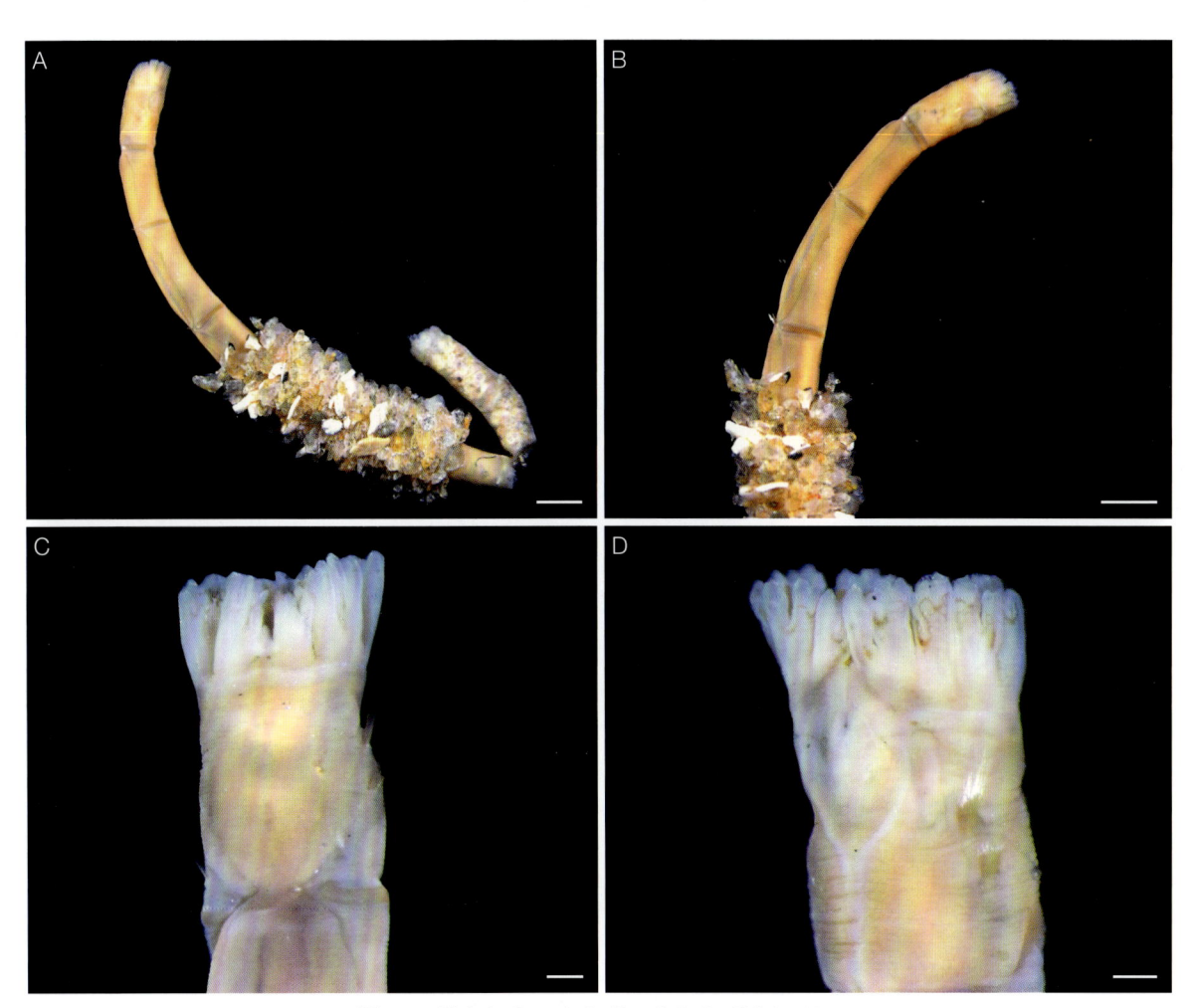

图 113 欧文虫 *Owenia fusiformis* Delle Chiaje, 1841
A. 整体侧面观（不完整）；B. 体前端侧面观；C. 体前端腹面观；D. 头部侧面观
比例尺：A = 1mm；B = 1mm；C = 0.2mm；D = 200μm

环节动物门参考文献

刘瑞玉. 2008. 中国海洋生物名录. 北京：科学出版社：405-452.

隋吉星. 2013. 中国海双栉虫科和蛰龙介科分类学研究. 青岛：中国科学院海洋研究所博士学位论文.

孙悦. 2018. 中国海多毛纲仙虫科和锥头虫科的分类学研究. 北京：中国科学院大学博士学位论文.

孙瑞平, 杨德渐. 2004. 中国动物志 无脊椎动物 第三十三卷 环节动物门 多毛纲（二）沙蚕目. 北京：科学出版社：1-520.

孙瑞平, 杨德渐. 2014. 中国动物志 无脊椎动物 第五十四卷 环节动物门 多毛纲（三）缨鳃虫目. 北京：科学出版社：1-493.

吴宝铃, 吴启泉, 邱健文, 等. 1997. 中国动物志 环节动物门 多毛纲 叶须虫目. 北京：科学出版社：1-329.

吴旭文. 2013. 中国海矶沙蚕科和欧努菲虫科的分类学和地理分布研究. 青岛：中国科学院海洋研究所博士学位论文.

杨德渐, 孙瑞平. 1988. 中国近海多毛环节动物. 北京：农业出版社：1-352.

周红, 李凤鲁, 王玮. 2007. 中国动物志 无脊椎动物 第四十六卷 星虫动物门 螠虫动物门. 北京：科学出版社.

岡田要, 內田亨, 等. 1960. 原色動物大圖鑑, IV. 東京：北隆館.

Wu X W, Salazar-Vallejo S I, Xu K D. 2015. Two new species of *Sternaspis* Otto, 1821 (Polychaeta: Sternaspidae) from China seas. Zootaxa, 4052(3): 373-382.

星虫动物门
Sipuncula

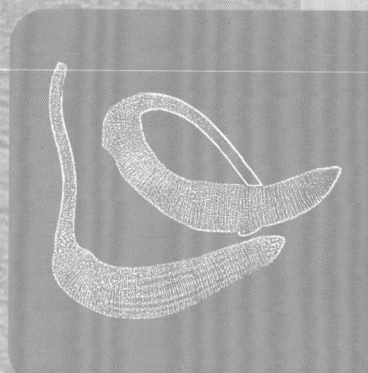

盾管星虫目 Aspidosiphonida

反体星虫科 Antillesomatidae Kawauchi, Sharma & Giribet, 2012

反体星虫属 *Antillesoma* (Stephen & Edmonds, 1972)

安岛反体星虫
Antillesoma antillarum (Grube, 1858)

标本采集地： 渤海，黄海。

形态特征： 体呈圆筒状，后部最宽，末端稍尖，缩成圆锥形。最大个体体长可达100mm，宽6～13mm。吻长约为体长的一半，无钩，无棘，有锥形乳突。吻前端具丝状触手一圈，数目众多，200～300个，最多达360个。体色棕黄，吻乳白色。全体表面分布有褐色、扁圆形乳突。体末端和肛门前方的乳突高大而密集，呈黑褐色。吻上乳突多细小。肛门位于体前端背面，距吻基部约10mm，在一椭圆形突起上呈横裂缝状。肾孔1对，和肛门同高度，亦呈横裂缝状。纵肌成束，在体前部10～18束，后部每束分为2～3支。环肌不分离成束。腹收吻肌1对（背对退化或大部分与腹对融合）。纺锤肌始自肛门前体壁，进入肠螺旋后分出1长支和2～3短支。肠螺旋30～60圈。无固肠肌。脑神经节上具1对眼点。

中国沿海的标本多报道为本种，但与原始记录是否同种尚待进一步考证。

生态习性： 主要栖息于潮间带泥砂底质，也有生活于砾石下或礁石缝隙中的，但数量较少。

地理分布： 渤海，黄海，东海，南海；世界性分布。

参考文献： 陈义和叶正昌，1958；李凤鲁，1989；周红等，2007。

革囊星虫纲 Phascolosomatidea

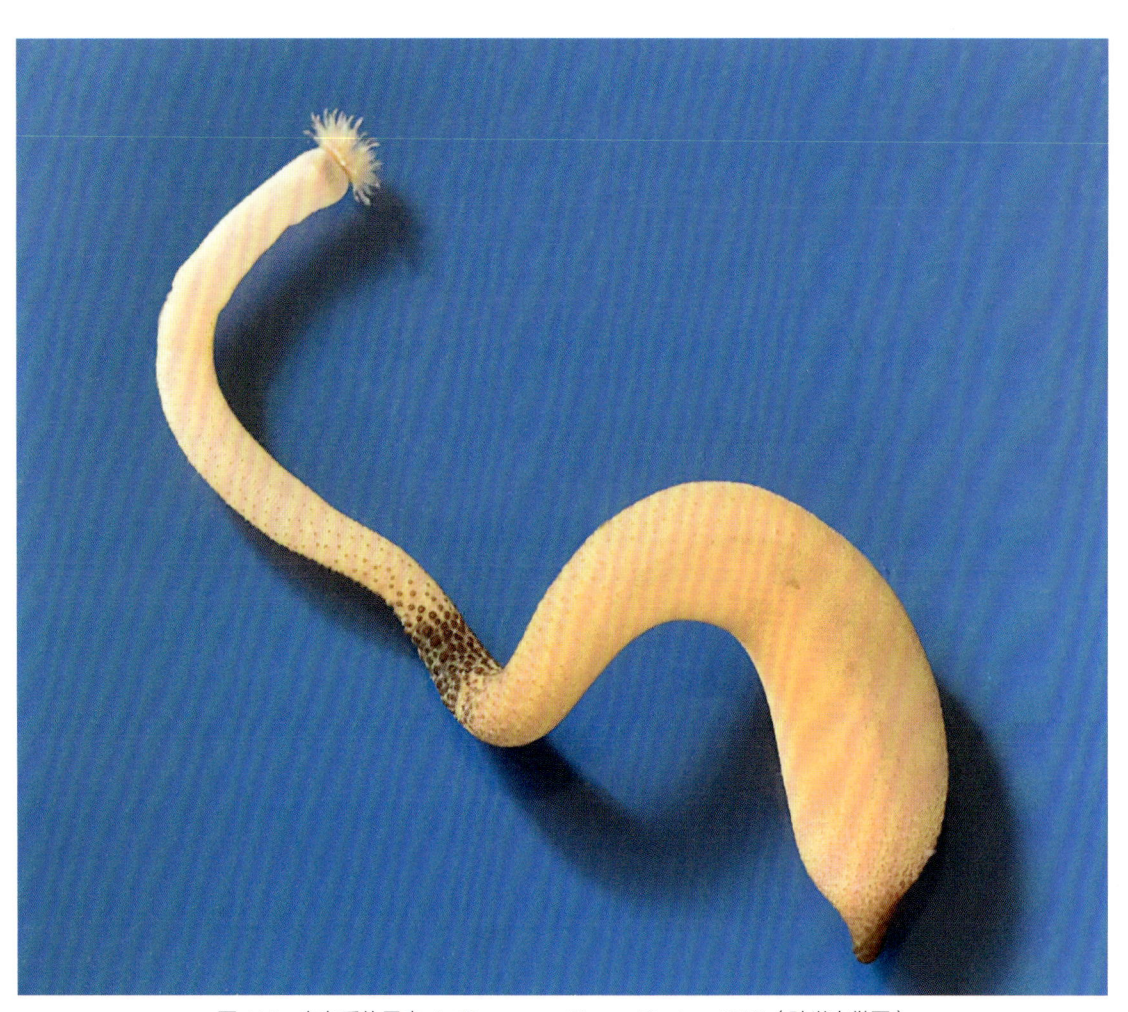

图 114　安岛反体星虫 *Antillesoma antillarum* (Grube, 1858)（孙世春供图）

戈芬星虫目 Golfingiida
方格星虫科 Sipunculidae Rafinesque, 1814
方格星虫属 *Sipunculus* Linnaeus, 1766

裸体方格星虫
Sipunculus (*Sipunculus*) *nudus* Linnaeus, 1766

标本采集地： 福建厦门，广西北海。

形态特征： 体长圆筒状，体长 50～250mm。体色浅黄、橘黄、浅紫、乳白或略带淡红色。体壁厚或较厚，不透明或半透明。体壁纵肌成束，27～34 条。体表面由于纵肌与环肌交错排列而在体表呈方格状纹饰。吻长 15～35mm，覆盖有大型三角形乳突，顶尖向后，呈鳞状排列。吻前端光滑，前端有一圈触手，伸张时呈星状，收缩时成皱褶，吻前端中央具口。消化道细长，约为体长之 2 倍，肠螺旋 20～30 圈。固肠肌数目甚多。肾孔 1 对，位于肛门前方腹面。脑神经节前沿有短小的指状突起。本种的个体大小、形态常因产地等不同而有差异。山东标本体长可达 200～250mm，个体大，体壁厚，体色深，纵肌束通常 27～28 条，吻部三角形乳突大而钝；福建、广西标本体长 150～200mm，与山东标本近似；广东、海南标本体长一般只有 100～150mm，吻部三角形乳突小而尖，体色浅，体壁薄，纵肌束通常 30～32 条，海南有的标本纵肌束达 34 条。

生态习性： 主要栖息于潮间带或浅海泥砂质、砂质海底，营穴居生活，穴深 20～40cm，最大分布水深 2275m。

地理分布： 渤海，黄海，东海，南海；大西洋，太平洋，印度洋沿岸。

参考文献： 陈义和叶正昌，1958；李凤鲁，1985，1989；河北省海岸带资源编委会，1988；Pagola-Carte and Saiz-Salinas, 2000；周红等，2007。

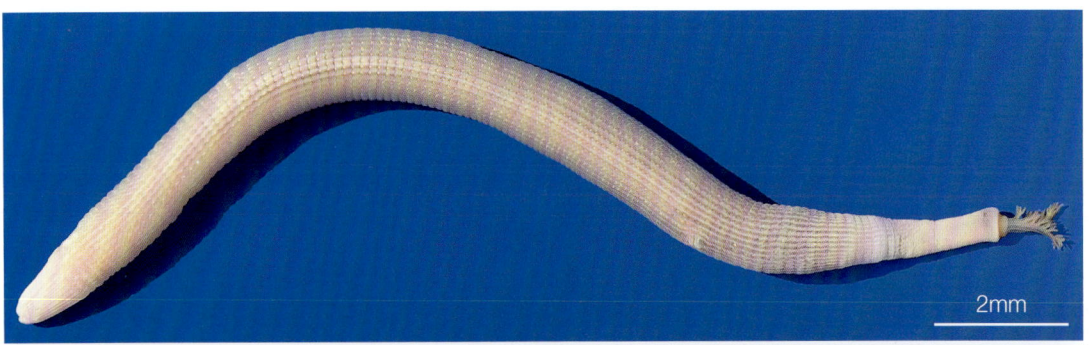

图 115　裸体方格星虫 Sipunculus (Sipunculus) nudus Linnaeus, 1766（孙世春供图）

星虫动物门参考文献

陈义, 叶正昌. 1958. 我国沿海桥虫类调查志略. 动物学报, 10(3): 265-278.

河北省海岸带资源编委会. 1988. 河北省海岸带资源. 下卷. 各类资源状况, 第二分册. 石家庄: 河北科学技术出版社.

李凤鲁. 1985. 广东大鹏湾星虫类的初步研究. 山东海洋学院学报, 15(3): 59-66.

李凤鲁. 1989. 中国沿海革囊星虫属（星虫动物门）的研究. 青岛海洋大学学报, 19(3): 78-90.

周红, 李凤鲁, 王玮. 2007. 中国动物志 无脊椎动物 第四十六卷 星虫动物门 螠虫动物门. 北京: 科学出版社.

Pagola-Carte S, Saiz-Salinas J I. 2000. Sipuncula from Hainan Island (China). Journal of Natural History, 34: 2187-2207.

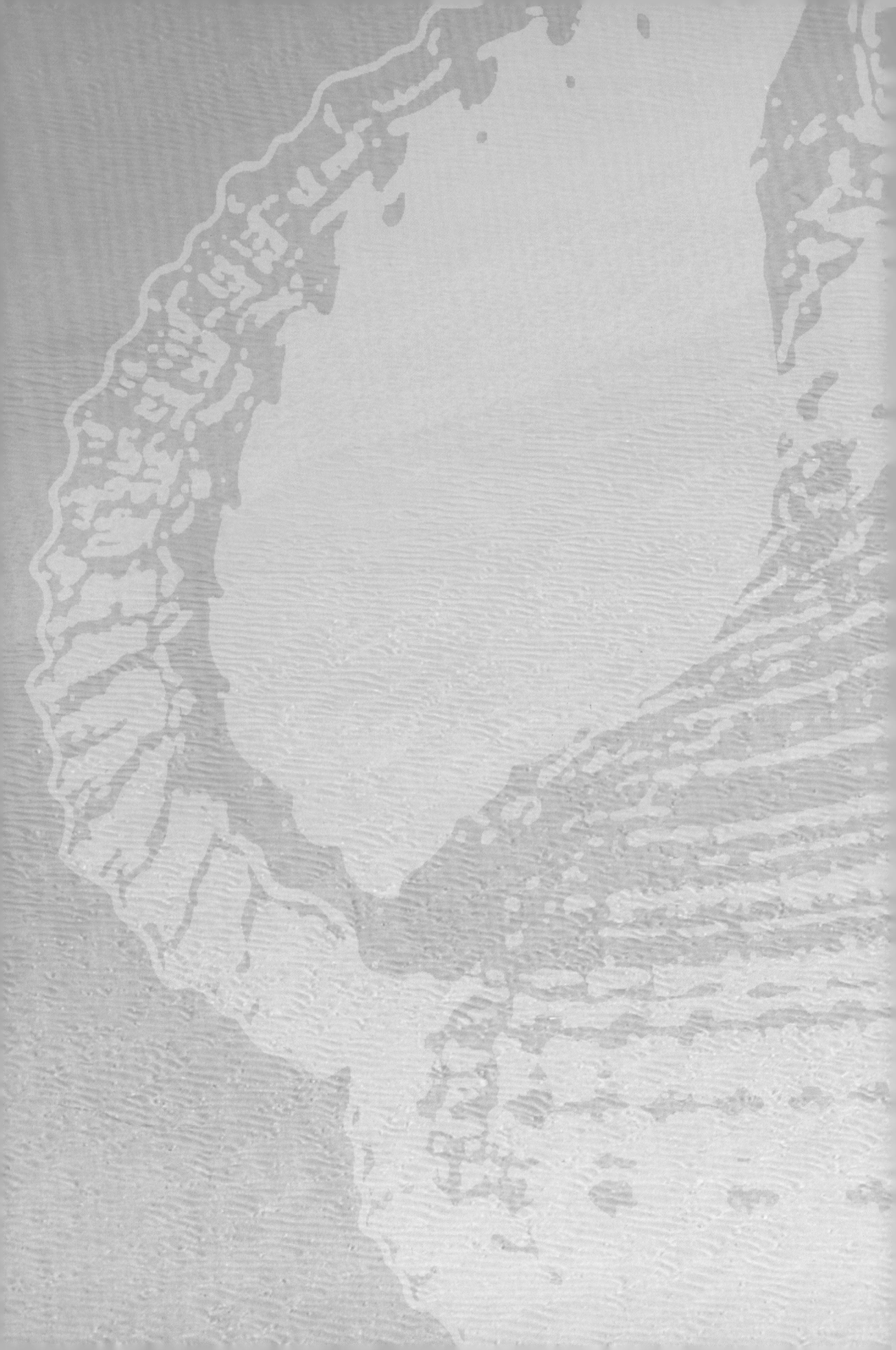

软体动物门
Mollusca

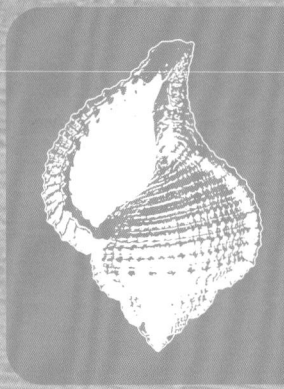

花帽贝科 Nacellidae Thiele, 1891

嫁䗩属 *Cellana* H. Adams, 1869

嫁䗩　帽贝胭脂、胭脂盏
Cellana toreuma (Reeve, 1854)

标本采集地： 浙江南田岛。

形态特征： 贝壳呈斗笠形，较低平，壳高相当于壳长的 1/3，壳质较薄，近于半透明。前部稍瘦，周缘呈长卵圆形，壳顶近前方略向前弯曲，常磨损。壳表面有众多细小而密集的放射肋，至壳边缘具相应的细齿缺刻。生长线稍隆起。壳表面颜色多变，通常为锈黄色，并布有不规则的棕色或紫色带状斑纹。壳内面银灰色，光亮。约于壳顶至壳缘的中部有一圈棕褐色或淡蓝色的肌痕。

生态习性： 栖息于潮间带高、中潮区的岩礁上。

地理分布： 渤海，黄海，东海，南海；西太平洋。

参考文献： 王如才，1988。

图 116　嫁䗩 *Cellana toreuma* (Reeve, 1854)
A. 侧面观；B. 顶面观；C. 腹面观

青螺科 Lottiidae Gray, 1840
日本笠贝属 *Nipponacmea* Sasaki & Okutani, 1993

史氏日本笠贝　　力贝
Nipponacmea schrenckii (Lischke, 1868)

同物异名： 史氏背尖贝 *Notoacmea schrenckii* (Lischke, 1868)

标本采集地： 浙江舟山岛。

形态特征： 贝壳椭圆形或近圆形，笠状，低平。壳质较薄，半透明。壳顶近前端。尖端略低于壳的高度。壳表面绿褐色，有褐色放射状色带或斑纹。放射肋细密，肋上有粒状结节，致使放射肋呈串珠状。壳内面灰青色，周缘呈棕色并有褐色放射状色带。无外套鳃，楯状游离的本鳃大而明显。

生态习性： 栖息于潮间带高、中潮区的岩礁上。

地理分布： 渤海，黄海，东海，南海；日本。

参考文献： 王如才，1988。

图117　史氏日本笠贝 *Nipponacmea schrenckii* (Lischke, 1868)
A. 侧面观；B. 顶面观；C. 腹面观

拟帽贝属 *Patelloida* Quoy & Gaimard, 1834

矮拟帽贝
Patelloida pygmaea (Dunker, 1860)

标本采集地： 浙江舟山岛。

形态特征： 贝壳小而薄，笠状，壳顶突起，位于中央略靠前方，常磨损。壳表面具细弱褐、白两色相间放射肋，不甚明显，周缘处略清楚，生长纹不显著。壳表面呈青灰色，边缘有褐色带。壳内面白色或有棕色斑块，边缘也有一圈与壳表面周缘相应的褐、白两色相间的镶边。

生态习性： 栖息于潮间带高、中潮区的岩礁上。

地理分布： 渤海，黄海，台湾岛北部；日本。

参考文献： 王如才，1988。

图 118　矮拟帽贝 *Patelloida pygmaea* (Dunker, 1860)
A. 侧面观；B. 顶面观；C. 腹面观

鲍科 Haliotidae Rafinesque, 1815
鲍属 *Haliotis* Linnaeus, 1758

皱纹盘鲍　　鲍鱼、紫鲍
Haliotis discus Reeve, 1846

标本采集地： 山东青岛。

形态特征： 贝壳大而坚厚，椭圆形，呈耳状。螺层约3层。壳顶钝，稍突出于壳表面，有的低于贝壳最高部分。螺旋部小而低，位于壳的右后方，仅呈隆起状。体螺层极大，几乎占贝壳的全部，其上有1列由小渐大、沿右至左螺旋式排列的突起，靠近体螺层末端边缘有4～5个与外界相通的较大壳孔。壳表面被这列突起和小孔组成的螺肋分成左右两部分，左壳狭长而较平滑，右壳宽大、粗糙，多有瘤状或波状隆起。生长纹明显。壳口大，卵圆形，与体螺层大小近相等。外唇薄，内唇厚，边缘呈刃状。厣在幼体时一度存在，成体后消失。壳表面深绿褐色，常附生藻类或石灰虫等。壳内面银白色，有青绿红蓝色珍珠光泽。

生态习性： 栖息于潮流畅通、水质清洁、盐度较高、海藻繁茂、水深20m以内的岩礁质浅海海底，以足附着在岩礁上生活。喜潜居于岩礁的隙缝中，有时也生活在杂藻丛中的海藻根基处。

地理分布： 渤海，黄海，东海。

经济意义： 皱纹盘鲍是我国所产鲍中个体最大者。鲍肉肥美，为海产中的珍品，多供应高级宾馆和出口。除鲜食外，亦可加工成罐头或鲍鱼干，售价均较高。

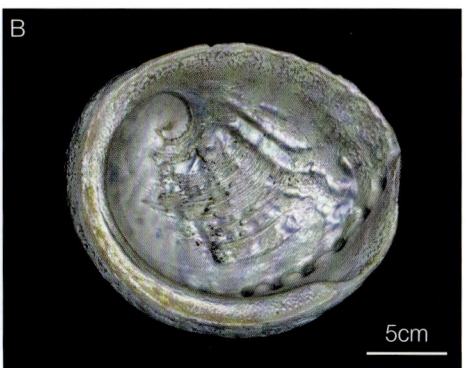

参考文献： 王如才，1988。

图119　皱纹盘鲍 *Haliotis discus* Reeve, 1846
A. 背面观；B. 腹面观

马蹄螺目 Trochida
瓦螺科 Tegulidae Kuroda, Habe & Oyama, 1971
瓦螺属 Tegula Lesson, 1832

锈瓦螺　　偏腔玻螺、马蹄螺
Tegula rustica (Gmelin, 1791)

同物异名： *Omphalius rusticus* (Gmelin, 1791)

标本采集地： 浙江南田岛。

形态特征： 壳体中小型，呈圆锥形，壳质坚厚。螺层约6层，体螺层周缘较膨隆。壳表面布满细密的螺旋肋和粗大的斜行放射肋。底面有细环纹和纵纹相交。壳表面呈黄褐色，具铁锈色斑纹。壳口马蹄形，内面为灰白色，具珍珠光泽。外唇薄，内唇厚。轴唇生有1个小齿，脐孔大而深，厣角质。

生态习性： 栖息于潮间带中、低潮区及潮下带的岩石间。

地理分布： 渤海，黄海，东海，南海；西太平洋。

参考文献： 董正之，2002。

图 120　锈瓦螺 *Tegula rustica* (Gmelin, 1791)
A. 侧面观；B. 顶面观；C. 腹面观

马蹄螺科 Trochidae Rafinesque, 1815
单齿螺属 *Monodonta* Lamarck, 1799

单齿螺　　香波螺、玻螺
Monodonta labio (Linnaeus, 1758)

标本采集地：东海。

形态特征：壳呈圆锥形，小型，壳质坚厚。一般高 1～2cm。壳表面螺旋肋明显，与生长线互相交结成许多方块形颗粒。壳表面颜色多为暗绿色，夹以杂色。壳内面白色，具有珍珠光泽。壳口稍斜，略呈桃形，外唇边缘薄，向内增厚，形成半环形的齿列，具 8～9 个弱齿状突起，内唇厚，顶部形成滑层遮盖脐孔，基部形成一个强尖齿，具有珍珠光泽。厣角质，圆形，棕褐色，多旋，核位于中央。

生态习性：生活于潮间带中、低区的岩石缝间或石块下，喜群集栖息，喜食褐藻和红藻。繁殖季节从低潮线向高潮线移动，在 6 月性腺发育成熟，7～8 月为繁殖季节，至 9 月性腺已退化。

地理分布：渤海，黄海，东海，南海；日本。

参考文献：董正之，2002。

图 121　单齿螺 *Monodonta labio* (Linnaeus, 1758)
A. 背面观；B. 腹面观

蜑螺属 *Umbonium* Link, 1807

托氏蜑螺
Umbonium thomasi (Crosse, 1863)

标本采集地： 天津。

形态特征： 贝壳圆锥形。螺层7层，缝合线浅，呈细线状。壳表面平滑，通常为淡棕色，具紫色或紫棕色波纹或右旋的放射状花纹。花纹细密，色泽及花纹种类常有变化。壳口近四方形，内面有珍珠光泽，外唇薄、简单，内唇短、厚、倾斜，具齿状的小结节，脐部被白色胼胝掩盖。厣近圆形、角质。

生态习性： 生活在潮间带中、下区沙滩或泥沙滩上。

地理分布： 渤海，黄海，东海。

参考文献： 董正之，2002。

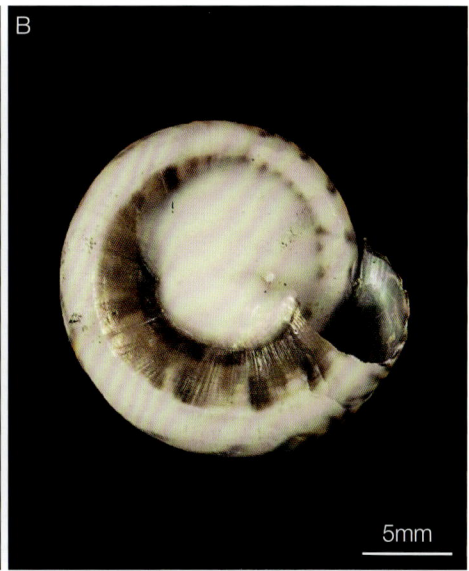

图122　托氏蜑螺 *Umbonium thomasi* (Crosse, 1863)
A. 背面观；B. 腹面观

蟹守螺总科 Cerithioidea
锥螺科 Turritellidae Lovén, 1847
锥螺属 *Turritella* Lamarck, 1799

棒锥螺　　钉螺、锥螺
Turritella bacillum Kiener, 1843

标本采集地：浙江温州瓯江口。

形态特征：贝壳高，呈尖锥形，结实，黄褐色或紫红色。壳顶尖，螺旋部高，体螺层短。螺层约23层，每一螺层的上半部平直，下半部较膨胀。螺旋部的每一螺层有5～7条排列不匀的螺肋，肋间还夹有细肋。壳口卵圆形。

生态习性：栖息于潮间带低潮区至数十米水深的泥砂质底。

地理分布：渤海，黄海，东海，南海。

经济意义：数量很多，肉可供食用，贝壳可烧石灰，所烧的石灰质量很好。

参考文献：王如才，1988。

图123　棒锥螺 *Turritella bacillum* Kiener, 1843

汇螺科 Potamididae H. Adams & A. Adams, 1854

小汇螺属 *Pirenella* Gray, 1847

珠带小汇螺　苦螺
Pirenella cingulata (Gmelin, 1791)

同物异名： 珠带拟蟹守螺 *Cerithidea cingulata* (Gmelin, 1791)

标本采集地： 浙江三门湾。

形态特征： 贝壳尖锥形，壳顶尖，螺旋部高，体螺层短，螺层约15层。壳顶1～2层光滑，其余螺层有3条念珠状螺肋。体螺层上约有9条螺肋，靠缝合线的1条螺肋呈念珠状，其余平滑。壳口左侧常有纵胀肋。壳表面呈黄褐色或褐色，螺肋间呈紫褐色，螺层中部有一条紫褐色的色带。壳口近圆形，内面具有紫褐色线纹。外唇扩张，前沟短，厣角质。

生态习性： 栖息于潮间带中、低潮区的泥滩上。

地理分布： 渤海，黄海，东海，南海；日本。

参考文献： 王如才，1988。

图 124　珠带小汇螺 *Pirenella cingulata* (Gmelin, 1791)
A. 背面观；B. 腹面观

梯螺总科 Epitoniidea
梯螺科 Epitoniidae S. S. Berry, 1910 (1812)
梯螺属 Epitonium Röding, 1798

宽带梯螺
Epitonium clementinum (Grateloup, 1840)

标本采集地： 渤海。

形态特征： 贝壳小型，呈低锥状。螺层约7层，缝合线深，螺层膨圆。壳顶尖小。壳表面具有排列整齐而低细的片状纵肋，各螺层纵肋上下不对齐也不连接，片状纵肋在体螺层有20余条，纵肋间无明显雕刻纹。壳表面呈淡黄褐色，体螺层上有3条较宽的环形深棕色色带，其余螺层有2条色带。壳口卵圆形，外唇薄，内唇下缘有反折。脐孔深，厣角质。

生态习性： 栖息于低潮线及浅海的砂质底。

地理分布： 渤海，黄海至南海北部；日本。

参考文献： 王如才，1988。

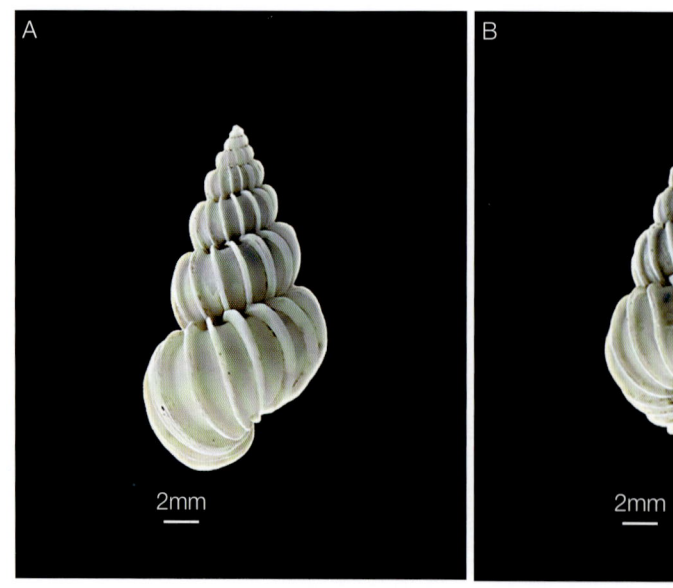

图125　宽带梯螺 *Epitonium clementinum* (Grateloup, 1840)
A. 背面观；B. 腹面观

滨螺形目 Littorinimorpha
滨螺科 Littorinidae Children, 1834
结节滨螺属 *Echinolittorina* Habe, 1956

粒结节滨螺　小结节滨螺
Echinolittorina radiata (Souleyet, 1852)

标本采集地： 浙江舟山。

形态特征： 贝壳小，近球形，壳质结实。壳顶部黑灰色，其余壳表面灰黄色，常有青色颗斑纹。螺层约6层，缝合线明显。壳表面布满小的颗粒突起，螺肋在螺旋部较弱，体螺层中部的螺肋较强。壳口卵圆形，外唇薄，边缘具细小锯齿状缺刻，内唇厚，略扩张，深棕色。厣角质。

生态习性： 生活于高潮线附近的岩石上。

地理分布： 渤海，黄海，东海，南海。

参考文献： 王如才，1988。

图 126　粒结节滨螺 *Echinolittorina radiata* (Souleyet, 1852)
A. 背面观；B. 腹面观

拟滨螺属 *Littoraria* Gray, 1833

关节拟滨螺　　中间拟滨螺、粗糙拟滨螺
Littoraria articulata (Philippi, 1846)

同物异名： *Littorina intermedia* var. *articulata* Philippi, 1846

标本采集地： 浙江岱山、普陀、象山。

形态特征： 贝壳小而薄，呈低锥形。螺层约6层，缝合线明显。壳顶稍尖，螺旋部突出，体螺层较宽大。壳表面微显膨圆，具许多细的螺旋沟纹。壳表面生长纹粗糙，壳黄灰色，杂有放射状棕色色带和斑纹。壳基部微膨胀，雕纹细弱，具有和壳表面相同的色彩及肋纹。外唇薄，简单，内唇稍扩张，多少向外反折。无脐，厣褐色、角质、薄。

生态习性： 生活于高潮线附近的岩石上。

地理分布： 渤海，黄海，东海，南海；日本，菲律宾，新西兰，红海。

参考文献： 王如才，1988。

图127　关节拟滨螺 *Littoraria articulata* (Philippi, 1846)
A. 背面观；B. 腹面观

滨螺属 *Littorina* Férussac, 1822

短滨螺　　香波螺
Littorina brevicula (Philippi, 1844)

标本采集地： 东海。

形态特征： 贝壳较小，球形，壳质结实。螺层约6层，缝合线细，明显。螺旋部短小，呈圆锥状，体螺层膨大。螺层中部扩张形成一明显肩部。壳表面生长纹细密，具有粗、细距离不等的螺肋，肋间有数目不等的细肋纹。体螺层的螺肋约10条，其中3～4条较强。壳顶紫褐色，壳表面黄绿色，杂有褐色、白色、黄色云状斑和斑点，壳的颜色有变化。壳口圆，简单，内面褐色，有光泽，外唇有一褐色、白色相间的镶边。内唇厚，宽大，下端前方扩张成反折面，内中凹。无脐。厣角质、褐色、少旋，核近中央靠内侧。

生态习性： 生活在高潮线附近的岩石上。

地理分布： 渤海，黄海，东海；西太平洋。

参考文献： 王如才，1988。

图128　短滨螺 *Littorina brevicula* (Philippi, 1844)
A. 顶面观；B. 腹面观

滨螺科分属检索表

1. 贝壳小而薄，壳顶稍尖，呈低锥形。壳表面没有明显的螺肋，螺旋部突出，体螺层较宽大 ………………………………………………………………………………拟滨螺属 *Littoraria*（关节拟滨螺 *L. articulata*）

 - 贝壳较小，壳质结实，球形。壳表面有明显的螺肋 …………………………………………………………………2

2. 螺层中部扩张形成明显肩部；壳口外唇有一褐色、白色相间的镶边 ……………滨螺属 *Littorina*

（短滨螺 *L. brevicula*）

 - 螺层中部不扩张形成明显肩部；壳口外唇边缘具细小锯齿状缺刻………结节滨螺属 *Echinolittorina*

（粒结节滨螺 *E. radiata*）

嵌线螺科 Cymatiidae Iredale, 1913
蝌蚪螺属 *Gyrineum* Link, 1807

粒蝌蚪螺　　粒神螺、美珠翼法螺
Gyrineum natator (Röding, 1798)

标本采集地： 不详。

形态特征： 贝壳略呈三角形。贝壳两侧具纵肋，螺层表面具纵横螺肋，二者交叉点颗粒状突起。体螺层和次体螺层中具2条发达的螺肋。壳表面为黄褐色或紫色，颗粒突起部呈黑褐色，壳表面被有黄褐色带茸毛的壳皮。壳口卵圆形。外唇厚，内缘具6～8枚齿。前沟较短，半管状。厣角质。

生态习性： 栖息于中、低潮区潮间带及潮下带岩礁。

地理分布： 渤海，黄海，东海，南海；印度-西太平洋。

参考文献： 张素萍和马绣同，2004。

图129　粒蝌蚪螺 *Gyrineum natator* (Röding, 1798)

玉螺科 Naticidae Guilding, 1834

镰玉螺属 *Euspira* Agassiz, 1837

微黄镰玉螺　　香螺
Euspira gilva (Philippi, 1851)

同物异名： 微黄尤玉螺 *Lunatia gilva* (Philippi, 1851)

标本采集地： 浙江南田岛。

形态特征： 贝壳近球形，壳质薄而坚。壳高 40.0mm，壳宽 32.5mm，螺层约 7 层，缝合线明显。壳表面膨凸。螺旋部高起，呈圆锥形，各螺层宽度增长均匀。体螺层大而膨圆。壳表面光滑，有时在体螺层上形成纵的褶纹。壳表面黄褐色或灰黄色，螺旋部颜色通常较深，多呈青灰色，愈向壳顶色愈浓，为黑褐色。壳口卵圆形，外唇呈弧形，薄。内唇滑层上部厚，接近脐部形成一个小的结节状滑层。脐孔深。厣角质、栗色，核位于基部的内侧。

生态习性： 本种动物适应性强。通常在软泥质的海底生活，但在砂及泥砂质的滩涂也有栖息，多数在潮间带的浅海滩活动，在夏秋季产卵。因是肉食性动物，常猎食其他贝类为饵，故对养殖贝类有害。

地理分布： 渤海，黄海，东海至南海北部；日本，朝鲜半岛。

参考文献： 张素萍，2003。

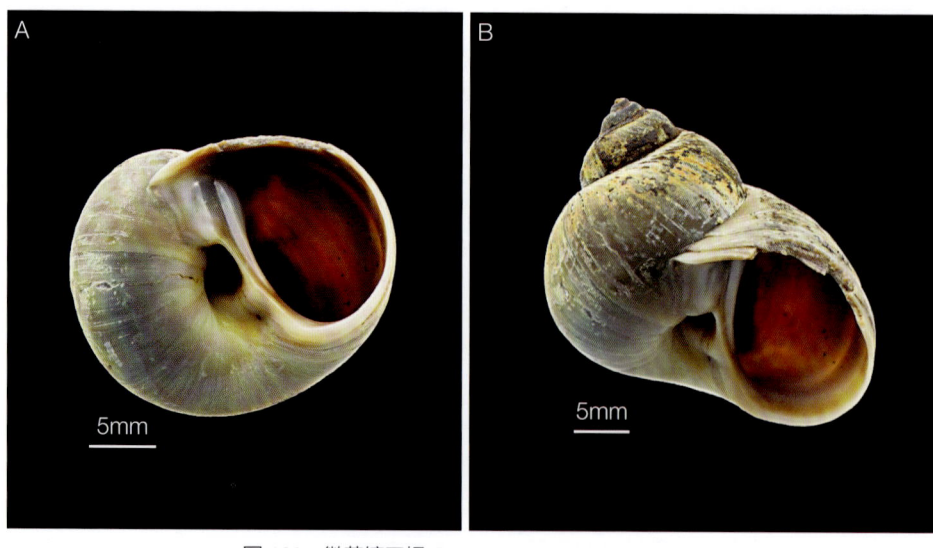

图 130　微黄镰玉螺 *Euspira gilva* (Philippi, 1851)
A. 腹面观；B. 侧面观

扁玉螺属 *Neverita* Risso, 1826

扁玉螺　肚脐螺、海脐
Neverita didyma (Röding, 1798)

标本采集地： 浙江南麂列岛。

形态特征： 贝壳呈半球形，背腹扁，壳宽大于壳高，壳高61mm，壳宽67mm，壳质较厚。螺层约5层。壳顶小，螺旋部较低平，体螺层宽度突然增大而膨胀。壳表面光滑无肋，生长纹明显。壳表面呈淡黄褐色，壳顶为紫褐色，基部为白色。在每一螺层的缝合线下方有一条彩虹式样的紫褐色螺带。壳口卵圆形，外唇薄，呈弧形；内唇滑层较厚，中部形成一个大的深褐色滑层结节，其上有一明显的沟痕。脐孔大而深，部分被脐部结节遮盖。厣角质、黄褐色，核位于近内侧下缘。

生态习性： 生活于潮间带至水深50m的砂和泥砂质海底，通常在低潮区至10m左右的水深栖息较多。常潜入底质内猎取其他贝类为食。在8～9月产卵，卵群和细沙粘成围领状。

地理分布： 渤海，黄海，东海，南海；印度-西太平洋。

参考文献： 张素萍，2003。

图131　扁玉螺 *Neverita didyma* (Röding, 1798)
A. 侧面观；B. 顶面观；C. 腹面观

新腹足目 Neogastropoda
比萨螺科 Pisaniidae Gray, 1857
甲虫螺属 Cantharus Röding, 1798

甲虫螺
Cantharus cecillei (Philippi, 1844)

标本采集地： 浙江南田岛。

形态特征： 贝壳呈纺锤形。螺层约 8 层。壳表面具粗纵肋和细螺肋。体螺层常有 6～10 条纵肋，壳表面较粗糙。壳表面呈黄褐色，有断续的紫褐色色带。壳口较小，卵圆形，内面为白色。外唇内缘具有齿列，内唇基部有一些褶纹。前沟较短，呈半管状。厣角质。

生态习性： 栖息于潮间带中、低潮区至潮下带岩礁、石块下、碎贝壳、砂质泥或泥底。

地理分布： 渤海，黄海，东海，南海；日本。

参考文献： 董正之，2002。

图 132　甲虫螺 *Cantharus cecillei* (Philippi, 1844)
A. 背面观；B. 腹面观

核螺科 Columbellidae Swainson, 1840
小笔螺属 *Mitrella* Risso, 1826

白小笔螺 丽核螺
Mitrella albuginosa (Reeve, 1859)

标本采集地： 黄海。

形态特征： 壳小，纺锤形，黄白色，有褐色或紫褐色火焰状纵行的斑纹。缝合线明显。螺旋部较高。体螺层基部具1条环带。壳口小，外唇薄，内缘具5个小齿；内唇稍扭曲。厣角质。

生态习性： 栖息于潮间带岩石区或泥砂质海底的海藻上，肉食性。

地理分布： 渤海，黄海，东海，南海；印度-西太平洋。

参考文献： 王如才，1988。

图 133 白小笔螺 *Mitrella albuginosa* (Reeve, 1859)
A. 背面观；B. 腹面观

衲螺科 Cancellariidae Forbes & Hanley, 1851
衲螺属 *Sydaphera* Iredale, 1929

金刚衲螺
Sydaphera spengleriana (Deshayes, 1830)

标本采集地： 长江口。

形态特征： 贝壳长卵圆形。螺层约 8 层，螺旋部较高，体螺层膨大。每一螺层的上方形成肩角。壳表面具螺肋和纵肋，纵肋在肩角上形成短角状棘。壳表面为褐色或淡褐色，杂有紫褐色斑块。壳口长卵圆形，外唇边缘有细齿状缺刻，内面有与螺肋相对应的沟。内齿有 3 个褶襞。绷带发达。前沟短。厣角质。

生态习性： 栖息于低潮线至水深 20m 的泥砂质底。

地理分布： 渤海，黄海，东海，南海；日本，菲律宾。

参考文献： 王如才，1988。

图 134　金刚衲螺 *Sydaphera spengleriana* (Deshayes, 1830)
A. 腹面观；B. 背面观

棒塔螺科 Drillidae Olsson, 1964
格纹棒塔螺属 Clathrodrillia Dall, 1918

黄格纹棒塔螺
Clathrodrillia flavidula (Lamarck, 1822)

同物异名： 黄短口螺 *Clavatula flavidula* (Lamarck, 1822)

标本采集地： 长江口。

形态特征： 贝壳较细长，塔形。壳顶尖细，螺层中部膨圆。壳表面具排列稀疏的纵肋和细密的螺肋。壳表面黄色或黄褐色。壳口长卵形，外唇薄，具细小的齿状缺刻，后端边缘有一较深的缺刻。内唇紧贴于壳轴上。前沟较短。

生态习性： 栖息于潮下带数十米水深的泥砂质底。

地理分布： 渤海，黄海，东海，黄海；日本。

参考文献： 王如才，1988。

图 135 黄格纹棒塔螺 *Clathrodrillia flavidula* (Lamarck, 1822)

头楯目 Cephalaspidea
三叉螺科 Cylichnidae H. Adams & A. Adams, 1854
盒螺属 *Cylichna* Lovén, 1846

圆筒盒螺
Cylichna biplicata (A. Adams in Sowerby, 1850)

标本采集地： 黄海。

形态特征： 贝壳中小型，呈长圆柱形，白色具光泽，稍厚，相当坚固。螺旋部卷旋入体螺层内。壳顶部狭，深开口，呈斜截断状，顶缘圆，突起低而宽。体螺层膨胀，中部微凹，为贝壳之全长。壳表面被有黄褐色的壳皮，整个壳表面有波纹状的螺旋沟，近两端的螺旋沟深而宽，略呈格子状。生长纹明显。壳口狭长，上部稍狭，底部扩张。外唇薄，上部圆、弯曲、低凹，不超过壳顶部，中部微凹，底部呈截断状。内唇上部深凹，石灰质层宽而厚。轴唇稍直、厚，底部有一个弱的褶襞。壳口内面白色。

生态习性： 生活在潮下带浅水区至深海底的细砂质底。

地理分布： 渤海，黄海，东海，南海；菲律宾，日本等。

参考文献： 林光宇，1997。

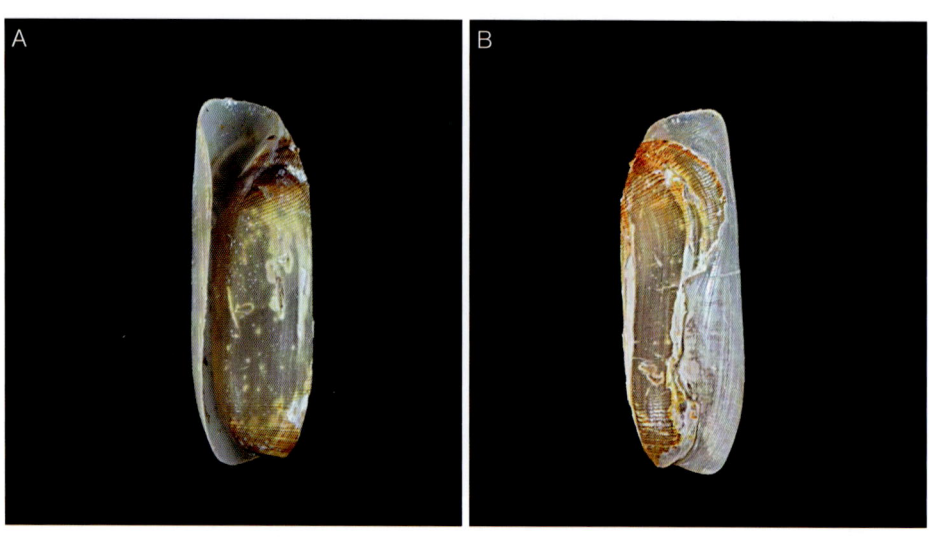

图 136　圆筒盒螺 *Cylichna biplicata* (A. Adams in Sowerby, 1850)
A. 腹面观；B. 背面观

侧鳃目 Pleurobranchida

无壳侧鳃科 Pleurobranchaeidae Pilsbry, 1896

无壳侧鳃属 *Pleurobranchaea* Leue, 1813

斑纹无壳侧鳃　　蓝无壳侧鳃
Pleurobranchaea maculata (Quoy & Gaimard, 1832)

标本采集地： 黄海。

形态特征： 体中型，呈椭圆形，相当肥厚。头幕大，呈扇形，前缘有许多圆锥形小突起，形似锯齿。前两侧角隅呈触角状。嗅角圆锥形，位于头幕基部的两侧，外侧有裂沟，彼此相距较远。无口幕，吻大，能翻出体外。外套掩盖背部约 2/3，平滑，前端和头幕相愈合，后端和足相愈合，两侧游离，右侧缘仅掩盖部分鳃。足前端圆形，有沟和口分界，后端尖圆。足腺呈三角形。鳃羽状，位于体右侧，约占体长的 1/3，向后伸出外套后缘。鳃轴具有颗粒状突起，鳃轴两侧各有 22～30 个鳃叶。肛门位于鳃的直上方。贝壳消失。体呈淡灰色，体表饰有紫色网纹。鳃轴黑色。足底褐色。

生态习性： 栖息于潮间带岩石、潮下带水深 90m 的泥砂底。

地理分布： 渤海，黄海，东海；日本，新西兰，澳大利亚。

经济意义： 肉可供食用，为珍贵的海味，也可以加工成罐头远销海外。

参考文献： 林光宇和张玺，1965。

图 137　斑纹无壳侧鳃 *Pleurobranchaea maculata* (Quoy & Gaimard, 1832)

吻状蛤目 Nuculanida
云母蛤科 Yoldiidae Dall, 1908
云母蛤属 *Yoldia* Möller, 1842

薄云母蛤
Yoldia similis Kuroda & Habe in Habe, 1961

标本采集地： 渤海、黄海、东海。

形态特征： 壳形细长，壳质较薄，左右侧扁；壳顶低平，后倾，位于背部的中央之前，小月面不明显，楯面细长，其周缘微下陷；壳的前端圆，后部细，末端尖，前后背缘均略凸，但后背缘末端微上翘，腹缘弓形；壳皮薄，淡黄色，具光泽；壳表面除有细弱的生长线之外，尚有不明显的斜行刻纹与其相交。壳内面的外套窦较深，末端圆。前闭壳肌痕大，肾形，后闭壳肌痕小，略延长，铰合部弱，前齿列有"V"形齿23个，后齿列18个。外韧带很弱，双向型，内韧带淡褐色，位于壳顶之下的三角形韧带槽中。

生态习性： 广温广盐种，生活于近岸浅水，栖息深度7～38cm，软泥质。

地理分布： 渤海，黄海，东海；日本房总半岛到九州。

经济意义： 薄壳种类为鱼虾饵料。

参考文献： 徐凤山和张素萍，2008。

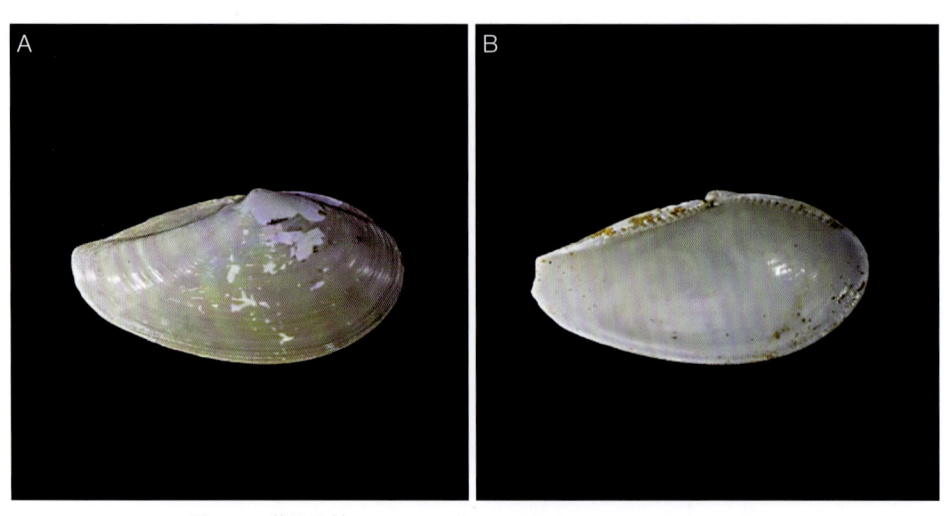

图 138　薄云母蛤 *Yoldia similis* Kuroda & Habe in Habe, 1961
A. 侧面观；B. 壳内面观

蚶目 Arcida

蚶科 Arcidae Lamarck, 1809

粗饰蚶属 *Anadara* Gray, 1847

魁蚶　　大毛蚶、赤贝、血贝、瓦垄子
Anadara broughtonii (Schrenck, 1867)

同物异名： *Scapharca broughtonii* (Schrenck, 1867)

标本采集地： 浙江舟山岛。

形态特征： 壳大，坚厚，斜卵圆形，两壳近相等。壳表面被褐色绒毛状壳皮。放射肋42～48条，无明显结节。壳内面灰白色，边缘具齿。铰合部直，铰合齿约70个。

生态习性： 生活在潮间带至浅海软泥或泥砂质底。

地理分布： 渤海，黄海，东海；日本，朝鲜半岛。

经济意义： 肉可供食用，贝壳可做中药。肉质鲜嫩肥厚，品质高于毛蚶，但数量不及毛蚶多，故尚未进行机械化捕捞。

参考文献： 徐凤山和张素萍，2008。

图139　魁蚶 *Anadara broughtonii* (Schrenk, 1867)

泥蚶属 *Tegillarca* Iredale, 1939

泥蚶　　蚶子、花蚶、血蚶、宁蚶
Tegillarca granosa (Linnaeus, 1758)

同物异名： *Arca cuneata* Reeve, 1844

标本采集地： 浙江象山、三门、乐清。

形态特征： 贝壳坚厚，卵圆形，两壳相等，很膨胀。壳顶凸出，尖端向内卷曲，位置偏于前方，两壳顶间的距离远。壳表面放射肋发达，约20条，同心生长纹与放射肋相交结在肋上，形成极显著的颗粒状结节，此种结节在成体壳的边缘较弱。壳表面白色，边缘具有与壳表面放射肋相应的条沟。壳表面被有棕褐色的薄壳皮。铰合部直，齿细密。前闭壳肌痕较小，呈三角形，后闭壳肌痕大，四方形。

生态习性： 喜栖息于风平浪静、潮流畅通、有淡水注入的内湾及河口附近的中、低潮带软泥滩中。对温度和盐度的适应能力较强。

地理分布： 中国沿海广泛分布，以山东以北沿海最多；印度洋，太平洋。

经济意义： 肉味鲜美，人人喜食，又因其血为红色，被视为滋补佳品。

参考文献： 徐凤山和张素萍，2008。

图 140 泥蚶 Tegillarca granosa (Linnaeus, 1758)
A. 侧面观；B. 顶面观；C. 壳内面观

贻贝目 Mytilida

贻贝科 Mytilidae Rafinesque, 1815

贻贝属 *Mytilus* Linnaeus, 1758

厚壳贻贝
Mytilus unguiculatus Valenciennes, 1858

标本采集地： 浙江象山、嵊泗。

形态特征： 贝壳大，呈楔形，壳质极重厚，坚韧。贝壳前端细，后端宽圆，一般老个体壳形较长，小个体壳短而高。壳顶尖细，小个体较弯。壳表面较粗糙，被有棕色或栗褐色壳皮。壳内面多呈浅灰蓝色，而近壳缘处色深；肌痕极明显，铰合部有2个极不发达的小齿；韧带细长，韧带脊不明显。足丝粗，呈淡黄褐色，极发达。前闭壳肌痕极小，后闭壳肌痕大、椭圆形。外套痕与闭壳肌痕明显。

生态习性： 营固着生活，多附着于浪击带的外海岩石上。

地理分布： 渤海，黄海，东海；日本，朝鲜半岛。

经济意义： 个体大，肉鲜味美，可作为美食和滋补品；重要经济贝类；贝壳大，可以作贝雕原料；可入药，也可制成饵料和工业原料。

参考文献： 王祯瑞，1997。

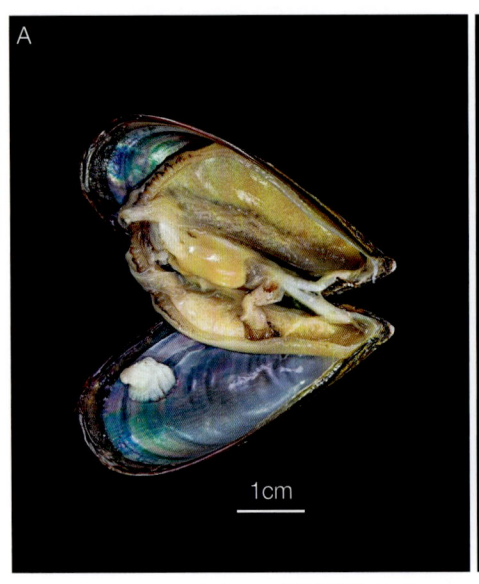

图141 厚壳贻贝 *Mytilus unguiculatus* Valenciennes, 1858
A. 壳内面观；B. 侧面观

牡蛎目 Ostreida

江珧科 Pinnidae Leach, 1819

江珧属 *Atrina* Gray, 1842

栉江珧
Atrina pectinata (Linnaeus, 1767)

标本采集地： 浙江嵊泗。

形态特征： 贝壳大，略呈三角形或扇形。壳顶尖细，背缘直线略凹，腹缘前半部略直，后半部则逐渐突出，后缘直或呈弓形。无中央裂缝。壳表面有10余条放射肋，肋上具有三角形略斜向后方的小棘，年老个体无或不明显，此棘状突起在背缘最后一行多变成强大的锯齿。壳表面颜色，幼小个体呈淡褐色，成体多呈黑褐色。生长轮脉细密，至腹缘者呈褶状。壳内面与壳表面颜色同，壳前半部具珍珠光泽。前闭壳肌痕椭圆形，位于壳顶内面；后闭壳肌痕马蹄形，位于壳中部。外套痕略显，与壳缘相距甚远。外套腺粗大，末端呈球形。足丝褐色，细密，极发达。

生态习性： 生活在泥砂质底，从低潮线附近至数十米水深的海底都有栖息。生活时，贝壳的前端插入泥砂中，仅后端小部分露出地面。从前端两壳之间伸出来的足丝与砂砾附着以固定位置。雌雄异体，繁殖期在5～9月。

地理分布： 渤海，黄海，东海，南海；印度-西太平洋。

经济意义： 肉柱大，约占体重的1/5，且味美，营养丰富，除鲜食外，还可加工制成江珧柱或制成罐头等。贝壳可作附着基或烧石灰用，足丝可作纺织品的原料，是有前途的养殖种类。

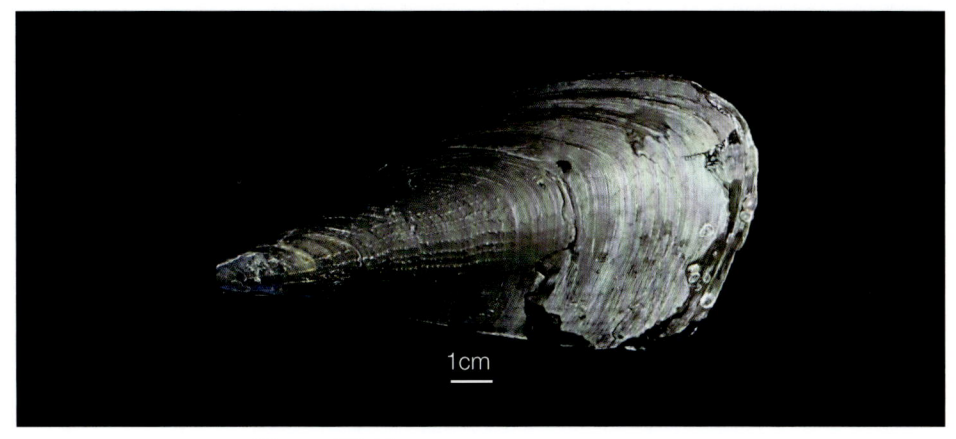

参考文献： 徐凤山和张素萍，2008。

图 142　栉江珧 *Atrina pectinata* (Linnaeus, 1767)

牡蛎科 Ostreidae Rafinesque, 1815
巨牡蛎属 *Crassostrea* Sacco, 1897

长牡蛎
Crassostrea gigas (Thunberg, 1793)

标本采集地： 黄海。

形态特征： 潮间带野生牡蛎，壳小型，壳形极不规则，有长形、近三角形、近圆形等。壳表面鳞片不明显。壳内面大部分为白色。闭壳肌痕为褐色、黄色，近圆形。韧带槽长短随不同个体变化较大，壳顶腔较深。自然采苗养殖长牡蛎壳大型，壳形比较规则，近长形或长圆形。壳表面密生鳞片。左壳为杯状凹陷结构，右壳有轻微的突起。壳表面淡黄色或褐色。

生态习性： 生活于潮间带至浅海。

地理分布： 长江口以北；俄罗斯 - 日本 - 中国海域。

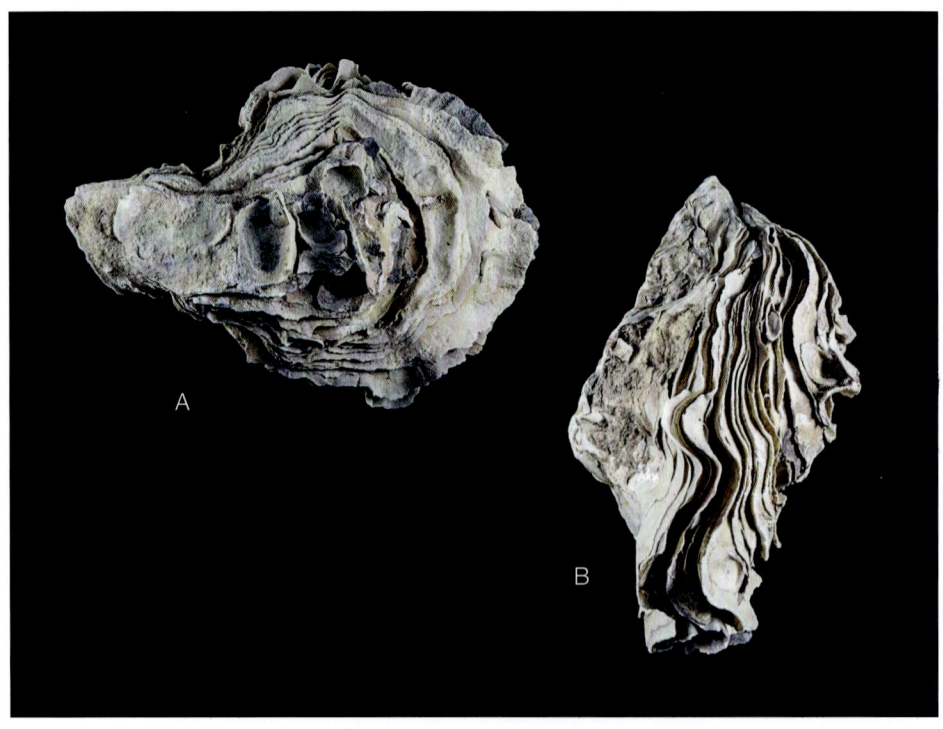

参考文献： 徐凤山和张素萍，2008。

图 143　长牡蛎 *Crassostrea gigas* (Thunberg, 1793)
A. 侧面观；B. 腹面观

牡蛎属 *Ostrea* Linnaeus, 1758

密鳞牡蛎
Ostrea denselamellosa Lischke, 1869

标本采集地： 黄海。

形态特征： 壳大型，壳厚，扁平近圆形。两壳不等，左壳稍大而凹陷，右壳较平且壳表面密生鳞片，这是本种的典型特征。壳表面灰色，壳内面近白色，布有青色斑块。铰合部较窄，韧带槽短小，三角形。闭壳肌痕椭圆形，位于中后端。

生态习性： 栖息于低潮线附近及潮下带。

地理分布： 广东以北各省沿海；日本，朝鲜半岛。

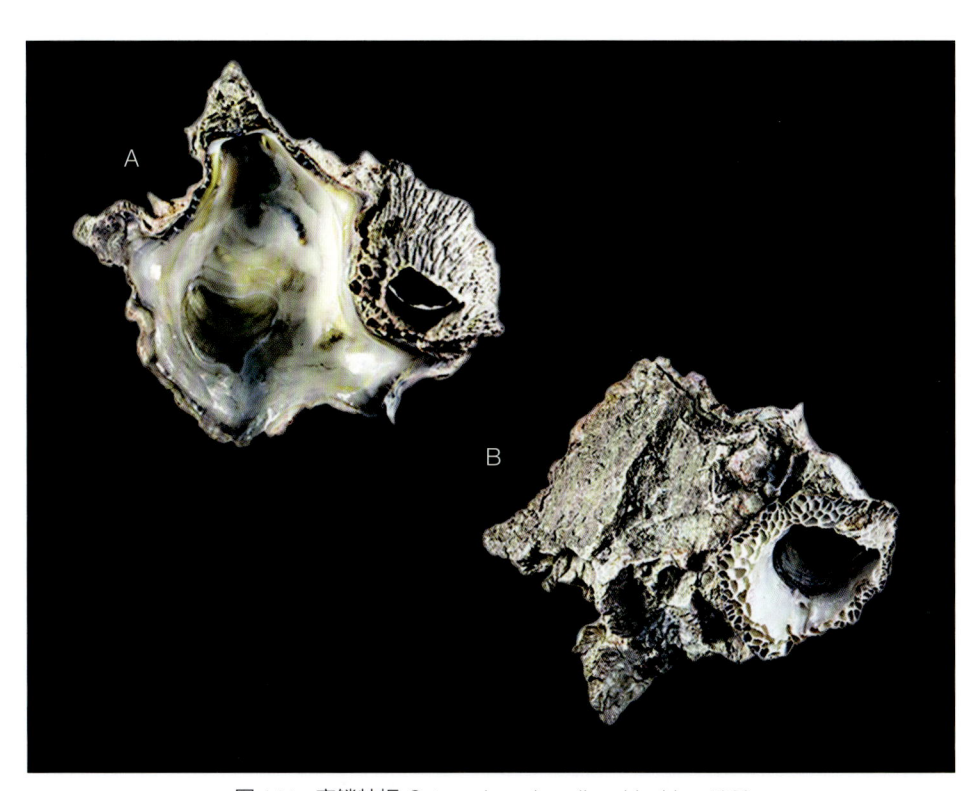

参考文献： 徐凤山和张素萍，2008。

图 144　密鳞牡蛎 *Ostrea denselamellosa* Lischke, 1869
A. 壳内面观；B. 侧面观

扇贝目 Pectinida
扇贝科 Pectinidae Rafinesque, 1815
海湾扇贝属 Argopecten Monterosato, 1889

海湾扇贝
Argopecten irradians (Lamarck, 1819)

标本采集地： 黄海。

形态特征： 贝壳呈圆形，壳表面较凸，壳色有变化，多呈紫褐色、灰褐色或红色，常有紫褐色云状斑。两壳有放射肋18条左右，肋上有生长小棘。壳内面近白色，闭壳肌痕略显；铰合部细长。两壳大小不等，放射肋多而粗，同心生长鳞片明显；足丝孔较小。

生态习性： 生活在浅海泥砂质的海底。

地理分布： 渤海，黄海，东海；大西洋沿岸。

经济意义： 经济贝类。

参考文献： 徐凤山和张素萍，2008。

图145 海湾扇贝 *Argopecten irradians* (Lamarck, 1819)
A. 侧面观；B. 壳内面观

蛤蜊科 Mactridae Lamarck, 1809
蛤蜊属 *Mactra* Linnaeus, 1767

中国蛤蜊
Mactra chinensis Philippi, 1846

标本采集地： 黄海。

形态特征： 壳皮黄色，在壳顶区常磨损。两壳较膨胀，壳顶位于背部中央之前，前后端均略尖，腹缘弓形，壳表面具有较粗的同心肋，但壳顶区不明显。闭壳肌痕较大，前闭壳肌痕桃形，后闭壳肌痕卵圆形。外套窦较短。

生态习性： 生活于潮间带至水深 30m 砂质海底。

地理分布： 渤海，黄海，东海；日本，朝鲜半岛，俄罗斯远东海域。

参考文献： 徐凤山和张素萍，2008。

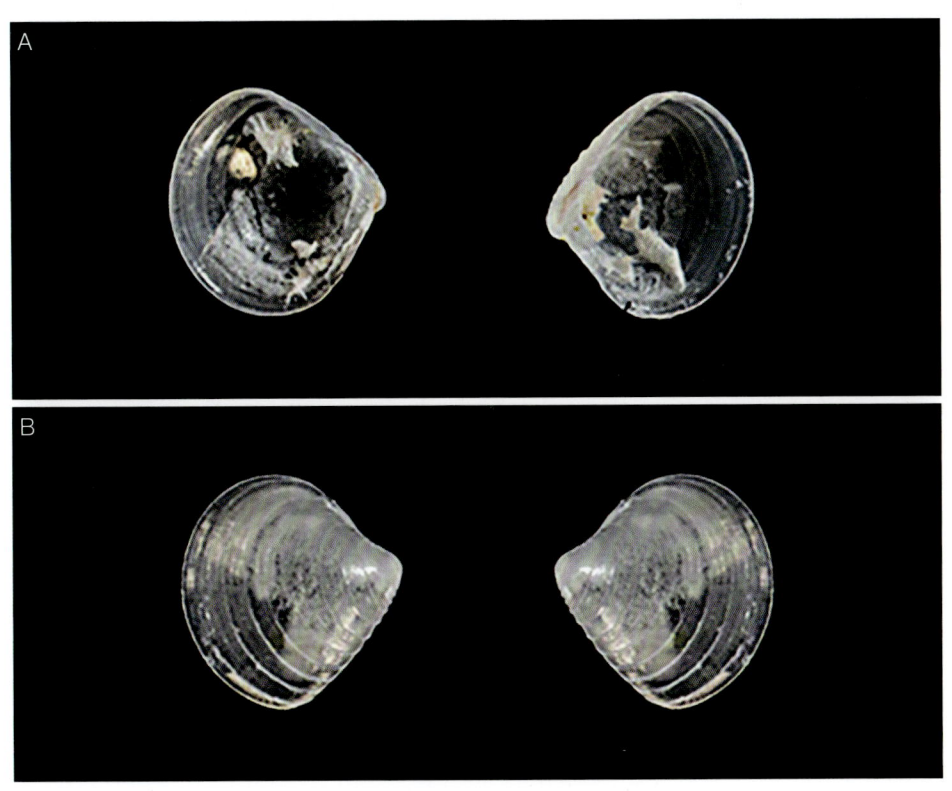

图 146　中国蛤蜊 *Mactra chinensis* Philippi, 1846
A. 壳内面观；B. 侧面观

四角蛤蜊　　蛤蜊
Mactra quadrangularis Reeve, 1854

标本采集地： 浙江象山、南麂列岛。

形态特征： 壳质坚厚，略呈四角形。两壳极膨胀，壳宽度几乎与高度相等，壳顶突出，位于背缘中央略靠前方，尖端向前弯。壳具壳皮，顶部白色，幼小个体呈淡紫色，近腹缘为黄褐色，腹面边缘常有1条很浅的边缘。壳表面中部膨胀，生长线明显粗大，形成凹凸不平的同心环纹。壳内面白色，铰合部宽大，左壳具1个分叉的主齿，两壳前后侧齿发达，均呈片状，左壳单片，右壳双片。外韧带小，淡黄色，内韧带大，黄褐色。闭壳肌痕明显，前闭壳肌痕稍小，呈卵圆形，后闭壳肌痕稍大，近圆形。外套痕清楚，接近腹缘，外套窦不深，末端钝圆。足部发达，侧扁呈斧状，足孔大，外套膜具2层边缘，两水管愈合，淡黄色，末端具触手。

生态习性： 生活于河口潮间带中、下区及浅海泥砂质海域，栖息深度5～10cm。

地理分布： 台湾岛以及连云港以北沿海；俄罗斯，日本。

经济意义： 肉可食用，产量大。

参考文献： 徐凤山和张素萍，2008。

图147　四角蛤蜊 *Mactra quadrangularis* Reeve, 1854
A. 侧面观；B. 顶面观；C. 壳内面观

帘蛤目 **Venerida**
蹄蛤科 Ungulinidae Gray, 1854
圆蛤属 *Cycladicama* Valenciennes in Rousseau, 1854

津知圆蛤
Cycladicama tsuchii Yamamoto & Habe, 1961

标本采集地： 黄海。

形态特征： 贝壳小型，壳质较坚厚，两壳较膨胀。壳顶较突出，前倾，位于背部近中央处。壳的前缘圆，前背缘较直；后端略呈截形，后背缘微凸或近平直，后背缘同后缘相会处形成一个不甚明显的后背角。壳表面具土黄色壳皮，同心生长纹不甚规则，每隔一定的距离有颜色较深的年轮状同心纹出现。在壳顶的前、后部特别是后部常有深色沉积物附着于其表面。

生态习性： 栖息于 7～75m 水深。

地理分布： 渤海，黄海；日本。

参考文献： 徐凤山和张素萍，2008；徐凤山，2011。

图 148　津知圆蛤 *Cycladicama tsuchii* Yamamoto & Habe, 1961
A. 侧面观；B. 顶面观；C. 壳内面观

帘蛤科 Veneridae Rafinesque, 1815
青蛤属 *Cyclina* Deshayes, 1850

青蛤
Cyclina sinensis (Gmelin, 1791)

标本采集地： 黄海。

形态特征： 贝壳中等大小，近圆形。壳质较厚，膨胀。壳顶小，位于贝壳中部，顶尖向前，向内弯曲。腹缘与前后两侧均圆。壳表面具有黄色壳皮，同心肋不规则，并具有很细弱的放射肋。壳内面白色，铰合部宽，前部较短，后部很长，3个主齿在铰合部仅占有很小的位置。无侧齿。腹缘内侧具有细齿状缺刻。

生态习性： 生活于潮间带泥砂底质。

地理分布： 渤海，黄海，东海，南海；西太平洋。

参考文献： 庄启谦，2001。

图 149　青蛤 *Cyclina sinensis* (Gmelin, 1791)
A. 侧面观；B. 顶面观；C. 壳内面观

镜蛤属 *Dosinia* Scopoli, 1777

日本镜蛤
Dosinia japonica (Reeve, 1850)

标本采集地： 浙江象山、三门。

形态特征： 壳质坚厚，呈近圆形，较扁平，长度略大于高度。小月面呈心脏形，其周围形成很深的凹沟。楯面狭长，呈披针状。壳背缘前端凹入，后面略呈截状，腹缘圆。韧带棕黄色，陷入两壳之间。壳表面略突起，无放射肋，同心生长纹极明显，轮脉间形成浅的沟纹。壳内面白色或淡黄色，具光泽。铰合部宽，右壳有主齿 3 个，前端两个较小，呈"八"字形排列。左壳主齿 3 个，前主齿薄，中主齿粗，后主齿长。前闭壳肌痕狭长、半圆状，后闭壳肌痕较大、卵圆状。外套痕明显，外套窦深，其尖端约伸展到贝壳的中部，呈锥状。

生态习性： 生活于潮间带中区的浅海泥砂滩中，栖息深度 10cm。

地理分布： 渤海，黄海，东海，南海；朝鲜，日本。

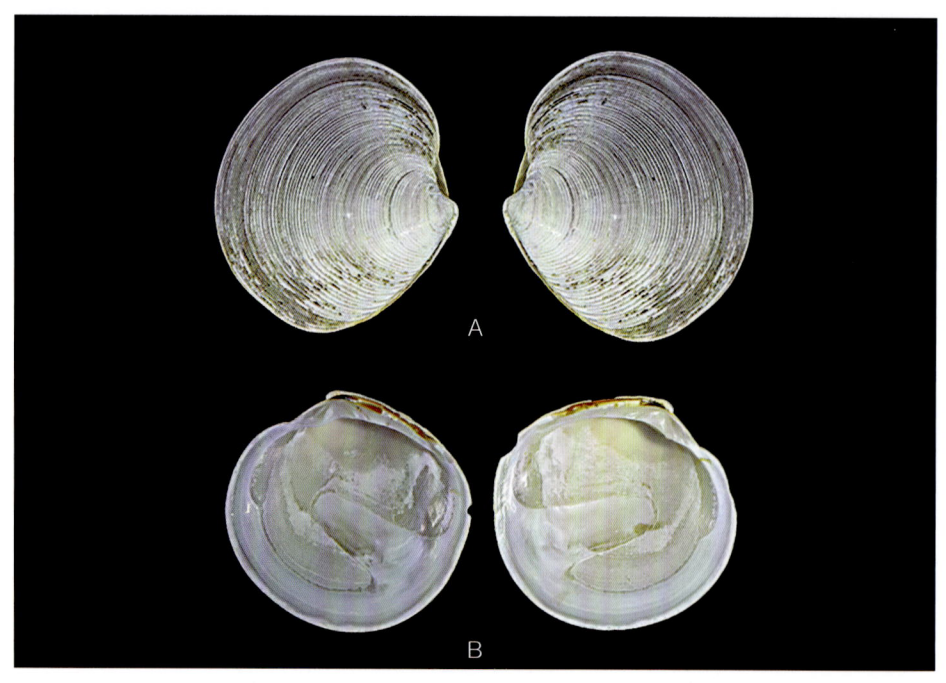

参考文献： 庄启谦，2001。

图 150　日本镜蛤 *Dosinia japonica* (Reeve, 1850)
A. 侧面观；B. 壳内面观

薄盘蛤属 *Macridiscus* Dall, 1902

等边薄盘蛤
Macridiscus aequilatera (G. B. Sowerby I, 1825)

同物异名： 等边浅蛤 *Gomphina aequilatera* (G. B. Sowerby I, 1825)

标本采集地： 浙江舟山。

形态特征： 壳质坚厚，背侧呈等边三角形，腹侧凸出，呈圆形。壳高约为壳宽的2倍。壳顶尖，稍凸出，位于壳背缘的中央，顶角约为120°，由壳顶向前、后的边缘直。小月面狭长，呈披针状，楯面不显著。韧带短而粗，黄褐色，凸出壳表面。壳表面不甚膨胀，无放射肋，同心生长纹明显，有时呈现沟纹。壳表面为灰白色或灰黄色，具锯齿或斑点状的褐色斑纹，通常具有放射状色带3～4条，变化很大。壳内面白色或浅肉色，具珍珠光泽。铰合部狭，三角形。左右两壳各具主齿3个，前端2个大，后端1个与韧带平行，不甚明显。前闭壳肌痕小，呈卵圆形，后闭壳肌痕稍大，近于圆形。

生态习性： 生活在潮间带及其以下数米深的砂质海底。

地理分布： 渤海，黄海，东海，南海；印度 - 西太平洋。

参考文献： 庄启谦，2001。

图 151　等边薄盘蛤 *Macridiscus aequilatera* (G. B. Sowerby I, 1825)

文蛤属 *Meretrix* Lamarck, 1799

文蛤　　海蛤、黄蛤、蛤蜊
Meretrix meretrix (Linnaeus, 1758)

标本采集地： 黄海。

形态特征： 贝壳背缘略呈三角形，腹缘呈卵圆形，两壳相等，壳长略大于壳高，壳质坚厚。壳顶突出，位于背面稍靠前方，两壳壳顶紧接，并微向腹面弯曲。小月面狭长，呈矛头状；楯面宽大，卵圆形。韧带黑褐色，粗短，突出表面。壳表面膨胀，光滑，被有一层黄褐色似漆的壳皮。同心生长纹清晰，由壳顶开始常有环形的褐色带。壳表面花纹个体差异甚大，小型个体贝壳花纹丰富，变化多端；大型个体则较为恒定，通常在贝壳近背缘部分有锯齿或波纹状的褐色花纹。壳皮在贝壳中部及边缘部分常磨损脱落，使壳表面呈白色。壳内面白色，前、后壳缘有时略呈紫色。铰合部宽，右壳具3个主齿及1个前侧齿，2个前主齿略呈三角形。前闭壳肌痕小，略呈半圆形，后闭壳肌痕大，呈卵圆形。外套痕明显，外套窦短，呈半圆形。

生态习性： 生活在潮间带以及浅海区的细砂表层。温暖时伸缩其足部做活泼运动，寒冷时则隐入沙中。文蛤因水温改变而有移动的习性，通常分泌胶质带或囊状物使身体悬浮于水中，借潮流之力进行迁移。

地理分布： 渤海，黄海，东海，南海；日本，朝鲜。

经济意义： 文蛤为蛤中上品，味美。中药称海蛤壳，可清热利湿、化痰软坚。肉有润五脏、止烦热、开脾胃、软坚散肿等功效。

参考文献： 张素萍等，2012；孔令峰等，2017。

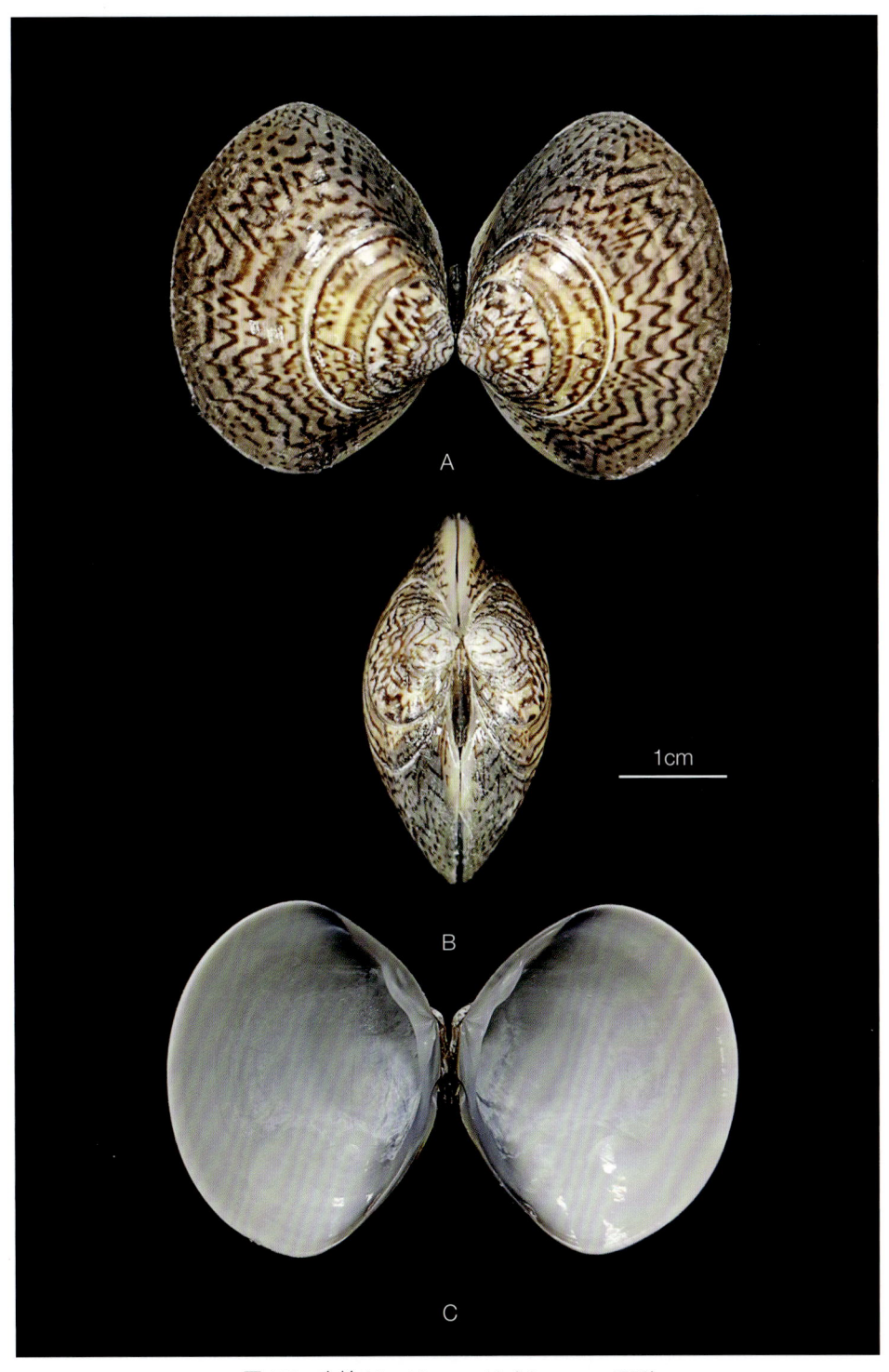

图 152 文蛤 *Meretrix meretrix* (Linnaeus, 1758)
A. 侧面观；B. 顶面观；C. 壳内面观

凸卵蛤属 *Pelecyora* Dall, 1902

三角凸卵蛤
Pelecyora trigona (Reeve, 1850)

标本采集地： 浙江象山、三门。

形态特征： 壳卵圆三角形，两壳膨胀，壳表面具同心肋，很粗；小月面不下陷。壳质厚，壳顶尖。

生态习性： 栖息于水深不超过 60m 的浅海。

地理分布： 渤海、黄海、东海、南海；巴基斯坦，印度，泰国湾，马六甲海峡。

参考文献： 庄启谦，2001。

帘蛤科分属检索表

1. 壳背侧呈等边三角形，壳长约为壳高的 1.5 倍 .... 薄盘蛤属 *Macridiscus*（等边薄盘蛤 *M. aequilatera*）
- 壳呈近圆形，壳长等于或略大于壳高 2
2. 壳背缘略呈三角形，两壳鼓胀 3
- 壳背缘不呈三角形 4
3. 壳表面具粗同心肋；小月面不下陷 .... 凸卵蛤属 *Pelecyora*（三角凸卵蛤 *P. trigona*）
- 壳表面光滑，同心生长纹清晰，由壳顶开始常有环形的褐色带；小月面狭长，呈矛头状 .... 文蛤属 *Meretrix*（文蛤 *M. meretrix*）
4. 壳顶小，位于贝壳中部，顶尖向前，向内弯曲 .... 青蛤属 *Cyclina*（青蛤 *C. sinensis*）
- 壳背缘前端凹入，后面略呈截状，腹缘圆；小月面呈心脏形，其周围形成很深的凹沟 .... 镜蛤属 *Dosinia*（日本镜蛤 *D. japonica*）

图 153 三角凸卵蛤 *Pelecyora trigona* (Reeve, 1850)
A. 侧面观；B. 顶面观；C. 壳内面观

鸟蛤目 Cardiida

樱蛤科 Tellinidae Blainville, 1814

彩虹樱蛤属 *Iridona* M. Huber, Langleit & Kreipl, 2015

彩虹樱蛤
Iridona iridescens (Benson, 1842)

同物异名： 彩虹明樱蛤 *Moerella iridescens* (Benson, 1842)

标本采集地： 山东。

形态特征： 壳小，呈三角椭圆形。壳表面白色或粉红色，具光泽。壳顶位于中央偏后，有放射脊。韧带黄褐色。生长线细密，有放射状色带。壳内具主齿2个，仅右壳有弱小的侧齿。前闭壳肌痕卵圆形，后闭壳肌痕马蹄状。外套窦前端与前闭壳肌痕相接。

生态习性： 生活于潮间带至浅海砂或砂泥底。

地理分布： 渤海，黄海，东海；印度 - 西太平洋。

参考文献： 徐凤山和张素萍，2008。

图 154 彩虹樱蛤 *Iridona iridescens* (Benson, 1842)
A. 侧面观；B. 壳内面观；C. 顶面观

吉樱蛤属 *Jitlada* M. Huber, Langleit & Kreipl, 2015

红吉樱蛤
Jitlada culter (Hanley, 1844)

同物异名： 红明樱蛤 *Moerella rutila* (Dunker, 1860)

标本采集地： 山东。

形态特征： 壳多白色，也有黄色和粉红色。壳顶尖而后倾，位于背缘近中央处，无小月面和楯面，壳表面有整齐的细的同心纹，自壳顶到后腹缘有一放射脊。外套窦较深，但仍然没有触及前闭壳肌痕，其背缘在壳顶下突然隆起，腹缘完全与外套线愈合。

生态习性： 栖息于潮间带泥砂质底。

地理分布： 渤海，黄海，东海，南海北部；日本。

参考文献： 徐凤山和张素萍，2008。

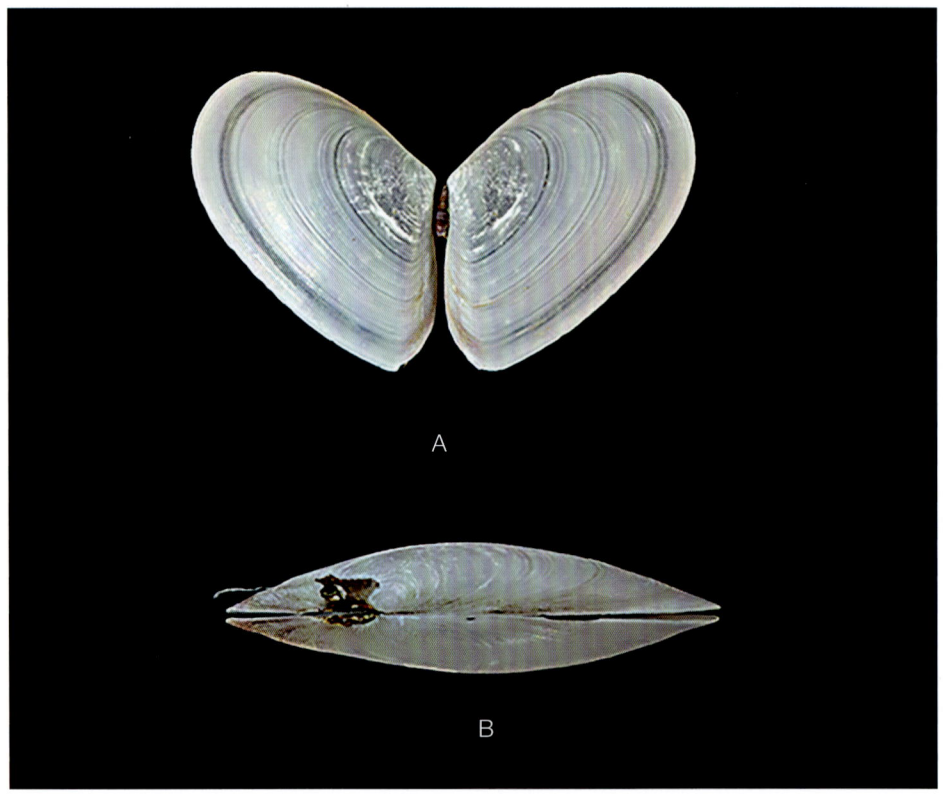

图 155　红吉樱蛤 *Jitlada culter* (Hanley, 1844)
A. 侧面观；B. 顶面观

明樱蛤属 *Moerella* P. Fischer, 1887

欢喜明樱蛤
Moerella hilaris (Hanley, 1844)

同物异名： 江户明樱蛤 *Moerella jedoensis* (Lischke, 1872)

标本采集地： 东海。

形态特征： 壳前部圆，后部细，稍开口，后端偏向右。外套窦深，不能触及前闭壳肌痕，其腹缘与外套线全部愈合或部分愈合。两壳各有2个主齿，右壳前侧齿壮，离主齿较远，左壳无侧齿。壳白色或红色，前、后端微开口，壳顶低，位于背缘中央之后；前缘圆，前背缘微凸；后部短而细，末端尖。壳表面被有薄的淡黄色壳皮，生长纹细，壳后放射褶不明显。外套窦腹缘与外套线愈合，右壳前侧齿离主齿较远。

生态习性： 多栖息于水深30m以内的近岸水区。

地理分布： 渤海，黄海，东海；日本。

参考文献： 徐凤山和张素萍，2008。

图156 欢喜明樱蛤 *Moerella hilaris* (Hanley, 1844)
A. 侧面观；B. 顶面观；C. 壳内面观

樱蛤科分属检索表

1. 外套窦前端与前闭壳肌痕相接......................彩虹樱蛤属 *Iridona*（彩虹樱蛤 *I. iridescens*）
- 外套窦不能触及前闭壳肌痕..2
2. 壳顶尖而后倾，位于背缘近中央处................吉樱蛤属 *Jitlada*（红吉樱蛤 *J. culter*）
- 壳顶低，位于背缘中央之后..........................明樱蛤属 *Moerella*（欢喜明樱蛤 *M. hilaris*）

贫齿目 Adapedonta
灯塔蛤科 Pharidae H. Adams & A. Adams, 1856
刀蛏属 *Cultellus* Schumacher, 1817

小刀蛏
Cultellus attenuatus Dunker, 1862

标本采集地： 浙江象山。

形态特征： 壳侧扁长形，后端渐收窄，形如刀状，壳质脆薄。壳长度约为高度的3倍，是宽度的6倍。壳顶位于背面近前方。韧带黑色，突出。背缘近平直，腹缘稍呈弧形，前、后端均呈圆形，后端略狭。两壳闭合时，前、后两端开口。壳表面光滑，具有微细的丝状生长纹，具有光泽壳皮，灰黄色。由壳顶至前腹缘有一斜缢痕。从壳顶斜向后腹缘有一条斜线，线的上部色淡，下部色深。壳内面灰白色，壳缘有灰黄色壳皮边。铰合部狭小，左壳有主齿3枚，右壳主齿2枚。外套痕明显，外套窦浅。前闭壳肌痕小，圆形，后闭壳肌痕大，长卵圆形。足发达，水管短，周围触手多。

生态习性： 沿海广布种。生活于数米至数十米水深的浅海中，其底质一般为泥、泥砂等。

地理分布： 渤海，黄海，东海，南海。

经济意义： 肉可食用，鲜美。

参考文献： 徐凤山和张素萍，2008。

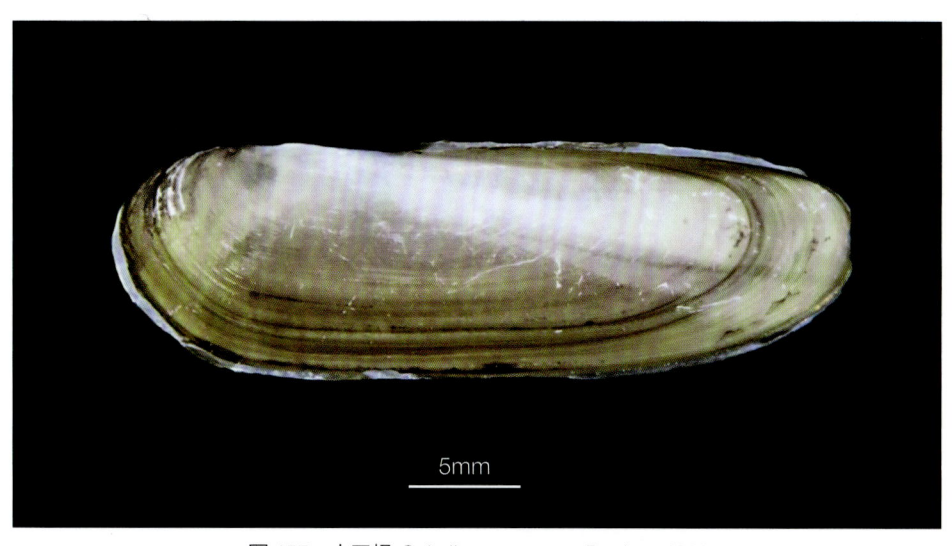

图 157 小刀蛏 *Cultellus attenuatus* Dunker, 1862

闭眼目 Myopsida
枪乌贼科 Loliginidae Lesueur, 1821
拟枪乌贼属 Loliolus Steenstrup, 1856

日本枪乌贼
Loliolus (*Nipponololigo*) *japonica* (Hoyle, 1885)

标本采集地： 浙江舟山。

形态特征： 胴部细长，长约为宽的 4 倍。肉鳍位于胴后部两侧，其长度稍大于胴长的 1/2，呈三角形，外侧顶角圆形，两肉鳍相接近似菱形。腕的长度不等，顺序一般为 3 > 4 > 2 > 1，吸盘 2 行，各腕吸盘大小不一，第 2、3 对腕上的吸盘最大，其角质环外缘具方形小齿，小齿一般是中部吸盘上的多，约 10 个，基部吸盘上的较少，顶部吸盘上的最少。雄性左侧第 4 腕茎化，特征是顶部约 1/2 部分特化成 2 行肉刺。触腕超过胴长，穗为菱形，约占触腕长的 1/4，吸盘 4 行，大小不一，中间者大，两边者小，中间的大吸盘角质环外缘具方形小齿，颇整齐，顶端小吸盘角质环外缘具尖锥形小齿，不整齐。生活时，身体灰白色，背部具褐色斑点，浸制后为灰黄色，背部斑点变为紫褐色。内壳角质，薄而透明。中央有一纵肋，由纵肋向两侧发出细微的放射纹，呈羽毛状。

生态习性： 为近海种类，游泳能力较弱。春季由深海向沿海洄游。5～6 月产卵，卵子包被于白色透明的胶质鞘中。卵鞘呈棒状。主要以小型虾类为食。

地理分布： 中国北部沿海数量较多；日本，朝鲜。

经济意义： 柔嫩味美，多用于鲜食。

参考文献： 董正之，1988。

图 158　日本枪乌贼 *Loliolus* (*Nipponololigo*) *japonica* (Hoyle, 1885)

乌贼目 Sepiida
耳乌贼科 Sepiolidae Leach, 1817
耳乌贼属 *Sepiola* Leach, 1817

双喙耳乌贼
Sepiola birostrata Sasaki, 1918

标本采集地： 浙江舟山。

形态特征： 胴部袋形，长宽之比约为 7∶5，胴背部和头部相连。肉鳍大，相当于胴长的 2/3 左右，位于胴部中段稍偏后的两侧，状如两耳。腕的长度约相等，顺序一般为 2=3＞1=4，吸盘 2 行，角质环外缘无齿。雄性左侧第 1 腕茎化，特征是较粗短，约为右侧第 1 腕长度的 4/5，基部有 4～5 个小吸盘，向上靠外侧边缘生有大小不等的 2 个弯曲的喙状肉刺，其中上面的一个较大，顶部 2/3 处密生 2 行三棱形的突起，突起尖端有小吸盘。触腕细长，约为胴长的 2 倍，穗小，约为全腕长度的 1/6，吸盘较小，大小相近，基部 4 行，向上可达 16 行，触腕吸盘角质环外缘具尖形小齿。生活时，体色浅，浸制后体稍黄，除鳍及漏斗外，遍布紫褐色斑点，胴背部斑点最密。内壳退化。

生态习性： 为小型底栖种类，多在海底营穴居生活，游泳能力很弱，常随潮流浮游在浅海中。

地理分布： 渤海，黄海，东海，南海；日本，朝鲜。

参考文献： 董正之，1988。

图 159　双喙耳乌贼 *Sepiola birostrata* Sasaki, 1918

八腕目 Octopoda
蛸科 Octopodidae d'Orbigny, 1840
蛸属 *Octopus* Cuvier, 1798

长蛸
Octopus minor (Sasaki, 1920)

标本采集地： 浙江舟山普陀。

形态特征： 胴部长椭圆形，表面光滑。两眼间无斑块、无金圈。漏斗器呈"几"字形，各腕均较长，长短相差悬殊，顺序为 1＞2＞3＞4，第 1 对腕长约为第 4 对腕长的 2 倍，约为头部和胴部总长的 6 倍，吸盘 2 行。雄性右侧第 3 腕茎化，长度仅为左侧第 3 腕的 1/2。端器大而明显，匙形，约为全腕长度的 1/5，为两边皮肤向内侧卷曲而成的一个长形深槽，槽侧具 10 条小纵沟，腕侧膜极发达，形成输精沟。

生态习性： 沿岸底栖生物，营挖穴栖居生活。

地理分布： 渤海、黄海、东海、南海。

经济意义： 鱼类饵料；肉质鲜美，可食用。

参考文献： 董正之，1988。

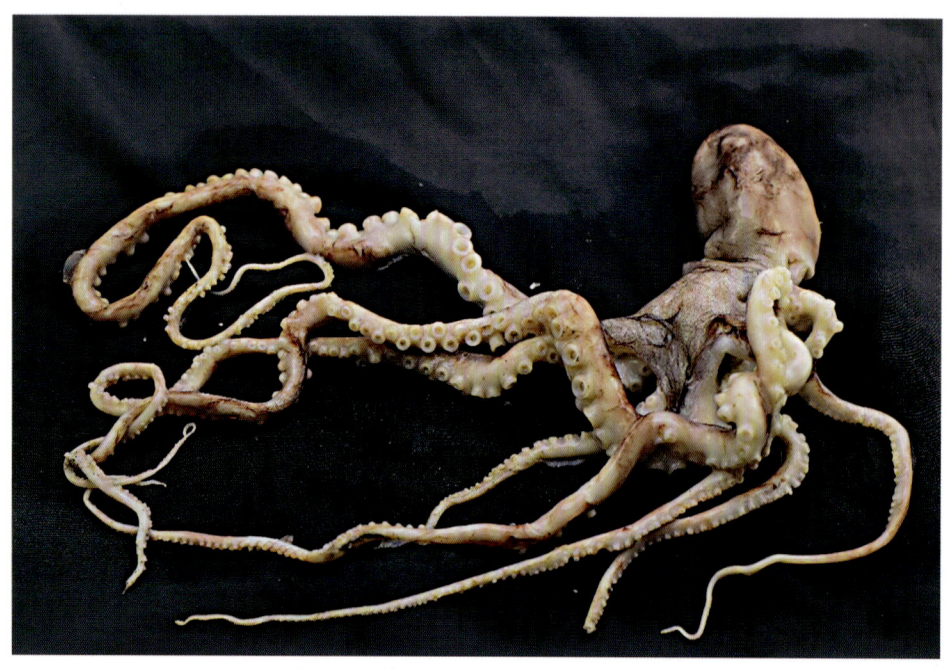

图 160 长蛸 *Octopus minor* (Sasaki, 1920)

软体动物门参考文献

董正之. 1988. 中国动物志 软体动物门 头足纲. 北京：科学出版社.

董正之. 2002. 中国动物志 无脊椎动物 第二十九卷 软体动物门 腹足纲 原始腹足目 马蹄螺总科. 北京：科学出版社.

孔令锋, 王晓璇, 松隈明彦, 等. 2017. 中国沿海文蛤属分类研究进展. 中国海洋大学学报, 47(9): 30-35.

林光宇. 1997. 中国动物志 软体动物门 腹足纲 后鳃亚纲 头楯目. 北京：科学出版社.

林光宇, 张玺. 1965. 中国侧鳃科软体动物的研究. 海洋与湖沼, 7(3): 265-272.

王如才. 1988. 中国水生贝类原色图鉴. 杭州：浙江科学技术出版社.

王一农, 魏月芬. 1994. 舟山沿海马蹄螺科的生态调查. 浙江水产学院学报, (1): 38-44.

王祯瑞. 1997. 中国动物志 软体动物门 双壳纲 贻贝目. 北京：科学出版社.

徐凤山. 2011. 中国动物志 无脊椎动物 第四十八卷 软体动物门 满月蛤总科. 北京：科学出版社.

徐凤山, 张素萍. 2008. 中国海产双壳类图志. 北京：科学出版社.

张素萍. 2003. 中国近海玉螺科研究 Ⅲ. 乳玉螺亚科. 动物学杂志, 38(4): 101-110.

张素萍, 马绣同. 2004. 中国动物志 无脊椎动物 第三十四卷 软体动物门 腹足纲 鹑螺总科. 北京：科学出版社.

张素萍, 王鸿霞, 徐凤山. 2012. 中国近海文蛤属（双壳纲, 帘蛤科）的系统分类学研究. 动物分类学报, 37(3): 473-479.

庄启谦. 2001. 中国动物志 软体动物门 双壳纲 帘蛤科. 北京：科学出版社.

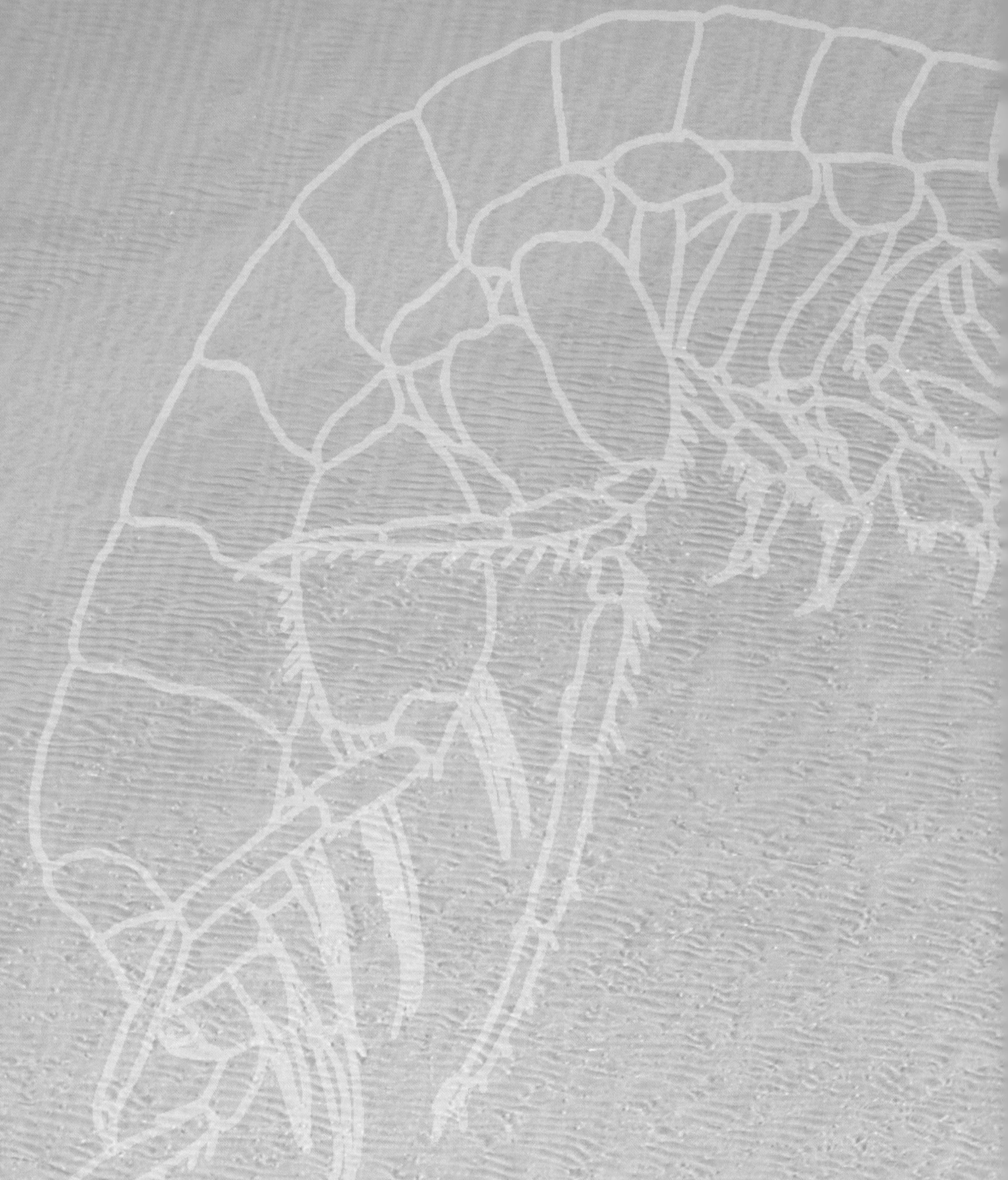

节肢动物门
Arthropoda

藤壶目 Balanomarpha
藤壶科 Balanidae Leach, 1806
纹藤壶属 *Amphibalanus* Pitombo, 2004

纹藤壶
Amphibalanus amphitrite amphitrite (Darwin, 1854)

同物异名：*Balanus amphitrite hawaiiensis* Broch, 1922；*Balanus amphitrite denticulata* Broch, 1927

标本采集地：山东东营。

形态特征：壳圆锥形或筒锥形，表面光滑，有紫色或褐色纵条纹，无横条纹，吻板和侧板条纹多为2束，板的中央和边缘白色带宽阔；板顶端壳口缘略呈锯齿状；辐部宽，上缘与基底平行或略斜，有横细沟纹及散布的褐红色斑点构成的纵纹。翼部宽阔。壳口大，略呈菱形。壁板鞘部略短，有横生长纹，基缘内无泡状结构；鞘下纵肋基部呈齿状。壁板内有纵管，管内无横隔片；吻板管数多为12～18个。盖板内膜紫红色，开闭缘膜白色。楯板有紫色的放射纵肋；关节脊突出背缘之外；闭壳肌脊短，平行于开闭缘。背板宽阔，有生长脊；矩短而宽，末端圆或平截；侧压肌脊4～6条。基底无横隔片，具管道。上唇中央缺刻两侧有一系列小齿，由大到小排列至中央沟的深处。大颚5齿。第1蔓足内肢一般为外肢长度的2/3，第2～3蔓足外肢稍长，第4～6蔓足内外肢几乎等长；第3蔓足无特殊刚毛。交接器长于第6蔓足，具环纹，基部具背突。

生态习性：温带和热带种，常栖息于沿海港湾潮下带和潮间带，附着于码头、浮标、岩石、木桩、船底、养殖架和贝壳上。常成群聚集，在南方海域，常同白脊管藤壶混杂在一起。纹藤壶附着期为5～11月，8～9月为附着高峰期，在北方海域，一般3个月可生长至最大体积。个体生长受温度影响大，水温高生长快，水温低生长慢。个体经无节幼体蜕皮后成长为腺介幼体，然后发育为有壳板的小藤壶，小藤壶第一次蜕皮后，蔓足伸出口外捕食。

地理分布：渤海至南海北部沿岸；世界性分布。

参考文献：刘瑞玉和任先秋，2007。

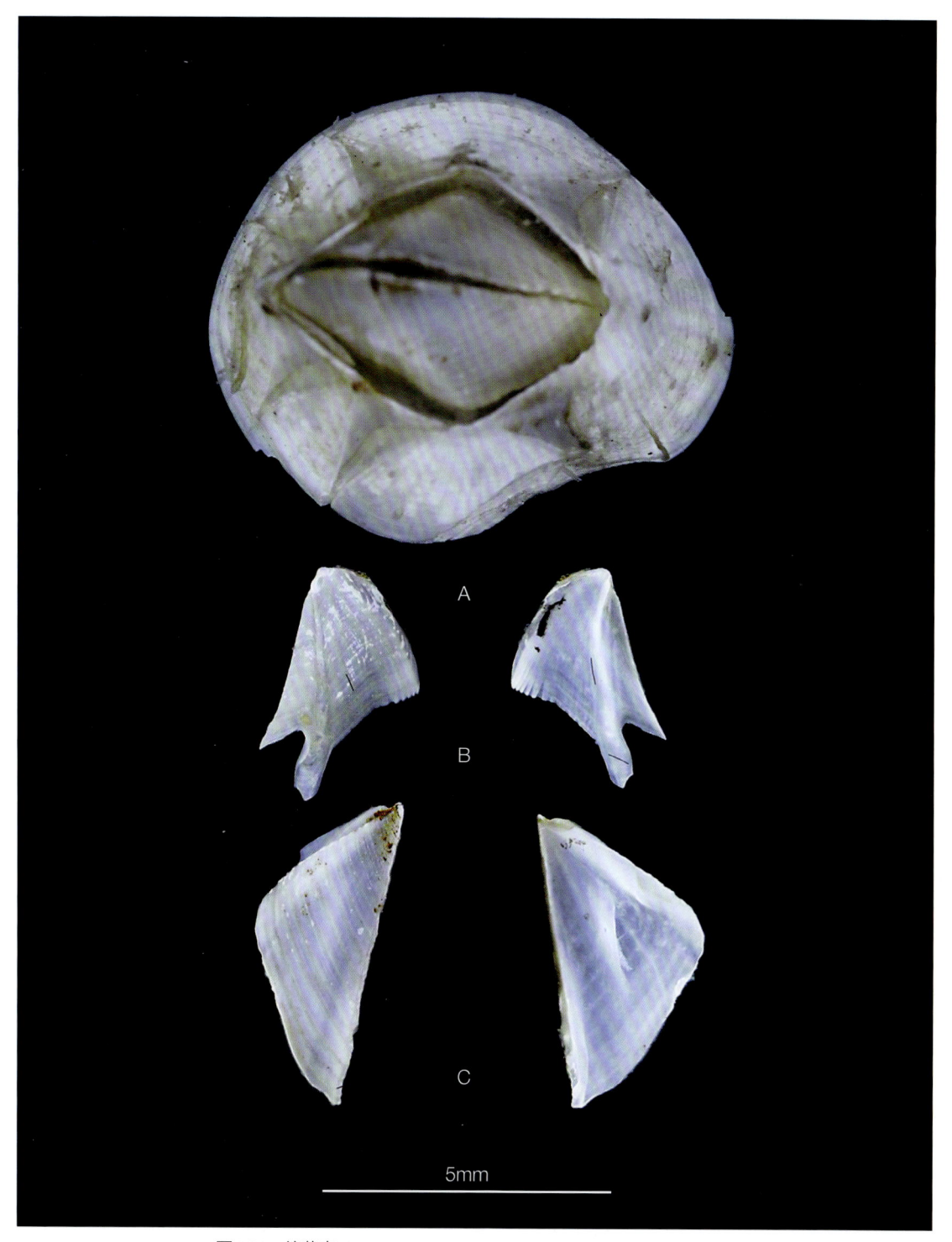

图 161 纹藤壶 *Amphibalanus amphitrite amphitrite* (Darwin, 1854)
A. 整体；B. 背板内外表面；C. 楯板内外表面

口足目 Stomatopoda

虾蛄科 Squillidae Latreille, 1802

口虾蛄属 *Oratosquilla* Manning, 1968

口虾蛄
Oratosquilla oratoria (De Haan, 1844)

同物异名：*Squilla oratoria* De Haan, 1844

标本采集地：山东东营。

形态特征：身体背面浅灰色或浅褐色，头胸甲的脊和沟，以及亚中央脊和间脊深红色；体节的后缘深绿色。头胸甲背面中央脊前端分叉部明显，基部不中断，额板长方形，宽大于长，背面中央具三角形或近圆形突起。眼大。第1触角发达。第2触角鳞片大。胸部各节亚中央脊、间脊明显，第5~7节侧缘皆具2个侧突：第5节前侧突尖锐，向前侧方斜伸，后侧突较钝，侧伸；第6节前侧突狭而微弯，末端钝，后侧突较钝，侧伸。第2胸肢强大，称为掠肢，其长节下角具1刺，腕节背缘具3~5个不规则的齿状突，掌节基部有3个可动齿，指节具6齿。腹部第2~5节中线上具甚短且中断的小脊。尾节宽大于长，中央脊、边缘刺和瘤突背隆线深褐绿色，边缘刺末端红色，中央脊及腹面肛门后脊均具十分隆起的脊。尾肢原肢的端刺红色，外肢基节末端深蓝色，末节黄色且内缘黑色。

生态习性：温带和热带种，营底栖生活，穴居于海底泥砂砾的洞中，常摇动腹部的鳃肢营呼吸，游泳能力强，肉食性，多捕食小型无脊椎动物，如贝类、螃蟹、海胆等。5~7月是产卵高峰期。一般栖息于水深5~60m处。

地理分布：渤海至南海北部沿岸；俄罗斯到夏威夷群岛沿岸海域。

经济意义：经济种，可食用。

参考文献：董聿茂等，1991；杨德渐等，1996；Ahyong et al., 2008。

图 162 口虾蛄 *Oratosquilla oratoria* (De Haan, 1844)

307

端足目 Amphipoda
马耳他钩虾科 Melitidae Bousfield, 1973
马耳他钩虾属 *Melita* Leach, 1814

朝鲜马耳他钩虾
Melita koreana Stephensen, 1944

标本采集地：山东东营。

形态特征：体细长，侧扁。额角不明显。眼褐色。第1～3腹节无背齿，第5腹节后背缘两侧雄性有3枚刺，雌性有1枚刺。第5、6底节板具前叶。尾节2叶，末端具3～4枚刺。第1触角附鞭短，第1柄节较粗壮，第3柄节最短。第2触角细短。鳃足亚螯状，第1鳃足细小，指节爪状。第2鳃足发达，雌性指节镰刀状。第1、2步足细弱，第3～5步足强壮，具后叶。雌性第4步足底节板前叶呈钩状而后弯。第1尾肢长于第2尾肢，第3尾肢外肢发达，内肢短小，呈鳞片状。

生态习性：栖息于潮间带的海藻丛中或石块下，春、秋季大量繁殖，丰度很高。

地理分布：渤海至南海北部沿岸；日本，朝鲜。

参考文献：任先秋，2012。

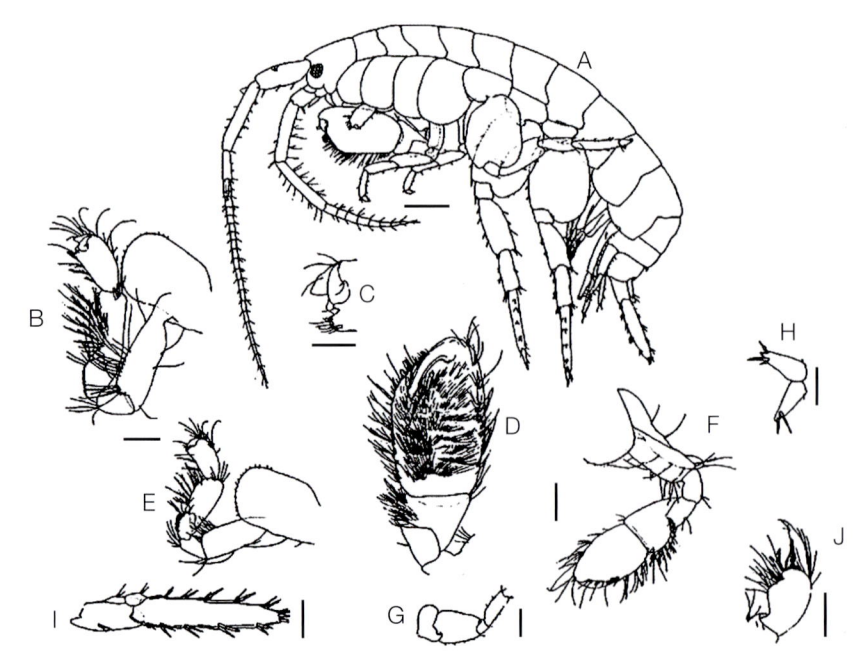

图 163-1　朝鲜马耳他钩虾 *Melita koreana* Stephensen, 1944（引自任先秋，2012）
A. 外形（♂）；B、C. 第1鳃足（♂）；D. 第2鳃足（♂）；E. 第1鳃足（♀）；F. 第2鳃足（♀）；
G. 第6步足（♀）；H. 尾节；I. 第3尾肢；J. 颚足触须第3、4节
A. 0.5mm；B、C. 0.1mm；D～F、H、I. 0.2mm；G. 0.5mm；J. 0.1mm

图 163-2 朝鲜马耳他钩虾 *Melita koreana* Stephensen, 1944

等足目 Isopoda

团水虱科 Sphaeromatidae Latreille, 1825

著名团水虱属 *Gnorimosphaeroma* Menzies, 1954

雷伊著名团水虱
Gnorimosphaeroma rayi Hoestlandt, 1969

标本采集地： 辽宁大连。

形态特征： 成体体长 7～10mm，体呈卵圆形，长大于宽。额角略突起。眼稍大，黑色。第2～7胸节底节板不明显；腹节侧部具2道短区分线。第1触角柄部分3节，第2节最短。第2触角鞭部伸至第2胸节下缘。第2胸肢比第1胸肢长，座节光滑，腕节与掌节几乎不具刚毛；第7胸肢基节、座节均无刚毛，腕节前端分布着一圈刚毛。第2腹肢基部宽大于长，内侧具3个弯曲的小钩；第4、5腹肢内外肢均不具皱襞。腹尾节光滑，无突起或刚毛。尾肢内外两肢均不超过腹尾节末端，内肢长且宽，外肢短小。

生态习性： 主要栖息于砂质沉积物中。

地理分布： 渤海，黄海；日本，韩国，俄罗斯，美国加利福尼亚。

经济意义： 一些经济鱼类的饵料生物之一。

参考文献： 于海燕和李新正，2003。

图164　雷伊著名团水虱 *Gnorimosphaeroma rayi* Hoestlandt, 1969

海蟑螂科 Ligiidae Leach, 1814
海蟑螂属 *Ligia* Fabricius, 1798

海蟑螂
Ligia (*Megaligia*) *exotica* Roux, 1828

标本采集地： 山东东营。

形态特征： 体椭圆形，头部短小。宽约为长的1/2。复眼1对，黑色，斜向列生于头部前缘外侧。第1对触角不发达；第2对触角长鞭35～45节。胸部7节，第1～7节的左、右后侧角渐次加强而尖削。每节有1对胸肢，适于爬行。腹部6节，第1、2腹节小，第3～5腹节的后侧角尖削，腹肢叶片状。尾节后缘中央呈钝三角形。身体呈黑褐色或黄褐色，胸肢指节橘红色，末端爪黑色。

生态习性： 生活于潮上带及高潮线附近，躲藏在岩石缝隙间，爬行迅速，以藻类及动物尸体为食。

地理分布： 渤海至南海北部沿岸；世界性分布。

参考文献： 董聿茂等，1991。

图165　海蟑螂 *Ligia* (*Megaligia*) *exotica* Roux, 1828

全颚水虱科 Holognathidae Thomson, 1904

似棒鞭水虱属 *Cleantioides* Kensley & Kaufman, 1978

平尾似棒鞭水虱
Cleantioides planicauda (Benedict, 1899)

同物异名： *Cleantis planicauda* Benedict, 1899

标本采集地： 渤海。

形态特征： 身体呈圆筒形，两侧平行。体长约13mm，宽约为长的1/6。头部近四角形，头前缘中央有一凹刻，两侧缘突出。复眼呈三角形。第2触角短，鞭部仅1节。胸部7节，各节大小相似。第1胸节的前侧缘角较大。胸部肢上板狭小，背面观不可见。第5～7胸节的后侧缘角尖锐。第1胸肢粗壮，第3胸肢最长，第4胸肢特别小。前3对胸肢的前节特别膨大；第4～7胸肢为步行肢，前节不膨大，指节较长。腹部长度约为体长的1/3。第1～4腹节较短，尾节特别长，后缘圆钝。

生态习性： 栖息于泥砂质浅海或潮线。

地理分布： 渤海至南海北部沿岸；古巴，热带大西洋。

参考文献： 董聿茂等，1991。

图166 平尾似棒鞭水虱 *Cleantioides planicauda* (Benedict, 1899)

十足目 Decapoda
对虾科 Penaeidae Rafinesque, 1815
对虾属 *Penaeus* Fabricius, 1798

中国对虾
Penaeus chinensis (Osbeck, 1765)

同物异名： *Cancer chinensis* Osbeck, 1765

标本采集地： 山东烟台。

形态特征： 个体大，甲壳薄，透明，雌性青蓝色，雄性棕黄色。额角平直，上缘具7齿，下缘具3～4个齿，额角侧脊伸至胃上刺附近；额角后脊达头胸甲中部。头胸甲上具明显的肝沟和眼胃脊。第1触角柄第1节外缘末端具1小刺，触角鞭上鞭长度大于头胸甲。第4～6腹节背中央具纵脊。尾节略短于第6腹节，背中央具一深沟，两侧无活动刺。第1步足具基节刺和座节刺；第2和第3步足具基节刺；5对步足均具短小的外肢。雌性交接器呈圆盘状，中央具纵行裂口；雄性交接器呈钟形。

生态习性： 栖息于浅海泥砂底，白天潜伏于泥砂内，夜晚在水层下部捕食底栖多毛类、小型甲壳类和双壳类等。每年3月生殖洄游，冬季向黄海南部避寒。雄性每年在10～11月交尾，雌虾至第2年4月成熟。

地理分布： 渤海，黄海，东海，南海；日本，朝鲜半岛，越南。

经济意义： 养殖经济种，肉鲜美，中国重要的养殖对象。

参考文献： 刘瑞玉，1955；董聿茂等，1991。

图167 中国对虾 *Penaeus chinensis* (Osbeck, 1765)

凡纳滨对虾
Penaeus vannamei Boone, 1931

同物异名： *Litopenaeus vannamei* (Boone, 1931)

标本采集地： 渤海。

形态特征： 大型虾类，体长 140～230mm。体色为淡青蓝色，甲壳较薄，全身不具斑纹。尾扇底端外缘呈带状红色。额角短，不超过第 1 触角第 2 节，侧沟和侧脊短，延伸至胃上刺下方，上缘具 8～9 个齿，下缘具 1～2 个齿。头胸甲短，与腹部比例为 1：3，具肝刺和触角刺，肝脊明显。第 1～3 步足上肢发达，第 4、5 步足无上肢；第 4～6 腹节具背脊；尾节具中央沟。性成熟雌体具开放型交接器。

生态习性： 从南美洲引进养殖种，栖息于泥砂底，杂食性，幼体摄食浮游动物的无节幼体；幼虾摄食浮游动物和底栖动物的幼体；成虾则以活的或死的动植物及有机碎屑为食，如蠕虫、各种水生昆虫及其幼体、小型软体动物和甲壳类、藻类等。

地理分布： 渤海至南海北部沿岸；原产于中南美洲的太平洋沿岸，巴西，墨西哥湾，美国，北大西洋，泰国，印度，秘鲁。

经济意义： 养殖经济种，肉鲜美，可食用。

参考文献： 董聿茂等，1991。

图 168　凡纳滨对虾 *Penaeus vannamei* Boone, 1931

鹰爪虾属 *Trachysalambria* Burkenroad, 1934

鹰爪虾
Trachysalambria curvirostris (Stimpson, 1860)

同物异名： *Penaeus curvirostris* Stimpson, 1860；*Trachypenaeus curvirostris* (Stimpson, 1860)；*Metapenaeus palaestinensis* Steinitz, 1932

标本采集地： 渤海。

形态特征： 身体棕红色，体表粗糙，密被绒毛，甲壳较厚。腹部弯曲时，状如鹰爪。额角上缘具7个齿，下缘无齿；雄性额角平直前伸，而雌性额角末端向上弯曲；额角侧脊伸至额角第1齿基部，额角后脊延伸至头胸甲后缘附近。头胸甲上具眼上刺、触角刺、胃上刺及肝刺；触角脊明显；眼眶触角沟及颈沟较浅，肝沟宽而深；触角刺具较短的纵缝，自头胸甲前缘延伸至肝刺上方。第2~6腹节背面具纵脊，第2腹节的纵脊较短。尾节末端尖细，稍长于第6腹节，背面有1纵沟，后部两侧具3对活动刺。第1小颚内肢不分节。第1步足具座节刺和基节刺；第2步足具基节刺；5对步足均具外肢。雄性交接器呈"T"形。雌性交接器前板略呈半圆形，其前端稍尖，后部中间下凹；后板左右相合，前缘覆于中央板之上，其中部向后深凹。

生态习性： 多栖息于近海海域的泥质细砂海底，昼伏夜出。

地理分布： 渤海至南海北部沿岸；日本，朝鲜半岛，菲律宾，马来西亚，新加坡，印度尼西亚，新几内亚，澳大利亚新南威尔士，地中海东部，红海，阿拉伯海，南非-坦桑尼亚，东非，马达加斯加，也门，印度南部。

经济意义： 属中型经济虾类，出肉率高，肉质鲜美。

参考文献： 董聿茂等，1991；宋海棠等，2006。

图 169 鹰爪虾 *Trachysalambria curvirostris* (Stimpson, 1860)

樱虾科 Sergestidae Dana, 1852
毛虾属 Acetes H. Milne Edwards, 1830

中国毛虾
Acetes chinensis Hansen, 1919

标本采集地： 渤海。

形态特征： 体极侧扁，甲壳甚薄，无色透明。额角短小，侧面略呈三角形，上缘具2齿。头胸甲具眼后刺及肝刺。眼圆形，眼柄细长。第1触角雌雄异形，雄性第1触角柄第3节较长，其下鞭基部2节较粗，第3节自其内侧向内前方弯曲伸出，其外侧又生出一短小的节，末端有不等长的弯刺毛2根；雌性第1触角柄第3节很短，下鞭细小且直。第2触角鞭约为体长的3倍，其基部1/3处呈"S"形弯曲。第3颚足细长，远超出第2触角鳞片末端。步足3对，末端皆为微小钳状，第3对最长，其掌节之大半超出第2触角鳞片末端。雄性交接器头状部略呈弯曲之圆棒状，末部膨大，具钩刺部分较无刺部分长。雌性第3步足基部之间腹甲向后突出，称为生殖板，其后中缘中部向前方凹陷，两侧为2突起，呈圆形或三角形。雌性第1腹肢无内肢。

生态习性： 浮游性的沿岸低盐种，多栖息于泥砂底质的浅海区及河口附近。生长迅速，一年能繁殖两个世代。

地理分布： 渤海至南海北部沿岸；日本，朝鲜半岛。

经济意义： 可食用，制成的干制品称虾皮，滋味鲜美；亦可作为底层鱼类或虾类的天然饵料。

参考文献： 董聿茂等，1991；宋海棠等，2006。

图 170　中国毛虾 *Acetes chinensis* Hansen, 1919

鼓虾科 Alpheidae Rafinesque, 1815
鼓虾属 *Alpheus* Fabricius, 1798

长指鼓虾
Alpheus digitalis De Haan, 1844

同物异名： *Alpheus distinguendus* de Man, 1909
标本采集地： 黄海。
形态特征： 体圆粗，甲壳光滑。额角细小，刺状，额角后脊伸至头胸甲中部，脊的前 1/3 窄，两侧之沟宽而深，无眼刺。头胸甲光滑无刺。眼完全覆盖于头胸甲下。腹部各节粗短，背面圆。尾节宽而扁，背面微凸，中央纵沟两侧具活动刺 2 对。第 1 步足特别强壮，左右两螯之大小及形状均不相同，雄性较雌性者粗大，大螯的钳部完全超出第 1 触角柄末端，钳扁而宽，外缘厚，可动指之长度稍大于基部之宽度，掌节的外缘末部平直无沟或缺刻。小螯短，指长，为掌节长度的 2 倍左右，二指内缘弯曲，仅在末端合拢。第 2 步足细长，腕节由 5 小节组成，其中第 2 节稍长于第 1 节。
生态习性： 多穴居于低潮线以下的泥砂中。
地理分布： 渤海至南海北部沿岸；日本，朝鲜半岛，泰国，越南，缅甸，新加坡。
经济意义： 可鲜食或干制虾米。
参考文献： 董聿茂等，1991；宋海棠等，2006。

图 171 长指鼓虾 *Alpheus digitalis* De Haan, 1844

藻虾科 Hippolytidae Spence Bate, 1888

深额虾属 Latreutes Stimpson, 1860

水母深额虾
Latreutes anoplonyx Kemp, 1914

标本采集地： 山东烟台。

形态特征： 额角极度侧扁，通常背缘具7～22个齿，腹缘6～11个齿，齿比较小；头胸甲具胃上刺及触角刺，前侧缘锯齿状；胃上刺较小，其后无疣状突起；柄刺圆形；第2触角鳞片长约为宽的4倍。第3颚足具外肢；第2步足腕节由3节构成。第3步足指节细长，末端单爪状，前4对步足具上肢。

生态习性： 栖息于热带及温带浅海，常生活于水母的口腕处，多在9～10月繁殖。

地理分布： 渤海至南海北部沿岸；日本，印度，马来群岛。

参考文献： 刘瑞玉，1955；许鹏，2014。

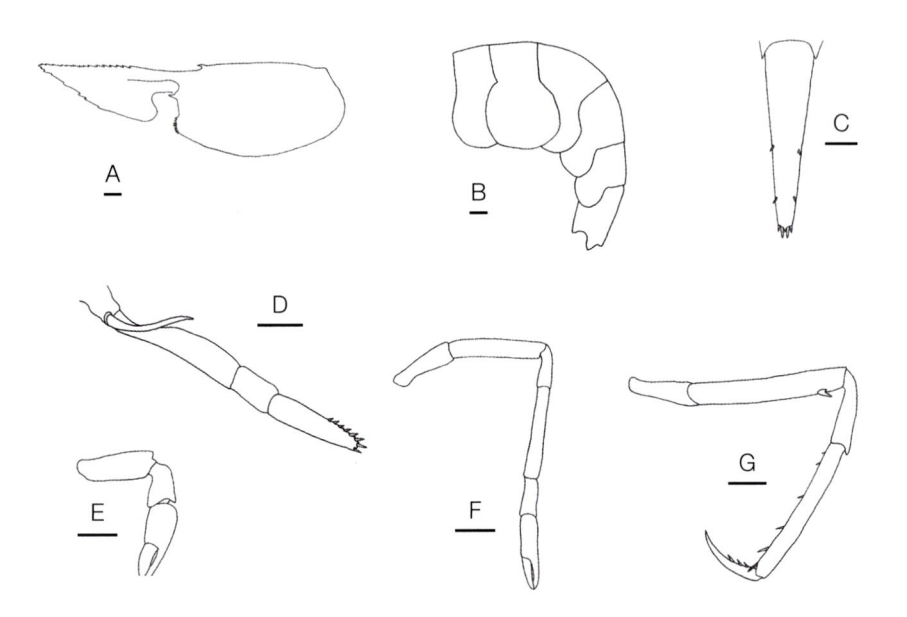

图172-1 水母深额虾 *Latreutes anoplonyx* Kemp, 1914（引自许鹏，2014）
A. 头胸甲及额角，侧视图；B. 腹部各腹节侧甲，侧视图；C. 尾节，背视图；D. 第3颚足，侧视图；
E. 第1步足，侧视图；F. 第2步足，侧视图；G. 第3步足，侧视图
比例尺：1mm

图 172-2　水母深额虾 *Latreutes anoplonyx* Kemp, 1914

疣背深额虾
Latreutes planirostris (De Haan, 1844)

同物异名： *Hippolyte planirostris* De Haan, 1844；*Latreutes dorsalis* Stimpson, 1860

标本采集地： 山东东营。

形态特征： 额角近三角形，雌性短而宽，伸至第2触角鳞片末端，上缘末半部稍向下斜；雄性长而窄，超过第2触角鳞片末端，上缘平直，额角齿数变化较大，上缘7～15个齿，下缘6～11个齿，锯齿多在额角末半，上缘末端2、3齿极小。胃上刺较大，距头胸甲前缘较远，其尖端向下弯曲，刺后脊较高，延伸至头胸甲中部以后，脊后具明显的疣状突起；雄性的胃上刺及其后方突起较雌性小，胃上刺的位置较接近前缘。第2～3腹节背面具较强的中央隆起。尾节和第6腹节较前者细长，其长度稍短于头胸甲或与之相等。第3颚足末节的末缘及内缘具8～10个硬刺。第1、2步足相似；第3～5步足的指节末端为双爪，第2爪较小，腹缘具4～5个活动刺，长节外缘末端各具1个活动刺；前4对步足具上肢。

生态习性： 多栖息于水深40m以上的外海区，底质多为砂质、粉砂质黏土软泥，喜附着于其他物体上。多在初夏繁殖。

地理分布： 渤海，黄海，东海；日本。

参考文献： 刘瑞玉，1955；董聿茂等，1991；许鹏，2014。

图173-1 疣背深额虾 *Latreutes planirostris* (De Haan, 1844)（引自许鹏，2014）
头胸甲及额角，侧视图
比例尺：1mm

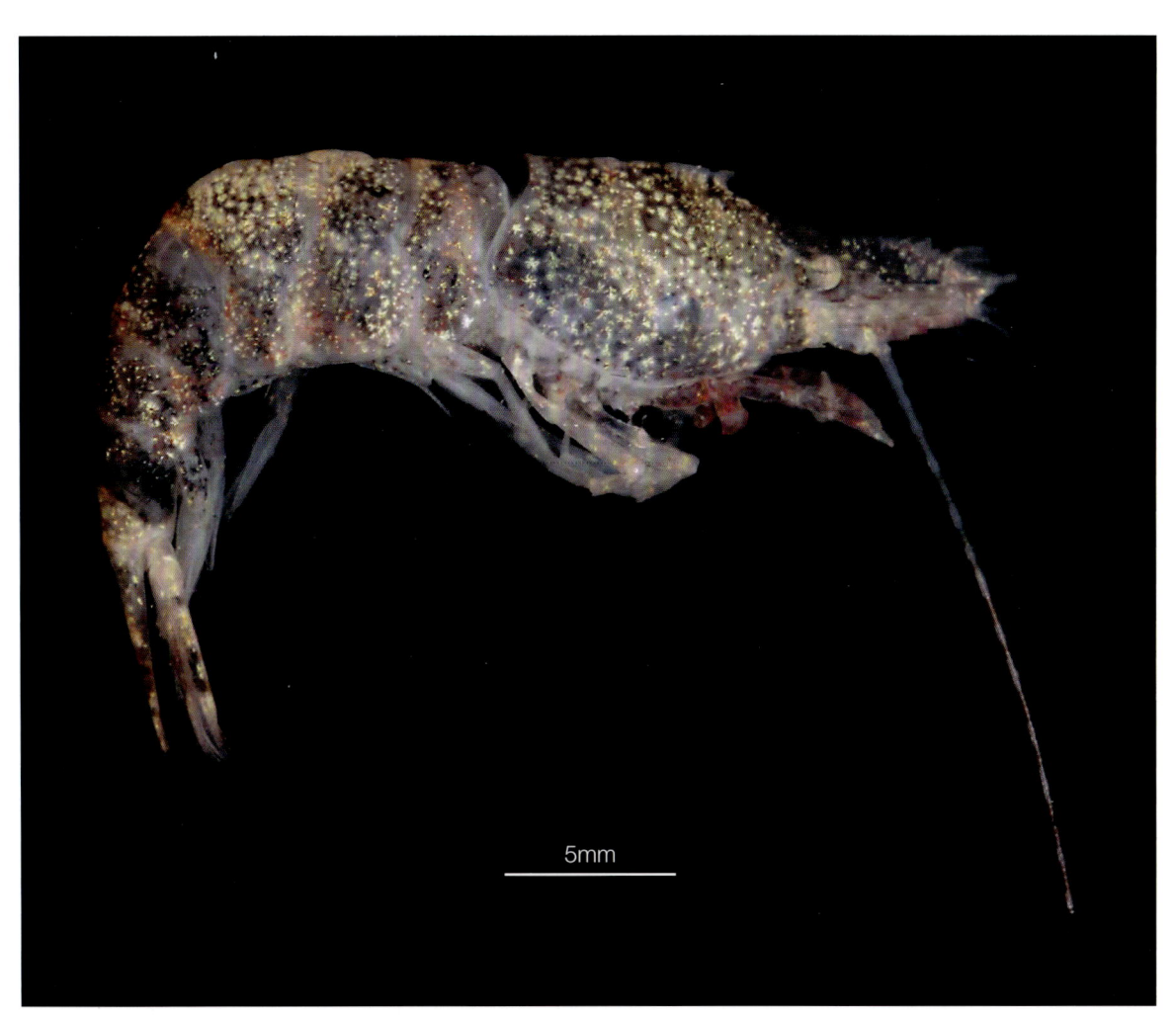

图 173-2　疣背深额虾 Latreutes planirostris (De Haan, 1844)

托虾科 Thoridae Kingsley, 1879
七腕虾属 Heptacarpus Holmes, 1900

直额七腕虾
Heptacarpus rectirostris (Stimpson, 1860)

同物异名： *Hippolyte rectirostris* Stimpson, 1860

标本采集地： 渤海。

形态特征： 体中等大小，多呈青色或卵橙色。额角短，上缘5～6个齿，下缘3～4个齿，具触角刺。眼圆筒形，单眼。第3颚足雌雄异形。第1～3步足具上肢，第1步足长节具刺。腹部圆滑。第1～3腹节侧甲后缘圆，第4、5腹节侧甲后缘具刺。雄性第1腹肢内肢末端有钩状刚毛。尾节背面具4对活动刺，末端中央尖锐，两侧有3对刺。

生态习性： 栖息于海水清澈的岩石或泥砂底，常附着于海藻或其他物体上，每年3～6月为繁殖期。

地理分布： 渤海，黄海；日本，俄罗斯。

参考文献： 刘瑞玉，1955；许鹏，2014。

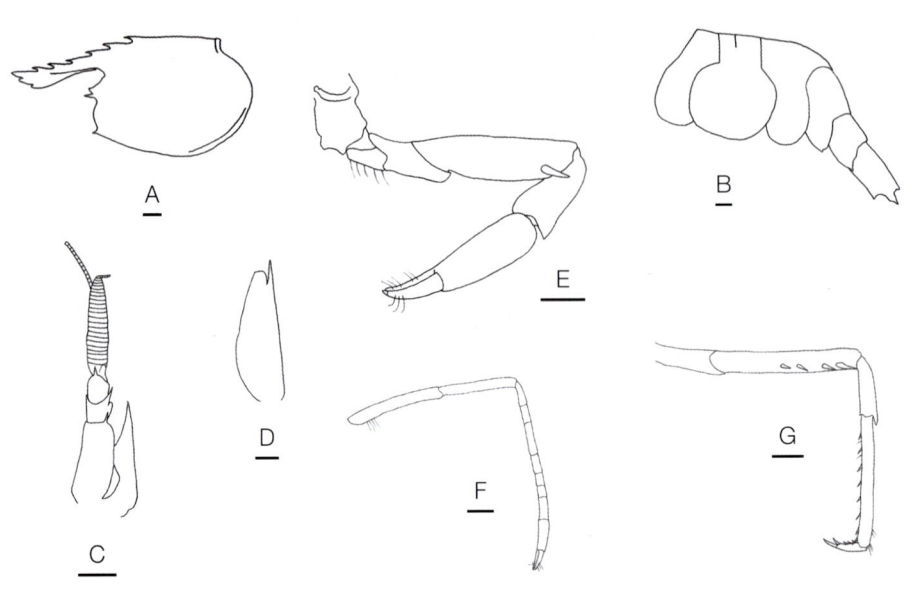

图174-1　直额七腕虾 *Heptacarpus rectirostris* (Stimpson, 1860)（引自许鹏，2014）
A. 头胸甲及额角，侧视图；B. 腹节侧甲，侧视图；C. 第1触角，背视图；D. 第2触角鳞片，背视图；
E. 第1步足，侧视图；F. 第2步足，侧视图；G. 第3步足，侧视图
比例尺：1mm

图 174-2　直额七腕虾 *Heptacarpus rectirostris* (Stimpson, 1860)

长臂虾科 Palaemonidae Rafinesque, 1815
长臂虾属 *Palaemon* Weber, 1795

脊尾长臂虾
Palaemon carinicauda Holthuis, 1950

同物异名：Leander longirostris var. carinatus Ortmann, 1890；Exopalaemon carinicauda (Holthuis, 1950)；Palaemon (Exopalaemon) carinicauda Holthuis, 1950

标本采集地：山东潍坊。

形态特征：体透明，带蓝色或红棕色小斑点，腹部各节后缘颜色较深。抱卵雌性第 1～5 腹节两侧各有蓝色大圆斑。额角甚细长，为头胸甲长的 1.2～1.5 倍，末端 1/4～1/3 超出鳞片末端，基部 1/3 具一鸡冠状隆起，上缘具 6～9 个齿。中部及末端甚细，末端稍向上扬起，末端具 1 个附加小刺，下缘具 3～6 个齿。触角甚小，鳃甲刺较大，其上方有一明显的鳃甲沟。第 3～6 腹节背面中央有明显的纵脊。第 6 腹节约为头胸甲长的 1/2。尾节约为第 6 腹节的 1.4 倍，其背面圆滑无脊，具 2 对活动刺。第 1 步足较短小，指节长稍短于掌节，腕节长约为指节的 3.5 倍，长节短于腕节，约为腕节长的 90%，约为座节长的 1.5 倍。第 2 步足较第 1 步足显著粗大，掌节稍超出鳞片末端，指节细长，两指切缘光滑无齿突，两边有梳状短毛，指节长约为掌节的 1.9 倍，腕节长约为指节的 50%。第 3 步足约伸至第 1 触角柄的末端，掌节长约为指节的 1.2 倍。第 5 步足约伸至鳞片末端或稍出，掌节长约为指节的 2.2 倍，长节长为座节的 2 倍。

生态习性：生活在近岸的浅水中，一般水深 15～20m 以内，盐度不超过 29 的海域或河口等半咸淡水域。

地理分布：渤海至南海北部沿岸；朝鲜半岛。

经济意义：肉质鲜美，还可以加工成高品质的虾米，其卵可干制成虾子。

参考文献：董聿茂等，1991；李新正等，2007，2016。

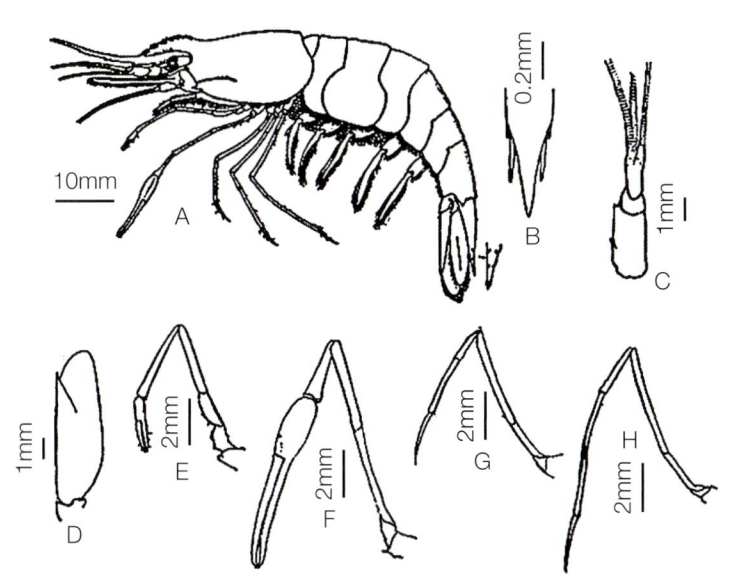

图175-1 脊尾长臂虾 *Palaemon carinicauda* Holthuis, 1950（引自李新正等，2007）
A. 抱卵雌虾侧面观；B. 尾节末端背面观；C. 第1触角；D. 第2触角鳞片；E. 第1步足；F. 第2步足；G. 第3步足；H. 第5步足

图175-2 脊尾长臂虾 *Palaemon carinicauda* Holthuis, 1950

葛氏长臂虾
Palaemon gravieri (Yu, 1930)

同物异名： *Leander gravieri* Yu, 1930

标本采集地： 山东烟台。

形态特征： 体半透明，略带淡黄色，全身具棕红色大块斑纹，第 1～3 腹节背甲与侧甲之间为浅色横斑。额角等于或稍大于头胸甲的长度，上缘基部平直，末端 1/3 甚细，稍向上扬起，上缘具 11～17 个齿，末端附近尚有 1～2 个较小的附加齿；下缘具 5～7 个齿。前侧角圆形，腹部第 3～5 腹节背面中央有不明显的纵脊。第 1 步足约伸至第 2 触角鳞片末端或稍微超出。指节稍短于掌节，长节稍短于腕节。第 2 步足甚长，腕节约有一小半超出鳞片末端，指节显著短于掌节，可动指基部具 2 个齿状突，不动指具 1 个齿，位于基齿一侧。末 3 对步足甚纤细，其掌节后缘都不具小活动刺。第 3 步足掌节末端超出鳞片末端，掌节长约为指节的 1.6 倍，长节长为掌节的 1.2 倍。第 5 步足掌节长为指节的 2.3～2.5 倍，长节稍短于掌节，为掌节的 0.95～0.97 倍。

生态习性： 卵较小，为棕绿色。生活于泥砂底的浅海，河口附近也有，通常在距岸边较远之处多见，繁殖季节在 4～5 月。

地理分布： 渤海，黄海，东海；日本，朝鲜半岛。

经济意义： 经济虾类，肉质鲜美，可鲜食或干制成虾米。

参考文献： 董聿茂等，1991；李新正等，2007。

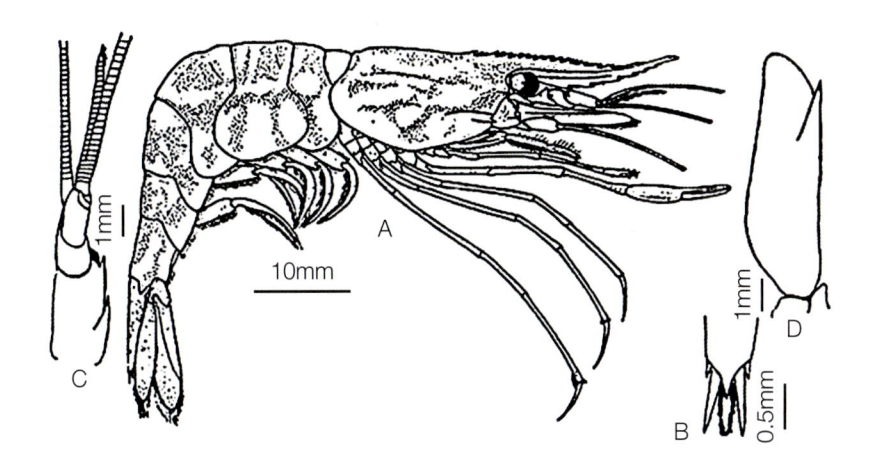

图 176-1 葛氏长臂虾 *Palaemon gravieri* (Yu, 1930)（引自李新正等，2007）
A. 雄虾侧面观；B. 尾节末端背面观；C. 第 1 触角；D. 第 2 触角鳞片

图 176-2 葛氏长臂虾 *Palaemon gravieri* (Yu, 1930)

巨指长臂虾
Palaemon macrodactylus Rathbun, 1902

标本采集地：山东烟台。

形态特征：体半透明，稍带黄褐色及棕褐色斑纹，其背面条纹较模糊，卵呈棕绿色。额角基部平直，末端向上扬起，超出第2触角鳞片末端，上缘具10～13个齿，有3个齿位于眼眶缘后方的头胸甲上，下缘具3～4个齿。腹部各节圆滑无脊，仅在第3腹节后部稍隆起。第1步足细小，指节超出第2触角鳞片的末端，掌节明显长于指节，腕节长为掌节的2.6～2.8倍，长节短于腕节，为腕节长的0.89～0.90倍，为座节长的1.5～1.6倍，腕节为掌节长的1.3～1.4倍，长节稍长于腕节，约为座节长的1.2倍。末3对步足的指节细长。第3步足指节长约为宽的5倍，掌节为指节长的2～2.5倍，腕节等长或稍长于指节，长节约为腕节长的2倍，为座节长的2.3～2.5倍。第5步足指节长为宽的6倍，掌节为指节长的2.8～3.1倍，为腕节长的1.8～1.9倍，长节稍微短于掌节，为座节长的2.4～2.5倍。

生态习性：生活于泥砂底或砂底的浅海，有时河口也能捕到。

地理分布：渤海，黄海，东海；日本，朝鲜半岛，美洲太平洋沿岸，波罗的海。

经济意义：肉可食用，量较少。

参考文献：董聿茂等，1991；李新正等，2007；Janas and Tutak, 2014。

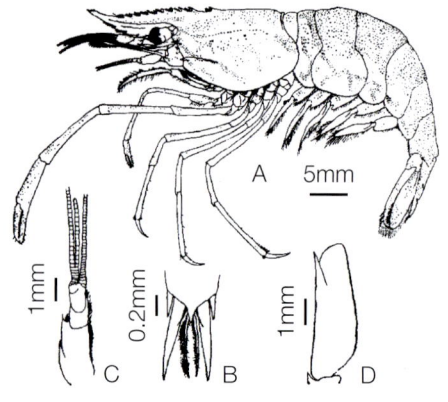

图 177-1 巨指长臂虾 *Palaemon macrodactylus* Rathbun, 1902（引自李新正等，2007）
A. 雄虾侧面观；B. 尾节末端背面观；C. 第1触角；D. 第2触角鳞片

图 177-2　巨指长臂虾 *Palaemon macrodactylus* Rathbun, 1902

锯齿长臂虾
Palaemon serrifer (Stimpson, 1860)

同物异名： Leander serrifer Stimpson, 1860；Leander fagei Yu, 1930

标本采集地： 山东潍坊。

形态特征： 体无色透明，头胸甲有纵行排列的棕色细纹，腹部各节有同样的横纹及纵纹，数目较少。额角约伸至第2触角鳞片的末端附近，末端平直，侧面观较宽阔，上缘具9～11个齿，末端有1～2个附加小齿，下缘具3～4个齿。腹部各节光滑无脊，仅第3节的末部中央稍微隆起；尾节较短，为第6腹节长的1.2～1.4倍。第1步足细小，掌节、指节约等长，腕节为指节长的2.7～2.9倍，长节稍短于腕节。第2对步足较粗长，超出鳞片末端；可动指切缘的基部具2个小的突起齿，不动指的基部为1个，掌节为指节长的1.3～1.5倍，腕节为掌节长的1/5～1/3，腕节明显长于指节，长节短于腕节的2倍，为座节长的2.1～2.3倍。第5步足掌节约1/3超出鳞片的末端，指节长为宽的4.6～5.6倍，掌节约为指节长的3.3倍，为腕节长的1.7～1.9倍，长节短于掌节，为掌节的0.91～0.97倍，约为座节长的2.5倍。

生态习性： 生活于砂底或泥砂底的浅海，多在低潮线附近浅水中的石隙间隐藏。在渤海、黄海每年4～9月为繁殖期。

地理分布： 渤海，黄海，东海，南海；印度，缅甸，泰国，印度尼西亚，澳大利亚北部，朝鲜半岛，日本至俄罗斯西伯利亚南部。

经济意义： 肉可鲜食，量少。

参考文献： 董聿茂等，1991；李新正等，2007。

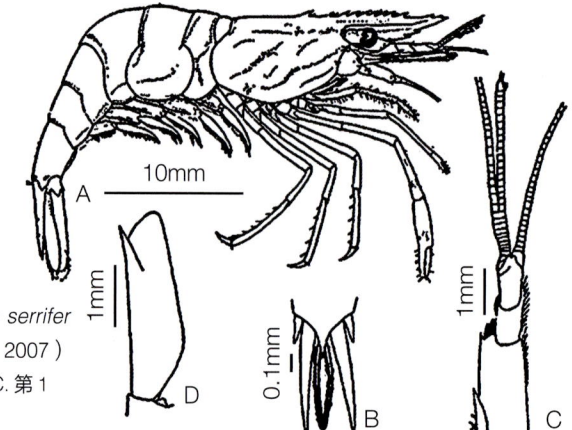

图 178-1 锯齿长臂虾 *Palaemon serrifer* (Stimpson, 1860)（引自李新正等，2007）
A. 虾体侧面观；B. 尾节末端背面观；C. 第1触角；D. 第2触角鳞片

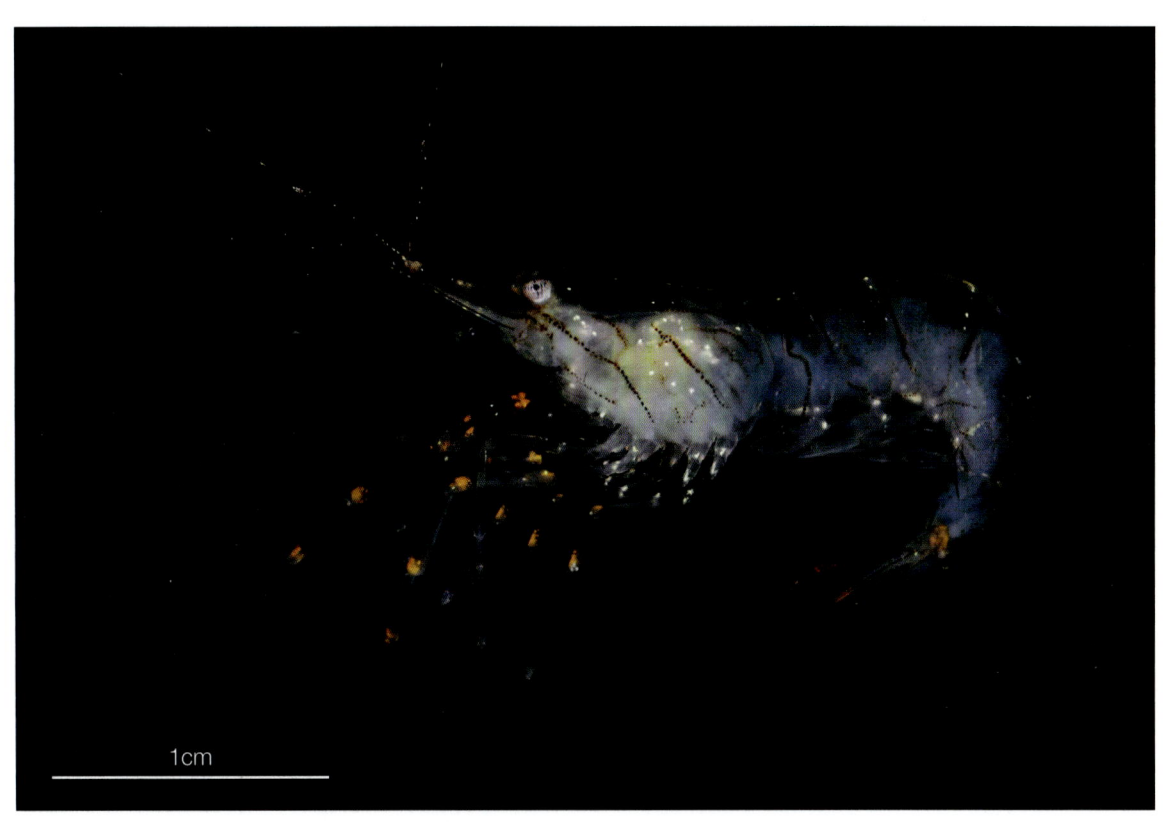

图 178-2　锯齿长臂虾 *Palaemon serrifer* (Stimpson, 1860)

长臂虾属分种检索表

1. 额角基部隆起，背齿呈鸡冠状；第4、5步足指节呈爪状 .... 脊尾长臂虾 *P. carinicauda*
 - 额角基部无鸡冠状隆起 2
2. 第3～5步足细长，掌节后缘无明显的活动刺 .... 葛氏长臂虾 *P. gravieri*
 - 第3～5步足较粗，掌节后缘有明显的活动刺 3
3. 额角末端平直，第3～5步足指节较宽短 .... 锯齿长臂虾 *P. serrifer*
 - 额角末端向上扬起，第3～5步足指节较窄长 .... 巨指长臂虾 *P. macrodactylus*

美人虾科 Callianassidae Dana, 1852

和美虾属 *Neotrypaea* R. B. Manning & Felder, 1991

日本和美虾
Neotrypaea japonica (Ortmann, 1891)

同物异名：*Callianassa subterranea japonica* Ortmann, 1891；*Callianassa californiensis* var. *japonica* Bouvier, 1901；*Callianassa* (*Trypaea*) *californiensis* var. *bouvieri* Makarov, 1938；*Callianassa californiensis bouvieri* Makarov, 1938

标本采集地：渤海。

形态特征：体无色透明，前部甲壳甚薄，后部较厚，甲壳较厚处为白色。头胸部稍侧扁，腹部平扁。额角不显著，仅在两眼的基部形成一宽三角形的突起。头胸甲光滑，无刺，侧叶不显著。背弧光滑。腹部各节光滑。第3颚足座节腹面中部具8～10个齿组成的齿列。第1步足螯状，左右不对称，雌雄异形。雄性大螯宽大，长节基部有大的叶状突起；小螯较小。雌性大螯较细小，可动指内缘具细齿；小螯与雄性相似。第2步足螯状。第3、4步足形状相似。第5步足细长，指节短小。雄性第1腹肢短小，单枝型，分2节；无第2腹肢。雌性第1腹肢较长，单枝型，基肢中部弯曲；第2腹肢双枝型，基肢较粗大、弯曲，内肢细长，外肢较短。第3～5腹肢皆为双枝型，内、外肢宽叶片状。尾节略短于第6腹节，梯形，后缘中央具1小刺。尾肢宽，长度与尾节相等。

生态习性：栖息于海湾及河口潮间带泥滩。

地理分布：渤海、黄海沿岸，分布区南界为长江口；日本，朝鲜半岛，俄罗斯远东海。

参考文献：刘文亮，2009。

图 179　日本和美虾 *Neotrypaea japonica* (Ortmann, 1891)

瓷蟹科 Porcellanidae Haworth, 1825
豆瓷蟹属 Pisidia Leach, 1820

锯额豆瓷蟹
Pisidia serratifrons (Stimpson, 1858)

同物异名： *Porcellana serratifrons* Stimpson, 1858；*Porcellana spinulifrons* Miers, 1879

标本采集地： 山东烟台。

形态特征： 头胸甲近卵形。额三叶型，边缘锯齿状，中叶末端稍向下弯曲。肝区边缘有2～3个刺，鳃区侧缘具1～2个小刺。螯足不等大，雌性大小螯结构近似，雄性大螯明显粗壮；小螯腕节背面前缘具2个宽齿，后缘具2个刺；雄性大螯腕节前缘平滑或波状，齿不明显，后缘刺有时退化。小螯掌节扁长，外缘背面具1排刺，长有长而密的羽状毛，背表面中部隆起成一纵脊，脊上光滑或长有小刺；雄性大螯掌节厚，表面及外缘光滑，无刺无毛；小螯不动指末端呈双叉状，可动指明显扭曲，两指切缘无齿，指间有明显的空隙。雄性大螯两指短粗，可动指强烈扭曲，切缘基部和不动指切缘中部各有1个钝齿。步足长节前缘无刺（部分个体或有小刺）；第1步足腕节前缘末端有2个刺，其余步足1个；前节后缘具5～6个可动棘；指节后缘具5个棘，末端1个基部显著隆起。尾节具7块节板。

生态习性： 从潮间带到浅水（有记录为68m深）均有分布；生活在砾石、泥质海底，多孔的岩石缝隙，或附着在海藻、贝壳上，死的珊瑚礁中。

地理分布： 渤海至南海北部沿岸；印度-西太平洋，莫桑比克，红海。

参考文献： 董栋，2011。

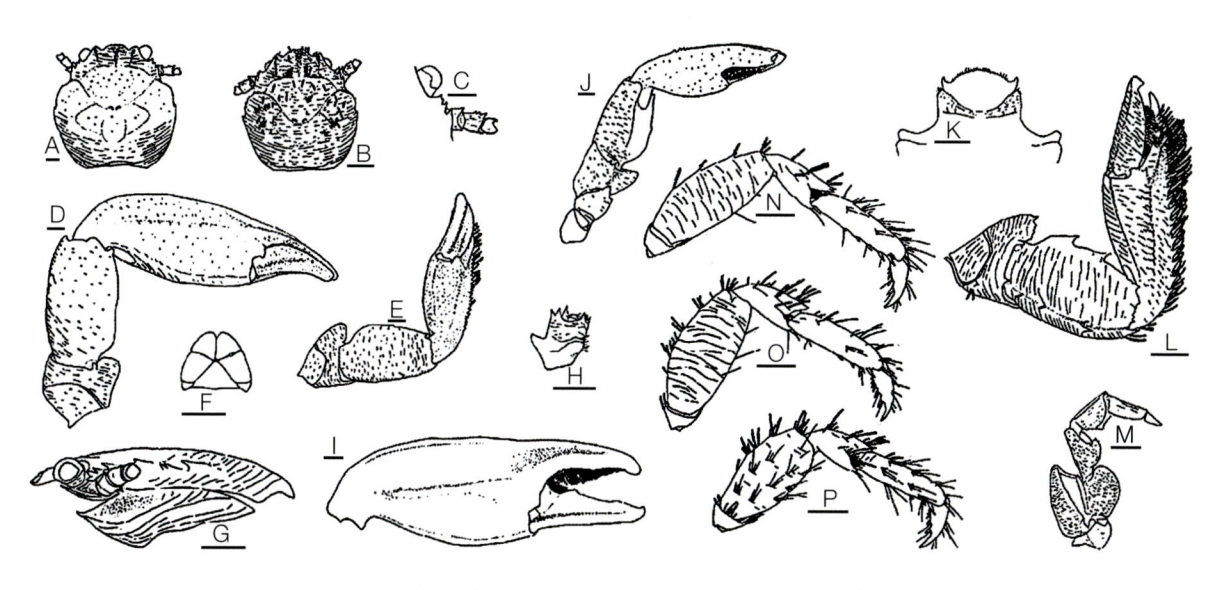

图 180-1 锯额豆瓷蟹 *Pisidia serratifrons* (Stimpson, 1858)（引自董栋，2011）

A、B. 头胸甲背面观；C. 第 2 触角柄右侧背面观；D. 大螯背面观；E. 小螯（掌节表面光滑）背面观；F. 尾节；G. 左侧侧壁侧面观；H. 第 1 触角基节左侧腹面观；I. 大螯掌节背面观；J. 小螯掌节腹面观；K. 第 3、4 胸板腹面观；L. 小螯（掌节表面具锯齿状褶线）背面观；M. 第 3 颚足右侧腹面观；N～P. 右侧第 1～3 步足后侧面观

比例尺：1mm

图 180-2 锯额豆瓷蟹 *Pisidia serratifrons* (Stimpson, 1858)

细足蟹属 *Raphidopus* Stimpson, 1858

绒毛细足蟹
Raphidopus ciliatus Stimpson, 1858

标本采集地： 渤海。

形态特征： 体白色，毛灰黄褐色。头胸甲宽卵圆形，表面具大量的横褶线并覆有柔软纤细的羽状毛，后鳃区侧缘部分具多条斜褶线，各有 1 条斜向的隆起脊，脊上生有 1 个短刺或刺突。额微突出，前缘呈三叶状。第 2 触角基节长，末端圆钝；其余柄节近圆柱状，第 3 柄节细长。螯足不等大，无雌雄差异，各节的边缘和背表面均覆有浓密的细羽状毛。长节腹面近末端中部有 1 个壮刺。腕节末端宽于近端；后缘弧形，后半部具 1 列刺；前缘具圆珠状的瘤突；背表面具横褶线，中央有 1 隆起的纵脊。掌节宽扁，外缘锯齿状；内缘有 1 纵脊，脊上具珠状的瘤突；表面中央有 1 隆起的纵脊。可动指纤细，末端钩状，外缘具 1 纵脊；大螯可动指切缘基部和不动指切缘中部各具 1 个齿；小螯两指切缘锯齿状。螯足掌节腹面近侧缘处有 1 狭长的凹槽。步足各节细长，前缘和后缘具浓密的细羽状毛。长节前缘无刺，前节后缘无棘刺。指节呈细长的棒状，末端尖，无棘刺。腹部尾节具 7 块节板。

生态习性： 栖息于浅海和低潮区泥砂底质。

地理分布： 渤海至南海北部沿岸；韩国，泰国，马来西亚，新加坡，澳大利亚。

参考文献： 董栋，2011。

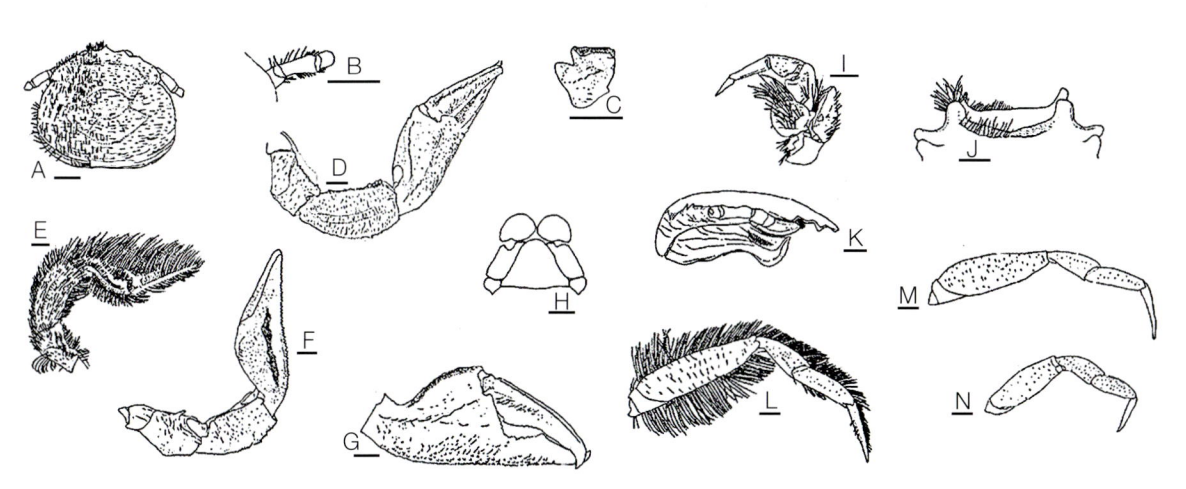

图 181-1 绒毛细足蟹 *Raphidopus ciliatus* Stimpson, 1858（引自董栋，2011）

A. 头胸甲背面观；B. 第 2 触角柄右侧背面观；C. 第 1 触角基节左侧腹面观；D. 大螯（去毛）背面观；E. 小螯背面观；F. 小螯（去毛）腹面观；G. 大螯掌节（去毛）背面观；H. 尾节；I. 第 3 颚足左侧腹面观；J. 第 3、4 胸板腹面观；K. 右侧侧壁侧面观；L～N. 右侧第 1～3 步足（第 2、3 步足去毛）侧面观

比例尺：1mm

图 181-2 绒毛细足蟹 *Raphidopus ciliatus* Stimpson, 1858

活额寄居蟹科 Diogenidae Ortmann, 1892
活额寄居蟹属 Diogenes Dana, 1851

艾氏活额寄居蟹
Diogenes edwardsii (De Haan, 1849)

同物异名： *Pagurus edwardsii* De Haan, 1849

标本采集地： 辽宁大连。

形态特征： 额角细，顶端尖，比眼鳞短。眼柄伸至第1触角柄末节近端、第2触角柄末端1/3处。第2触角棘超越第2节中部；内缘有数刺；鞭比头胸甲长。第3颚足座节有锯齿（7或8齿列），无附属齿，长节中（内）缘无刺。螯足及步足有刺及毛。左螯比右螯强大，比头胸甲长2倍；长节上缘有长毛。腕节几乎与长节等长，外面有尖齿列，其中2列明显，远缘有强齿。掌节很短，约为指节长的5/8，外面有稀疏齿及长毛；两指间有大裂隙。第1、2步足右方比左方大；指节比掌节长。尾节左叶比右叶大；末缘各有5个或6个刺，侧缘有6～12个齿，各有稀疏长毛。全躯浅褐色。

生态习性： 常寄居于阔口螺内，生活于砂或泥砂底质。左螯掌节上时有海葵 *Verrillactis paguri* 覆盖。

地理分布： 渤海至南海北部沿岸；日本海及日本太平洋沿岸，新加坡，菲律宾，马来西亚，波斯湾，非洲东部沿岸，印度洋。

参考文献： 董聿茂等，1991。

图 182　艾氏活额寄居蟹 *Diogenes edwardsii* (De Haan, 1849)

玉蟹科 Leucosiidae Samouelle, 1819
栗壳蟹属 *Arcania* Leach, 1817

十一刺栗壳蟹
Arcania undecimspinosa De Haan, 1841

同物异名： Arcania granulosa Miers, 1877

标本采集地： 渤海。

形态特征： 头胸甲长略大于宽。背面隆起，表面密布颗粒。额缘中央有1"V"形缺刻，分成2个锐三角齿，各齿表面密具细小泡状颗粒。眼大，呈圆形，近内侧具1小齿。头胸甲边缘具不等大的11个刺，后缘3个居中且较突出，每个刺的表面及边缘有小齿或颗粒。螯肢细长，除指节末端外，均具颗粒，长节圆柱形，掌节基部膨肿，向末端逐渐趋细。指节纤细，两指内缘均具短刚毛及细锯齿。步足细长，各节均具细颗粒，指节边缘具短刚毛。腹部及胸部腹甲密具细颗粒。雄性腹部为长三角形，表面密具细尖颗粒，分5节，第3～5节愈合。雌性腹部呈圆形，分5节，第4～5节愈合。雄性第1腹肢长而细，基部宽，逐渐向末端趋窄，末部具一些细颗粒和长刚毛。

生态习性： 栖息于水深22～210m的软泥、泥砂质或砂质泥海底。

地理分布： 渤海至南海北部沿岸；日本，朝鲜半岛，印度，泰国，菲律宾，澳大利亚，塞舌尔群岛。

参考文献： 戴爱云等，1986；陈惠莲和孙海宝，2002。

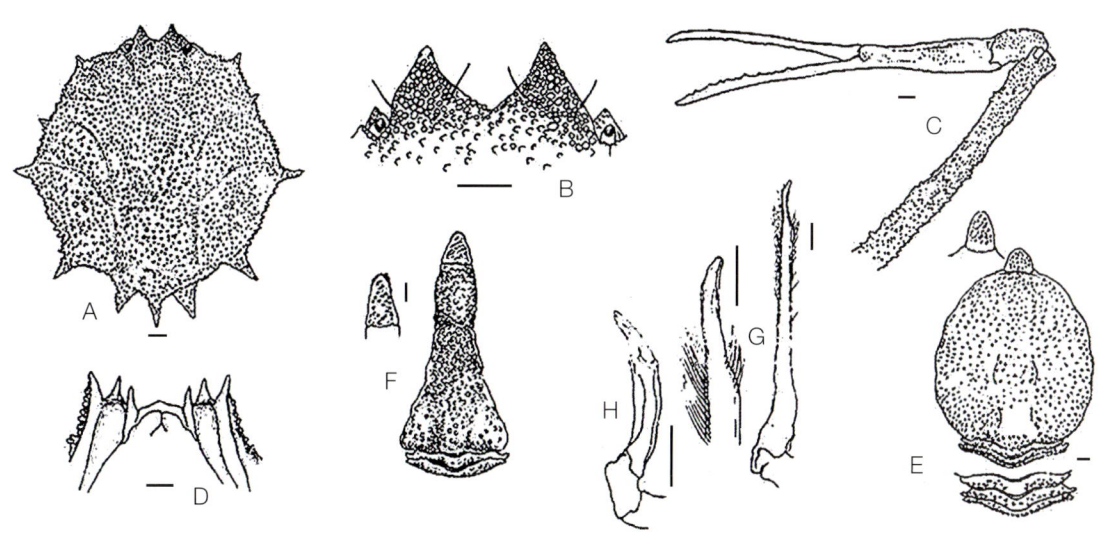

图 183-1　十一刺栗壳蟹 Arcania undecimspinosa (De Haan, 1841)（引自陈惠莲和孙海宝，2002）
A. 头胸甲；B. 头胸甲前部放大；C. 螯足；D. 颊区末端齿；E. 雌性腹部；F. 雄性腹部；G. 雄性第 1 腹肢及其末端放大；H. 雄性第 2 腹肢
比例尺：A～E 的比例尺均为 1mm

图 183-2　十一刺栗壳蟹 Arcania undecimspinosa (De Haan, 1841)

五角蟹属 *Nursia* Leach, 1817

斜方五角蟹
Nursia rhomboidalis (Miers, 1879)

同物异名： *Ebalia rhomboidalis* Miers, 1879

标本采集地： 山东青岛。

形态特征： 头胸甲呈斜方五角形，宽大于长，背面具细颗粒和4条隆脊。额窄，眼小。第3颚足及腹甲具粗颗粒。前侧缘几乎平直，后侧缘凹凸不平，雄性在后侧缘的前1/3处有微凹或深缺刻，分成两叶，在后侧缘的2/3处有深内凹、浅凹，雌性仅微内凹。后缘具1横脊和2个半圆形突起。螯足有细颗粒，长节具3条隆脊。腕节内缘及掌节内外缘均薄锐。指节具刚毛及颗粒，长度约为长节的2/3，内缘具不明显的小齿。步足扁平，长节、腕节及掌节各具3条锐脊。雄性腹部呈长三角形，分为4节，第3～6节愈合，愈合节末端具突起；雌性腹部呈圆形，分为5节，第4～6节愈合，愈合节中线隆起，尾节呈椭圆形。雄性第1腹肢细长，末端弯曲。

生态习性： 栖息于水深20～52m的软泥和泥质砂海底。

地理分布： 从渤海至南海北部沿岸；日本。

参考文献： 戴爱云等，1986；陈惠莲和孙海宝，2002。

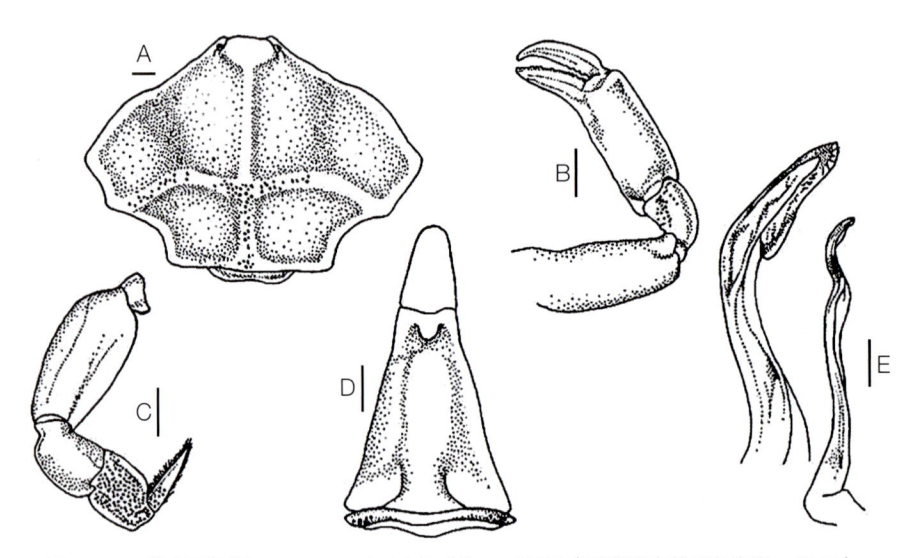

图184-1 斜方五角蟹 *Nursia rhomboidalis* (Miers, 1879)（引自陈惠莲和孙海宝，2002）
A. 头胸甲；B. 螯足；C. 第4步足；D. 雄性腹部；E. 雄性第1腹肢及其末端放大
比例尺：A～E的比例尺均为1mm

图 184-2　斜方五角蟹 *Nursia rhomboidalis* (Miers, 1879)

豆形拳蟹属 *Pyrhila* Galil, 2009

豆形拳蟹
Pyrhila pisum (De Haan, 1841)

同物异名： *Philyra pisum* De Haan, 1841

标本采集地： 辽宁大连。

形态特征： 头胸甲近圆形，长略大于宽，表面隆起，具颗粒。额窄而短，前缘平直。螯足粗壮，长节呈圆柱形，背面基半部近中线有颗粒脊，近边缘密具细颗粒。指节长于掌节。雄性掌节长宽相等，螯指内缘具细齿，不动指内缘中部稍隆起；雌性中部不隆起。步足光滑，长节圆柱形，掌节的前缘具光滑隆脊，后缘具细颗粒，指节呈披针状。雄性腹部呈锐三角形，分3节，愈合节基部中间向后呈钝圆形突出，两端隆起，表面密具细颗粒，两侧向末端收窄，尾节小。雌性腹部长卵形，分4节，第1节短，表面具细颗粒，第2节中部向后突出，两端较平坦，具1横列颗粒脊，大部分表面光滑。雄性第1腹肢呈棒状，末端具长指状突起，外侧有刚毛。

生态习性： 栖息于浅水及低潮线的泥砂滩。4月为繁殖期，其行动非常缓慢，接近求偶对象10cm的距离需3～4天，求偶成功时会看到双双对对的豆形拳蟹。

地理分布： 渤海至南海北部沿岸；太平洋海区。

参考文献： 戴爱云等，1986；陈惠莲和孙海宝，2002；Galil，2009。

玉蟹科分属检索表

1. 口腔前端超过颊区前缘；头胸甲呈斜方五角形，边缘薄而扩张 .... 五角蟹属 *Nursia*
（斜方五角蟹 *N. rhomboidalis*）

- 口腔前端抵达颊区前缘；头胸甲呈半球形或近圆形，边缘不扩张 2

2. 头胸甲具锐齿或刺 .... 栗壳蟹属 *Arcania*（十一刺栗壳蟹 *A. undecimspinosa*）

- 头胸甲不具锐齿或刺 .... 豆形拳蟹属 *Pyrhila*（豆形拳蟹 *P. pisum*）

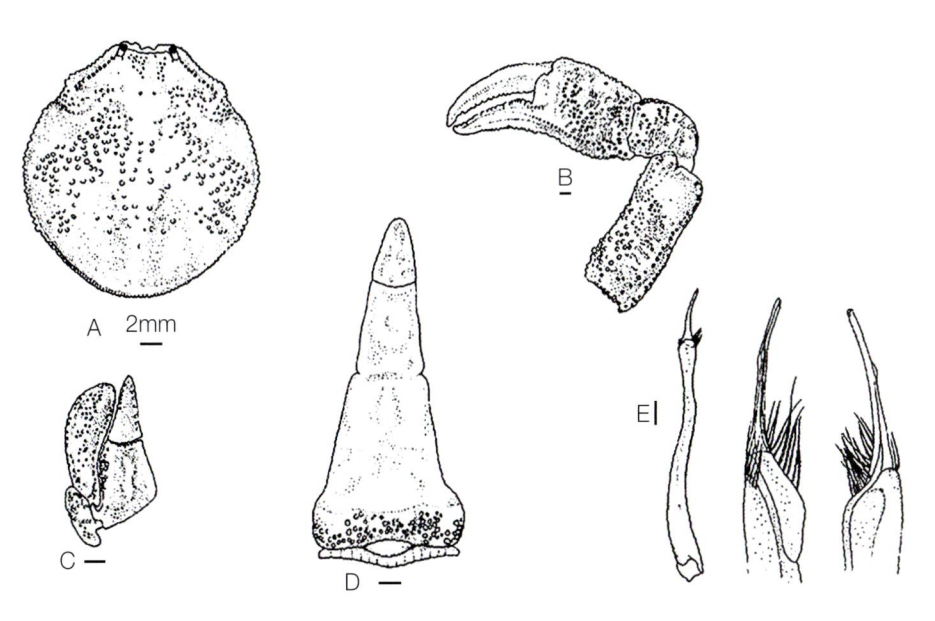

图 185-1　豆形拳蟹 *Pyrhila pisum* (De Haan, 1841)（引自陈惠莲和孙海宝，2002）
A. 头胸甲；B. 螯足；C. 第 3 颚足；D. 雄性腹部；E. 雄性第 1 腹肢及其末端放大
比例尺：未注明者均为 1mm

图 185-2　豆形拳蟹 *Pyrhila pisum* (De Haan, 1841)

尖头蟹科 Inachidae MacLeay, 1838
英雄蟹属 Achaeus Leach, 1817

有疣英雄蟹
Achaeus tuberculatus Miers, 1879

标本采集地： 山东烟台。

形态特征： 头胸甲前窄后圆，呈梨形，胃区、心区及鳃区隆起，互为浅沟所分隔，胃区及心区中央各具1疣状突起。额中部具"V"形缺刻，分为2尖齿。肝区隆起，顶端具2～3个颗粒，沿后侧缘各具1浅沟，与沿后缘内侧的1浅沟相连。螯足粗壮，具弯曲短毛。步足细长，各节具稀疏长刚毛。第3、4步足的指节呈镰刀状，后缘具小齿。雄性腹部第3、4节宽，末端第6、7节甚宽。

生态习性： 栖息于水深30～200m的泥质、泥砂质底或碎贝壳中。

地理分布： 渤海，黄海，东海；日本，朝鲜半岛。

参考文献： 戴爱云等，1986；董聿茂等，1991。

图186 有疣英雄蟹 *Achaeus tuberculatus* Miers, 1879

大眼蟹科 Macrophthalmidae Dana, 1851
大眼蟹属 *Macrophthalmus* Latreille, 1829

日本大眼蟹
Macrophthalmus (*Mareotis*) *japonicus* (De Haan, 1835)

同物异名： *Ocypode japonicus* De Haan, 1835

标本采集地： 山东潍坊。

形态特征： 头胸甲的宽度约为长度的1.5倍，表面具颗粒及软毛，雄性尤密。分区明显，胃区略呈心形，心区、肠区连成"T"形，鳃区有2条平行的横行浅沟。额窄，稍向下弯，表面中部有1纵痕。眼窝宽，背、腹缘均具锯齿。眼柄细长；外眼窝齿呈三角形，与第2齿有较深的缺刻相隔，末齿小。口前板中部内凹。螯足粗壮，对称，雄螯大于雌螯。雄螯的长节内、腹面具短绒毛；掌节的长度约为高度的2倍，表面较光滑；两指均向下弯，指间无空隙，可动指内缘基部具1横切形大齿，不动指内缘近中部及中部均具大小不等的突齿。步足粗壮，第1～3对步足长节的背、腹缘均具颗粒及短毛，腕节背面具1～2条颗粒隆脊，前节前、后缘均具颗粒，指节扁平，前、后缘具短毛。雄性第1腹肢末端几丁质突起趋尖，腹部长三角形，尾节末缘半圆形。雌性腹部圆大。

生态习性： 穴居于近海潮间带或河口处的泥砂滩。

地理分布： 渤海至南海北部沿岸；日本，朝鲜半岛，新加坡，澳大利亚。

参考文献： 戴爱云等，1986。

图187　日本大眼蟹 *Macrophthalmus* (*Mareotis*) *japonicus* (De Haan, 1835)

三强蟹属 *Tritodynamia* Ortmann, 1894

霍氏三强蟹
Tritodynamia horvathi Nobili, 1905

同物异名： *Tritodynamea fani* Shen, 1932

标本采集地： 渤海。

形态特征： 头胸甲宽大于长，侧缘中部最宽，呈横六角形，后侧缘有小斜面。表面光滑，有褐色细点，分区不明显，胃区有1横沟。眼大，眼柄较长。第3颚足座节、长节分离，指节较大，位于掌节基部内侧。第3颚足指节很长，约2/3部分超越前节末端，约抵座节基部。第2、3步足粗壮，其长节后背缘有规则颗粒突起。螯足可动指内缘中部有1个大钝齿。第2步足长节后缘有1排规则颗粒。雄性腹部三角形，第6节宽为长的2倍，侧缘末半部略凹。雄性第1腹肢末端无明显的凹陷。雌性腹部与雄性相似，较窄。

生态习性： 栖息于砂质海底，有时可在瓣鳃类的外套腔中发现。

地理分布： 渤海，黄海；日本，朝鲜半岛。

参考文献： 戴爱云等，1986。

图188 霍氏三强蟹 *Tritodynamia horvathi* Nobili, 1905

中型三强蟹
Tritodynamia intermedia Shen, 1935

标本采集地： 渤海。

形态特征： 头胸甲宽大于长，呈横宽圆六角形。表面具细麻点。胃区后具 1 横沟。额宽，前缘具光滑隆线。表面中央具倒 "V" 形纵沟。眼窝背缘中央稍突，与后侧缘交会处向内斜方引入 1 颗粒隆线，向后抵达末对步足的基部，此颗粒隆线与短的后侧缘间构成三角形斜面，后缘宽。第 3 颚足的前节与指节瘦长，指节末端约抵座节基部。螯足光滑，雄性可动指内缘基部有 2 个齿，而雌性具 1 列规则小齿。步足光滑，第 2、3 步足各节较宽，第 2 步足长节与前节的后缘具规则锯齿。雄性第 1 腹肢末端具深凹陷。雄性腹部三角形，第 6 节的宽度约为长度的 1.5 倍，尾节末缘平钝。

生态习性： 栖息于近岸泥砂质海底。

地理分布： 渤海，黄海，东海；日本。

参考文献： 戴爱云等，1986。

图 189　中型三强蟹 *Tritodynamia intermedia* Shen, 1935

蟳属 *Charybdis* De Haan, 1833

日本蟳
Charybdis (*Charybdis*) *japonica* (A. Milne Edwards, 1861)

同物异名： *Goniosoma japonica* A. Milne Edwards, 1861；*Charybdis sowerbyi* Rathbun, 1931；*Charybdis peitchihiliensis* Shen, 1932

标本采集地： 山东烟台。

形态特征： 头胸甲横卵圆形，表面隆起，幼小个体表面具绒毛，成熟个体后半部光滑无毛。胃区、鳃区常具微细的颗粒隆脊。额稍突，具6个锐齿，中央2个齿较突出，第1侧齿稍指向外侧，第2侧齿较窄。额齿前缘随生长逐渐趋尖。内眼窝齿比各额齿大。眼窝背缘具2缝，腹缘具1缝。前侧缘拱起，具6个齿，尖锐突出，腹面具绒毛。第2触角鞭位于眼窝外。两螯粗壮，不对称，长节前缘具3个稍大的棘刺，腕节内末角具1个棘刺，外侧面具3个小刺，掌节厚实，内、外侧面隆起，背面具5个齿，指节长于掌节，表面具纵沟，内缘有大小不等的钝齿。步足背、腹缘均具刚毛。末对步足长节后缘近末端处具1个锐刺。雄性第1腹肢末端细长，弯曲并指向外方，末端两侧均具刚毛。雄性腹部三角形，尾节三角形，末缘圆钝。雌性腹部长圆形，具密软毛。

生态习性： 生活于低潮线附近，栖息于有水草、泥砂或石块的浅海底。

地理分布： 渤海至南海北部沿岸；日本，朝鲜半岛，马来西亚，红海，新西兰，澳大利亚。

经济意义： 一种重要的食用蟹类。

参考文献： 戴爱云等，1986；董聿茂等，1991；杨思谅等，2012。

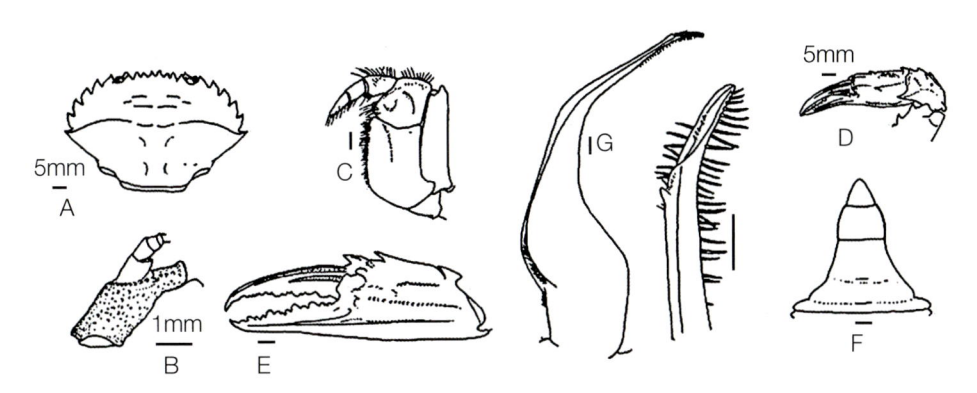

图 190-1　日本蟳 Charybdis (Charybdis) japonica (A. Milne Edwards, 1861)（引自杨思谅等，2012）
A. 头胸甲；B. 第 2 触角基节；C. 第 3 颚足；D. 雄性螯足；E. 雄性螯足外侧面；F. 雄性腹部；G. 雄性第 1 腹肢及其末端放大
比例尺：未注明者均为 1mm

图 190-2　日本蟳 Charybdis (Charybdis) japonica (A. Milne Edwards, 1861)

梭子蟹科 Portunidae Rafinesque, 1815

梭子蟹属 Portunus Weber, 1795

三疣梭子蟹
Portunus trituberculatus (Miers, 1876)

同物异名： *Neptunus trituberculatus* Miers, 1876

标本采集地： 山东东营。

形态特征： 头胸甲梭形，表面稍隆起，具分散的细颗粒，鳃区颗粒较粗，胃区、鳃区各具2条颗粒隆线。中胃区和心区分别具1个、2个疣状突起。额具2个锐刺。眼窝背缘凹陷，具2条裂缝，腹内眼窝刺锐长。颊区具毛。前侧缘包含外眼窝齿在内共具9个锐齿，末齿最长。螯足粗壮，长节棱柱形，雄性较雌性长且细，前缘具4个锐刺，腕节内外缘各具1个刺，后侧面具颗粒隆线，掌节背面及外侧面各具2条隆脊，背面隆脊末端具刺；指节与掌节等长，内缘均具钝齿。步足扁平，形状、大小相近。第4对步足长节、腕节宽短，末2节宽扁、呈桨状，各节边缘均具短毛。雄性第1腹肢细长，弯曲，末端针形。雄性腹部三角形，第3~6节愈合，第6节长大于宽，呈梯形，尾节圆钝形，末缘钝圆。雌性腹部宽扁，近圆形。

生态习性： 通常栖息于水深8~100m的泥质砂、碎壳或软泥海底，食性广，在春夏洄游繁殖季节，会聚集至近岸或河口附近产卵，冬季迁居于较深海区过冬。

地理分布： 渤海至南海北部沿岸；日本，朝鲜半岛，越南，马来群岛，红海。

经济意义： 肉质细嫩，可食用，是我国重要的经济蟹类；目前已普遍开展人工育苗和养殖。

参考文献： 戴爱云等，1986；董聿茂等，1991；杨思谅等，2012。

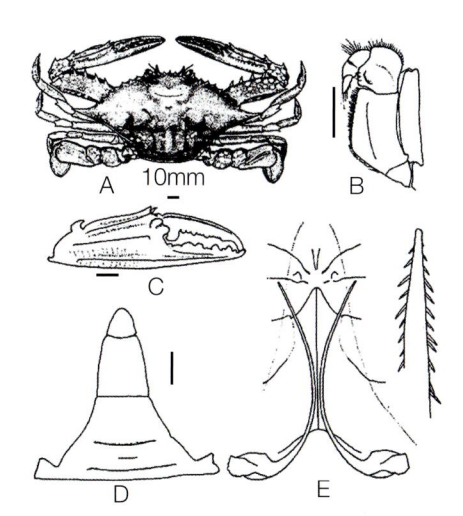

图 191-1　三疣梭子蟹 *Portunus trituberculatus* (Miers, 1876)（引自杨思谅等，2012）
A. 头胸甲；B. 第 3 颚足；C. 螯足掌节（亚成体）；D. 雄性腹部；E. 雄性第 1 腹肢及其末端放大
比例尺：未注明者均为 1mm

图 191-2　三疣梭子蟹 *Portunus trituberculatus* (Miers, 1876)

弓蟹科 Varunidae H. Milne Edwards, 1853

拟厚蟹属 Helicana Sakai & Yatsuzuka, 1980

伍氏拟厚蟹
Helicana wuana (Rathbun, 1931)

同物异名： *Helice wuana Rathbun*, 1931；*Helice tridens sheni Sakai*, 1939

标本采集地： 渤海。

形态特征： 头胸甲近方形，表面隆起，密布微细颗粒，体厚，分区明显。额突出，向下弯曲，前缘中部凹入。眼窝背缘略向外斜，中部隆起。外眼窝齿呈三角形，指向前方。雄性眼窝腹缘下隆脊的外侧具 10～12 个粗大光滑颗粒，均延长而相互连接，最内的 1 个较长且具纵纹，最外侧的 2～3 个较中部的小。雌性具 13～15 个细小颗粒，外侧的 1 个小，中间的 8 个较大而长，最内的 5～6 个较小，排列较密。螯足长节内腹缘末端具 1 个较长的发音隆脊；掌节的长度大于高度，背缘的隆脊不甚锋锐。第 1～3 步足的腕节及前节的前面均具绒毛。雄性腹部呈长三角形。雌性腹部圆大。

生态习性： 穴居于泥滩或泥岸上。

地理分布： 渤海、黄海近岸海域；日本，朝鲜半岛。

参考文献： 戴爱云等，1986；董聿茂等，1991。

图 192　伍氏拟厚蟹 *Helicana wuana* (Rathbun, 1931)

厚蟹属 *Helice* De Haan, 1835

天津厚蟹
Helice tientsinensis Rathbun, 1931

标本采集地： 渤海。

形态特征： 头胸甲呈四方形，宽度稍大于长度，表面隆起具凹点，体厚，分区明显，各区间有细沟相隔。额稍下弯，中部稍凹。背眼窝缘隆起，向外倾斜。雄性腹眼窝缘的隆脊中部膨大，由 5～6 个光滑的突起组成，内侧部具 10～15 个颗粒，愈近内端愈小，外侧部具 13～29 个近圆形突起，愈近外侧愈小；雌性眼窝下隆脊中部不膨大，共具 34～39 个细颗粒。前侧缘除外眼窝齿外共具 3 个齿，第 1 齿大，呈三角形，第 2 齿小而锐，第 3 齿很小，第 2、3 两齿的基部各有 1 条颗粒隆线，向内后方斜行。雄性螯足大于雌性螯足，长节内侧面具发音隆脊，掌节甚高，光滑，可动指的背缘一般平直。各对步足长节的前、后缘近平行，第 1 步足前节的前面具绒毛，第 2 步足前节的绒毛稀少或无。雄性腹部第 6 节两侧缘的末部较靠拢，尾节长方形。雌性腹部圆大。

生态习性： 穴居于泥滩或泥岸上。每年 4～5 月抱卵繁殖。

地理分布： 渤海至南海北部沿岸；朝鲜半岛。

经济意义： 食用蟹。

参考文献： 戴爱云等，1986；董聿茂等，1991。

图 193　天津厚蟹 *Helice tientsinensis* Rathbun, 1931

蝍属 *Gaetice* Gistel, 1848

平背蝍
Gaetice depressus (De Haan, 1833)

同物异名：*Grapsus* (*Platynotus*) *depressus* De Haan, 1833；*Platygrapsus convexiusculus* Stimpson, 1858

标本采集地：山东烟台。

形态特征：头胸甲扁平，表面光滑，前半部较后半部宽，前胃区与侧胃区略突起，中胃区与心区以一横沟相分。后侧部具横行细皱襞，第4对步足的基部有1短的颗粒隆线。额宽，稍小于头胸甲宽度的1/2，中部有较宽的凹陷，两侧的凹陷较浅。第3颚足长节与座节间有斜行节缝。前侧缘包括外眼窝齿在内共有3个齿，各齿缘均具颗粒，第1齿宽大，第2齿锐，末齿极小。螯足雄性大于雌性，长节短，外侧面具微细颗粒，内侧面具稀疏绒毛，腹面光滑，近内腹缘的末端具1发音隆脊。腕节内末角钝圆；指节较掌节长；掌节光滑，外侧面下半部具1光滑隆线，延伸至不动指末端；两指间有较大空隙。可动指内缘近基部处具1齿突，齿的前后具不等大的齿；不动指内缘具数小齿。雄性腹部呈长三角状。雌性腹部圆大。

生态习性：栖息于潮间带低潮区的石块下。

地理分布：渤海，黄海，东海，南海；日本，朝鲜半岛。

参考文献：戴爱云等，1986；董聿茂等，1991。

图 194 平背蜞 *Gaetice depressus* (De Haan, 1833)

近方蟹属 *Hemigrapsus* Dana, 1851

绒螯近方蟹
Hemigrapsus penicillatus (De Haan, 1835)

同物异名： Grapsus (*Eriocheir*) *penicillatus* De Haan, 1835；*Brachynotus brevidigitatus* Yokoya, 1928

标本采集地： 渤海。

形态特征： 头胸甲呈方形，前半部稍宽于后半部，表面具细凹点，前半部各区均具颗粒，肝区低凹，前胃区及侧胃区隆起，被一纵沟分隔。前鳃区的前围具5个凹点。额较宽，前缘中部稍凹。下眼窝脊的内侧部具6～7个颗粒，外侧部具3个钝齿状突起。前侧缘分3齿，由前至后依次渐小。雄性螯足大于雌性，长节的腹缘近末端具1发音隆脊；腕节隆起，具颗粒；掌节大，外侧面近腹缘处具1颗粒隆脊，延至不动指的外侧面，内、外面近两指的基部具1丛绒毛，雌、雄幼体均无，指节长于掌节，内缘具不规则钝齿。第2对步足最长；长节背缘近末端处具1个齿；腕节背面具2条颗粒隆线，前节背面中间具沟和小束短刚毛；指节具多列短刚毛，末端尖锐；第4对步足最短。雄性腹部呈三角形。雌性腹部呈圆形。

生态习性： 栖息于海边岩石下或岩石缝中，偶见于河口泥滩。

地理分布： 渤海至南海北部沿岸；日本，朝鲜半岛。

参考文献： 戴爱云等，1986；董聿茂等，1991。

图 195 绒螯近方蟹 *Hemigrapsus penicillatus* (De Haan, 1835)

新绒螯蟹属 *Neoeriocheir* Sakai, 1983

狭颚新绒螯蟹
Neoeriocheir leptognathus (Rathbun, 1913)

同物异名： *Eriocheir leptognathus* Rathbun, 1913；*Utica sinensis* Parisi, 1918

标本采集地： 渤海。

形态特征： 头胸甲呈圆方形，表面较平滑。肝区低平，中鳃区具 1 颗粒隆线，向后方斜行。额窄，前缘分成不明显的 4 个齿，居中 2 个齿间的缺刻较浅。背眼窝缘凹入，腹眼窝缘下的隆脊具颗粒，延伸至外眼窝齿的腹面。前侧缘包括外眼窝齿在内共具 3 个齿，第 1 齿最大，与第 2 齿之间具"V"形缺刻，第 2 齿锐突，第 3 齿最小，自此齿引入 1 横行的颗粒隆线，位于前鳃区的前缘。第 3 对颚足瘦窄，居中的空隙较大。螯足，雄性比雌性大，长节内侧面的末半部具软毛；腕节内末角尖锐，下面有长软毛；掌节外侧面具微细颗粒，有 1 颗粒隆线延伸至不动指末端，此隆线在雌性特别显著，内侧面及两指内侧面的基半部均密具绒毛，但在雌性此处的毛较薄。步足瘦长，各对步足前、后缘均具长刚毛，第 1、2 步足前节与指节的背面又各具 1 列长刚毛。雄性腹部呈三角形。雌性腹部呈圆形。

生态习性： 多栖息于积有海水的泥坑中或河口的泥滩上及近海河口处。

地理分布： 渤海至南海北部沿岸；日本，朝鲜半岛西岸。

参考文献： 戴爱云等，1986；董聿茂等，1991。

图 196　狭颚新绒螯蟹 *Neoeriocheir leptognathus* (Rathbun, 1913)

弓蟹科分属检索表

1. 侧壁具复杂网状排列的刚毛；第 3 颚足具横穿长节的斜行脊起 ··2
- 侧壁不具复杂网状排列的刚毛；第 3 颚足不具横穿长节的斜行脊起 ··3
2. 雄性第 1 腹肢末端宽，顶端大，呈三角形················厚蟹属 *Helice*（天津厚蟹 *H. tientsinensis*）
- 雄性第 1 腹肢末端窄，顶端小，退化·····················拟厚蟹属 *Helicana*（伍氏拟厚蟹 *H. wuana*）
3. 眼柄侧向打开；第 3 颚足须长，位于长节的外末角 ···4
4. 螯足仅内面具绒毛，外面不具绒毛··新绒螯蟹属 *Neoeriocheir*（狭颚新绒螯蟹 *N. leptognathus*）
- 螯足内面和外面均具绒毛·························近方蟹属 *Hemigrapsus*（绒螯近方蟹 *H. penicillatus*）

短眼蟹科 Xenophthalmidae Stimpson, 1858
短眼蟹属 *Xenophthalmus* White, 1846

豆形短眼蟹
Xenophthalmus pinnotheroides White, 1846

标本采集地： 渤海。

形态特征： 头胸甲宽度略大于长度，近梯形，表面光滑，但前半部及沿侧缘处覆有羽状刚毛，分区不甚明显，唯胃鳃沟很深，由眼窝向后贯穿整个体长。额窄而弯向前下方，背面观前缘中部略内凹，基部略紧束，侧角圆。眼窝呈纵裂缝状，两眼窝平行，眼柄不活动。第3颚足的长节和座节几乎等长，末3节扁平，指节向上扭转，各节边缘具长刚毛。螯足对称，雄性的较雌性的大，掌节较指节长。第1对步足前节的长度与宽度近乎相等，第2对步足腕节、前节具成束密绒毛，第3、4对步足瘦长，均具短毛，第3对步足最长。雄性腹部窄长，分7节，尾节末端钝圆。雌性腹部圆大，未能覆盖全部腹甲。

生态习性： 潜居于水深5～30m的泥砂底质，滤食性种。

地理分布： 渤海至南海北部沿岸；印度-西太平洋。

参考文献： 戴爱云等，1986；董聿茂等，1991。

图197 豆形短眼蟹 *Xenophthalmus pinnotheroides* White, 1846

节肢动物门参考文献

陈惠莲, 孙海宝. 2002. 中国动物志 无脊椎动物 第三十卷 节肢动物门 甲壳动物亚门 短尾次目 海洋低等蟹类. 北京: 科学出版社: 597.

戴爱云, 杨思谅, 宋玉枝, 等. 1986. 中国海洋蟹类. 北京: 海洋出版社: 674.

董栋. 2011. 中国海域瓷蟹科 (Porcellanidae) 的系统分类学和动物地理学研究. 青岛: 中国科学院海洋研究所博士学位论文: 319.

董聿茂, 魏崇德, 陈永寿, 等. 1991. 浙江动物志 甲壳类. 杭州: 浙江科学技术出版社: 481.

李新正, 刘瑞玉, 梁象秋, 等. 2007. 中国动物志 无脊椎动物 第四十四卷 甲壳动物亚门 十足目 长臂虾总科. 北京: 科学出版社: 381.

李新正, 王洪法, 王少青, 等. 2016. 胶州湾大型底栖生物鉴定图谱. 北京: 科学出版社: 365.

刘瑞玉. 1955. 中国北部的经济虾类. 北京: 科学出版社: 73.

刘瑞玉, 任先秋. 2007. 中国动物志 无脊椎动物 第四十二卷 甲壳动物亚门 蔓足下纲 围胸总目. 北京: 科学出版社: 633.

刘文亮. 2009. 中国海域螯虾类和海蛄虾类分类及地理分布特点. 青岛: 中国科学院海洋研究所博士学位论文: 310.

任先秋. 2012. 中国动物志 无脊椎动物 第四十三卷 甲壳动物亚门 端足目 钩虾亚目(二). 北京: 科学出版社: 651.

宋海棠, 俞存根, 薛利建, 等. 2006. 东海经济虾蟹类. 北京: 海洋出版社: 145.

许鹏. 2014. 中国海域藻虾科系统分类学和动物地理学研究. 北京: 中国科学院大学博士学位论文: 120.

杨德渐, 王永良, 等. 1996. 中国北部海洋无脊椎动物. 北京: 高等教育出版社: 538.

杨思谅, 陈惠莲, 戴爱云. 2012. 中国动物志 无脊椎动物 第四十九卷 甲壳动物亚门 十足目 梭子蟹科. 北京: 科学出版社: 568.

于海燕, 李新正. 2003. 中国近海团水虱科种类记述. 海洋科学集刊: 239-259.

Ahyong S T, Chan T Y, Liao Y C. 2008. A catalog of the mantis shrimps (Stomatopoda) of Taiwan. Keelung: Taiwan Ocean University Press: 190.

Galil B S. 2009. An examination of the genus *Philyra* Leach, 1817 (Crustacea, Decapoda, Leucosiidae) with descriptions of seven new genera and six new species. Zoosystema, 31(2): 279-320.

Janas U, Tutak B. 2014. First record of the oriental shrimp *Palaemon macrodactylus* M. J. Rathbun, 1902 in the Baltic Sea. Oceanological and Hydrobiological Studies, 43(4): 431-435.

苔藓动物门
Bryozoa

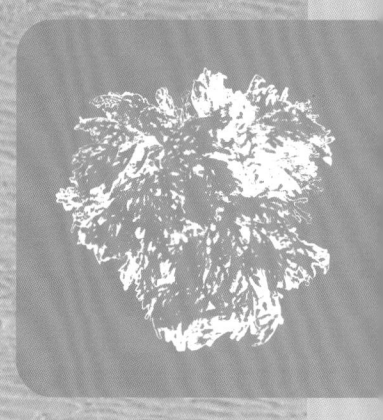

环口目 Cyclostomatida
管孔苔虫科 Tubuliporidae Johnston, 1837
管孔苔虫属 Tubulipora Lamarck, 1816

狭唇纲 Stenolaemata

扇形管孔苔虫
Tubulipora flabellaris (O. Fabricius, 1780)

标本采集地： 山东青岛。

形态特征： 群体灰白色或灰紫色，扇状或双叶状或圆形，边缘不规则。群体起点（初虫基盘）圆盘形，边缘光滑无刺。个虫长管状，始端部分平卧，末端直立，排列为不规则放射状。群体背面有附着突起，同心圆排列。生殖个虫二叶形，表面具粗糙斑纹。胞口隆起，细管状，两侧扁平。口缘狭，裂状。

生态习性： 固着于岩礁、石块、海洋植物等基质上。

地理分布： 渤海，黄海，东海；北大西洋，北太平洋。

参考文献： 杨德渐等，1996；刘锡兴和刘会莲，2008。

图 198　扇形管孔苔虫 *Tubulipora flabellaris* (O. Fabricius, 1780)（曾晓起供图）

374

栉口目 Ctenostomatida

软苔虫科 Alcyonidiidae Johnston, 1837

似软苔虫属 Alcyonidioides d'Hondt, 2001

迈氏似软苔虫
Alcyonidioides mytili (Dalyell, 1848)

标本采集地： 山东青岛。

形态特征： 群体棕色、淡绿色或乳白色，在基质上形成单层胶状膜，有时覆盖在线状物体表面形成中空管状。通常六角形，也呈其他多边形。发育早期个体透明，晚期个体半透明。室口亚端位，亚圆形。虫体大，触手 14 ~ 20 条。食道细长，直肠盲囊大，球形。胚胎粉红色，在口前腔内孵育。

生态习性： 固着于岩礁、石块、动植物体表等各种海洋基质上。

地理分布： 渤海，黄海，东海，南海；各大洋均有分布。

经济意义： 污损生物，对贝类养殖有危害。

参考文献： 刘锡兴等，2001；刘锡兴和刘会莲，2008；曹善茂等，2017。

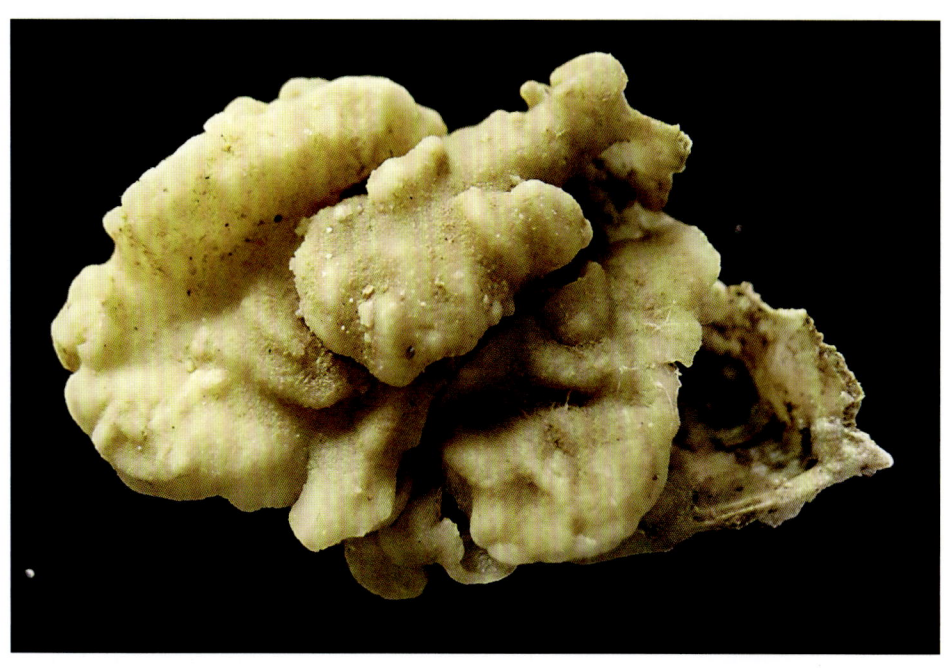

裸唇纲 Gymnolaemata

图 199　迈氏似软苔虫 *Alcyonidioides mytili* (Dalyell, 1848)（刘会莲供图）

唇口目 Cheilostomatida
草苔虫科 Bugulidae Gray, 1848
草苔虫属 *Bugula* Oken, 1815

多室草苔虫
Bugula neritina (Linnaeus, 1758)

标本采集地： 黄海。

形态特征： 群体粗壮、直立。幼小群体红棕色，呈扇形；老成群体红棕色、紫褐色或黑褐色，呈直立树丛状，高度可达 8～10cm。分枝由双列个虫交互排列而成。个虫略呈长方形，始端比末端稍狭。前膜几乎占满整个前区。无口盖，无鸟头体。卵胞球形，白色。

生态习性： 于潮间带及浅水区固着生活。

地理分布： 渤海，黄海，东海，南海；除两极外，广泛分布于世界各地。

经济意义： 污损生物，对海水养殖有危害。

参考文献： 杨德渐等，1996；刘锡兴和刘会莲，2008。

图 200　多室草苔虫 *Bugula neritina* (Linnaeus, 1758)（曾晓起供图）

环管苔虫科 Candidae d'Orbigny, 1851
三胞苔虫属 Tricellaria Fleming, 1828

西方三胞苔虫
Tricellaria occidentalis (Trask, 1857)

标本采集地： 黄海。

形态特征： 群体直立，淡黄色，高 15～30cm。个虫双列排列，分枝繁茂，绕中轴向内螺旋生长。节间部一般有 3～5 个个虫，群体先端节间部较长，个虫数可达 6～9 个或更多。个虫细长，自始端至末端逐渐变粗。前膜小，不超过个虫前区 1/2。口盖端位，半圆形。盖刺小，形状多变。隐壁狭。前鸟头体付缺，侧鸟头体发达。卵胞球形，具很多小孔。

生态习性： 栖息于潮间带及浅海，固着于岩礁、石块、贝壳等基质上。

地理分布： 渤海，黄海，东海，南海；北太平洋两岸广泛分布。

经济意义： 污损生物，对海水养殖有危害。

参考文献： 杨德渐等，1996；刘锡兴和刘会莲，2008；曹善茂等，2017。

图 201　西方三胞苔虫 *Tricellaria occidentalis* (Trask, 1857)（刘会莲供图）

隐槽苔虫科 Cryptosulidae Vigneaux, 1949
隐槽苔虫属 Cryptosula Canu & Bassler, 1925

阔口隐槽苔虫
Cryptosula pallasiana (Moll, 1803)

标本采集地： 黄海。

形态特征： 群体大小常 3 ~ 6cm^2，呈不规则单层皮壳状。相邻群体边缘可互相嵌合形成面积更大的复合群体。体色多变，呈白色、黄色、橘黄色、红色、红棕色等。个虫圆形、长方形或六角形，放射状排列。相邻个虫有细沟间隔，界限清晰。前壁凸，具泡状孔。室口钟形，具 2 个小齿突。无鸟头体和卵胞。

生态习性： 栖息于潮间带及浅海，固着于岩礁、石块、贝壳、藻类等基质上。

地理分布： 渤海，黄海，东海，南海；世界性分布。

经济意义： 污损生物，对海水养殖有危害。

参考文献： 杨德渐等，1996；刘锡兴和刘会莲，2008；曹善茂等，2017。

图 202　阔口隐槽苔虫 *Cryptosula pallasiana* (Moll, 1803)（刘会莲供图）

膜孔苔虫科 Membraniporidae Busk, 1852

别藻苔虫属 *Biflustra* d'Orbigny, 1852

大室别藻苔虫
Biflustra grandicella (Canu & Bassler, 1929)

标本采集地： 山东威海。

形态特征： 群体呈牡丹花状，"花瓣"由个虫背向排列构成，常卷曲成木耳状。群体直径可达 10～30cm。个虫近长方形，相邻个体界限清楚。墙缘薄而隆起，表面呈锯齿状。前膜大，卵圆形或椭圆形，占虫体前区大部分。隐壁细狭，内缘锯齿状。室口新月形。无卵胞，无鸟头体。

生态习性： 固着于岩礁、石块、柱桩等基质上，在养殖网笼等人工养殖设施上较为常见。

地理分布： 渤海，黄海，东海，南海；新西兰。

经济意义： 污损生物，对筏式养殖和网箱养殖有危害。

参考文献： 杨德渐等，1996；刘锡兴和刘会莲，2008；曹善茂等，2017。

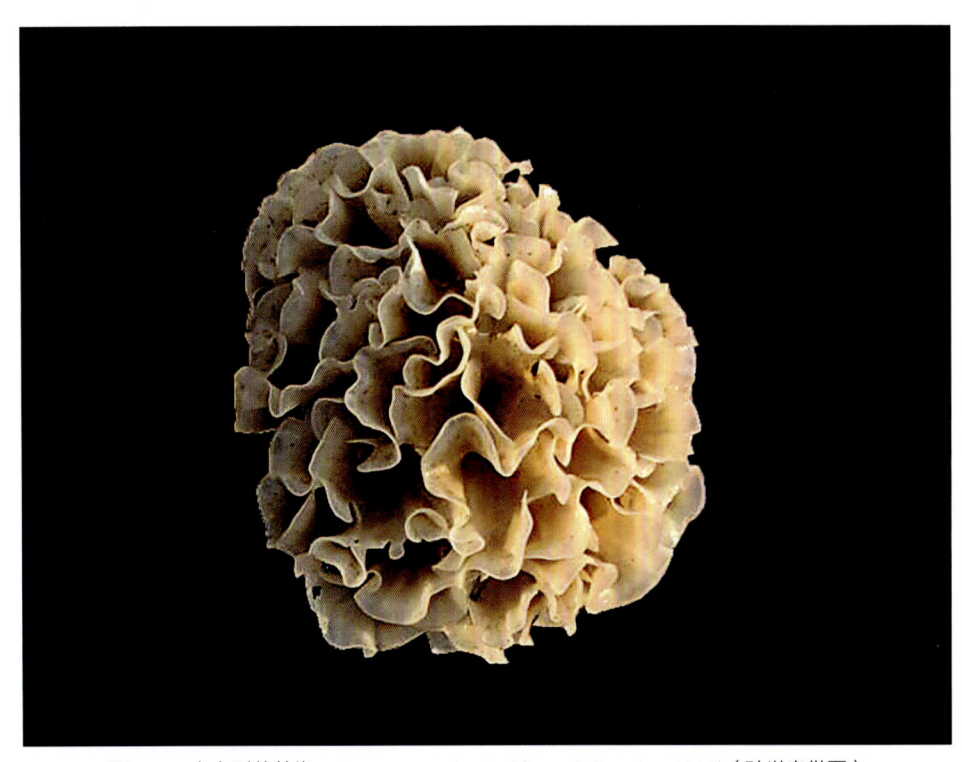

图 203　大室别藻苔虫 *Biflustra grandicella* (Canu & Bassler, 1929)（孙世春供图）

血苔虫科 Watersiporidae Vigneaux, 1949

血苔虫属 Watersipora Neviani, 1896

颈链血苔虫　　卵圆血苔虫
Watersipora subtorquata (d'Orbigny, 1852)

标本采集地： 山东青岛。

形态特征： 群体圆盘状或扇状，边缘常脱离附着基质而直立生长，呈褶皱状，有时可呈牡丹花状。群体在基质的覆盖面积可达 5～10cm^2，相邻群体可通过边缘融合形成大面积的复合群体。体色血红、暗红或黑褐色，有时褪色至灰白色。个虫长方形，交互排列成五点形，个虫界限分明。前壁稍凸，具很多圆形小孔，孔缘凸。室口半圆形，周围隆起成口围，光滑无刺。口盖与室口同形，始端两侧各具一圆形暗纹。无鸟头体，无卵胞。

生态习性： 栖息于潮间带及浅海，固着于岩礁、石块、贝壳、藻类等基质上。

地理分布： 渤海，黄海，东海，南海；西太平洋，大西洋。

经济意义： 污损生物，对海水养殖有危害。

参考文献： 杨德渐等，1996；刘锡兴和刘会莲，2008；曹善茂等，2017。

图 204　颈链血苔虫 *Watersipora subtorquata* (d'Orbigny, 1852)（孙世春供图）

苔藓动物门参考文献

曹善茂, 印明昊, 姜玉声, 等. 2017. 大连近海无脊椎动物. 沈阳: 辽宁科学技术出版社.

刘锡兴, 刘会莲. 2008. 苔藓动物门Phylum Bryozoa Ehrenberg, 1831//刘瑞玉. 中国海洋生物名录. 北京: 科学出版社: 812-840.

刘锡兴, 尹学明, 马江虎. 2001. 中国海洋污损苔虫生物学. 北京: 科学出版社.

杨德渐, 王永良, 等. 1996. 中国北部海洋无脊椎动物. 北京: 高等教育出版社.

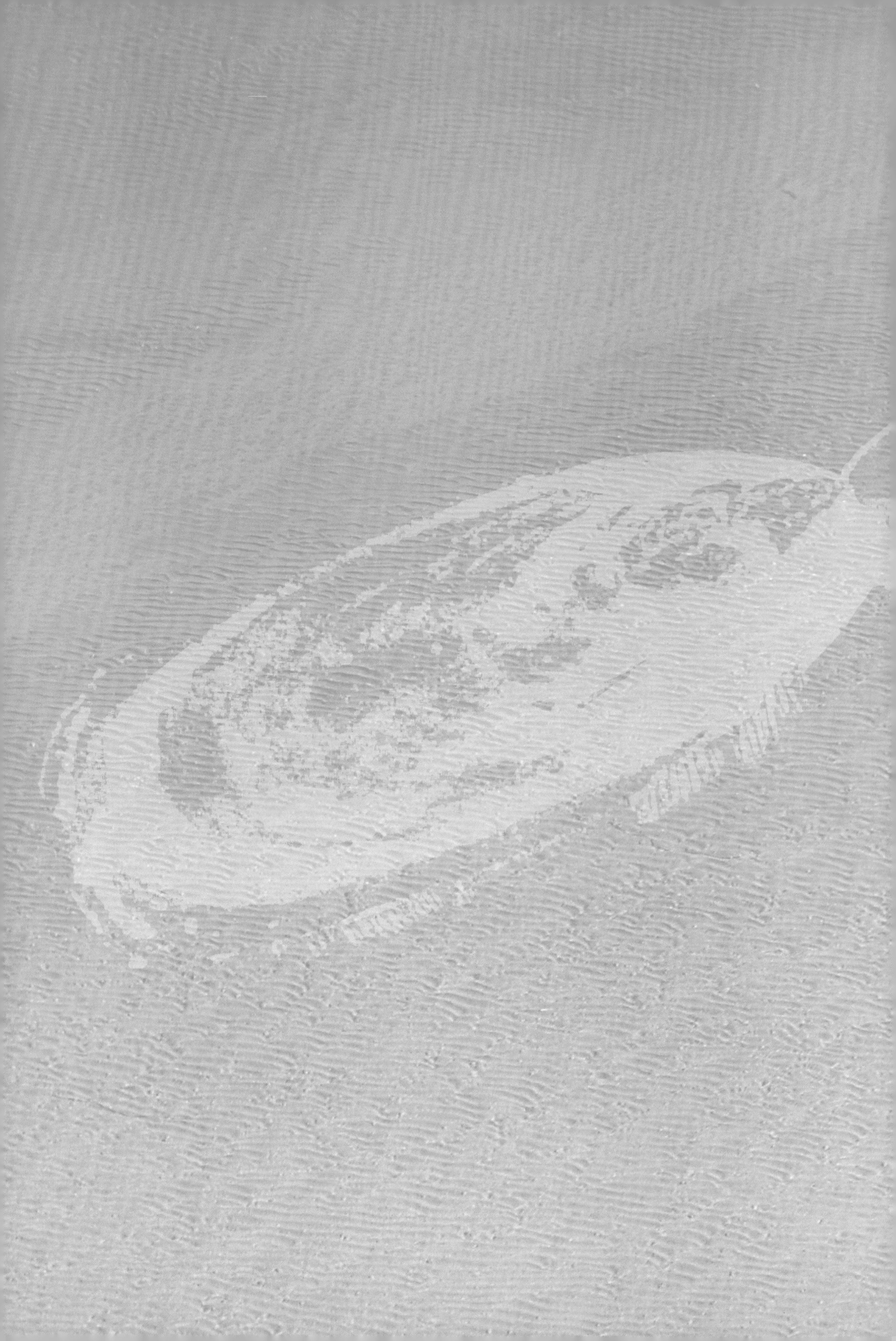

腕足动物门
Brachiopoda

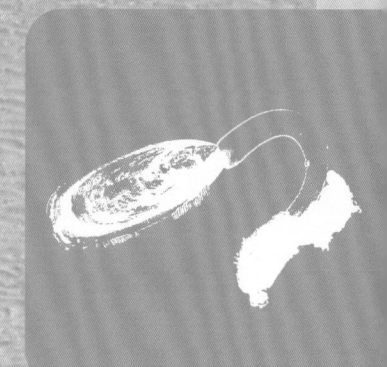

海豆芽目 Lingulida
海豆芽科 Lingulidae Menke, 1828
海豆芽属 *Lingula* Bruguière, 1791

亚氏海豆芽
Lingula adamsi Dall, 1873

标本采集地： 山东青岛。

形态特征： 背腹两壳扁平，铲形，末端平截，棕褐色或红棕色。腹壳稍长于背壳，背壳后部较圆，腹壳后部稍尖。壳表面稍粗糙，生长线明显。壳缘外套生有刚毛，伸出壳外。肉茎圆柱形，粗而长，表面具环纹。

生态习性： 栖息于潮间带及浅海泥砂或砂质滩涂。

地理分布： 渤海，黄海，东海，南海；西太平洋。

参考文献： Richardson et al., 1989；杨德渐等，1996；曹善茂等，2017。

图 205　亚氏海豆芽 *Lingula adamsi* Dall, 1873（孙世春供图）

鸭嘴海豆芽
Lingula anatina Lamarck, 1801

标本采集地： 辽宁大连，山东东营、青岛和日照。

形态特征： 触手冠属裂冠型，双叶状。背腹两壳呈扁平鸭嘴形，带绿色。背壳较小，后部较圆；腹壳较大，后部较尖。壳表面光滑，生长线明显，壳缘外套生有刚毛，伸出壳外。肉茎粗而长，圆柱形，由壳后端伸出。角质层半透明，具环纹。肌肉层肌肉丰富，收缩能力强。壳质为磷酸钙。

生态习性： 栖息于潮间带、潮下带泥砂滩。

地理分布： 渤海，黄海，东海，南海；印度 - 西太平洋，非洲。

参考文献： Richardson et al., 1989；杨德渐等，1996。

图 206　鸭嘴海豆芽 *Lingula anatina* Lamarck, 1801（孙世春供图）

钻孔贝目 Terebratulida
贯壳贝科 Terebrataliidae Richardson, 1975
贯壳贝属 *Terebratalia* Beecher, 1893

小吻贝纲 Rhynchonellata

酸浆贯壳贝　　酸浆贝
Terebratalia coreanica (Adams & Reeve, 1850)

标本采集地： 黄海。

形态特征： 躯体由背腹两片壳包被。壳呈扇形，赤红色，两壳大小不等。背壳小而低平；腹壳大而凹，基部稍弯或鸟喙状突出，中间有一圆形肉茎孔，是肉茎伸出的地方。壳表面生长线细密，具若干放射纹，壳缘略呈波纹形。

生态习性： 主要分布于低潮线以下浅水区，潮间带少见。在岩礁、贝壳等物体上固着生活，常多个个体互相固着聚生。

地理分布： 渤海，黄海；日本，朝鲜半岛。

参考文献： Richardson et al., 1989；杨德渐等，1996。

图 207　酸浆贯壳贝 *Terebratalia coreanica* (Adams & Reeve, 1850)（孙世春供图）

腕足动物门参考文献

曹善茂, 印明昊, 姜玉声, 等. 2017. 大连近海无脊椎动物. 沈阳: 辽宁科学技术出版社.

杨德渐, 王永良, 等. 1996. 中国北部海洋无脊椎动物. 北京: 高等教育出版社.

Richardson J R, Stewart I R, Liu X X. 1989. Brachiopods from China Seas. Chinese Journal of Oceanology and Limnology, 7(3): 211-224.

棘皮动物门
Echinodermata

柱体目 Paxillosida
砂海星科 Luidiidae Sladen, 1889
砂海星属 *Luidia* Forbes, 1839

砂海星
Luidia quinaria von Martens, 1865

同物异名： *Luidia limbata* Sladen, 1889；*Luidia maculata* var. *quinaria* von Martens, 1865

标本采集地： 黄海。

形态特征： 体形较大，辐径（R）可达140mm，辐径与间辐径（r）比为5～7，盘小，间辐角几乎等于直角，腕数一般为5个，脆而易折；反口面密生小柱体，盘中央和腕中部的小柱体较小，排列无规则，腕边缘的3～4行小柱体较大，呈方格形；下缘板横宽，占腕口面的大部分；各板上有1大型侧棘和1行较小的鳞状棘，侧棘的基部在近口侧，有1大的直形叉棘；腹侧板小而圆，成单行排列到腕端，每板上有1大的直形叉棘和4～6个排列成栉状的小棘；侧步带板与腹侧板及下缘板相应排列成横行，各板上有1大的直形叉棘和3～5个大棘，最内1棘为沟棘，较短，弯曲成镰刀形。口板小而凸起，有5～8个边缘棘和5～6个较小的口面棘；各口板在口端深处还有1对直形叉棘。生活时反口面边缘为黄褐色到灰绿色，盘中央到腕端有纵行的黑灰色或浅灰色带；口面为橘黄色。

生态习性： 栖息于4～50m的砂、泥砂和砂砾底。

地理分布： 渤海，黄海，东海，南海；日本。

参考文献： 张凤瀛等，1964。

图 208 砂海星 *Luidia quinaria* von Martens, 1865
A. 反口面；B. 口面

瓣棘目 Valvatida
海燕科 Asterinidae Gray, 1840
海燕属 Patiria Gray, 1840

海燕
Patiria pectinifera (Müller & Troschel, 1842)

同物异名： *Asteriscus pectinifera* Müller & Troschel, 1842

标本采集地： 山东烟台。

形态特征： 腕数普通为 5 个。最大者辐径（R）可达 110mm，间辐径（r）约为 60mm。反口面隆起，边缘锐峭，口面很平。每个侧步带板有棘 2 行，一行在步带沟内，一行在板的口面，每行包括 3～5 个棘。腹侧板为不规则的多角形，呈覆瓦状排列，接近步带沟者最大，每板上有栉状排列的棘 3～10 个。口板大而明显，各具棘 2 行：一行在沟缘，数目是 5～8 个；一行在口面，数目是 5～6 个。筛板大，为圆形，普通是 1 个，但也有具 2 个或 3 个筛板的。生活时反口面为深蓝色和丹红色交错排列，但变异很大。

生态习性： 栖息于沿岸浅海的砂底、碎贝壳和岩礁底。

地理分布： 中国北方沿岸浅海的习见种；日本，朝鲜半岛，俄罗斯远东海域。

参考文献： 张凤瀛等，1964。

图 209　海燕 *Patiria pectinifera* (Müller & Troschel, 1842)
A. 反口面；B. 口面

有棘目 Spinulosida
棘海星科 Echinasteridae Verrill, 1867
鸡爪海星属 *Henricia* Gray, 1840

鸡爪海星
Henricia leviuscula (Stimpson, 1857)

同物异名： *Chaetaster californicus* Grube, 1865；*Cribrella laeviuscula* (Stimpson, 1857)；*Henricia attenuata* H. L. Clark, 1901；*Henricia inequalis* Verrill, 1914；*Henricia leviuscula attenuata* Clark H. L., 1901；*Henricia leviuscula* var. *inaequalis* Verrill, 1914；*Henricia spatulifera* Verrill, 1909；*Linckia leviuscula* Stimpson, 1857

标本采集地： 黄海。

形态特征： 盘相对较小。腕5个，呈圆柱状，逐渐变细，末端钝。辐径（R）为30～50mm，辐径与间辐径比（$R:r$）为5～6。反口面骨板厚而隆起，大小不等，为圆形或椭圆形，结合成细网目状，网目中有深而小的皮鳃区，各区有2～3个或多至5个皮鳃。20～35个反口面小棘聚集成组，表面呈细颗粒状。小棘粗而短，顶端稍膨大并有几个玻璃状细刺。上缘板、下缘板和腹侧板在口面排列成规则的3纵行，以下缘板最大。上缘板在腕基部突然弯向上方，形成一小三角形区域，区域内有约20个小间缘板排列为1～2个不规则的纵行。腹侧板比上、下缘板都小，仅伸长达腕长的2/3。侧步带板横宽，上有7～10个短而粗的棘，排列为2～3个不规则的横行；靠内侧的一两个棘比外侧的长而粗。沟棘1个，短而弯曲。管足2列，有吸盘。无叉棘。生活时反口面为砖红色、茶褐色、橙红色、橙黄色或带紫色；口面为橙红色或橙黄色；盘和腕上常有砖红色暗斑。

生态习性： 多栖息于潮下带水深15～45m的岩石底。

地理分布： 渤海，黄海。

参考文献： 肖宁，2015。

图 210 鸡爪海星 *Henricia leviuscula* (Stimpson, 1857)
A. 反口面；B. 口面

钳棘目 Forcipulatida

海盘车科 Asteriidae Gray, 1840

海盘车属 Asterias Linnaeus, 1758

罗氏海盘车
Asterias rollestoni Bell, 1881

同物异名： *Allasterias forficulosa* Verrill, 1914

标本采集地： 黄海。

形态特征： 体形很扁。盘略宽。腕5个，辐径（R）可达120mm，辐径与间辐径比（$R:r$）为4～4.5。各腕基部略压缩，随着就展宽，到末端逐渐变细，并且翘起。腕的边缘很锐峭。背板结合为不规则的网状，上具很多结节。背棘短，单个排列得很稀疏，龙骨板上的一列棘很显著，排列得比较规则和整齐。背棘的主要特征是呈尖锥形，或者较宽而钝，顶端为截断形。上、下缘板间及下缘板与侧步带板间各有1条光滑裸出的沟，沟间散生着很多直形叉棘。背面皮肤上也散生着很多小直形叉棘。但背棘的基部生有小且成堆的交叉叉棘。每个口板有2个棘，棘上都有直形叉棘。生活时反口面为蓝紫色，腕的边缘、棘、叉棘和反口面的突起为浅黄色到黄褐色；口面为黄褐色。

生态习性： 多栖息于潮间带的砂或石砾底。

分布范围： 黄海沿岸很常见，渤海也有分布。

参考文献： 张凤瀛等，1964。

图 211 罗氏海盘车 *Asterias rollestoni* Bell, 1881
A. 反口面；B. 口面

异色海盘车
Asterias versicolor Sladen, 1889

标本采集地： 山东烟台。

形态特征： 体扁平。背面隆起，结节较大和粗糙。腕 5 个，基部压缩，离盘不远处最宽。最大个体的 R 可达 160mm，一般的为 80mm 上下。R 约等于 $4r$。背面各结上有棘 1～2 个，各棘的上部较宽，边缘和顶上都带细刺，并且在一面有明显的沟槽。各背棘的基部生有成堆的交叉叉棘，附近并散生有一些直形交叉。上缘板各有 3 个上缘棘，靠近腕基部的上缘板常仅有 2 个棘。上缘棘比背棘稍粗长，顶端呈锯齿状，背侧有一显著的沟槽。下缘板各有 2 棘，形似上缘棘但顶端略扁，也具有小沟槽。侧步带棘为 1 个和 2 个交互排列，但在大标本的腕的基部有时为 2-2；靠外一棘比较扁钝，靠内一棘比较细长和弯曲，上载几个直形叉棘。生活时背面为淡黄色，并有紫色或暗褐色斑。

生态习性： 多栖息于潮下带水深 19～54m 的砂或泥砂底。

地理分布： 渤海，黄海北部；日本海，日本南部沿岸。

参考文献： 张凤瀛等，1964。

图 212　异色海盘车 *Asterias versicolor* Sladen, 1889
A. 反口面；B. 口面

拱齿目 Camarodonta
刻肋海胆科 Temnopleuridae A. Agassiz, 1872
刻肋海胆属 Temnopleurus L. Agassiz, 1841

哈氏刻肋海胆
Temnopleurus hardwickii (Gray, 1855)

同物异名： *Temnopleurus japonicus* von Martens, 1866；*Toreumatica hardwickii* Gray, 1855

标本采集地： 山东招远。

形态特征： 壳中等大，颇坚固，半球形或亚锥形。壳板缝合线的凹陷在反口面颇为明显，但小于并浅于细雕刻肋海胆。大疣明显具锯齿。步带宽约为间步带的 2/3。管足孔对排列为一条垂直的行列。各步带板水平缝合线上的凹痕比间步带的小。步带的有孔带很窄，管足孔很小，它们和大疣的中间由数个小疣分开。各间步带水平缝合线上的凹痕大而明显，边缘倾斜，并且内端深陷，呈孔状。顶系显著隆起，生殖板上有许多小疣。围肛板裸出，肛门靠近中央。齿具脊，齿器桡骨片在齿上方相接。大棘无横斑，基部明显呈黑褐色，或全黑色，远端部分明显为浅褐色。壳为黄褐色和灰绿色，中央区呈白色，反口面显现为放射状。

生态习性： 栖息于潮间带到水深 230m 的砂底，潜伏在深 10～20cm 的砂中。

地理分布： 渤海、黄海、东海大陆架、舟山群岛、台湾海峡；日本，朝鲜半岛。

参考文献： 肖宁，2015。

图 213 哈氏刻肋海胆 *Temnopleurus hardwickii* (Gray, 1855)
A. 反口面；B. 口面

猥团目 Spatangoida
拉文海胆科 *Loveniidae* Lambert, 1905
心形海胆属 *Echinocardium* Gray, 1825

心形海胆
Echinocardium cordatum (Pennant, 1777)

同物异名：*Echinus cordatus* Pennant, 1777；*Spatangus arcuarius* Lamarck, 1816；*Spatangus cordatus* (Pennant, 1777)

标本采集地：山东招远。

形态特征：壳为不规则的心脏形，薄而脆，后端为截断形；壳长一般为 30～50mm，前部 1/3 处最宽。反口面间步带都隆起，向后的间步带隆起得更显著；5 个步带都呈凹槽状，向前的步带更显低下，里边的管足孔微小而密集，排列为不规则的双行。顶系略偏于前方，生殖孔 4 个，内带线很明显，其前部稍窄，与步带凹槽会合。围肛部在壳后端上方，稍向内凹入。肛下带线向上延伸到围肛部的两侧，向下突出成喙状。围口部稍偏于前方，唇板比较短宽，胸板的前部窄、后部宽，围口部前方和两侧有裸出的步带道。反口面的棘很细，内带线范围内的大棘比较强大和弯曲，构成一特殊的棘丛。胸板上的大棘强大，并且弯曲，末端扁平，呈匙状。生活时棘为鲜明的浅黄色。

生态习性：栖息于潮间带到水深 230m 的砂底，潜伏在水深 10～20cm 的砂中。

地理分布：渤海，黄海；世界性分布。

参考文献：张凤瀛等，1964。

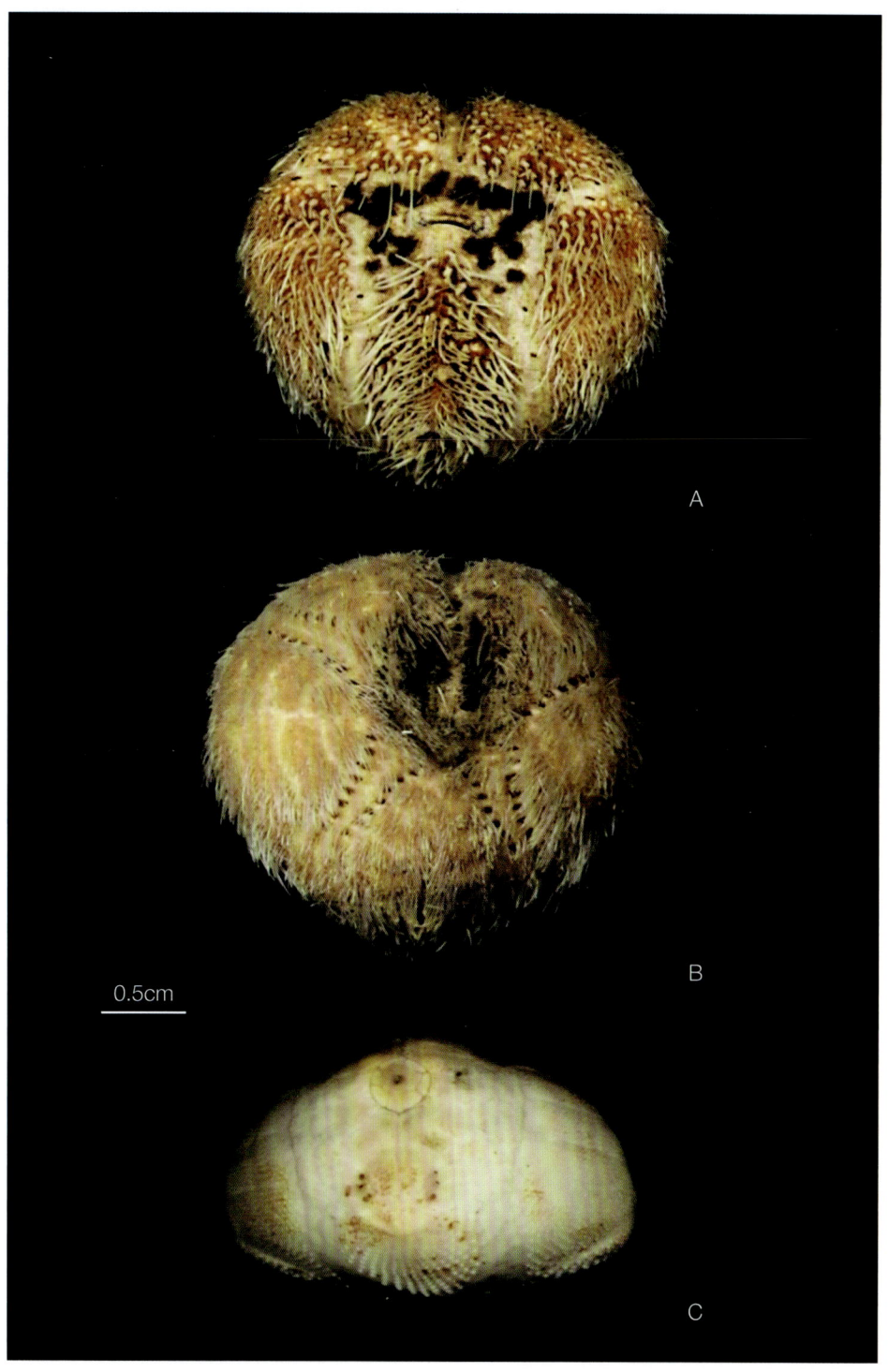

图 214　心形海胆 *Echinocardium cordatum* (Pennant, 1777)
A. 反口面；B. 口面；C. 侧面

球海胆科 Strongylocentrotidae Gregory, 1900

马粪海胆属 Hemicentrotus Mortensen, 1942

马粪海胆
Hemicentrotus pulcherrimus (A. Agassiz, 1864)

同物异名：*Sphaerechinus pulcherrimus* (A. Agassiz, 1864)；*Strongylocentrotus pulcherrimus* (A. Agassiz, 1864)

标本采集地：黄海。

形态特征：壳为低半球形，很坚固，最大者壳直径可达 6cm，高度约等于壳的半径。步带在赤道部几乎和间步带等宽。壳板很矮，上边的疣又很密集，故各壳板的界限很不清楚。赤道部各步带板上有 1 个大疣，其内侧有 2 个、外侧有 3～4 个中疣和它排列成不规则的横行，此外，各板上还散生着许多小疣。管足孔每 4 对排列成很斜的弧形，斜的程度几乎成了水平。间步带稍隆起，各间步带板上有 1 个大疣和 5～6 个中疣，另外，也散生着若干小疣。顶系稍稍隆起，第 I 和第 V 眼板接触围肛部。生殖板和眼板上都密生小疣。棘短而尖锐，长仅 5～6mm，密生在壳的表面。有的个体大棘常歪向外方，使步带和间步带的中线显出 1 条裸出线。棘的颜色变异很大：普通为暗绿色，有的带紫色、灰红色、灰白色、褐色或赤褐色，也有白色的；还有的上端为白色或赤褐色。壳为暗绿色或灰绿色。

生态习性：栖息于潮间带到水深 4m 的砂砾底和海藻繁茂的岩礁间。

地理分布：渤海，黄海，东海；日本。

参考文献：张凤瀛等，1964；肖宁，2015。

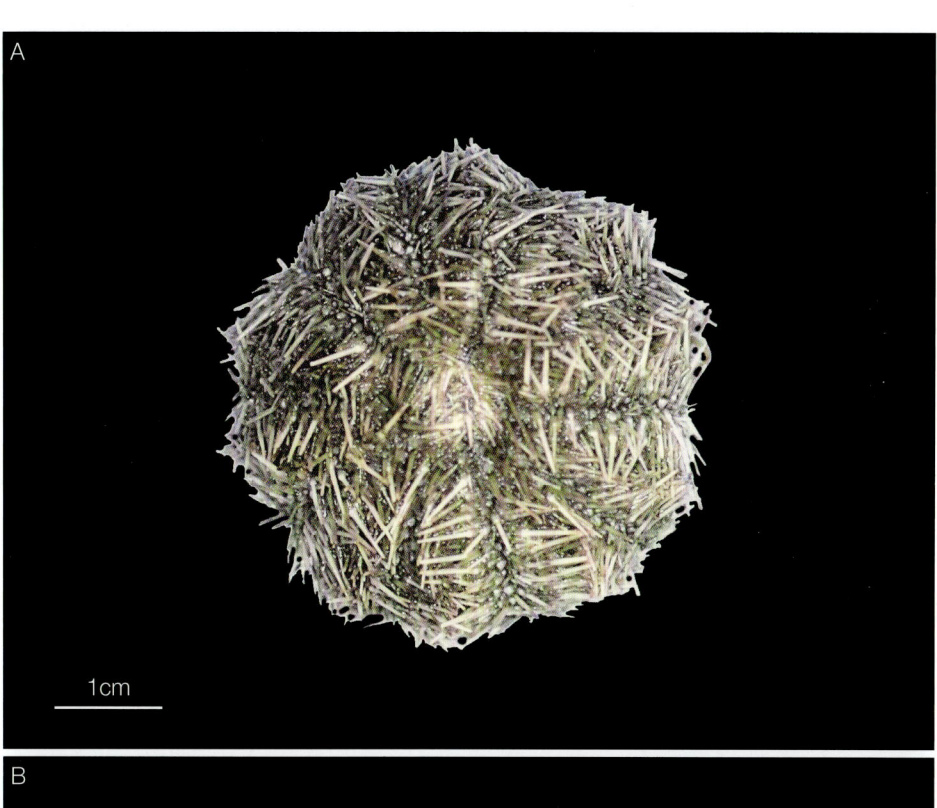

图 215　马粪海胆 *Hemicentrotus pulcherrimus* (A. Agassiz, 1864)
A. 反口面；B. 口面

真蛇尾目 Ophiurida

阳遂足科 Amphiuridae Ljungman, 1867

倍棘蛇尾属 Amphioplus Verrill, 1899

日本倍棘蛇尾
Amphioplus (*Lymanella*) *japonicus* (Matsumoto, 1915)

同物异名： *Ophiophragmus japonicus* Matsumoto, 1915

标本采集地： 山东烟台。

形态特征： 盘直径为 5～6mm，腕长 25～35mm，盘圆，间辐部向外扩张。盘背面密盖细小鳞片，沿着盘缘常有一行四角形的边缘鳞片。腹面最上一行和边缘鳞片相交的鳞片常突出，形成盘的栅栏。辐盾为半月形，长为宽的 2 倍，彼此几乎完全相接。盘腹面间辐部鳞片较背面者为小。生殖裂口明显，从口盾延伸至盘缘。口盾为菱形，长大于宽，内角尖锐，外角略钝圆。侧口板三角形，腹侧缘略凹进，内角彼此相接。口棘 4 个，大小几乎相等，紧密地连成一行。齿 5 个，末端锐，上下垂直排列。背腕板宽大，略呈椭圆形，几乎占据腕背面的大部分，板的内缘凸，外缘向外弯，彼此相接。第 1 腹腕板四角形，宽约为长的 2 倍；以后的腹腕板为五角形，宽略大于长，内角宽大，外缘平直或略凹进，彼此略相接。侧腕板在背面充分隔开，在腹面几乎相接。腕棘 3 个，接近等大，其长度约等于 1 个腕棘。触手鳞 2 个，薄而平，辐侧 1 个常大于间辐侧的 1 个。酒精标本黄白色。

生态习性： 栖息于潮下带水深 10～60m 的砂底。

地理分布： 渤海、黄海和东海北部；日本陆奥湾到鹿儿岛湾。

参考文献： 廖玉麟，2004。

图 216　日本倍棘蛇尾 Amphioplus (Lymanella) japonicus (Matsumoto, 1915)
A. 背面；B. 腹面

中华倍棘蛇尾
Amphioplus sinicus Liao, 2004

标本采集地： 渤海。

形态特征： 盘直径 10mm，腕长 120mm，盘圆，极易缺失，间辐部稍凹进。盘背面全部覆有中等大小的鳞片；盘上、下面均平滑。辐盾长为宽的 3 倍，大部分分离，仅外端相接；辐盾长小于盘半径的 1/2；各辐盾外端有指状突出，突起末端有细刺。腹面间辐部裸出。口盾略呈矛头形，长大于宽，内角和侧角皆圆，有一突出的外叶。侧口板为三角形。口板小，高大于宽。颚的两侧有 4 个口棘，齿下口棘明显成对，厚而钝，其他口棘小而呈鳞片状；第 3 口棘较大，第 4 口棘最小，第 3 口棘和第 4 口棘间有空隙。背腕板大，几乎把腕背面全部盖满，呈椭圆形。第 1 腹腕板很小，呈三角形，长大于宽，以后的腹腕板四方形，侧缘凹进，长大于宽，或长宽相近。侧腕板上下均不相接。腕棘在腕基部为 6～7 个，以后多为 5 个。棘小而细长，接近等长，所有腕棘末端钝尖，不带任何钩刺。

生态习性： 栖息于水深 7～86m 的泥底。

地理分布： 渤海，黄海，东海，南海。

参考文献： 肖宁，2015。

图 217　中华倍棘蛇尾 *Amphioplus sinicus* Liao, 2004
A. 背面；B. 腹面

阳遂足属 *Amphiura* Forbes, 1843

滩栖阳遂足
Amphiura (*Fellaria*) *vadicola* Matsumoto, 1915

同物异名： *Amphiura vadicola* Matsumoto, 1915；*Ophionephthys vadicola* (Matsumoto, 1915)

标本采集地： 河北秦皇岛海域。

形态特征： 盘直径为 7～11mm，腕长 105～180mm，间辐部凹进。背面覆以裸出的皮肤，皮肤内有圆形穿孔板骨片。辐盾狭长，外端相接，内端及周围有数行椭圆形鳞片。口盾小，呈五角形，宽大于长。侧口板呈三角形，内缘凹进。口板细长。口棘 2 个，齿下口棘细长，远端口棘位于侧口板前方，呈棘状。齿 5～6 个，呈长方形。腹面间辐部也覆有裸出的皮肤。生殖裂口狭长。背腕板呈卵圆形，在盘下或腕基部的 2～3 个较小，或不规则，以后的宽略大于长，彼此相接。第 1 腹腕板小，呈长方形；第 2 和第 3 腹腕板近乎方形；以后的腹腕板增宽，呈五角形，宽大于长；所有的腹腕板都隔有皮膜。腕棘在腕基部为 6～8 个，中部为 5～6 个，末端为 4 个，形状扁平，腕远端腹面第 2 棘末端明显粗糙，具细刺或带小钩，常呈斧状。触手孔大，但缺触手鳞。

生态习性： 穴居于潮间带的泥砂底。

地理分布： 遍布我国各个海域；日本。

参考文献： 廖玉麟，2004。

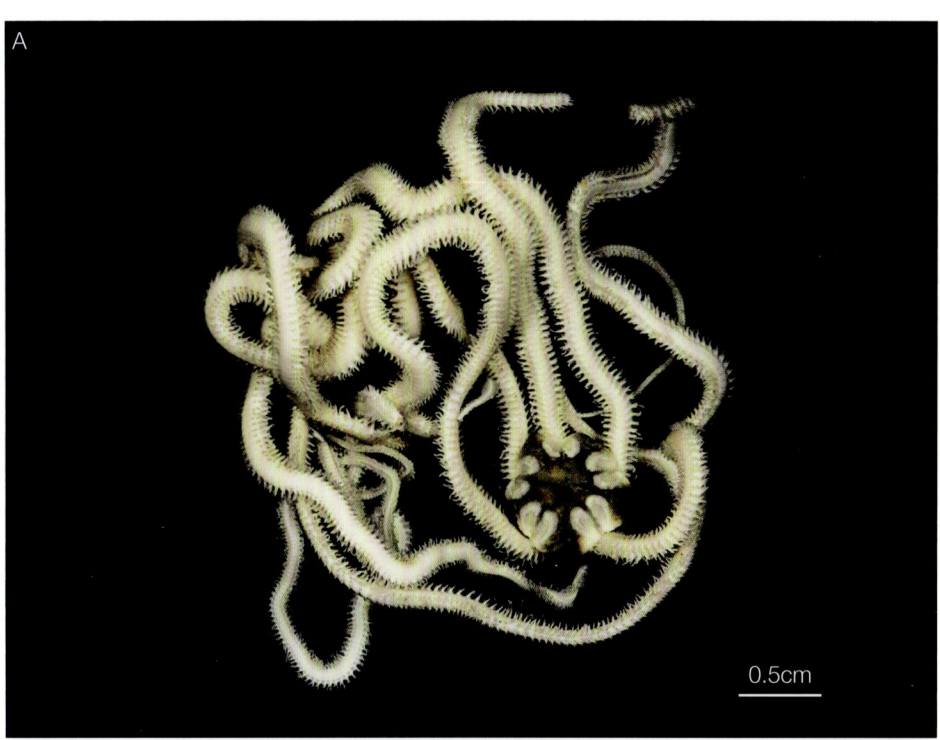

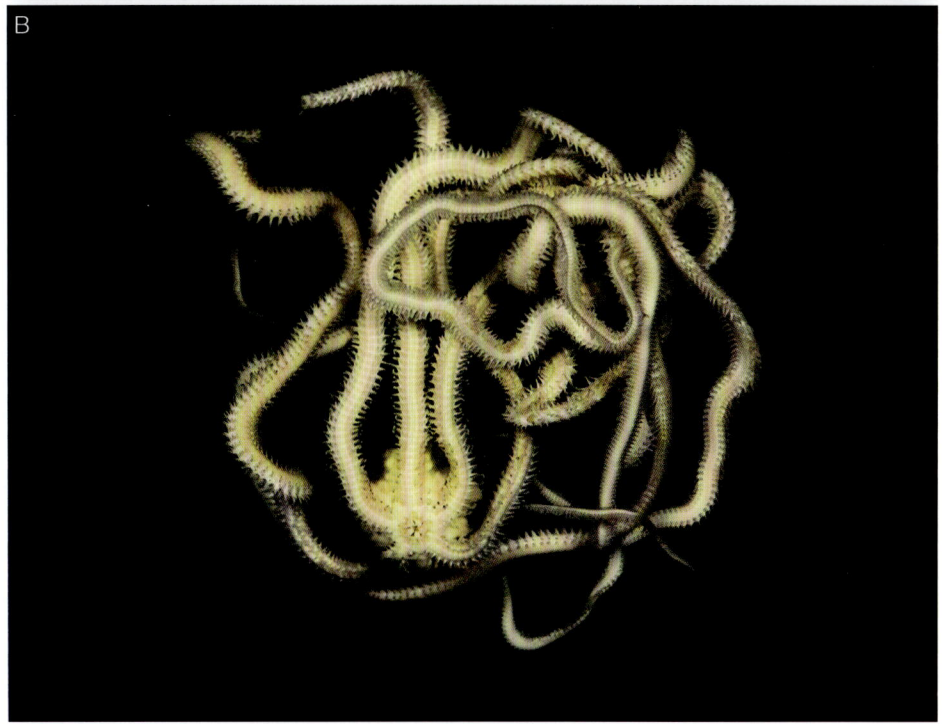

图 218 滩栖阳遂足 *Amphiura* (*Fellaria*) *vadicola* Matsumoto, 1915
A. 背面；B. 腹面

辐蛇尾科 Ophiactidae Matsumoto, 1915

辐蛇尾属 *Ophiactis* Lütken, 1856

近辐蛇尾
Ophiactis affinis Duncan, 1879

标本采集地： 黄海。

形态特征： 盘直径为 3～7mm，腕短，长为盘直径的 4 倍；盘背面盖有大型鳞片，初级板常明显，仅盘缘鳞片具小棘。辐盾适度大，仅外端相接，内端被 2 个大鳞片分隔。腹面间辐部鳞片很细，少数鳞片具小棘。口盾低矮，宽大于长，三角形，具圆角和小的突出叶。侧口板变化很大，多数标本在腹部和间辐部均不相连，少数标本在辐部相互靠近，远端口棘 1 个，小，位于口板内端。背腕板稍呈椭圆形，宽为长的 2 倍，彼此广泛相接。第 1 腹腕板很大，为六角形；以后的 4～5 个腹腕板五角形，角圆，长和宽相当；从第 6 腹腕板起呈四角形，角圆，宽大于长，彼此几乎不相接。腕棘 4 个，短而厚，最上一棘为最长，但不超过 1 个腕节。触手鳞 1 个，大而圆。酒精保存标本带绿色，混有白色。

生态习性： 栖息于水深 0～90m 的砂或碎石底。

地理分布： 从渤海到南海（北部湾）均有分布；日本南部，朝鲜海峡，菲律宾，印度尼西亚。

参考文献： 廖玉麟，2004。

图 219 近辐蛇尾 *Ophiactis affinis* Duncan, 1879
A. 背面；B. 腹面

刺蛇尾科 Ophiotrichidae Ljungman, 1867

刺蛇尾属 Ophiothrix Müller & Troschel, 1840

小刺蛇尾
Ophiothrix (*Ophiothrix*) *exigua* Lyman, 1874

同物异名： *Ophiothrix* (*Ophiothrix*) *marenzelleri* Koehler, 1904

标本采集地： 河北秦皇岛海域。

形态特征： 盘五叶状，直径 10～12mm，腕长为盘直径的 4～5 倍。背面密布粗短的棒状棘，顶端有小刺 3～5 个。辐盾大，三角形，外缘凹进，彼此分开，上面也密布有棒状棘，其轮廓常被掩盖。口盾菱形，角圆，外侧与生殖鳞相接。侧口板三角形，内端尖，彼此不相接。腹面间辐部大部分裸出，仅边缘具棒状棘。背腕板菱形，略宽，具突出的外缘，彼此相接。第 1 腹腕板很小，内缘凹进；第 2～3 腹腕板长方形，以后各板变短，呈六角形或椭圆形，外缘凹进，板间有空隙相隔。腕基部腕棘为 7～9 个，长而略扁，透明且带锯齿，末端钝，且较宽大，腹面第 1 腕棘呈钩状，具小钩 2～3 个。体色变化很大，有绿色、蓝色、褐色、紫色等，并常夹杂有黑色和白色斑纹，腕上常有深浅不同的环纹。

生态习性： 栖息于潮间带岩石下、海藻间或石缝中。

地理分布： 中国沿岸；日本。

参考文献： 廖玉麟，2004。

图 220 小刺蛇尾 Ophiothrix (Ophiothrix) exigua Lyman, 1874
A. 背面；B. 腹面

真蛇尾科 Ophiuridae Müller & Troschel, 1840

真蛇尾属 *Ophiuroglypha* Hertz, 1927

金氏真蛇尾
Ophiuroglypha kinbergi (Ljungman, 1866)

同物异名： *Ophiura lymani* (Ljungman, 1871)；*Ophioglypha ferruginea* Lyman, 1878；*Ophioglypha kinbergi* Ljungman, 1866；*Ophioglypha sinensis* Lyman, 1871

标本采集地： 黄海。

形态特征： 盘直径一般为 6～7mm，大者可达 12mm，腕长 20～40mm，盘扁，背面盖有圆形、光滑和大小不等的鳞片，其中背板、辐板和基板大而明显。辐盾大，呈梨状。腕栉明显，栉棘细长，从上面可以看见 8～12 个。腹面间辐部盖有许多半圆形的小鳞片。生殖裂口明显，有 1 行细的生殖疣。口盾大，呈五角形，长大于宽，内角尖锐，外缘钝圆。侧口板狭长，彼此相接。口棘 3～4 个，短而尖锐。背腕板发达，腕基部者特宽，外缘略弯出。腕中部和末端者为四角形或多角形。侧腕板稍膨起。腹腕板小，呈三角形，外缘弯出，前后不相接；腕基部几个腹腕板前方各有 1 圆形的凹陷。腕棘 3 个，背面者最长；腕末端者中央一个最短。触手鳞薄而圆，在第 2 触手孔共有 8～10 个触手鳞；第 3 触手孔共有 4～6 个，第 4 触手孔共有 2～4 个，第 5 触手孔以后为 1 个。

生态习性： 生活于潮间带到水深约 500m 的砂底或泥砂底。

地理分布： 中国各个海域；红海向东到西太平洋。

参考文献： 廖玉麟，2004。

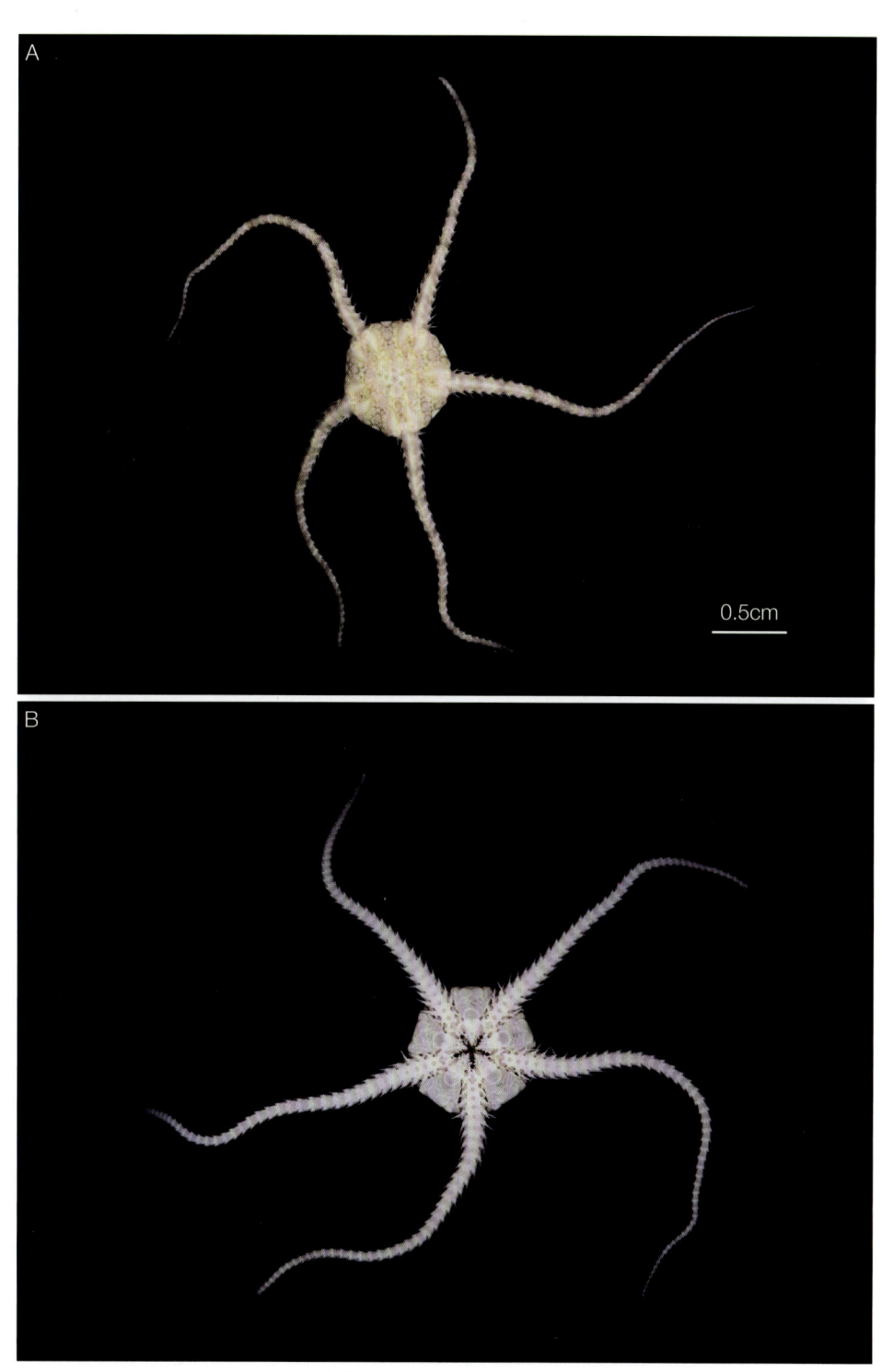

图 221　金氏真蛇尾 *Ophiuroglypha kinbergi* (Ljungman, 1866)
A. 背面；B. 腹面

楯手目 Aspidochirotida
刺参科 Stichopodidae Haeckel, 1896
仿刺参属 Apostichopus Liao, 1980

仿刺参
Apostichopus japonicus (Selenka, 1867)

同物异名：Holothuria armata Selenka, 1867；Stichopus japonicus Selenka, 1867；Stichopus japonicus var. typicus Théel, 1886；Stichopus roseus Augustin, 1908

标本采集地：渤海。

形态特征：体长一般约200mm，直径约40mm，体壁厚而柔软，体呈圆筒状，背面和腹面常可明显区分：背面隆起，上有4～6行大小不等、排列不规则的圆锥形疣足；腹面平坦，管足密集，排列成不很规则的3纵带。口偏于腹面，具楯形触手20个。肛门偏于背面。生殖腺2束，位于肠系膜两侧。呼吸树发达，但无居维氏器。体壁骨片为桌形体，但其大小和形状常随年龄不同而变化：幼小个体的桌形体塔部高，有4个立柱和1～3个横梁，底盘较大，边缘平滑；成年个体的桌形体退化，塔部变低或消失，变成不规则的穿孔板。无花纹样体、"C"形体和扣状体。体色变化很大，一般背面为黄褐色或栗褐色，腹面为浅黄褐色或赤褐色；此外还有绿色、紫褐色、灰白色和纯白色的。

生态习性：栖息于礁石或硬底，水深一般为3～5m，幼小个体多生活在潮间带。

地理分布：渤海，黄海沿岸；日本，朝鲜半岛。

经济意义：是一种重要的食用海参，品质优良。

参考文献：肖宁，2015。

图 222　仿刺参 *Apostichopus japonicus* (Selenka, 1867)

枝手目 Dendrochirotida
沙鸡子科 Phyllophoridae Östergren, 1907
沙鸡子属 Phyllophorus (Phyllothuria) Heding & Panning, 1954

正环沙鸡子
Phyllophorus (*Phyllothuria*) *ordinata* Chang, 1935

同物异名： *Phyllophorus ordinatus* Chang, 1935

标本采集地： 黄海。

形态特征： 大型种，体长一般可达 100mm，宽约 18mm。体呈圆筒状，两端较细，并且弯向背面。管足密布全体，稍强韧，收缩性很小，腹面较背面略多而发达。触手 20 个，排列为内、外两圈，外圈 10 个较大，位置对着间步带，内圈 10 个较小，位置对着步带。石灰环形状很规则，各辐板前端有一凹形缺刻和 4 个钝齿，有适度长的分叉后延部，各后延部由 4 块板构成，最后板细长；间辐板为不规则五角形，向前的角较长而尖锐。肛门周围有 5 组小疣。体壁薄，有褶皱，且较粗涩。体壁骨片为桌形体，底盘较大，周缘呈波状，有 1 个中央大孔和 8～16 个周缘小孔；塔部有 4 个立柱和 2～3 个横梁，顶端有 10 余个小齿。翻颈部有花纹样体。生活时体色变化较大，并且深浅不均匀，从黄褐色、灰褐色到褐色；触手灰褐色；管足白色，吸盘黄褐色。

生态习性： 多潜伏在低潮区附近的砂泥内。

地理分布： 目前仅知分布于我国渤海及黄海沿岸。

参考文献： 廖玉麟，2004。

图 223　正环沙鸡子 *Phyllophorus* (*Phyllothuria*) *ordinata* Chang, 1935

无足目 Apodida
锚参科 Synaptidae Burmeister, 1837
刺锚参属 Protankyra Östergren, 1898

结节锚参
Protankyra bidentata (Woodward & Barrett, 1858)

同物异名：*Synapta bidentata* Woodward & Barrett, 1858；*Synapta distincta* von Marenzeller, 1882；*Synapta molesta* Semper, 1867

标本采集地：黄海。

形态特征：体呈蠕虫状，一般的体长为 10cm 上下，最大者可达 28cm。体壁薄，半透明，从体外稍能透见其纵肌。触手 12 个，各触手的上端有 4 个指状小枝。间辐部皮肤内有大型的锚和锚板，使体壁变得很粗涩。体后端皮肤内的锚和锚板常比体前端者大。锚臂上有 2～10 个锯齿。锚干的中部稍肥大，锚柄也有锯齿。锚板为卵圆形，周缘不整齐；锚板上的穿孔排列无规则，孔缘平滑或带锯齿。体后端皮肤内有很多"X"形体，其表面有 4 个或 4 个以上的小突起。体前端皮肤内有各种不同的星形体，每个星形体有 1～2 个中央孔，表面有多数小瘤。辐部皮肤内除"X"形体外，还有很多卵圆形、光滑的颗粒体。生活时幼小个体为黄白色，成年个体为淡红色或赤紫色。

生态习性：多栖息于潮间带的砂泥中到水深 15m 的泥底。

地理分布：渤海，黄海，东海沿岸习见。

参考文献：张凤瀛等，1964。

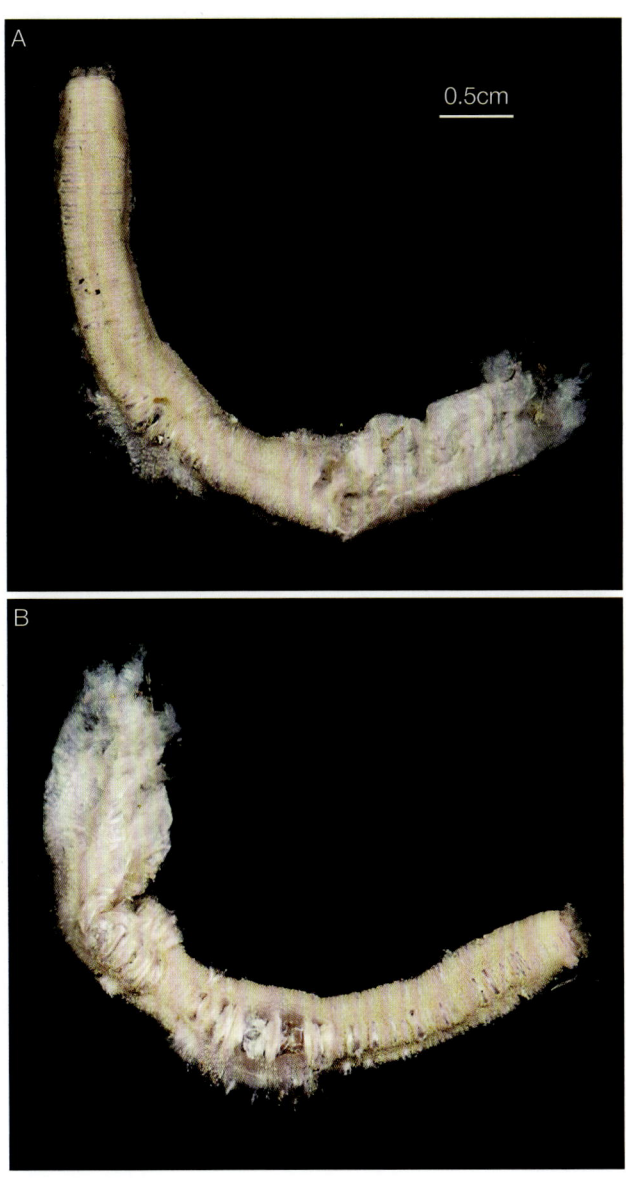

图 224　结节锚参 *Protankyra bidentata* (Woodward & Barrett, 1858)
A. 背面；B. 腹面

棘皮动物门参考文献

廖玉麟. 2004. 中国动物志 棘皮动物门 海参纲. 北京：科学出版社.

张凤瀛，吴宝铃，程丽仁. 1964. 中国动物图谱 棘皮动物. 北京：科学出版社：1-142.

脊索动物门
Chordata

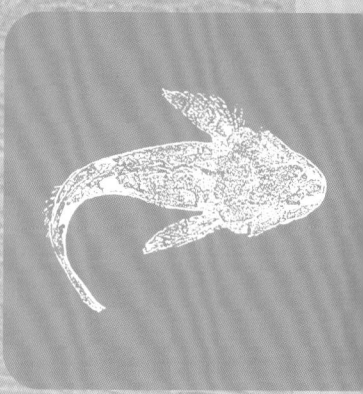

扁鳃目 Phlebobranchia
玻璃海鞘科 Cionidae Lahille, 1887
玻璃海鞘属 *Ciona* Fleming, 1822

玻璃海鞘
Ciona intestinalis (Linnaeus, 1767)

标本采集地： 山东青岛、烟台。

形态特征： 个体背腹伸长，被囊柔软，半透明，高 30～70mm。出、入水管较长，位高者为入水孔，周围有 8 个裂瓣；位低者为出水孔，有 6 个裂瓣，瓣上有 1 红色斑点。幼体白色，成体淡黄色。

生态习性： 于潮间带和浅海附着于礁石等硬质物体上，在扇贝笼等海水养殖设施上常大量出现。

地理分布： 渤海，黄海，东海，南海；日本，新加坡，北极海，北欧，英国，地中海，澳大利亚，北美洲。

经济意义： 发育生物学研究的实验动物；对扇贝等海洋动物的人工养殖危害较大。

参考文献： 张玺等，1963；杨德渐等，1996；黄修明，2008；曹善茂等，2017。

图 225　玻璃海鞘 *Ciona intestinalis* (Linnaeus, 1767)（孙世春供图）

复鳃目 Stolidobranchia
柄海鞘科 Styelidae Sluiter, 1895
拟菊海鞘属 *Botrylloides* Milne Edwards, 1841

紫拟菊海鞘
Botrylloides violaceus Oka, 1927

标本采集地： 山东日照、青岛、长岛。

形态特征： 群体呈不规则片状，厚3～4mm，活体多呈浅褐色或紫褐色。群体透明胶冻状，其中个体星状排列。个体长2～3mm，垂直排列于群体中，鳃孔11～14列，第2列鳃孔不达背中线。鳃囊每侧具3条纵血管，无鳃褶。鳃孔排列为：背板线5·3·3·5内柱。入水孔位于顶部，出水孔位于前背侧，出水孔上有明显的舌状突起。触指简单，指状，不分枝，4大4小，相间排列。内柱沟状，胃具12个纵褶和1个盲囊，肠攀简单，肛门具2个不明显的瓣。精巢具10个左右小精囊。卵巢小，内含2卵。胚体见于共同外皮中，具壶腹20个以上。

生态习性： 栖息于潮间带及浅海，固着于岩礁、石块、贝壳、海藻等物体上。

地理分布： 渤海，黄海；日本。

参考文献： 葛国昌和臧衍蓝，1983；杨德渐等，1996；曹善茂等，2017。

图226 紫拟菊海鞘 *Botrylloides violaceus* Oka, 1927（孙世春供图）

柄海鞘属 *Styela* Fleming, 1822

柄海鞘
Styela clava Herdman, 1881

标本采集地： 山东日照、青岛、长岛。
形态特征： 体棒状，明显分为躯干部和柄部两部分，以柄固着于其他物体上。被囊革质。体淡黄色、黄褐色、灰褐色等。体表粗糙，具疣状突起。出、入水管短，均具4个叶瓣。鳃囊大，每侧具4个鳃褶，鳃孔平直。触指32个，不分叉。纤毛沟"C"状。脊板线膜状。胃具纵褶25～36个。肛门叶瓣10个。雌雄同体，生殖腺分布于两侧外套膜上。卵巢细长管状，金黄色，左侧3～5个，右侧5～7个。精巢分散于卵巢之间，为乳白色小块。
生态习性： 附着于礁石、养殖筏架及其他海洋设施上。
地理分布： 渤海，黄海；西北太平洋。
经济意义： 主要污损生物之一。
参考文献： 张玺等，1963；葛国昌和臧衍蓝，1983；曹善茂等，2017。

图227　柄海鞘 *Styela clava* Herdman, 1881（孙世春供图）

文昌鱼科 Branchiostomatidae Bonaparte, 1846
文昌鱼属 Branchiostoma Costa, 1834

狭心纲 Leptocardii

日本文昌鱼　　青岛文昌鱼
Branchiostoma japonicum (Willey, 1897)

同物异名： *Branchiostoma belcheri tsingtauense* Tchang-Shi & Koo, 1937

标本采集地： 山东青岛。

形态特征： 身体侧扁，两端尖。体长45～55mm，体高约为体长的1/10。头部不明显，腹面具一漏斗状凹陷，即口前庭，周围有口须33～59条。体背中线有一背鳍，腹面自口向后有2条平行、对称的腹褶，向后在腹孔（排泄腔的开孔）前汇合。体末端具尾鳍。体两侧肌节明显，65～69节，以67节最常见。右侧生殖腺25～30个，左侧23～27个，右侧多于左侧。腹鳍条的数目为51～73条，平均61条。

生态习性： 栖息于低潮线以下的砂底中。

地理分布： 渤海，黄海，东海，南海；日本。

参考文献： 张玺等，1963；杨德渐等，1996；徐凤山，2008。

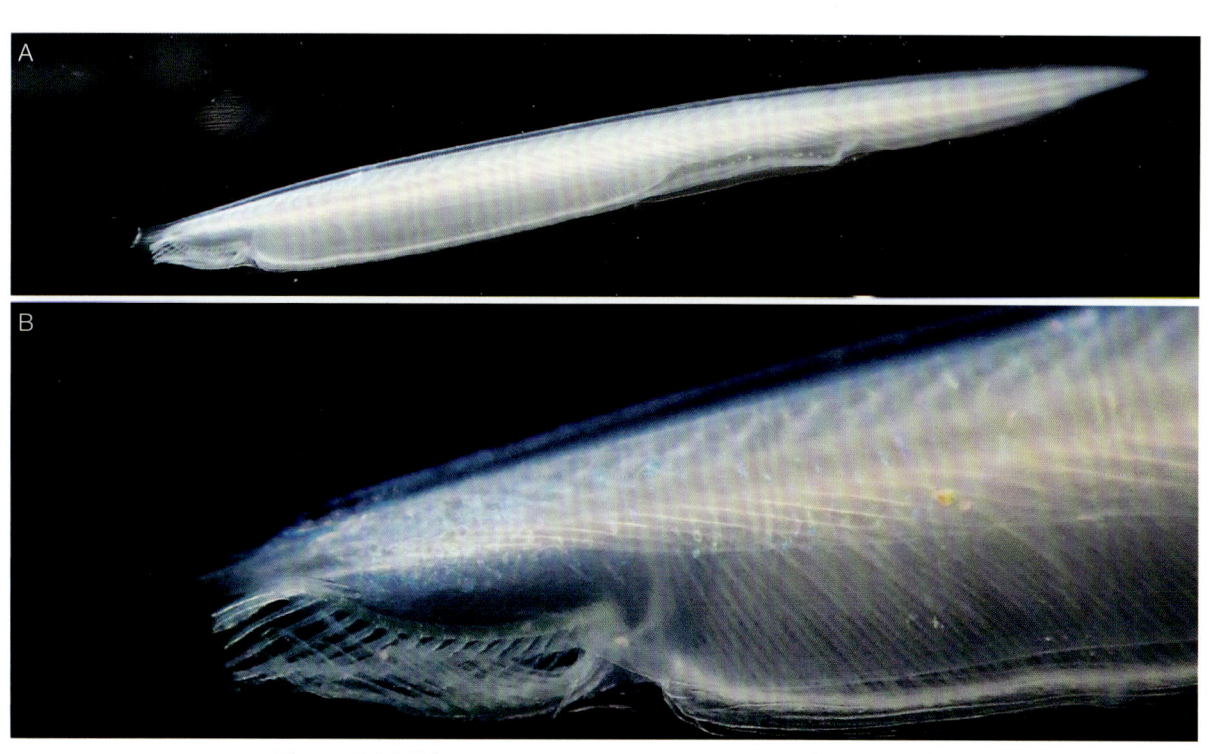

图 228　日本文昌鱼 *Branchiostoma japonicum* (Willey, 1897)（孙世春供图）
A. 整体外形；B. 身体前部侧面观

鮟鱇目 Lophiiformes
鮟鱇科 Lophiidae Rafinesque, 1810
黄鮟鱇属 *Lophius* Linnaeus, 1758

黄鮟鱇
Lophius litulon (Jordan, 1902)

标本采集地： 黄海。

形态特征： 背鳍 VI-9～10；臀鳍 8～11；胸鳍 22～23；腹鳍 5；尾鳍 8。体前端平扁，呈圆盘状，向后细尖，呈柱形。尾柄短。头大。吻宽阔，平扁，背面无大凹窝。眼较小，位于头背方。眼间隔很宽，稍凸。鼻孔突出。口宽大，下颌较长。上、下颌，犁骨，腭骨及舌上均有牙，能倒伏。鳃孔宽大，位于胸鳍基下缘后方。头部有不少棘突，顶骨棘长大。方骨具上、下 2 棘。间鳃盖骨具 1 棘。关节骨具 1 棘。肩棘不分叉，上有 2 或 3 小棘。体裸露无鳞。头、体上方、两颌周缘均有很多大小不等的皮质突起。有侧线。背鳍 2 个；第 1 背鳍具 6 鳍棘，相互分离，前 3 鳍棘细长，后 3 鳍棘细短；第 2 背鳍和臀鳍位于尾部。胸鳍很宽，侧位，圆形，2 块辐状骨在鳍基形成臂状。腹鳍短小，喉位。尾鳍近截形。体背面紫褐色，腹面浅色。体背具有不规则的深棕色网纹。背鳍基底具 1 深色斑。臀鳍与尾鳍黑色。

生态习性： 暖水性底层鱼类，栖息于 25～500m 的泥砂底质海域。肉食性。

地理分布： 渤海，黄海，东海，台湾岛；日本，朝鲜半岛。

经济意义： 可食用经济鱼类。

参考文献： 刘静，2008；陈大刚和张美昭，2015a。

图 229　黄鮟鱇 *Lophius litulon* (Jordan, 1902)

鲉形目 Scorpaeniformes

鲉科 Sebastidae Kaup, 1873

平鲉属 *Sebastes* Cuvier, 1829

许氏平鲉
Sebastes schlegelii Hilgendorf, 1880

同物异名： *Sebastes* (*Sebastocles*) *schlegelii* Hilgendorf, 1880

标本采集地： 黄海。

形态特征： 背鳍 XIII-11～13；臀鳍 III-6～8；胸鳍 17～18；腹鳍 I-5。侧线鳞 37～53。头顶棱较低，眼间隔宽平，约等于眼径。两颌、眶前和鳃盖上无鳞，眶前骨下缘有3个钝棘。两颌及犁骨、腭骨均有细齿带。体灰黑色，腹部白色，散布不规则黑斑；各鳍黑色或灰白色，常具小斑点，尾鳍后缘上、下有白边。

生态习性： 冷温性近海底层鱼类。栖息于近海岩礁和砂泥底质区域。春季产卵，卵胎生。

地理分布： 渤海，黄海，东海；日本，朝鲜半岛，太平洋中北部。

经济价值： 肉可供食用，为海洋渔业、海水增养殖重要对象。

参考文献： 金鑫波，2006；刘静，2008；陈大刚和张美昭，2015b。

图 230　许氏平鲉 *Sebastes schlegelii* Hilgendorf, 1880（张辉供图）

毒鲉科 Synanceiidae Gill, 1904
虎鲉属 *Minous* Cuvier, 1829

单指虎鲉
Minous monodactylus (Bloch & Schneider, 1801)

同物异名： *Scorpaena monodactyla* Bloch & Schneider, 1801

标本采集地： 黄海。

形态特征： 小型，体长约 80mm；体中长，长椭圆形，前部粗大，后部稍侧扁，尾部向后渐狭小。眼中大，圆形，上侧位。口中大，亚端位。鼻棱三角形，分叉，位于前鼻孔里侧。鳃耙粗短，鳃丝长等于或稍短于眼径一半，假鳃发达。体光滑无鳞，侧线上侧位。背鳍起点位于鳃盖骨上棘前上方；臀鳍起点位于背鳍鳍条部前端下方，鳍条长约等于背鳍鳍条部；胸鳍颇长大，长圆形；腹鳍胸位；尾鳍后缘圆截形，等于或略短于胸鳍；各鳍鳍条均不分枝。体腔大，腹膜白色，体褐红色，腹面白色，背侧具数条不规则条纹。

生态习性： 暖水性小型海洋鱼类，栖息于近海底层，以甲壳动物等为食，卵生，数量少。

地理分布： 渤海，黄海，东海，南海；印度洋，西太平洋中北部，大洋洲，印度，菲律宾，日本。

参考文献： 金鑫波，2006；刘静，2008；陈大刚和张美昭，2015b。

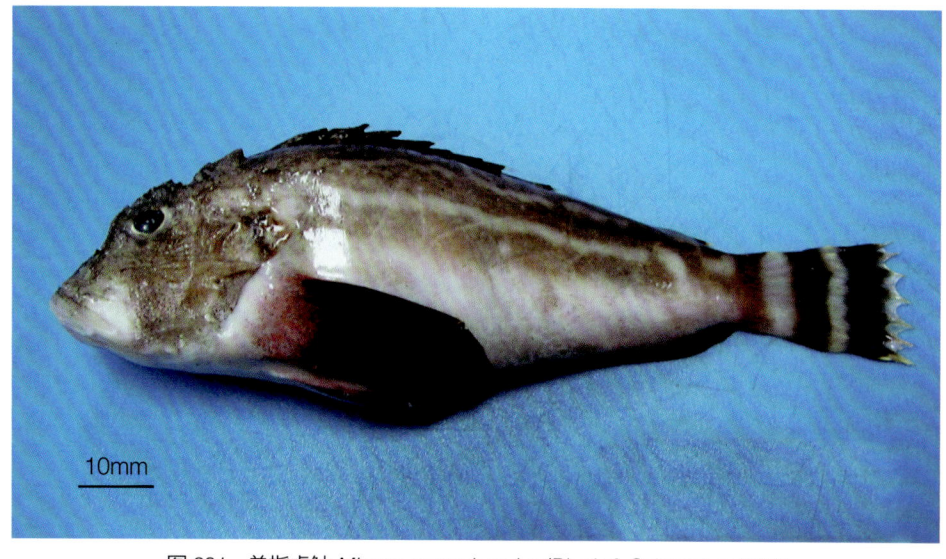

图 231　单指虎鲉 *Minous monodactylus* (Bloch & Schneider, 1801)

六线鱼科 Hexagrammidae Jordan, 1888

六线鱼属 Hexagrammos Tilesius, 1810

大泷六线鱼
Hexagrammos otakii Jordan & Starks, 1895

同物异名： *Hexagrammos aburaco* Jordan & Starks, 1903

标本采集地： 黄海。

形态特征： 背鳍XIX～XXI-21～23；臀鳍21～23；胸鳍17～19；腹鳍I～5，侧线鳞100～110。侧线鳞5条，第4条不分叉，但该侧线止于腹鳍基后上方。第1侧线沿鱼体背部止于背鳍基后端。背鳍鳍棘与鳍条部间有深凹。鳞小，多为栉鳞，第2、3侧线间鳞为11～12行。头背有2对皮瓣：一对位于眼上方，呈小穗状；另一对位于颈部，小须状或消失。尾鳍后缘微凹，不分枝。体色从黄色到紫褐色，因个体而异。体侧散布不规则斑块，背鳍鳍棘后部有一大圆斑。臀鳍有斜带，尾鳍有横带。繁殖期雄鱼橙黄色。

生态习性： 冷温性岩礁鱼类。繁殖季节产黏着性卵，雄鱼护卵。

地理分布： 渤海，黄海，东海；日本，朝鲜半岛，西北太平洋。

经济价值： 为我国北方习见经济鱼种，是重要的增殖对象。

参考文献： 金鑫波，2006；刘静，2008；陈大刚和张美昭，2015b。

图232 大泷六线鱼 *Hexagrammos otakii* Jordan & Starks, 1895（张辉供图）

杜父鱼科 Cottidae Bonaparte, 1831
角杜父鱼属 Enophrys Swainson, 1839

角杜父鱼
Enophrys diceraus (Pallas, 1787)

同物异名： *Ceratocottus diceraus* (Pallas, 1787)

标本采集地： 黄海。

形态特征： 体中长，粗壮，前部稍侧扁，向后渐狭小；背缘斜弧形，腹缘低斜。头大，略侧扁，尾柄低长。眼中大，圆形。口中大，下端位。鼻棘1个，尖锐。体无鳞，具皮刺。鳃盖条6个，鳃耙短小，假鳃发达。背鳍分离，间距约等于眼径；臀鳍起点位于背鳍第2鳍条下方，基底长约为第2背鳍基底的4/5；胸鳍宽大；腹鳍狭长；尾鳍后缘圆截形，鳍长略大于腹鳍长；液浸标本褐红色，具斑纹和条纹。

生态习性： 冷温性中小型海鱼。栖息于近海底层，水深80m。

地理分布： 中国北部海域；日本。

参考文献： 金鑫波，2006；刘静，2008；陈大刚和张美昭，2015b。

图233 角杜父鱼 *Enophrys diceraus* (Pallas, 1787)

松江鲈属 *Trachidermus* Heckel, 1839

松江鲈
Trachidermus fasciatus Heckel, 1837

同物异名：*Cottus uncinatus* Schlegel, 1843
标本采集地：黄海。
形态特征：背鳍Ⅷ～Ⅸ -18～19；臀鳍15～18；胸鳍16～17；腹鳍1～4。侧线鳞33～38。体前部平扁，后部稍侧扁。头平扁，棘、棱均为皮肤包被。口大，端位。两颌及犁骨、腭骨均具绒毛齿群。前鳃盖骨有4个棘，上棘最大，后端向上弯曲。体无鳞，被皮质小突起。背鳍连续具凹刻。胸鳍大，尾鳍后缘截形。体黄褐色，体侧具5～6条暗纹。吻侧、眼下、眼间隔和头侧具暗条纹。早春繁殖期左、右鳃盖膜上各有2条橘红色斜带，鳃片外露，故称"四鳃鲈"。
生态习性：冷温性洄游鱼类。幼鱼早春在淡水中生活，秋后沿海越冬产卵。
地理分布：渤海，黄海，东海；日本，朝鲜半岛，西北太平洋。
经济价值：为中国二级濒危保护动物。
参考文献：金鑫波，2006；刘静，2008；陈大刚和张美昭，2015b。

图 234 松江鲈 *Trachidermus fasciatus* Heckel, 1837（刘进贤供图）
A. 背面观；B. 腹面观

绒杜父鱼科 Hemitripteridae Gill, 1865
绒杜父鱼属 Hemitripterus Cuvier, 1829

绒杜父鱼
Hemitripterus villosus (Pallas, 1814)

标本采集地： 黄海。

形态特征： 中小型，体长 170～260mm；体较长，粗大，向后渐侧扁、狭小；躯干较长；尾柄中长，尾柄长约为尾柄高的 1.5 倍。头大，略侧扁，背面多凹凸，背缘斜凹。眼颇小，圆形，上侧位，眼球突出于头背缘。口大，上端位，口裂上斜；上颌明显前突，下颌上包，上颌骨露出，伸越眼后部下方；唇肥厚。体无鳞，皮肤粗糙。背鳍连续，第 1 和第 2 鳍棘最长，约为头长；臀鳍起点位于背鳍倒数第 2 鳍棘下方，鳍条后端不伸达尾鳍基底，无鳍棘；胸鳍宽大，下侧位，不伸达臀鳍，鳍条均不分枝，下方无游离鳍条；腹鳍狭小，胸位，具 1 鳍棘、3 鳍条；尾鳍后缘截形，鳍长约为头长，小于体高。体褐色或黑褐色，具斑块、斑点、条纹：头部具不规则斑纹，体侧具不规则斑纹和斑点，背鳍和臀鳍具斑纹，胸鳍具斑块和多条弧形条纹，腹鳍黑色，尾鳍具斑点和斑纹。

生态习性： 冷水性底层中小型海洋鱼类。无远距离洄游习性，摄食鱼类和其他无脊椎动物。

地理分布： 渤海，黄海；北太平洋西北部，白令海，鄂霍次克海，日本，朝鲜半岛。

参考文献： 金鑫波，2006；刘静，2008；陈大刚和张美昭，2015b。

图 235　绒杜父鱼 *Hemitripterus villosus* (Pallas, 1814)

鲉科 Platycephalidae Swainson, 1839
鲉属 *Platycephalus* Bloch, 1795

鲉
Platycephalus indicus (Linnaeus, 1758)

标本采集地： 黄海。

形态特征： 体中型，体长 200～300mm。体延长，平扁，向后渐狭小，背缘斜直，腹缘平直，尾柄稍短。鼻棱低平，无棘。鳞小，栉鳞，覆瓦状排列。眼上侧位，眼间隔宽凹。口大，端位，下颌突出；牙细小，犁骨牙群不分离，呈半月形，鳃孔宽大。鳃盖条 7 个，鳃耙细长，假鳃发达；背鳍 2 个，具黑褐色斑点，相距很近；臀鳍和第 2 背鳍同形相对，具 13 个鳍条；胸鳍宽圆；腹鳍亚胸位；尾鳍截形；背鳍鳍棘和鳍条上具纵列小斑点，臀鳍后部鳍膜上具斑点和斑纹。体腔中大，腹膜白色；体黄褐色，具斑点和斑纹。

生态习性： 暖水性底层海洋鱼类。较少游动，常半埋砂中，以诱饵并御敌。摄食虾类、小鱼和其他无脊椎动物，卵生，浮性卵。

地理分布： 渤海，黄海，东海，南海；印度洋，中太平洋和北太平洋西北部，非洲东南部，红海，大洋洲，印度，印度尼西亚，菲律宾，朝鲜，日本。

参考文献： 金鑫波，2006；刘静，2008；陈大刚和张美昭，2015b。

3cm

图 236　鲉 *Platycephalus indicus* (Linnaeus, 1758)

海龙目 Syngnathiformes

海龙科 Syngnathidae Bonaparte, 1831

海马属 *Hippocampus* Rafinesque, 1810

日本海马
Hippocampus mohnikei Bleeker, 1853

同物异名： *Hippocampus japonicus* Kaup, 1856

标本采集地： 山东日照。

形态特征： 背鳍 16～17；臀鳍 4；胸鳍 13。体环 11+（37～38）。躯干部 11 节。吻短，头长为吻长的 3 倍。头冠甚低，无棘。各体环棘刺亦低、钝。尾显著细长。体褐色或深褐色，布有不规则的带状斑。

生态习性： 暖温性沿岸鱼种。栖息于近岸内湾藻场海域。

地理分布： 渤海，黄海，东海，南海；日本，朝鲜半岛，越南，西太平洋。

经济价值： 是海马中的习见小型种，为北方药用养殖鱼类。

参考文献： 刘静，2008；陈大刚和张美昭，2015c。

图 237　日本海马 *Hippocampus mohnikei* Bleeker, 1853（王信供图）

海龙属 *Syngnathus* Linnaeus, 1758

舒氏海龙
Syngnathus schlegeli Kaup, 1856

标本采集地： 山东青岛。

形态特征： 背鳍 35～41；臀鳍 3～4；胸鳍 12～13；尾鳍 10。体细长，鞭状，尾部后方渐细；躯干部骨环七棱形，尾部骨环四棱形，腹部中央棱微突出。头长而细尖。吻细长，管状，吻长大于眼后头长。眼较大，圆形，眼眶不突出。眼间隔微凹，小于眼径。口小，前位。上、下颌短小，稍能伸缩。无牙。鳃孔很小，位于头侧背方。雄性尾部前方腹面具有育儿袋。体无鳞，完全由质环包围。骨环数 19+（38～42）。背鳍较长，始于最末体环，止于第 9 尾环。臀鳍短小，仅位于肛门后方。胸鳍较高，扇形，位低。尾鳍长，后缘圆形。体背部绿黄色，腹部淡黄色，体侧具多条不规则暗色横带。背鳍、臀鳍、胸鳍淡色，尾鳍黑褐色。

生态习性： 生活在沿岸藻类繁茂的海域中，常利用尾部缠在海藻枝上，并以小型浮游生物为饵料，也常食小型甲壳动物。雄海龙尾部腹面有由左右两片皮褶形成的育儿袋，交配时雌海龙产卵于雄海龙之"袋"中，卵在袋里受精孵化。

地理分布： 渤海，黄海，东海，台湾岛；韩国，日本，西北太平洋。

经济意义： 可作药用。

参考文献： 刘静，2008；陈大刚和张美昭，2015c。

图 238　舒氏海龙 *Syngnathus schlegeli* Kaup, 1856（陈平供图）

鲈形目 Perciformes

线鳚科 Stichaeidae Gill, 1864

眉鳚属 Chirolophis Swainson, 1839

日本眉鳚
Chirolophis japonicus Herzenstein, 1890

同物异名： *Azuma emmnion* Jordan & Snyder, 1902

标本采集地： 黄海。

形态特征： 背鳍 LX～LXIII；臀鳍 I-45～47；胸鳍 13～15；腹鳍 I-4。体延长，侧扁。头小。吻短，圆钝。口稍大。上、下颌齿各 2 行。眼上缘皮瓣 2 对，上端分枝。鳞小，多埋于皮下。腹鳍发达，喉位，两腹鳍相距近。体橙黄色，体侧有 8 个黑褐色云状大斑。背鳍具 10 余个暗斑。尾鳍有 2 条黑色宽纹。

生态习性： 冷温性底层鱼类。栖息于近岸内湾岩礁海区、近海砂泥底质海区。

地理分布： 渤海，黄海；日本山阴（鸟取县、岛根县）和岩手县以北海域。

参考文献： 刘静，2008；陈大刚和张美昭，2015c。

图 239　日本眉鳚 *Chirolophis japonicus* Herzenstein, 1890

线鳚属 *Ernogrammus* Jordan & Evermann, 1898

六线鳚
Ernogrammus hexagrammus (Schlegel, 1845)

同物异名： *Stichaeus hexagrammus* Schlegel, 1845
标本采集地： 黄海。
形态特征： 体长约 15cm，体延长，侧扁。头较长，无皮瓣和皮须。吻锥形。眼中大，侧上位。口大，端位，下颌微长于上颌。唇发达，上下颌、犁骨及腭骨均有牙。体被小圆鳞。体侧具侧线 3 条，波状，有很多斜短小枝，分枝末端有小孔。背鳍很长，全为鳍棘；臀鳍较短，两鳍后端皆与尾鳍相连；胸鳍下侧位，圆形；腹鳍小，喉位；尾鳍宽圆。体侧棕黑色，腹部灰白色，背缘有灰白斑 9 块，头顶及眼下方有灰白色斜纹，胸鳍与尾鳍各有数条深色横带。
生态习性： 冷温性近海底层鱼类。终生栖息于近岸岩礁和海藻间水域。主要食物为小型鱼类、底栖贝类、海藻；1 龄可达性成熟，生殖期 3～4 月，卵生。
地理分布： 渤海，黄海；日本。
参考文献： 刘静，2008；陈大刚和张美昭，2015c。

图 240 六线鳚 *Ernogrammus hexagrammus* (Schlegel, 1845)

网鳚属 *Dictyosoma* Temminck & Schlegel, 1845

网鳚
Dictyosoma burgeri van der Hoeven, 1855

标本采集地：黄海。

形态特征：背鳍 LIV-9～10；臀鳍 I-42；胸鳍 12；腹鳍退化为 2 个小突起；尾鳍 15。体延长，侧扁。头小。口端位。两颌各有 1 行排列稀疏的圆锥牙，合缝处各有 1 对牙，较大。犁骨和腭骨有牙。眼较小。前鼻孔管状。眼周围、鳃盖部及下颌下方有发达的感觉孔。鳃孔宽大。鳃盖膜互连，与颊部分离。鳃盖条 6 个。鳃耙细，为 3+14。体被小圆鳞，头和鳍上无鳞。侧线复杂，有许多横枝，呈网状分布，侧线上小孔显著。背鳍长，大部分为鳍棘，后部有少数鳍条，后端与尾鳍大部相连。臀鳍后端亦与尾鳍相连。胸鳍短圆。腹鳍退化，仅在喉部中央有 2 个小硬突起物。尾鳍小，圆形。体深灰色，头和体散布许多小黑点；眼间隔至头后部有 3 条黑色短横纹。在鳃孔上方，侧线两侧各有 2 个大黑斑。

生态习性：近底层鱼类。主要栖息于潮间带和潮下带的礁石区。

地理分布：渤海，黄海；西北太平洋海域。

参考文献：刘静，2008；陈大刚和张美昭，2015c。

图 241　网鳚 *Dictyosoma burgeri* van der Hoeven, 1855

线鳚科分属检索表

1. 侧线 1 条，眼上缘皮瓣发达 .... 眉鳚属 *Chirolophis*（日本眉鳚 *C. japonicus*）
 - 侧线 3 条或呈网格状 2
2. 侧线 3 条 .... 线鳚属 *Ernogrammus*（六线鳚 *E. hexagrammus*）
 - 侧线呈网格状 .... 网鳚属 *Dictyosoma*（网鳚 *D. burgeri*）

玉筋鱼科 Ammodytidae Bonaparte, 1835
玉筋鱼属 *Ammodytes* Linnaeus, 1758

玉筋鱼
Ammodytes personatus Girard, 1856

标本采集地： 黄海。

形态特征： 背鳍 57～58；臀鳍 30～31；胸鳍 14～15；尾鳍 I+13+I。体细长，稍侧扁。头长形。眼小，眼间隔宽平，中央微凸。口大，斜形。下颌较长，下颌联合的下侧具 1 大突起。上颌能伸缩。上、下颌及犁骨均无牙。鳃盖部无棘。体被小圆鳞，头部及鳍无鳞。侧线 1 条，直线形，位于体侧背缘。侧线鳞约 146 个。体侧有很多斜向后下方的横皮褶，皮褶之间为 1 横行小圆鳞。体腹侧 6 胸鳍基的前下方向后每侧有 1 条纵皮褶。背鳍 1 个，鳍条长短相似，无鳍棘，最后鳍条伸不到尾鳍基。臀鳍与背鳍相似，始于背鳍第 29 鳍条基的下方。无腹鳍。尾鳍叉形。新鲜标本体侧淡绿色，背缘灰黑色，腹侧白色。背鳍鳍条的基部各具 1 小黑点。尾鳍及胸鳍的基部淡灰黑色。

生态习性： 冷温性底层鱼类。栖息于内湾砂底质浅海，潜砂夏眠。

地理分布： 渤海，黄海；印度-西太平洋，大西洋的寒带至温带以及北极地区。

经济意义： 可食用经济鱼类。

参考文献： 刘静，2008；陈大刚和张美昭，2015c。

图 242　玉筋鱼 *Ammodytes personatus* Girard, 1856（宋娜供图）

虾虎鱼科 Gobiidae Cuvier, 1816

刺虾虎鱼属 Acanthogobius Gill, 1859

黄鳍刺虾虎鱼
Acanthogobius flavimanus (Temminck & Schlegel, 1845)

同物异名： *Gobius flavimanus* Temminck & Schlegel, 1845

标本采集地： 黄海。

形态特征： 小型鱼类，体长 100～120mm。体延长，前部圆筒形，后部侧扁，尾柄颇长，大于体高。头稍平扁，吻长、圆钝，头部具3个感觉管孔。眼小，位于背侧，微突出于头前半部。鼻孔2对，前鼻孔较大，后鼻孔较小、紧邻眼前上方。口小，前位，向下斜裂，上下颌约等长，具多行排成带状的尖细齿，外行齿较粗壮。唇厚，舌游离，前端平截形。鳃孔宽大，颊部宽，具假鳃，鳃耙短小。第1和第2背鳍明显分离，背鳍和尾鳍浅褐色，具节状黑斑；臀鳍与第2背鳍相对，同形；胸鳍宽圆，扇形，下侧位，上部无游离丝状鳍条，鳍基具一浅褐斑；腹鳍圆形，左右腹鳍愈合成一圆形大吸盘；尾鳍长圆形，短于头长。体被弱栉鳞，胸部和腹部被圆鳞，无侧线。体灰褐色，背部色较深，腹部浅棕色。

生态习性： 冷温性近岸底层小型鱼类。栖息于河口、港湾及沿岸砂质或泥地的浅水区。摄食小型无脊椎动物和幼鱼等。

地理分布： 渤海，黄海，东海；日本，朝鲜半岛。

经济意义： 可食用经济鱼类。

参考文献： 刘静，2008；陈大刚和张美昭，2015c。

图243 黄鳍刺虾虎鱼 *Acanthogobius flavimanus* (Temminck & Schlegel, 1845)

斑尾刺虾虎鱼
Acanthogobius hasta (Temminck & Schlegel, 1845)

同物异名：*Gobius hasta* Temminck & Schlegel, 1845；*Synechogobius hasta* (Temminck & Schlegel, 1845)；*Synechogobius hastus* (Temminck & Schlegel, 1845)

标本采集地：黄海。

形态特征：体延长，前部呈圆筒形，后部侧扁而细。尾柄粗短。头宽大，稍平扁，头部具3个感觉管孔。吻较长，圆钝。眼小，口大，向前斜裂。背鳍2个，分离；腹鳍小，左右腹鳍愈合成一圆形吸盘；尾鳍尖长。体呈淡黄褐色，中小个体体侧常有数个黑斑，背侧淡褐色。头部有不规则暗色斑纹。胸鳍和腹鳍基部有1个暗色斑块，大个体暗斑不明显。

生态习性：暖温性近岸底层中大型虾虎鱼类。生活于沿海、港湾及河口咸、淡水交混处，也进入淡水。喜栖息于底质为淤泥或泥砂的水域。多穴居。性凶猛，捕食各种虾、蟹和其他小型甲壳动物，也吃鲚、龙头鱼、舌鳎的幼鱼及沙蚕等。

地理分布：渤海，黄海，东海，南海；日本，朝鲜半岛。

经济意义：可食用经济鱼类。

参考文献：刘静，2008；伍汉霖和钟俊生，2008；陈大刚和张美昭，2015c。

图244 斑尾刺虾虎鱼 *Acanthogobius hasta* (Temminck & Schlegel, 1845)（高天翔供图）

大弹涂鱼属 *Boleophthalmus* Valenciennes, 1837

大弹涂鱼
Boleophthalmus pectinirostris (Linnaeus, 1758)

同物异名： *Gobius pectinirostris* Linnaeus, 1758
标本采集地： 东海。
形态特征： 体延长，前部亚圆筒形，后部侧扁。头大，稍侧扁，具2个感觉管孔。眼小，位高，互相靠拢，突出于头顶之上，下眼睑发达。口大，前位，平裂，略斜，两颌等长，两颌各有牙1行，上颌牙呈锥状，前方每侧3个牙呈犬牙状；下颌牙斜向外方，呈平卧状。体及头部被圆鳞，前部鳞细小，后部鳞较大，无侧线。背鳍2个，分离；臀鳍基底长，与第2背鳍同形；胸鳍尖圆，基部具臂状肌柄；左右腹鳍愈合成一吸盘，后缘完善；尾鳍尖圆，下缘斜截形。体背青褐色，腹部色浅。
生态习性： 暖水性近岸小型鱼类。生活于近海沿岸及河口的低潮区滩涂。适温、适盐性广，水陆两栖。通常在白天退潮时依靠发达的胸鳍肌柄在泥滩上爬行、摄食、跳跃，夜间穴居。主食底栖硅藻、蓝藻及底泥中的有机质，也食少量桡足类和线虫等。
地理分布： 渤海，黄海，东海，南海；日本，朝鲜半岛。
经济意义： 可食用经济鱼类。
参考文献： 刘静，2008；伍汉霖和钟俊生，2008；陈大刚和张美昭，2015c。

图 245　大弹涂鱼 *Boleophthalmus pectinirostris* (Linnaeus, 1758)

矛尾虾虎鱼属 *Chaeturichthys* Richardson, 1844

矛尾虾虎鱼
Chaeturichthys stigmatias Richardson, 1844

标本采集地： 黄海。

形态特征： 体长180～220mm，体颇延长，前部亚圆筒形，后部侧扁，背缘、腹缘较平直。头宽扁，具3个感觉管孔。吻中长，圆钝。眼间隔宽，和眼径等长；眼小，上侧位。口宽大，前位，斜裂；下颌稍突出，牙细尖，两颌各具牙2行。颊部常具短小触须3对，鳃盖条5个，具假鳃，鳃耙细长，长针状。体被圆鳞，后部者较大；颊部、鳃盖及项部均被细小圆鳞，项部鳞片伸达眼后缘，吻部无鳞。背鳍2个，分离，第2背鳍基部长；臀鳍基底长，起点在第2背鳍第3鳍条基下方，平放时不伸达尾鳍基；胸鳍宽圆，肩带内缘具3个较小的舌形肉质乳突；左右腹鳍愈合成一吸盘；尾鳍尖长，大于头长。体黄褐色，体背具不规则暗色斑块；第1背鳍第5～8鳍棘间具一大黑斑；第2背鳍和尾鳍均具褐色斑纹。液浸标本体呈灰褐色，头部和背部有不规则暗色斑纹。

生态习性： 暖温性近岸小型底栖鱼类。栖息于河口咸、淡水滩涂淤泥底质、砂泥底质海区，也进入江河下游淡水水体中；摄食桡足类、多毛类、虾类等底栖动物。

地理分布： 渤海，黄海，东海，南海；日本，朝鲜半岛。

经济意义： 可食用经济鱼类。

参考文献： 刘静，2008；伍汉霖和钟俊生，2008；陈大刚和张美昭，2015c。

图246 矛尾虾虎鱼 *Chaeturichthys stigmatias* Richardson, 1844

蜂巢虾虎鱼属 *Favonigobius* Whitley, 1930

裸项蜂巢虾虎鱼
Favonigobius gymnauchen (Bleeker, 1860)

同物异名： *Gobius gymnauchen* Bleeker, 1860

标本采集地： 黄海。

形态特征： 背鳍 VI-I-9；臀鳍 I-9；胸鳍 16～17；腹鳍 I-5。纵列鳞 28～29；背鳍前鳞 0。体延长。头中等大，较尖。头背有 6 个感觉管孔（B'、C、D、E、F、G），眼下有 1 条感觉乳突线，颊部有 3 条感觉乳突线。吻短，突出，吻长约等于眼径。眼中等大，背侧位。口中等大，前位。下颌长于上颌。齿尖细，上、下颌后部各有 2 行齿。舌宽，游离，前端截形或微凹。前鳃盖后缘具 3 个感觉管孔。体被中等大弱栉鳞。吻部、颊部、项部、鳃盖无鳞。第 1 背鳍以第 1、第 2 鳍棘最长，雄鱼的呈丝状延长。胸鳍宽大。腹鳍愈合成吸盘。头、体黄褐色，腹部色浅。体侧具 4～5 对暗斑。尾鳍具多行黑色斑纹，尾鳍基有一分枝状暗斑。

生态习性： 暖水性底层鱼类。栖息于近岸浅滩、砾石、岩礁海区和珊瑚礁海区。

地理分布： 渤海，黄海，东海，南海；日本，朝鲜半岛。

参考文献： 刘静，2008；伍汉霖和钟俊生，2008；陈大刚和张美昭，2015c。

图 247　裸项蜂巢虾虎鱼 *Favonigobius gymnauchen* (Bleeker, 1860)

竿虾虎鱼属 *Luciogobius* Gill, 1859

竿虾虎鱼
Luciogobius guttatus Gill, 1859

同物异名： *Luciogobius martellii* Di Caporiacco, 1948

标本采集地： 黄海。

形态特征： 个体小，体长40～60mm，大者达80mm。体细长，竿状，前部圆筒形，后部侧扁，背缘浅弧形，腹缘稍平直，尾柄颇高，长大于体高。头中大，圆钝，前部宽而平扁，背部稍隆起，无感觉管孔。眼较小，圆形，背侧位，位于头的前半部，无游离眼睑。口中大，前位，斜裂。具假鳃，鳃耙短小。体完全裸露无鳞，无侧线。背鳍1个，第1背鳍消失，第2背鳍颇低；臀鳍与背鳍相对，同形，起点约与第2背鳍起点相对，前部鳍条较长；腹鳍很小，圆形，短于胸鳍，左右愈合成一吸盘；尾鳍长圆形，短于头长。液浸标本的头、体呈淡褐色，密布微细的小黑点，头部及体侧有较大浅色圆斑。

生态习性： 暖温性沿岸及河口小型底栖鱼类。退潮后在沙滩或岩石间残存的水体中常可见。以桡足类、轮虫等浮游动物为食，生长缓慢，冬季产卵。

地理分布： 渤海，黄海，东海，南海；日本，朝鲜半岛。

经济意义： 可食用鱼类。

参考文献： 刘静，2008；伍汉霖和钟俊生，2008；陈大刚和张美昭，2015c。

图248 竿虾虎鱼 *Luciogobius guttatus* Gill, 1859

狼牙虾虎鱼属 *Odontamblyopus* Bleeker, 1874

拉氏狼牙虾虎鱼
Odontamblyopus lacepedii (Temminck & Schlegel, 1845)

同物异名： *Amblyopus lacepedii* Temminck & Schlegel, 1845
标本采集地： 黄海。
形态特征： 背鳍 VI-38～40；臀鳍 I-37～41；胸鳍 31～34；腹鳍 I-5。鳃耙（5～7）+（12～13）。体颇延长，略呈鳗形。头中等大。头部无感觉管孔，但散布有许多不规则排列的感觉乳突。吻短，宽。眼极小，退化，埋于皮下。口大，前位，下颌突出。颌齿 2～3 行；外行齿均扩大，每侧有 4～6 个弯曲犬齿，露出唇外。下颌缝合处有 1 对犬齿。头部无小须，鳃盖上方无凹陷。鳃盖条 5 个。头、体光滑无鳞。背鳍、臀鳍、尾鳍相连；胸鳍尖形；腹鳍愈合呈尖长吸盘；尾鳍尖。体淡红色或灰紫色，奇鳍黑褐色。
生态习性： 暖温性底层鱼类。栖息于河口及近岸滩涂海区。
地理分布： 渤海，黄海，东海，南海；日本有明、八代海，朝鲜半岛海域。
参考文献： 刘静，2008；伍汉霖和钟俊生，2008；陈大刚和张美昭，2015c。

图 249　拉氏狼牙虾虎鱼 *Odontamblyopus lacepedii* (Temminck & Schlegel, 1845)

副孔虾虎鱼属 *Paratrypauchen* Murdy, 2008

小头副孔虾虎鱼
Paratrypauchen microcephalus (Bleeker, 1860)

同物异名： *Ctenotrypauchen microcephalus* (Bleeker, 1860)；*Trypauchen microcephalus* Bleeker, 1860

标本采集地： 黄海。

形态特征： 体长 90～120mm，大者可达 160mm，体颇延长，侧扁，背缘、腹缘几乎平直，至尾部渐收敛。头短而高，侧扁；无感觉管孔。眼甚小，上侧位，在头的前半部。口小，前位，斜裂。具假鳃，鳃耙短而尖细。体被细弱圆鳞，头部、项部、胸部及腹部裸露无鳞，无背鳍前鳞，无侧线。背鳍连续，鳍棘部与鳍条部相连；臀鳍起点在背鳍第6、第7鳍条基的下方，与尾鳍相连；胸鳍短小，上部鳍条较长；腹鳍小，左右腹鳍愈合成一吸盘，后缘具一缺刻；尾鳍尖圆；体略呈淡紫红色，幼体呈红色。

生态习性： 近岸小型底栖鱼类。栖息于浅海和河口附近，可在泥底中筑穴。以等足类、桡足类、多毛类、小虾苗及小鱼苗为食。

地理分布： 渤海，黄海，东海，南海；日本，朝鲜半岛，菲律宾，印度尼西亚，泰国，印度。

参考文献： 刘静，2008；伍汉霖和钟俊生，2008；陈大刚和张美昭，2015c。

图 250　小头副孔虾虎鱼 *Paratrypauchen microcephalus* (Bleeker, 1860)

弹涂鱼属 *Periophthalmus* Bloch & Schneider, 1801

大鳍弹涂鱼
Periophthalmus magnuspinnatus Lee, Choi & Ryu, 1995

标本采集地： 黄海。

形态特征： 背鳍 Ⅺ～Ⅻ、I-12～13；臀鳍 I-11～12；胸鳍 13～14；腹鳍 I-5；尾鳍 5+16。纵列鳞 82～91。鳃耙 11～14。椎骨 26 枚。体延长，侧扁；背缘平直，腹缘浅弧形；尾柄较长。头宽大，略侧扁。吻短而圆钝，斜直隆起。眼中等大，位于头的前半部，突出于头的背面。背鳍 2 个，分离，较接近；第 1 背鳍高耸，略呈大三角形，起点在胸鳍基后上方，边缘圆弧形；第 2 背鳍基部长，稍小于或等于头长，上缘白色，其内侧具 1 条黑色较宽纵带，此带下缘还有 1 条白色纵带。

生态习性： 暖温性近岸小型鱼类。栖息于底质为淤泥、泥砂的高潮区或半咸、淡水的河口及沿海岛屿、港湾的滩涂及红树林，亦进入淡水。

地理分布： 渤海，黄海，东海，南海；日本，朝鲜半岛。

经济意义： 可食用经济鱼类。

参考文献： 刘静，2008；伍汉霖和钟俊生，2008；陈大刚和张美昭，2015c。

图 251 大鳍弹涂鱼 *Periophthalmus magnuspinnatus* Lee, Choi & Ryu, 1995

缟虾虎鱼属 *Tridentiger* Gill, 1859

髭缟虾虎鱼
Tridentiger barbatus (Günther, 1861)

同物异名： *Triaenophorichthys barbatus* Günther, 1861

标本采集地： 黄海。

形态特征： 背鳍 VI，I-10；臀鳍 I-9～10；胸鳍 21～22；腹鳍 I-5。纵列鳞 36～37；背鳍前鳞 17～18，鳃耙 2+（5～7）。体粗壮。头背具 3 个感觉管孔；颊部具 3～4 条水平感觉乳突线。吻短宽，广弧形。口宽大，上、下颌等长。头部具许多触须，呈穗状排列。吻缘有须 1 行，下颌腹面有须 2 行，鳃盖上部尚有小须 2 群。体被中等大栉鳞，项部被小圆鳞。第 1 背鳍以第 2、3 鳍棘最长。头、体黄褐色，腹部色浅，体侧常有 5 条黑色宽横带。背鳍、尾鳍也有暗带纹。

生态习性： 暖温性底层鱼类。栖息于河口或近岸海域。

地理分布： 渤海，黄海，东海，南海；日本，朝鲜半岛。

参考文献： 刘静，2008；伍汉霖和钟俊生，2008；陈大刚和张美昭，2015c。

图 252　髭缟虾虎鱼 *Tridentiger barbatus* (Günther, 1861)

纹缟虾虎鱼
Tridentiger trigonocephalus (Gill, 1859)

同物异名： *Triaenophorus trigonocephalus* Gill, 1859

标本采集地： 黄海。

形态特征： 体长 80～110mm，大者可达 130mm，体延长，很粗壮，前部圆筒形，后部略侧扁，背缘、腹缘浅弧形隆起。头中大，略扁平，具 6 个感觉管孔。眼小，位于头的前半部。口中大，前位，稍斜裂。鳃耙短而钝尖。体被中等大栉鳞，前部鳞较小，后部鳞较大，头部无鳞，无侧线。背鳍 2 个，分离；臀鳍与第 2 背鳍相对，同形，等高或稍低，起点位于第 2 背鳍第 3 鳍条的下方，平放时不伸达尾鳍基；胸鳍宽圆，下侧位；腹鳍中等大，左右腹鳍愈合成一吸盘；尾鳍后缘圆形。液浸标本体呈灰褐色或浅褐色，腹部浅色，体侧常具 2 条黑褐色纵带，体侧有时还具不规则横带 6～7 条，有时仅具横带，或者仅有云状斑纹。

生态习性： 暖温性近岸底层小型鱼类。栖息于河口咸、淡水水域及近岸浅水处，也进入江河下游淡水中。摄食小型鱼类、幼虾、桡足类、枝角类及其他水生昆虫。在海岸及咸、淡水水域中产卵，产沉黏性卵，产卵后多数亲体死亡。

地理分布： 渤海，黄海，东海，南海；日本，朝鲜半岛。

经济意义： 可食用鱼类。

参考文献： 刘静，2008；伍汉霖和钟俊生，2008；陈大刚和张美昭，2015c。

图 253 纹缟虾虎鱼 *Tridentiger trigonocephalus* (Gill, 1859)

虾虎鱼科分属检索表

1. 体光滑无鳞 2
 - 体被圆鳞或栉鳞 3
2. 个体小，体细长，竿状；背鳍1个 .... 竿虾虎鱼属 *Luciogobius*（竿虾虎鱼 *L. guttatus*）
 - 体颇延长，呈鳗形，背鳍与尾鳍、臀鳍相连 .... 狼牙虾虎鱼属 *Odontamblyopus*
（拉氏狼牙虾虎鱼 *O. lacepedii*）
3. 体被圆鳞 4
 - 体被栉鳞，圆鳞若有，则仅出现在胸部和腹部 7
4. 体被细弱圆鳞，头部、项部、胸部及腹部无鳞；背鳍连续，鳍棘部与鳍条部相连 ....
 .... 副孔虾虎鱼属 *Paratrypauchen*（小头副孔虾虎鱼 *P. microcephalus*）
 - 体及头部被圆鳞，颊部、项部、鳃盖均被细小圆鳞；背鳍2个，分离 5
5. 尾鳍尖长，大于头长 .... 矛尾虾虎鱼属 *Chaeturichthys*（矛尾虾虎鱼 *C. stigmatias*）
 - 尾鳍尖圆，不大于头长 6
6. 尾鳍下缘斜截形；眼小，位高，互相靠拢，突出于头顶之上 ....
 .... 大弹涂鱼属 *Boleophthalmus*（大弹涂鱼 *B. pectinirostris*）
 - 第1背鳍高耸，略呈大三角形；眼中等大，位于头的前半部 ....
 .... 弹涂鱼属 *Periophthalmus*（大鳍弹涂鱼 *P. magnuspinnatus*）
7. 体被细弱栉鳞，仅胸部、腹部被圆鳞；背鳍2个，明显分离；背鳍和尾鳍浅褐色，具节状黑斑 ...
 .... 刺虾虎鱼属 *Acanthogobius*（黄鳍刺虾虎鱼 *A. flavimanus*；斑尾刺虾虎鱼 *A. hasta*）
 - 体被中等大栉鳞 8
8. 吻部、颊部有鳞，项部被圆鳞；第1背鳍以第2、第3鳍棘最长 ....
 .... 缟虾虎鱼属 *Tridentiger*（纹缟虾虎鱼 *T. trigonocephalus*；髭缟虾虎鱼 *T. barbatus*）
 - 吻部、颊部、项部、鳃盖无鳞；第1背鳍以第1、第2鳍棘最长，雄鱼的呈丝状延长 ....
 .... 蜂巢虾虎鱼属 *Favonigobius*（裸项蜂巢虾虎鱼 *F. gymnauchen*）

鲽形目 Pleuronectiformes

牙鲆科 Paralichthyidae Regan, 1910

牙鲆属 *Paralichthys* Girard, 1858

褐牙鲆
Paralichthys olivaceus (Temminck & Schlegel, 1846)

标本采集地： 黄海。

形态特征： 背鳍 74～85；臀鳍 59～63；胸鳍 12～13；腹鳍 6；尾鳍 17。体扁，呈长卵圆形。头大，头高大于头长，背缘直线状，尾柄较窄长。两眼略小，稍突起，位于头部左侧，眼间隔小。口大，前位，斜裂。牙尖锐，锥状；上、下颌各具牙 1 行，左右均发达，前部各齿呈犬齿状。犁骨和腭骨均无齿。有眼侧被小栉鳞，无眼侧被圆鳞。左右侧线鳞同样发达。侧线鳞 120～130 个。背鳍起点偏在无眼侧，约在上眼前缘附近，仅后部约 41 个鳍条分枝，后端鳍条最细短；臀鳍与背鳍相对；腹鳍基底短小；胸鳍不等大，有眼侧略大；尾鳍后缘呈双截形。有眼侧为灰褐色或暗褐色，在侧线直线部中央及前端上、下各有一瞳孔大的亮黑斑，其他各处散有暗色环纹或斑点。背鳍、臀鳍和尾鳍均具暗色斑纹，胸鳍具黄褐色点列或横条纹。无眼侧白色。各鳍淡黄色。

生态习性： 冷水性底栖鱼类。具有潜砂性，多栖息于靠近沿岸水深 20～50m 潮流畅通的海域，底质多为砂泥、砂石或岩礁，白天在海底休息，夜间才开始觅食。对盐度的适应性较广。以鱼类为主要食物。

地理分布： 渤海，黄海，东海，南海；日本，朝鲜半岛，俄罗斯萨哈林岛（库页岛）沿海。

经济意义： 重要食用经济鱼类。

参考文献： 李思忠和王惠民，1995；刘静，2008；陈大刚和张美昭，2015c。

图 254　褐牙鲆 *Paralichthys olivaceus* (Temminck & Schlegel, 1846)

斑鲆属 *Pseudorhombus* Bleeker, 1862

桂皮斑鲆
Pseudorhombus cinnamoneus (Temminck & Schlegel, 1846)

同物异名： *Rhombus cinnamoneus* Temminck & Schlegel, 1846
标本采集地： 南海。
形态特征： 背鳍83～84；臀鳍64～66；胸鳍10～13（有眼侧），11（无眼侧）；腹鳍6；尾鳍17。体扁，呈长卵圆形；尾柄短高。头中大。吻部略短钝。两眼略小，稍突起，位于头部左侧，眼间隔小，上眼不接近头部背缘。鼻孔每侧2个。口大，前位，斜裂。上颌骨后端伸达下眼瞳孔下方。牙小、尖锐，上、下颌各具牙1行。鳃孔狭长。鳃盖膜不与颊部相连。鳃耙扁，短于鳃丝，内缘有小刺。肛门偏于无眼侧。有眼侧被栉鳞，无眼侧被圆鳞。奇鳍均被小鳞。左、右侧线均发达，侧线前部在胸鳍上方形成一弓状弯曲部，有颞上支。背鳍起点约在无眼侧鼻孔上方，后端少数鳍条分枝，最后鳍条最短小。臀鳍与背鳍相对，起点约在胸鳍基底后缘下方。胸鳍不等大，有眼侧略大，左胸鳍尖刀形，中央第7～8鳍条分枝，右胸鳍圆形，鳍条不分枝。左、右腹鳍对称。尾鳍后缘钝尖。有眼侧为暗褐色，具若干暗色圆斑。奇鳍上具黑褐色小斑点。无眼侧白色。
生态习性： 暖温带中等大小底层海鱼。
地理分布： 渤海，黄海，东海和南海北部；日本，朝鲜半岛。
经济意义： 可食用经济鱼类。
参考文献： 李思忠和王惠民，1995；刘静，2008；陈大刚和张美昭，2015c。

图 255　桂皮斑鲆 *Pseudorhombus cinnamoneus* (Temminck & Schlegel, 1846)

鲽科 Pleuronectidae Rafinesque, 1815

高眼鲽属 *Cleisthenes* Jordan & Starks, 1904

高眼鲽
Cleisthenes herzensteini (Schmidt, 1904)

同物异名： *Hippoglossoides herzensteini* Schmidt, 1904

标本采集地： 黄海。

形态特征： 背鳍 64～79；臀鳍 45～61；胸鳍 9～13；腹鳍 6。侧线鳞 70～86。鳃耙（6～9）+（15～23）。体呈长椭圆形。两眼位于头右侧，上眼位很高，越过头背中线。有反常个体。口中等大，近似对称。上颌骨几乎达眼中部下方。两颌齿小，上颌齿 1 行。背鳍始于上眼后部上方的左侧，鳍条不分枝。右侧胸鳍较长，中央鳍条分枝。腹鳍基短，近似对称。右侧大部分被栉鳞，左侧多被圆鳞。侧线发达，直线形，无颞上支。尾柄长大于尾柄高。有眼侧体黄褐色，无明显的斑纹，鳍灰黄色，奇鳍外缘色较暗。无眼侧白色。

生态习性： 冷温性底层鱼类。栖息于水深 100～200m 的砂泥底质海域。

地理分布： 渤海，黄海，东海；日本福岛以北海域，鄂霍次克海，西北太平洋温带水域。

经济价值： 为我国黄海和渤海主要捕捞对象。

参考文献： 李思忠和王惠民，1995；刘静，2008；陈大刚和张美昭，2015c。

图 256　高眼鰈 *Cleisthenes herzensteini* (Schmidt, 1904)

石鲽属 *Kareius* Jordan & Snyder, 1900

石鲽
Kareius bicoloratus (Basilewsky, 1855)

同物异名： *Platessa bicolorata* Basilewsky, 1855

标本采集地： 黄海。

形态特征： 背鳍 72～76；臀鳍 52～57；胸鳍 11；腹鳍 6；尾鳍 17～18。体扁，呈长卵圆形；尾柄短而高。头中大。吻较长，钝尖。眼中大，均位于头部右侧，上眼接近头背缘。眼间隔稍窄。口小，前位，斜裂，左、右侧稍对称。下颌略向前突出。牙小而扁，尖端截形，上、下两颌各具牙 1 行，无眼侧较发达。体无鳞。有眼侧头及体侧有大小不等的骨板，分散或成行排列，背鳍基底下方具 1 行较大骨板，侧线上、下各有 1 纵行较大骨板。无眼侧光滑，不具骨板。侧线发达，几呈直线形，颞上支短。背鳍起点偏于无眼侧，稍后于上眼前缘。臀鳍始于胸鳍基底后下方，两鳍近同形，中部鳍条略长。胸鳍两侧不对称，有眼侧小刀形，稍长，无眼侧圆形。腹鳍小，位于胸鳍基部前下方，左右对称。尾鳍后缘圆，截形。有眼侧体为灰褐色，粗骨板微红，体及鳍上散布小暗斑。无眼侧体灰白色。

生态习性： 喜欢栖息于泥砂底质水域的底层。主要食物为双壳类、小型腹足类、甲壳类，生长 2 年开始性成熟，3 龄的石鲽可完全性成熟，进行产卵繁殖，每年在 10～11 月进行繁殖发育。

地理分布： 渤海，黄海，东海；日本，朝鲜半岛。

经济意义： 可食用经济鱼类。

参考文献： 李思忠和王惠民，1995；刘静，2008；陈大刚和张美昭，2015c。

图 257　石鲽 *Kareius bicoloratus* (Basilewsky, 1855)

木叶鲽属 *Pleuronichthys* Girard, 1854

角木叶鲽
Pleuronichthys cornutus (Temminck & Schlegel, 1846)

同物异名： *Platessa cornuta* Temminck & Schlegel, 1846

标本采集地： 黄海。

形态特征： 背鳍 69～86；臀鳍 50～64；胸鳍 9～13。侧线鳞（8～9）+（89～100）；鳃耙（2～3）+（5～7）。体呈长卵圆形，体长为体高的 1.5～2 倍。眼间隔前后棘角状，锐尖。有眼侧体黄褐色到深褐色，布有许多大小不等、形状不一的黑褐色斑点。背鳍、臀鳍灰褐色，胸鳍、尾鳍色较深，略带黄边。

生态习性： 暖温性底层鱼类。栖息于水深 100m 以内的泥砂底质海区。

地理分布： 渤海，黄海，东海，南海；日本，朝鲜半岛，太平洋。

经济价值： 是我国黄海和渤海底拖网兼捕对象。

参考文献： 李思忠和王惠民，1995；刘静，2008；陈大刚和张美昭，2015c。

图 258　角木叶鲽 *Pleuronichthys cornutus* (Temminck & Schlegel, 1846)

鲽科分属检索表

1. 上眼位很高，越过头背中线；有眼侧体黄褐色，无明显的斑纹 ·················高眼鲽属 *Cleisthenes*

（高眼鲽 *C. herzensteini*）

- 上眼位不高，不越过头背中线；有眼侧身体有斑纹 ··2

2. 眼间隔窄；有眼侧体灰褐色，体及鳍上散布小暗斑 ········ 石鲽属 *Kareius*（石鲽 *K. bicoloratus*）

- 眼间隔前后棘角状，锐尖；有眼侧体黄褐色或深褐色，布有许多大小不等、形状不一的黑褐色斑点 ··· 木叶鲽属 *Pleuronichthys*（角木叶鲽 *P. cornutus*）

舌鳎科 Cynoglossidae Jordan, 1888
舌鳎属 *Cynoglossus* Hamilton, 1822

短吻红舌鳎
Cynoglossus joyneri Günther, 1878

标本采集地： 黄海。

形态特征： 背鳍 107～116；臀鳍 85～90；胸鳍 0；腹鳍 4。侧线鳞 71～78。体呈长舌状，体长为体高的 3.6～4.4 倍。头稍钝短，体长为头长的 4.2～4.9 倍，头长等于或小于头高。吻钝短，较眼后头长为短。吻钩几乎达眼前缘下方。口歪，下位，口角达下眼后下方。眼位于头左侧，眼小，头长为眼径的 9.8～15.2 倍，眼间隔宽等于瞳孔长，稍凹，有鳞。头、体两侧被栉鳞。有眼侧侧线 3 条，无眼前支；上、下侧线外侧鳞各 4～5 行，上、中侧线间鳞 12～13 纵行。无眼侧无侧线。体左侧淡红褐色，各纵列鳞中央具暗纵纹。腹鳍黄色。背鳍、臀鳍前半部黄色，向后渐变成褐色。体右侧及鳍白色。

生态习性： 暖温性底层鱼类。栖息于水深 20～70m 的砂泥底质海区。

地理分布： 渤海，黄海，东海，南海；日本，朝鲜半岛，西北太平洋。

参考文献： 李思忠和王惠民，1995；刘静，2008；陈大刚和张美昭，2015c。

图 259 短吻红舌鳎 *Cynoglossus joyneri* Günther, 1878

半滑舌鳎
Cynoglossus semilaevis Günther, 1873

同物异名：*Areliscus semilaevis* (Günther, 1873); *Areliscus rhomaleus* Jordan & Starks, 1906; *Trulla semilaevis* (Günther, 1873)

标本采集地：黄海。

形态特征：背鳍124～127；臀鳍95～99；腹鳍4；尾鳍9。侧线鳞（10～13）+（105～106）。体延长，呈长舌状，侧扁。头较短。吻略短，前端圆钝，吻钩短。头长为吻长的2.4～2.8倍。眼小，两眼约位于头部左侧。眼间隔宽，平坦或微凹。口小，下位，口裂弧形，口角后端伸达下眼后缘下方。有眼侧两颌无齿，无眼侧两颌具绒毛状窄牙带。鳃孔窄长。前鳃盖骨边缘不游离。鳃盖膜不与颊部相连。无鳃耙。有眼侧被栉鳞，无眼侧被圆鳞。除尾鳍外，各鳍上均无鳞。有眼侧有侧线3条，上、中侧线间具鳞19～21行；中、下侧线间具鳞30～34行。无眼侧无侧线。背鳍起点始于吻前端上缘。臀鳍起点约在鳃盖后缘下方。背鳍与臀鳍均与尾鳍相连，鳍条不分枝。无胸鳍。有眼侧腹鳍与臀鳍相连。无眼侧无腹鳍。尾鳍后缘尖形。有眼侧为暗褐色。奇鳍褐色。无眼侧灰白色。

生态习性：暖温性近海底栖鱼类。喜欢栖息于河口附近浅海区，平时匍匐于泥砂中，只露出头部或两只眼睛，性格孤僻，不太集群，行动缓慢，活动量较小，除觅食游动外，潜伏在海底泥砂中，到了夜晚才游动散开。半滑舌鳎是分批产卵类型，成熟雌鱼每隔几天排一批卵，雌、雄个体差异较大，雄鱼个体小。

地理分布：渤海，黄海，东海，南海；日本，朝鲜半岛。

经济意义：重要的可食用经济鱼类。

参考文献：李思忠和王惠民，1995；刘静，2008；陈大刚和张美昭，2015c。

图 260　半滑舌鳎 *Cynoglossus semilaevis* Günther, 1873

脊索动物门参考文献

曹善茂, 印明昊, 姜玉声, 等. 2017. 大连近海无脊椎动物. 沈阳: 辽宁科学技术出版社.
陈大刚, 张美昭. 2015a. 中国海洋鱼类(上卷). 青岛: 中国海洋大学出版社: 111-740.
陈大刚, 张美昭. 2015b. 中国海洋鱼类(中卷). 青岛: 中国海洋大学出版社: 745-845.
陈大刚, 张美昭. 2015c. 中国海洋鱼类(下卷). 青岛: 中国海洋大学出版社: 1543-2010.
葛国昌, 臧衍蓝. 1983. 胶州湾海鞘类的调查 1. 菊海鞘科. 山东海洋学院学报, 13(2): 93-100.
黄修明. 2008. 海鞘纲 Ascidiacea Blaninville, 1824// 刘瑞玉. 中国海洋生物名录. 北京: 科学出版社: 882-885.
金鑫波. 2006. 中国动物志 硬骨鱼纲 鲉形目. 北京: 科学出版社: 438-617.
李思忠, 王惠民. 1995. 中国动物志 硬骨鱼纲 鲽形目. 北京: 科学出版社: 99-377.
刘静. 2008. 软骨鱼纲 Class CHONDRICHTHYES// 刘瑞玉. 中国海洋生物名录. 北京: 科学出版社: 898-900.
刘敏, 陈骁, 杨圣云. 2013. 中国福建南部海洋鱼类图鉴. 北京: 海洋出版社: 40-68.
孟庆闻, 苏锦祥, 缪学祖. 1995. 鱼类分类学. 北京: 中国农业出版社: 519-530.
伍汉霖, 钟俊生. 2008. 中国动物志 硬骨鱼纲 鲈形目(五) 虾虎鱼亚目. 北京: 科学出版社: 196-751.
徐凤山. 2008. 头索动物亚门 Subphylum Cephalochordata Owen, 1846// 刘瑞玉. 中国海洋生物名录. 北京: 科学出版社: 886.
杨德渐, 王永良, 等. 1996. 中国北部海洋无脊椎动物. 北京: 高等教育出版社.
张玺, 张凤瀛, 吴宝铃, 等. 1963. 中国经济动物志 环节(多毛纲) 棘皮 原索动物. 北京: 科学出版社.
朱元鼎, 孟庆闻. 2001. 中国动物志 圆口纲 软骨鱼纲. 北京: 科学出版社: 329-439.

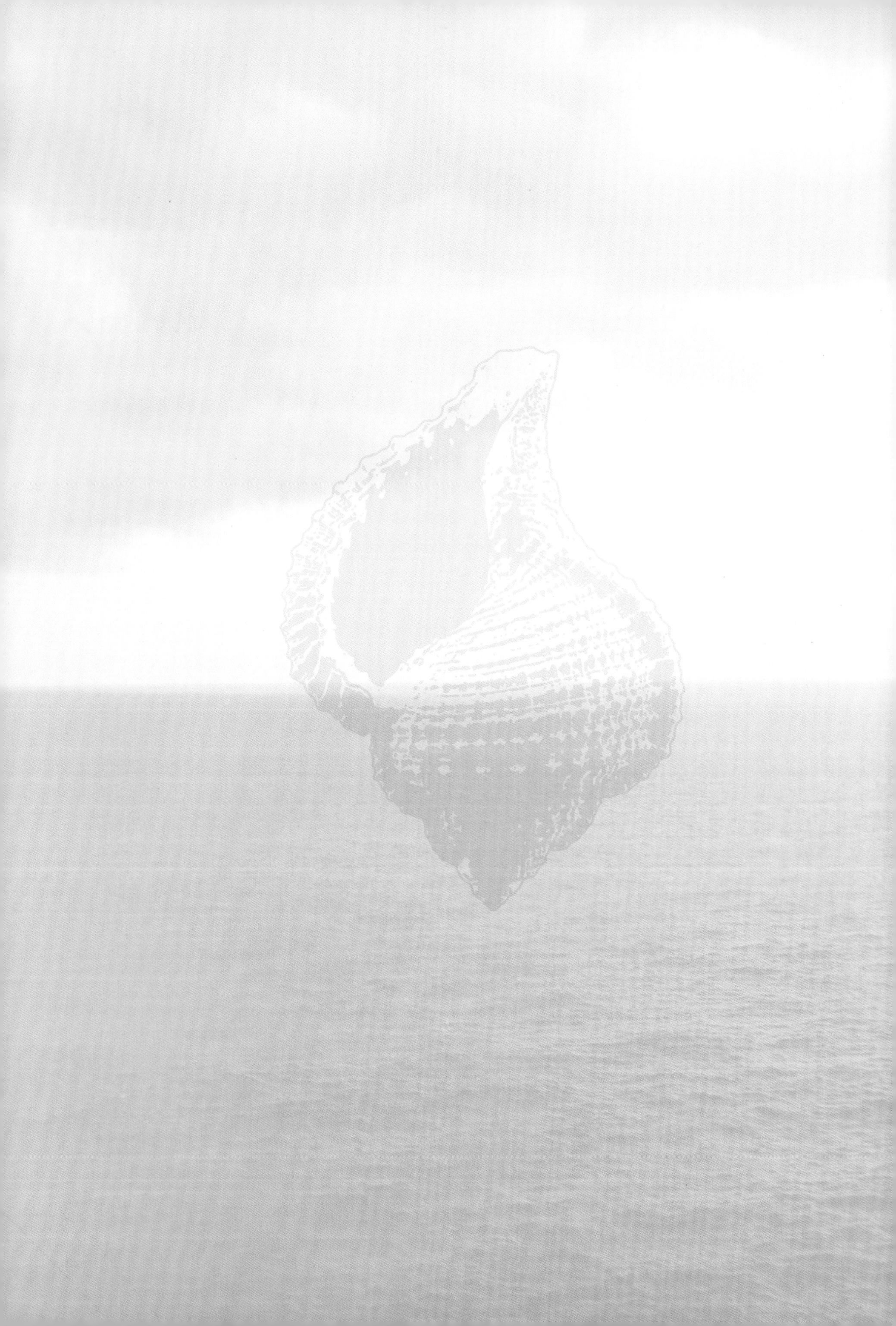

中文名索引

A

矮拟帽贝	248
艾氏活额寄居蟹	342
安岛反体星虫	240
鮟鱇科	432
澳洲深咽线虫	60

B

巴西沙蠋	111
白额库氏纽虫	40
白环分歧管缨虫	142
白色吻沙蚕	186
白小笔螺	265
斑鲆属	464
斑日本纽虫	44
斑尾刺虾虎鱼	451
斑纹无壳侧鳃	269
半滑舌鳎	473
棒海鳃科	10
棒塔螺科	267
棒锥螺	254
薄盘蛤属	285
薄云母蛤	270
鲍科	249
鲍属	249
杯咽线虫科	64
北方背涡虫	34
背涡科	34
背涡属	34
背蚓虫	116
背蚓虫属	116
倍棘蛇尾属	406
比萨螺科	264
扁玉螺	263
扁玉螺属	263

别藻苔虫属	379
滨螺科	257
滨螺属	259
柄海鞘	429
柄海鞘科	428
柄海鞘属	429
波罗的海囊咽线虫	104
玻璃海鞘	426
玻璃海鞘科	426
玻璃海鞘属	426
渤海格鳞虫	180
不倒翁虫科	162
不倒翁虫属	162

C

彩虹樱蛤	290
彩虹樱蛤属	290
草苔虫科	376
草苔虫属	376
侧花海葵属	12
蛏螺属	253
长臂虾科	328
长臂虾属	328
长化感器吸咽线虫	56
长简锥虫	128
长牡蛎	276
长蛸	300
长吻沙蚕	188
长叶索沙蚕	172
长指鼓虾	320
朝鲜马耳他钩虾	308
持真节虫	120
齿吻沙蚕科	218
齿吻沙蚕属	224
瓷蟹科	338

刺锚参属	422
刺蛇尾属	414
刺参科	418
刺虾虎鱼属	450
粗饰蚶属	271

D

大弹涂鱼	452
大弹涂鱼属	452
大泷六线鱼	436
大鳍弹涂鱼	458
大蠕形海葵	26
大室别藻苔虫	379
大眼蟹科	351
大眼蟹属	351
单齿螺	252
单齿螺属	252
单环棘螠	110
单茎线虫科	88
单茎线虫属	88
单指虫科	118
单指虫属	118
单指虎鲉	435
淡须虫属	232
弹涂鱼属	458
刀蛏属	295
灯塔蛤科	295
等边薄盘蛤	285
等指海葵	11
蝶科	466
豆瓷蟹属	338
豆形短眼蟹	369
豆形拳蟹	348
豆形拳蟹属	348
毒鲉科	435

独齿围沙蚕	212	高龄细指海葵	28	海马属	442
杜父鱼科	437	高眼鲽	466	海女螅属	8
短滨螺	259	高眼鲽属	466	海盘车科	396
短吻红舌鳎	472	缟虾虎鱼属	459	海盘车属	396
短眼蟹科	369	格鳞虫属	180	海湾扇贝	278
短眼蟹属	369	格纹棒塔螺属	267	海湾扇贝属	278
对虾科	313	葛氏长臂虾	330	海燕	392
对虾属	313	根茎螅属	4	海燕科	392
多变海女螅	8	弓蟹科	358	海燕属	392
多鳞虫科	178	古氏努朵拉线虫	90	海洋拟齿线虫	72
多鳃齿吻沙蚕	230	鼓虾科	320	海蟑螂	311
多室草苔虫	376	鼓虾属	320	海蟑螂科	311
		寡节甘吻沙蚕	194	海蟑螂属	311
		寡鳃微齿吻沙蚕	222	海稚虫科	150
E		关节管腔线虫	82	蚶科	271
耳乌贼科	298	关节拟滨螺	258	含糊拟刺虫	166
耳乌贼属	298	管孔苔虫科	374	和美虾属	336
		管孔苔虫属	374	核螺科	265
F		管腔线虫属	82	盒螺属	268
凡纳滨对虾	314	贯壳贝科	386	褐牙鲆	462
反体星虫科	240	贯壳贝属	386	亨氏近瘤海葵	20
反体星虫属	240	光皮线虫科	54	红吉樱蛤	292
方格星虫科	242	光皮线虫属	54	后稚虫	150
方格星虫属	242	光突齿沙蚕	204	后稚虫属	150
仿刺参	418	桂皮斑鲆	464	厚壳贻贝	274
仿刺参属	418	桧叶螅科	8	厚蟹属	360
分歧管缨虫属	142			虎鲉属	435
蜂巢虾虎鱼属	454			花帽贝科	246
辐蛇尾属	412	**H**		华美盘管虫	134
副孔虾虎鱼属	457	哈鳞虫属	182	欢喜明樱蛤	293
腹沟虫属	152	哈氏刻肋海胆	400	环唇沙蚕	202
覆瓦哈鳞虫	182	蛤蜊科	279	环唇沙蚕属	202
覆瓦线虫科	84	蛤蜊属	279	环管苔虫	377
覆瓦线虫属	84	海豆芽科	384	黄鮟鱇	432
		海豆芽属	384	黄格纹棒塔螺	267
G		海葵科	11	黄鳍刺虾虎鱼	450
甘吻沙蚕属	194	海葵属	11	黄鮟鱇属	432
竿虾虎鱼	455	海龙科	442	汇螺科	255
竿虾虎鱼属	455	海龙属	444		

中文名索引

活额寄居蟹	342	结节滨螺属	257	类色矛线虫属	62
活额寄居蟹属	342	结节锚参	422	棱脊覆瓦线虫	84
霍氏三强蟹	352	金刚衲螺	266	栗壳蟹属	344
		金氏真蛇尾	416	粒结节滨螺	257
J		津知圆蛤	281	粒蝌蚪螺	261
矶海葵科	24	近方蟹属	364	帘蛤科	282
矶海葵属	24	近辐蛇尾	412	联体线虫科	74
矶沙蚕科	168	近瘤海葵属	20	镰玉螺属	262
鸡爪海星	394	颈链血苔虫	380	磷虫科	164
鸡爪海星属	394	镜蛤属	284	鳞腹沟虫	152
吉樱蛤属	292	巨牡蛎属	276	瘤首虫属	132
棘齿线虫属	64	巨指长臂虾	332	六线鳚	446
棘刺线虫属	102	锯齿长臂虾	334	六线鱼科	436
棘海星科	394	锯额豆瓷蟹	338	六线鱼属	436
棘突单茎线虫	88	卷曲科	46	龙介虫科	134
棘蟌科	110	卷曲属	46	隆唇线虫科	92
棘蟌属	110			罗氏海盘车	396
脊尾长臂虾	328	**K**		裸体方格星虫	242
加州齿吻沙蚕	226	科索沙蚕属	170	裸项蜂巢虾虎鱼	454
甲虫螺	264	蝌蚪螺属	261	绿侧花海葵	14
甲虫螺属	264	刻肋海胆科	400		
嫁蝛	246	刻肋海胆属	400	**M**	
嫁蝛属	246	口虾蛄	306	马耳他钩虾科	308
尖棘刺线虫	102	口虾蛄属	306	马耳他钩虾属	308
尖颈拟玛丽林恩线虫	66	库氏属	40	马粪海胆	404
尖口线虫科	56	宽带梯螺	256	马粪海胆属	404
尖珀氏缨虫	146	宽叶沙蚕	208	马蹄螺科	252
尖头蟹科	350	魁蚶	271	迈氏似软苔虫	375
简锥虫属	128	阔口线虫属	58	毛齿吻沙蚕	228
江珧科	275	阔口隐槽苔虫	378	毛鳃虫科	156
江珧属	275	阔沙蚕属	216	毛虾属	318
胶管虫	144			毛须鳃虫	154
胶管虫属	144	**L**		矛毛虫	130
角杜父鱼	437	拉氏狼牙虾虎鱼	456	矛毛虫属	130
角杜父鱼属	437	拉氏矛咽线虫	74	矛尾虾虎鱼	453
角木叶鲽	470	拉文海胆科	402	矛尾虾虎鱼属	453
角吻沙蚕科	194	狼牙虾虎鱼属	456	矛线虫科	58
角吻沙蚕属	196	雷伊著名团水虱	310	矛咽线虫属	74

479

锚参科	422	**O**		日本大眼蟹	351
眉鲷属	445	欧努菲虫科	174	日本海马	442
美人虾科	336	欧努菲虫属	174	日本和美虾	336
密鳞牡蛎	277	欧文虫	234	日本角吻沙蚕	196
明樱蛤属	293	欧文虫科	234	日本镜蛤	284
膜孔苔虫科	379	欧文虫属	234	日本笠贝属	247
牡蛎科	276			日本眉鲷	445
牡蛎属	277	**P**		日本纽虫属	44
木叶鲽属	470	盘管虫属	134	日本枪乌贼	296
		平背蜞	362	日本强鳞虫	184
N		平尾似棒鞭水虱	312	日本文昌鱼	430
衲螺科	266	平鲉属	434	日本蟳	354
衲螺属	266	珀氏缨虫属	146	日本中磷虫	164
娜娜类色矛线虫	62	朴素侧花海葵	16	绒螯近方蟹	364
囊咽线虫科	104	普拉特光皮线虫	54	绒杜父鱼	440
囊咽线虫属	104			绒杜父鱼科	440
囊叶齿吻沙蚕	224	**Q**		绒杜父鱼属	440
内刺盘管虫	136	七腕虾属	326	绒毛细足蟹	340
内卷齿蚕属	218	奇异拟纽虫	48	蠕形海葵科	26
泥蚶	272	奇异拟微咽线虫	86	蠕形海葵属	26
泥蚶属	272	蜞属	362	乳突吞咽线虫	94
拟滨螺属	258	前感伪颈毛线虫	96	软苔虫科	375
拟齿线虫属	70	嵌线螺科	261		
拟刺虫属	166	枪乌贼科	296	**S**	
拟厚蟹属	358	强鳞虫属	184	萨巴线虫属	78
拟节虫	126	强纽科	44	三胞苔虫属	377
拟节虫属	126	强壮仙人掌海鳃	10	三叉螺科	268
拟菊海鞘属	428	青蛤	282	三齿棘齿线虫	64
拟玛丽林恩线虫属	66	青蛤属	282	三角凸卵蛤	288
拟帽贝属	248	青螺科	232	三角洲拟齿线虫	70
拟纽属	48	球海胆科	404	三孔线虫科	60
拟枪乌贼属	296	全刺沙蚕	206	三强蟹属	352
拟特须虫	200	全刺沙蚕属	206	三疣梭子蟹	356
拟特须虫科	200	全颚水虱科	312	色斑角吻沙蚕	198
拟特须虫属	200			色矛线虫科	62
拟微咽线虫科	86	**R**		沙蚕科	202
拟微咽线虫属	86	日本倍棘蛇尾	406	沙蚕属	208
努朵拉线虫属	90	日本侧花海葵	18	沙鸡子科	420

中文名索引

沙鸡子属	420	松江鲈属	438	文昌鱼属	430
沙蠋科	111	薮枝螅属	2	文蛤	286
沙蠋属	111	酸浆贯壳贝	386	文蛤属	286
砂海星	390	梭子蟹科	356	纹缟虾虎鱼	460
砂海星科	390	梭子蟹属	356	纹藤壶	304
砂海星属	390	索沙蚕科	170	纹藤壶属	304
扇贝科	278	索沙蚕属	172	吻沙蚕	192
扇形管孔苔虫	374			吻沙蚕科	186
扇栉虫	158	**T**		吻沙蚕属	186
扇栉虫属	158	太平湾嘴刺线虫	52	无壳侧鳃科	269
蛸科	300	太平洋瘤首虫	132	无壳侧鳃属	269
蛸属	300	滩栖阳遂足	410	无疣齿吻沙蚕	220
舌鳎科	472	桃果小桧叶螅	5	无疣齿吻沙蚕属	220
舌鳎属	472	特氏矛咽线虫	76	五岛新短脊虫	124
蛇杂毛虫	148	藤壶科	304	五角蟹属	346
深额虾属	322	梯额虫科	132	伍氏拟厚蟹	358
深咽线虫属	60	梯螺科	256		
十一刺栗壳蟹	344	梯螺属	256	**X**	
石鲽	468	蹄蛤科	281	西方三胞苔虫	377
石鲽属	468	天津厚蟹	360	西方似蜚虫	160
史氏日本笠贝	247	凸卵蛤属	288	吸咽线虫属	56
似棒鞭水虱属	312	突齿沙蚕属	204	锡鳞虫科	184
似软苔虫属	375	团水虱科	310	膝状薮枝螅	2
似蜚虫属	160	吞咽线虫属	92	细卷曲纽虫	46
梳鳃虫	156	托蝛氏螺	253	细首科	38
梳鳃虫属	156	托虾科	326	细首属	38
舒氏海龙	444			细指海葵科	28
双齿围沙蚕	210	**W**		细指海葵属	28
双管阔沙蚕	216	瓦螺科	250	细足蟹属	340
双喙耳乌贼	298	瓦螺属	250	虾蛄科	306
双栉虫科	158	网鳚	447	虾虎鱼科	450
水母深额虾	322	网鳚属	447	狭颚新绒螯蟹	366
丝鳃虫科	154	微齿吻沙蚕属	222	仙虫科	166
丝异须虫	114	微黄镰玉螺	262	仙人掌海鳃属	10
丝异须虫属	114	微细欧努菲虫	174	线鳚科	445
四齿欧努菲虫	176	围沙蚕属	210	线鳚属	446
四角蛤蜊	280	伪颈毛线虫属	96	香港细首纽虫	38
松江鲈	438	文昌鱼科	430	小笔螺属	265

481

小刺盘管虫	138	阳遂足科	406	蛰龙介科	160
小刺蛇尾	414	阳遂足属	410	真节虫属	120
小刀蛏	295	叶须虫科	232	真蛇尾属	416
小桧叶螅科	5	贻贝科	274	枕围沙蚕	214
小桧叶螅属	5	贻贝属	274	正环沙鸡子	420
小汇螺属	255	异齿新短脊虫	122	直额七腕虾	326
小头虫	112	异色海盘车	398	栉江珧	275
小头虫科	112	异足科索沙蚕	170	中国对虾	313
小头虫属	112	隐槽苔虫科	378	中国根茎螅	4
小头副孔虾虎鱼	457	隐槽苔虫属	378	中国蛤蜊	279
斜方五角蟹	346	英雄蟹属	350	中国毛虾	318
心形海胆	402	缨鳃虫科	142	中华倍棘蛇尾	408
心形海胆属	402	樱蛤科	290	中华不倒翁虫	162
新岛萨巴线虫	78	樱虾科	318	中华近瘤海葵	22
新短脊虫属	122	鹰爪虾	316	中华内卷齿蚕	218
新关节吞咽线虫	92	鹰爪虾属	316	中华盘管虫	140
新绒螯蟹属	366	鳙	441	中华伪颈毛线虫	98
星雨螅	6	鳙科	441	中磷虫属	164
星雨螅属	6	鳙属	441	中型三强蟹	353
锈瓦螺	250	优鳞虫属	178	钟螅科	2
须鳃虫属	154	疣背深额虾	324	轴线虫科	70
须优鳞虫	178	鲉科	434	皱纹盘鲍	249
许氏平	434	有疣英雄蟹	350	珠带小汇螺	255
血色纵沟纽虫	42	玉筋鱼	449	竹节虫科	120
血苔虫科	380	玉筋鱼科	449	著名团水虱属	310
血苔虫属 W	380	玉筋鱼属	449	锥唇吻沙蚕	190
蛏属	354	玉螺科	262	锥螺科	254
		玉蟹科	344	锥螺属	254
		圆蛤属	281	锥头虫科	128
Y		圆筒盒螺	268	髭缟虾虎鱼	459
鸭嘴海豆芽	385	云母蛤科	270	紫拟菊海鞘	428
牙鲆科	462	云母蛤属	270	纵沟科	40
牙鲆属	462			纵沟属	42
亚腹毛拟玛丽林恩线虫	68			纵条矶海葵	24
亚氏海豆芽	384	**Z**		足刺单指虫	118
亚洲侧花海葵	12	杂毛虫科	148	嘴刺线虫科	52
岩虫	168	杂毛虫属	148	嘴刺线虫属	52
岩虫属	168	藻虾科	322		
眼状阔口线虫	58	张氏伪颈毛线虫	100		

拉丁名索引

A

Acanthogobius	450
Acanthogobius flavimanus	450
Acanthogobius hasta	451
Acanthonchus	64
Acanthonchus (Seuratiella) tridentatus	64
Acetes	318
Acetes chinensis	318
Achaeus	350
Achaeus tuberculatus	350
Actinia	11
Actinia equina	11
Actiniidae	11
Aglaophamus	218
Aglaophamus sinensis	218
Alcyonidiidae	375
Alcyonidioides	375
Alcyonidioides mytili	375
Alpheidae	320
Alpheus	320
Alpheus digitalis	320
Amaeana	160
Amaeana occidentalis	160
Ammodytes	449
Ammodytes personatus	449
Ammodytidae	449
Ampharetidae	158
Amphibalanus	304
Amphibalanus amphitrite amphitrite	304
Amphicteis	158
Amphicteis gunneri	158
Amphinomidae	166
Amphioplus	406
Amphioplus (Lymanella) japonicus	406
Amphioplus sinicus	408
Amphiura	410
Amphiura (Fellaria) vadicola	410
Amphiuridae	406
Anadara	271
Anadara broughtonii	271
Anthopleura	12
Anthopleura asiatica	12
Anthopleura fuscoviridis	14
Anthopleura inornata	16
Anthopleura japonica	18
Antillesoma	240
Antillesoma antillarum	240
Antillesomatidae	240
Apostichopus	418
Apostichopus japonicus	418
Arcania	344
Arcania undecimspinosa	344
Arcidae	271
Arenicola	111
Arenicola brasiliensis	111
Arenicolidae	111
Argopecten	278
Argopecten irradians	278
Asterias	396
Asterias rollestoni	396
Asterias versicolor	398
Asteriidae	396
Asterinidae	392
Atrina	275
Atrina pectinata	275
Axonolaimidae	70

B

Balanidae	304
Bathylaimus	60
Bathylaimus australis	60
Biflustra	379
Biflustra grandicella	379
Boleophthalmus	452
Boleophthalmus pectinirostris	452
Botrylloides	428
Botrylloides violaceus	428
Branchiostoma	430
Branchiostoma japonicum	430
Branchiostomatidae	430
Bugula	376
Bugula neritina	376
Bugulidae	376

C

Callianassidae	336
Campanulariidae	2
Cancellariidae	266
Candidae	377
Cantharus	264
Cantharus cecillei	264
Capitella	112
Capitella capitata	112
Capitellidae	112
Cavernularia	10
Cavernularia obesa	10
Cellana	246
Cellana toreuma	246
Cephalothrix	38
Cephalothrix hongkongiensis	38
Cephalotrichidae	38
Ceramonema	84
Ceramonema carinatum	84
Ceramonematidae	84
Chaetopteridae	164
Chaeturichthys	453
Chaeturichthys stigmatias	453

Charybdis (*Charybdis*)		*Cylichna biplicata*	268	Enoplidae	52
japonica	354	Cylichnidae	268	*Enoplus*	52
Cheilonereis	202	Cymatiidae	261	*Enoplus taipingensis*	52
Cheilonereis cyclurus	202	Cynoglossidae	472	Epitoniidae	256
Chirolophis	445	*Cynoglossus*	472	*Epitonium*	256
Chirolophis japonicus	445	*Cynoglossus joyneri*	472	*Epitonium clementinum*	256
Chromadoridae	62	*Cynoglossus semilaevis*	473	*Ernogrammus*	446
Chromadorita	62			*Ernogrammus hexagrammus*	
Chromadorita nana	62	**D**			446
Ciona	426	*Daptonema*	92	*Euclymene*	120
Ciona intestinalis	426	*Daptonema nearticulatum*	92	*Euclymene annandalei*	120
Cionidae	426	*Daptonema papillifera*	94	Eunicidae	168
Cirratulidae	154	*Diadumene*	24	*Eunoe*	178
Cirriformia	154	*Diadumene lineata*	24	*Eunoe oerstedi*	178
Cirriformia filigera	154	Diadumenidae	24	*Eurystomina*	58
Clathrodrillia	267	*Dialychone*	142	*Eurystomina ophthalmophora*	58
Clathrodrillia flavidula	267	*Dialychone albocincta*	142	*Euspira*	262
Cleantioides	312	*Dictyosoma*	447	*Euspira gilva*	262
Cleantioides planicauda	312	*Dictyosoma burgeri*	447		
Cleisthenes	466	*Diogenes*	342	**F**	
Cleisthenes herzensteini	466	*Diogenes edwardsii*	342	*Favonigobius*	454
Columbellidae	265	Diogenidae	342	*Favonigobius gymnauchen*	454
Comesomatidae	74	*Dorylaimopsis*	74		
Cossura	118	*Dorylaimopsis rabalaisi*	74	**G**	
Cossura aciculata	118	*Dorylaimopsis turneri*	76	*Gaetice*	362
Cossuridae	118	*Dosinia*	284	*Gaetice depressus*	362
Cottidae	437	*Dosinia japonica*	284	*Gattyana*	180
Crassostrea	276	Drillidae	267	*Gattyana pohaiensis*	180
Crassostrea gigas	276			*Genetyllis*	232
Cratenemertidae	44	**E**		*Genetyllis gracilis*	232
Cryptosula	378	Echinasteridae	394	*Glycera*	186
Cryptosula pallasiana	378	*Echinocardium*	402	*Glycera alba*	186
Cryptosulidae	378	*Echinocardium cordatum*	402	*Glycera chirori*	188
Cultellus	295	*Echinolittorina*	257	*Glycera onomichiensis*	190
Cultellus attenuatus	295	*Echinolittorina radiata*	257	*Glycera unicornis*	192
Cyatholaimidae	64	*Emplectonema*	46	Glyceridae	186
Cycladicama	281	*Emplectonema gracile*	46	*Glycinde*	194
Cycladicama tsuchii	281	Emplectonematidae	46	*Glycinde bonhourei*	194
Cyclina	282	Enchelidiidae	58	*Gnorimosphaeroma*	310
Cyclina sinensis	282	*Enophrys*	437	*Gnorimosphaeroma rayi*	310
Cylichna	268	*Enophrys diceraus*	437	Gobiidae	450

拉丁名索引

Goniada	196	Holognathidae	312	Ligiidae	311
Goniada japonica	196	*Hyboscolex*	132	Lineidae	40
Goniada maculata	198	*Hyboscolex pacificus*	132	*Lineus*	42
Goniadidae	194	*Hydroides*	134	*Lineus sanguineus*	42
Gyrineum	261	*Hydroides elegans*	134	*Lingula*	384
Gyrineum natator	261	*Hydroides ezoensis*	136	*Lingula adamsi*	384
		Hydroides fusicola	138	*Lingula anatina*	385
H		*Hydroides sinensis*	140	Lingulidae	384
Halalaimus	56			*Linopherus*	166
Halalaimus longamphidus	56	**I**		*Linopherus ambigua*	166
Halcampella	26	Inachidae	350	*Littoraria*	258
Halcampella maxima	26	*Inermonephtys*	220	*Littoraria articulata*	258
Halcampidae	26	*Inermonephtys inermis*	220	*Littorina*	259
Haliotidae	249	*Iridona*	290	*Littorina brevicula*	259
Haliotis	249	*Iridona iridescens*	290	Littorinidae	257
Haliotis discus	249			Loliginidae	296
Harmothoe	182	**J**		*Loliolus*	296
Harmothoe imbricata	182	*Jitlada*	292	*Loliolus* (*Nipponololigo*)	
Helicana	358	*Jitlada culter*	292	*japonica*	296
Helicana wuana	358			Lophiidae	432
Helice	360	**K**		*Lophius*	432
Helice tientsinensis	360	*Kareius*	468	*Lophius litulon*	432
Hemicentrotus	404	*Kareius bicoloratus*	468	Lottiidae	247
Hemicentrotus pulcherrimus	404	*Kulikovia*	40	Loveniidae	402
Hemigrapsus	364	*Kulikovia alborostrata*	40	*Luciogobius*	455
Hemigrapsus penicillatus	364	*Kuwaita*	170	*Luciogobius guttatus*	455
Hemitripteridae	440	*Kuwaita heteropoda*	170	*Luidia*	390
Hemitripterus	440			*Luidia quinaria*	390
Hemitripterus villosus	440	**L**		Luidiidae	390
Henricia	394	*Laonice*	150	Lumbrineridae	170
Henricia leviuscula	394	*Laonice cirrata*	150	*Lumbrineris*	172
Heptacarpus	326	*Latreutes*	322	*Lumbrineris longifolia*	172
Heptacarpus rectirostris	326	*Latreutes anoplonyx*	322		
Heteromastus	114	*Latreutes planirostris*	324	**M**	
Heteromastus filiformis	114	*Leitoscoloplos*	128	*Macridiscus*	285
Hexagrammidae	436	*Leitoscoloplos pugettensis*	128	*Macridiscus aequilatera*	285
Hexagrammos	436	*Leonnates*	204	Macrophthalmidae	351
Hexagrammos otakii	436	*Leonnates persicus*	204	*Macrophthalmus*	351
Hippocampus	442	Leucosiidae	344	*Macrophthalmus* (*Mareotis*)	
Hippocampus mohnikei	442	*Ligia*	311	*japonicus*	351
Hippolytidae	322	*Ligia* (*Megaligia*) *exotica*	311	*Mactra*	279

Mactra chinensis	279	**N**		*Odontamblyopus lacepedii*	456
Mactra quadrangularis	280	Nacellidae	246	Onuphidae	174
Mactridae	279	Naticidae	262	*Onuphis*	174
Maldanidae	120	*Nectoneanthes*	206	*Onuphis eremita parva*	174
Marphysa	168	*Nectoneanthes oxypoda*	206	*Onuphis tetradentata*	176
Marphysa sanguinea	168	*Neoeriocheir*	366	*Ophiactis*	412
Melita	308	*Neoeriocheir leptognathus*	366	*Ophiactis affinis*	412
Melita koreana	308	*Neotrypaea*	336	*Ophiothrix*	414
Melitidae	308	*Neotrypaea japonica*	336	*Ophiothrix* (*Ophiothrix*) *exigua*	
Membraniporidae	379	Nephtyidae	218		414
Meretrix	286	*Nephtys*	224	*Ophiuroglypha*	416
Meretrix meretrix	286	*Nephtys caeca*	224	*Ophiuroglypha kinbergi*	416
Mesochaetopterus	164	*Nephtys californiensis*	226	*Oratosquilla*	306
Mesochaetopterus japonicus		*Nephtys ciliata*	228	*Oratosquilla oratoria*	306
	164	*Nephtys polybranchia*	230	Orbiniidae	128
Metasychis	122	Nereididae	202	*Ostrea*	277
Metasychis disparidentatus	122	*Nereis*	208	*Ostrea denselamellosa*	277
Metasychis gotoi	124	*Nereis grubei*	208	Ostreidae	276
Metridiidae	28	*Neverita*	263	*Owenia*	234
Metridium	28	*Neverita didyma*	263	*Owenia fusiformis*	234
Metridium sensile	28	*Nipponacmea*	247	Oweniidae	234
Micronephthys	222	*Nipponacmea schrenckii*	247	Oxystominidae	56
Micronephthys oligobranchia		*Nipponnemertes*	44		
	222	*Nipponnemertes punctatula*	44	**P**	
Minous	435	*Notocomplana*	34	*Palaemon*	328
Minous monodactylus	435	*Notocomplana septentrionalis*	34	*Palaemon carinicauda*	328
Mitrella	265	Notocomplanidae	34	*Palaemon gravieri*	330
Mitrella albuginosa	265	*Notomastus*	116	*Palaemon macrodactylus*	332
Moerella	293	*Notomastus latericeus*	116	*Palaemon serrifer*	334
Moerella hilaris	293	*Nudora*	90	Palaemonidae	328
Monodonta	252	*Nudora gourbaultae*	90	*Paracondylactis*	20
Monodonta labio	252	*Nursia*	346	*Paracondylactis hertwigi*	20
Monoposthia	88	*Nursia rhomboidalis*	346	*Paracondylactis sinensis*	22
Monoposthia costata	88			*Paralacydonia*	200
Monoposthiidae	88	**O**		*Paralacydonia paradoxa*	200
Mytilidae	274	*Obelia*	2	Paralacydoniidae	200
Mytilus	274	*Obelia geniculata*	2	Paralichthyidae	462
Mytilus unguiculatus	274	Octopodidae	300	*Paralichthys*	462
Myxicola	144	*Octopus*	300	*Paralichthys olivaceus*	462
Myxicola infundibulum	144	*Octopus minor*	300	*Paramarylynnia*	66
		Odontamblyopus	456	*Paramarylynnia stenocervica*	66

Paramarylynnia subventrosetata	68	ordinata	420	*Pyrhila*	348
Paramicrolaimidae	86	*Phylo*	130	*Pyrhila pisum*	348
Paramicrolaimus	86	*Phylo felix*	130		
Paramicrolaimus mirus	86	Pinnidae	275	**R**	
Paranemertes	48	*Pirenella*	255	*Raphidopus*	340
Paranemertes peregrina	48	*Pirenella cingulata*	255	*Raphidopus ciliatus*	340
Paratrypauchen	457	Pisaniidae	264	*Rhizocaulus*	4
Paratrypauchen microcephalus	457	*Pisidia*	338	*Rhizocaulus chinensis*	4
		Pisidia serratifrons	338		
Parodontophora	70	Platycephalidae	441	**S**	
Parodontophora deltensis	70	*Platycephalus*	441	*Sabatieria*	78
Parodontophora marina	72	*Platycephalus indicus*	441	*Sabatieria praedatrix*	78
Patelloida	248	*Platynereis*	216	Sabellidae	142
Patelloida pygmaea	248	*Platynereis bicanaliculata*	216	*Salacia*	8
Patiria	392	*Pleurobranchaea*	269	*Salacia variabilis*	8
Patiria pectinifera	392	*Pleurobranchaea maculata*	269	Scalibregmatidae	132
Pectinidae	278	Pleurobranchaeidae	269	*Scolelepis*	152
Pelecyora	288	Pleuronectidae	466	*Scolelepis* (*Scolelepis*) *squamata*	152
Pelecyora trigona	288	*Pleuronichthys*	470	*Sebastes*	434
Penaeidae	313	*Pleuronichthys cornutus*	470	*Sebastes schlegelii*	434
Penaeus	313	Poecilochaetidae	148	Sebastidae	434
Penaeus chinensis	313	*Poecilochaetus*	148	*Sepiola*	298
Penaeus vannamei	314	*Poecilochaetus serpens*	148	*Sepiola birostrata*	298
Perinereis	210	Polynoidae	178	Sepiolidae	298
Perinereis aibuhitensis	210	Porcellanidae	338	Sergestidae	318
Perinereis cultrifera	212	Portunidae	356	Serpulidae	134
Perinereis vallata	214	*Portunus*	356	*Sertularella*	5
Periophthalmus	458	*Portunus trituberculatus*	356	*Sertularella inabai*	5
Periophthalmus magnuspinnatus	458	Potamididae	255	Sertularellidae	5
		Praxillella	126	Sertulariidae	8
Perkinsiana	146	*Praxillella praetermissa*	126	Sigalionidae	184
Perkinsiana acuminata	146	*Protankyra*	422	Sipunculidae	242
Phanoderma	54	*Protankyra bidentata*	422	*Sipunculus*	242
Phanoderma platti	54	*Pseudorhombus*	464	*Sipunculus* (*Sipunculus*) *nudus*	242
Phanodermatidae	54	*Pseudorhombus cinnamoneus*	464	Sphaerolaimidae	104
Pharidae	295	*Pseudosteineria*	96	*Sphaerolaimus*	104
Phyllodocidae	232	*Pseudosteineria anteramphida*	96	*Sphaerolaimus balticus*	104
Phyllophoridae	420	*Pseudosteineria sinica*	98	Sphaeromatidae	310
Phyllophorus	420	*Pseudosteineria zhangi*	100	Spionidae	150
Phyllophorus (*Phyllothuria*)					

487

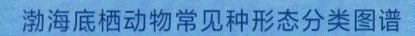

渤海底栖动物常见种形态分类图谱

Sternaspidae	162	Terebellides stroemii	156	Umbonium thomasi	253
Sternaspis	162	*Terebratalia*	386	Ungulinidae	281
Sternaspis chinensis	162	*Terebratalia coreanica*	386	Urechidae	110
Sthenolepis	184	Terebrataliidae	386	*Urechis*	110
Sthenolepis japonica	184	*Theristus*	102	*Urechis unicinctus*	110
Stichaeidae	445	*Theristus acer*	102		
Stichopodidae	418	Thoridae	326	**V**	
Strongylocentrotidae	404	*Trachidermus*	438	Varunidae	358
Styela	429	*Trachidermus fasciatus*	438	*Vasostoma*	82
Styela clava	429	*Trachysalambria*	316	*Vasostoma articulatum*	82
Styelidae	428	*Trachysalambria curvirostris*	316	Veneridae	282
Sydaphera	266	*Tricellaria*	377	Veretillidae	10
Sydaphera spengleriana	266	*Tricellaria occidentalis*	377		
Synanceiidae	435	Trichobranchidae	156	**W**	
Synaptidae	422	*Tridentiger*	459	*Watersipora*	380
Syngnathidae	442	*Tridentiger barbatus*	459	*Watersipora subtorquata*	380
Syngnathus	444	*Tridentiger trigonocephalus*	460	Watersiporidae	380
Syngnathus schlegeli	444	Tripyloididae	60		
		Tritodynamia	352	**X**	
T		*Tritodynamia horvathi*	352	Xenophthalmidae	369
Tegillarca	272	*Tritodynamia intermedia*	353	*Xenophthalmus*	369
Tegillarca granosa	272	Trochidae	252	*Xenophthalmus pinnotheroides*	369
Tegula	250	*Tubulipora*	374		
Tegula rustica	250	*Tubulipora flabellaris*	374	*Xingyurella*	6
Tegulidae	250	Tubuliporidae	374	*Xingyurella xingyuarum*	6
Tellinidae	290	*Turritella*	254	Xyalidae	92
Temnopleuridae	400	*Turritella bacillum*	254		
Temnopleurus	400	Turritellidae	254	**Y**	
Temnopleurus hardwickii	400			*Yoldia*	270
Terebellidae	160	**U**		*Yoldia similis*	270
Terebellides	156	*Umbonium*	253	Yoldiidae	270